全国职业教育医药类规划教材

基础化学

JICHU HUAXUE

第三版

中国职业技术教育学会医药专业委员会　组织编写

戴静波　主编　　　许莉勇　主审

化学工业出版社

·北京·

内容简介

本书是全国“十四五”职业教育医药类规划教材，由中国职业技术教育学会医药专业委员会组织编写。内容包括物质的聚集状态，化学反应热力学，化学反应动力学，酸碱、沉淀、氧化还原、配位等反应的规律及其在定量分析中的应用，物质的结构，定量分析基础，电化学分析法，光谱分析法，色谱法，表面现象和胶体等。每章都安排了一定量的习题供学生练习。

本书适用于药学类各专业的高职高专学生及成人教育、开放教育、中职院校的学生，也可供医学、生物、化工、化妆品等专业的高职高专师生使用和参考。

图书在版编目（CIP）数据

基础化学/戴静波主编. —3版. —北京：化学工业出版社，2021.2（2023.9重印）
全国职业教育医药类规划教材
ISBN 978-7-122-38271-9

Ⅰ.①基… Ⅱ.①戴… Ⅲ.①化学-职业教育-教材 Ⅳ.①O6

中国版本图书馆CIP数据核字（2020）第265212号

责任编辑：陈燕杰　　文字编辑：段曰超　林　丹
责任校对：宋　玮　　装帧设计：关　飞

出版发行：化学工业出版社（北京市东城区青年湖南街13号　邮政编码100011）
印　　装：北京机工印刷厂有限公司
787mm×1092mm　1/16　印张17¾　彩插1　字数467千字　2023年9月北京第3版第4次印刷

购书咨询：010-64518888　　售后服务：010-64518899
网　　址：http://www.cip.com.cn
凡购买本书，如有缺损质量问题，本社销售中心负责调换。

定　　价：49.00元

《基础化学》编审人员名单

主　　编　戴静波

副 主 编　陈　克

主　　审　许莉勇　浙江医药高等专科学校

参编人员　王顺龙　河南医药健康技师学院

尹敏慧　楚雄医药高等专科学校

田宗明　浙江医药高等专科学校

李　倩　南京市莫愁中等专业学校

陈　克　天津生物工程职业技术学院

陈　晨　辽宁医药职业学院

陈钟文　江西中医药大学

周俊慧　浙江医药高等专科学校

胡运昌　浙江医药高等专科学校

秦永华　浙江医药高等专科学校

黄英姿　杭州第一技师学院

戴静波　浙江医药高等专科学校

前言

本书是全国“十四五”职业教育医药类规划教材，由中国职业技术教育学会医药专业委员会组织编写。本书紧紧围绕专业培养目标要求，选取原则以“必需、够用、实用”为主，注重基础知识和基本理论，配合《中国药典》(2020年版)，符合专科层次要求，简明扼要，深入浅出，便于教师讲授，利于学生学习，并充分体现了学科的新发展和教学改革的新成果。

本教材共分为三大模块：无机与分析模块（包括原子结构和分子结构、物质的聚集状态、定量分析基础、酸碱平衡与酸碱滴定法、沉淀反应、氧化还原反应与电化学、配位平衡和配位滴定法)、仪器分析模块（包括光谱分析法和色谱法)、物理化学模块（包括化学热力学基础、化学动力学、表面现象和胶体)。选择本书的院校可根据不同专业的实际教学要求，对模块内容进行取舍。

本教材搭建了与纸质教材配套的数字教材（如视频、动画、课程PPT等)，使教材内容更生动化、形象化。纸质教材与数字教材融合，丰富了教学内容，便于在线学习。各章分别设计“学习目标”“知识拓展”“本章小结”“目标检测”等模块，以激发学生的学习兴趣，提高学生的思维能力和综合职业能力。

本教材供全国高职高专院校的药学类、药品制造类、食品药品管理类、化妆品类、医学技术类等专业师生使用。

本教材由戴静波任主编，陈克任副主编。各章编写情况：胡运昌（绪论)、戴静波（第七、八、九章)、陈克（第二、六、十二章)、陈钟文（第一章)、周俊慧（第四、十章)、田宗明（第三章)、秦永华（第十一章)、尹敏慧（第五章)。黄英姿、陈晨、王顺龙、李倩负责部分内容的编写校对。全书由主编、副主编统稿修改，最后由戴静波通读定稿，许莉勇教授主审。

在本书编写过程中，我们得到了参编学校、化学工业出版社以及浙江医药高等专科学校基础学院和化学教研室的大力支持和帮助，并参考了部分教材和著作，在此向有关院校、作者和出版社一并致谢。由于编者业务水平有限，时间仓促，难免有疏漏之处。殷切希望专家、读者和广大师生给予批评指正。

编者

2021年5月

目 录

模块二　仪器分析

模块三　物理化学

绪 论

一、化学的研究对象

通过初中、高中化学基础课程的学习，我们已经知道，化学是研究物质的组成、结构、性质和变化以及应用的科学，在人类进步的历史上发挥了重要的作用。在进入药学类高职高专学校学习时，我们需要进一步了解：化学一直是药学的重要基础。在药学研究中总是涉及形形色色的物质和化学反应（有体外的和体内的），必须用化学的理论和方法去研究。作为药学类专业重要基础的化学课程，其研究对象是在分子、原子或离子的层次上讨论无机物质的组成、结构、性质之间的内在联系以及外界条件对变化的影响和反应过程中的能量变化。具体涉及以下几方面问题：

（1）化学反应产生的能量以及反应的方向和限度　在一定条件下，当一种或几种物质聚集在一起时，它们能否发生化学反应（反应的方向问题）；如果反应能够进行，则能进行到什么程度？反应物的转化程度如何（反应的限度问题）；反应过程中的能量又是如何变化的？这些问题均属于化学热力学范畴。它们是化学的一个重要组成部分。

（2）化学反应的速率　由热力学解决了化学反应的方向与限度问题，那么反应具体经历哪些步骤（反应机理），又以什么样的速率进行，以及外界条件对反应速率如何影响？例如，在药物研究中，人们希望药物合成反应能以较快的速率进行；而为了防止药物失效，希望药物在体内的反应以适当的速率进行等。研究这些问题需要化学动力学方面的知识。

（3）物质的性质、生物活性与物质结构之间的关系　一切化学物质的生物活性都是由其性质决定的，而物质的各种性质都与它们的结构有关。了解原子结构（特别是原子的电子层结构）以及分子结构等有关知识，从微观角度讨论化学反应的本质，了解物质结构与性质的关系等对这些问题的研究，构成了化学的又一重要组成部分，称为物质结构。

（4）水溶液化学原理　溶液作为物质存在的一种形式，广泛存在于自然界，其中以水溶液最为重要。生物体内的各种生理、生化反应都是在以水为主要溶剂的溶液中进行的。在药物的研究和生产过程中有很多离不开水溶液的反应。因此，稀溶液通性以及酸碱、沉淀、氧化还原、配位四大类化学反应原理是从事药物研究和生产必须掌握的最基本概念和理论。

（5）表面现象与胶体的特殊性质　当物质高度分散成多相体系时，体系中相界面大大增大，表面性质的作用变得非常突出，若忽略表面现象就无法认识体系的本性。胶体因具有巨大的表面和表面能，而具有其特殊的性质。表面现象和胶体与医药的关系相当密切，人体本身就是胶体分散系，人体内的许多生化过程都与胶体性质有关。在药物研究和生产中，无论是混悬剂、乳剂、气雾剂的生产，或是药物的合成、提取、精制，还是微囊剂、薄膜剂、缓释剂等新剂型的研制都存在着许多涉及表面现象和胶体的问题，因此它们也是药学类各专业学生必须掌握的知识。

（6）物质的鉴定和含量测定　在实际工作中，当合成或提取某物质时，首先需要确定物质的组成，鉴定物质是由哪些元素、离子、基团或化合物组成，然后选择适当的定量分析方法对样品进行含量分析。按照分析方法的测定原理分类，可分为化学分析和仪器分析。

化学分析是以物质的化学反应为基础的分析方法，可根据试样与试剂进行化学反应的现象和特征鉴定物质的化学组成或利用试样中被测组分与试剂定量进行化学反应来测定该组分的相对含量。化学分析所用的仪器简单，结果准确，应用范围广。局限是对痕量成分的检出不够灵敏，只适用于常量组分的分析，分析速度较慢。

仪器分析是根据物质的某种物理性质（如电学、光学等）与组分的关系，不经化学反应直接进行定性或定量测定，或根据被测物质在化学变化中的某种物理性质与组分之间的关系进行定性或定量分析。仪器分析的优点是灵敏、快速、准确，且可对体系进行连续监测。

本课程主要讨论化学分析法原理，介绍电化学分析法、光学分析法和色谱法。

综上所述，基础化学是讨论物质性质与化学变化的一般规律的学科。它为进一步学习有机化学、生物化学、药物化学、药剂学、药物分析等课程提供了必不可少的理论基础和实验基础。

二、化学在药学中的作用

药学是生命科学的一部分，药物是一种特殊的物质，它作用于人体，以治疗为目的。在一种新药诞生之前，一般要从以下几个层次对其进行研究：从分子层次研究药物是通过哪些化学反应发挥治疗作用的，哪些结构特征决定了某药物的生物效应；从细胞层次研究药物分子作用于什么部位、什么生物分子以及细胞会做出哪些反应；从整体实验动物层次研究这种化学物质的疗效和毒性等。总之，化学是从分子层次研究药物作用的重要手段，在药学中有许多方面的应用，例如：

① 根据各种化学反应的理论合成有特定生物效应的化合物，研究其结构-性质-生物效应的关系，从中筛选出高效低毒的药物。许多药物就是这样创造出来的。

② 用各种分离和提取方法从动植物以至人体组织、体液中分离、提取出有生物活性的物质或有疗效的成分，用分析方法确定其分子结构，进一步研究它们在体内的代谢过程，了解其性质与活性的关系。有的还需要利用化学反应做出进一步的结构改造，称为半合成。

③ 用化学分析或仪器分析的方法测定药物的组成和结构或测定某种植物药材中含有什么有效成分。按药典规定对药物进行定性、定量测定和严格的质量控制。

④ 用化学热力学和化学动力学方法研究上述各种反应发生的机理、条件以及在体内的调节和控制，最终用化学的理论、知识和概念解释药物作用原理。

以下举例可说明化学在药学中的部分应用：

① 胃溃疡患者常因胃蠕动和胃酸刺激溃疡表面而疼痛，经测定发现溃疡表面的 pH 稍高于正常胃黏膜的 pH。通过体外对胃液中铋离子-柠檬酸-氯离子体系的化学分析，得知在 pH 2.5～3.5 范围内 Bi^{3+} 显著水解形成氯化氧铋沉淀。于是药物研究者研制了柠檬酸铋抗胃酸药（商业名“得乐”）。该药可在 pH 较高的溃疡表面水解生成沉淀而覆盖在溃疡表面，起保护作用。而在 pH 较低的正常胃壁上不产生沉淀，因此不影响食欲。为了提高该药的稳定性和疗效，通常还制成 pH 值为 10 的柠檬酸铋胶体颗粒。

② 在用口服二价铁盐药物治疗缺铁性贫血症时，药物要经过口腔（pH 7.4）、胃（pH 1.6），最后在十二指肠（pH 6～6.5）与空肠（pH 6.5～7）中被吸收。在这样的生理条件下，铁离子的水解、聚合和沉淀是不可避免的。为防止铁盐的水解、聚合与沉淀，含铁药物常以稳定的金属配合物形式给药。同时为了提高铁的吸收，配合物的稳定性要适中，而且所选用的配体以能与铁在小肠中生成电中性配合物为好，这样有利于其透过肠壁被吸收。另外，考虑到药物的溶解性和代谢产物的无毒性等因素，所以临床上常用葡萄糖酸亚铁、乳酸亚铁、柠檬酸亚铁等作为补铁药物。

③ 临床研究证明，不带电荷的顺-二氯二氨合铂（Ⅱ）(顺铂）对人体多种肿瘤有明显疗效。研究表明，顺铂的抗癌作用与其顺式结构有关。这种不带电荷的顺铂具有适合的油∶水分配系数，易穿过细胞膜进入细胞，因细胞内胞浆中的 [Cl^-] 较低，顺铂迅速发生水解反应（水取代配体 Cl^- 的反应），并进一步解离生成羟基配合物。然后顺铂及其水合取代物进

攻蛋白质和核内的DNA，与DNA碱基中的鸟嘌呤氮配位，同时，顺铂的一个离去基团与链内或链间的其他碱基氮配位，引起交叉联结，阻碍DNA的复制，破坏DNA的功能，抑制癌细胞的繁殖，从而发挥抗癌作用。而反式结构由于两个Cl^-在反位，距离较远不能起上述交联作用，故无抗癌活性。

可以举出许多例子来说明化学与药学的密切联系以及化学在药学中的重要作用。随着化学学科和技术的发展，化学与其他学科相融合，化学将在攻克疾病和提高人们生存质量等方面进一步发挥重大作用。化学研究将使人们从分子水平了解药物作用的机理，形成医和药结合的病理-药理-靶点-设计-合成-筛选的新模式，不断创造和研究具有优良疗效的新型药物。化学研究也将推动我国中医药的现代化，揭示中药的有效成分和多组分药物的协同作用原理，建立安全有效的中药质量控制方法，加速中医药走向世界。

三、基础化学的学习方法

基础化学是医药类高职高专学生的一门专业基础课，该课程内容的难度和广度与高中化学有一定的跨度。因此，先要有信心和勇气迎接专业学习阶段的新挑战，在学习方法和习惯上完成从中学到大学的转变。要学会听课，大学课堂讲授的内容剧增，要学会跟着老师的思维脉络，抓住教学内容的主线。要学会记笔记，记笔记不是目的，是为了理解和掌握，要学会记下授课的纲目、重点和疑难点。要学会复习，课后及时复习、阅读教材，梳理授课内容。要学会科学抽象与逻辑思维的方法，基础化学中的许多符号、概念和理论都是化学家科学抽象的成果，而学习化学基本概念、理论的过程也恰是培养、掌握科学抽象方法的过程。基础化学课程的学习要求我们要掌握归纳与演绎、分析与综合的逻辑思维方法。要学会自学，知识的更新速度很快，要求我们要学会自学，不断学习，独立工作，并具备创新意识和潜在发展的能力。

化学是一门以实验为基础的科学。作为今后面向第一线的高职高专学生应该高度重视化学实验。要通过化学实验，掌握实验的基本技能和技巧，培养科学观察与分析问题的能力，以及实事求是与严谨的工作态度。为增强动手能力，掌握专业技能打下扎实的基础。

模块一 无机与分析

第一章 原子结构和分子结构

学习目标

1. 掌握原子核外电子的运动规律和排布原则。
2. 掌握价键理论和杂化轨道理论的要点，以及氢键及其种类。
3. 熟悉元素有关性质的周期性变化规律；熟悉各类元素电子构型的特征与元素周期表的周期、族、区的关系。
4. 了解原子核外电子运动的特点（量子化和波粒二象性）。
5. 了解化学键的类型，共价键参数，极性键和极性分子；了解分子间力；了解氢键对物质某些性质的影响。

数字资源1-1 原子核外电子的运动状态视频
数字资源1-2 核外电子排布视频
数字资源1-3 元素周期律视频
数字资源1-4 价键理论视频
数字资源1-5 杂化轨道理论视频
数字资源1-6 分子间作用力和氢键视频

自然界物质的种类繁多，性质千差万别，它们的相互作用更是千变万化。究其原因，是与物质的结构有关，结构不同，性质各异。物质结构主要包括原子结构、化学键和分子结构等。了解物质结构是理解化学变化的前提。

通过中学阶段的学习，我们知道物质是由原子组成的，原子又由质子、中子和电子三种基本粒子组成（普通氢原子除外，它只有一个质子和一个电子而没有中子），它们之间的关系是：核内质子数＝核电荷数＝核外电子数＝原子序数。研究原子结构，主要是研究原子核外电子的运动规律，因为元素和化合物的化学性质主要取决于原子核外电子的运动状态。

第一节 原子核外电子的运动状态

要了解电子在原子核外的运动状态，就先要了解原子核外电子运动的特殊性，找出它们的运动规律，并且用一定的方法来描述这种运动规律。

一、电子运动的特殊性

原子中的电子质量很小（9.1×10^{-31}kg），运动速度极快（约为10^6m/s），属微观粒子范畴，其运动状态不能用经典物理学研究宏观物体的基本定律来描述。微观粒子有其特殊的运动属性，如波粒二象性、测不准原理、量子化等。

1. 波粒二象性

波粒二象性是指微观物质既具有波动性又具有粒子性。在经典理论中，粒子和波是两种截然不同的概念。粒子有一定的体积、质量，其运动有确定的轨迹；波则没有一定的体积、无静止质量，它的运动没有一定的轨迹可寻，而是用波长、频率、周期等来描述，具有干涉、衍射等现象。所以，是粒子就不能是波，是波就不能是粒子。

但是，在微观体系中波和粒子的界限就模糊了。大家都知道光在传播中会产生干涉、衍射等现象，是传统上认为的波。但在一些实验中光却表现出了粒子性，如实物反射光、光电效应等，这说明光又具有粒子性，是由一个一个能量子（光子）组成的，即光既具有波动性又具有粒子性，它具有波粒二象性。既然光在某些场合表现出了粒子性，那么粒子是否也会表现出波动性呢？1924 年法国物理学家德布罗意（L. V. de Broglie）提出假设：二象性并非光所特有，一切运动着的实物粒子也都具有波粒二象性。并推导出质量为 m，运动速度为 v 的粒子，其相应的波长 λ 可由下式求出：

$$\lambda = h/p = \frac{h}{mv} \tag{1-1}$$

式中，h 为普朗克常数，其值为 6.626×10^{-34} J·s；p 为动量；λ 为具有静止质量的微观粒子运动时的波长，称为物质波，是标志波动性的物理量。质量、能量是标志粒子性的物理量，故上式体现了波粒二象性。

1927 年，在电子通过金属箔或晶体粉末的实验中，发现了类似衍射的现象（图 1-1）。这是电子流具有“波”特性的证明，即电子亦具有波动性，从而证实了德布罗意设想的正确。所以波粒二象性其实是一切运动物体的属性，只不过宏观物体如尘埃，质量较大，其运动时表现出的波长几乎趋近于零，故很难观察到衍射现象，主要表现出粒子性。而微观粒子如电子，质量极小，其运动时表现出的波长就很显著了，故主要表现出波动性。

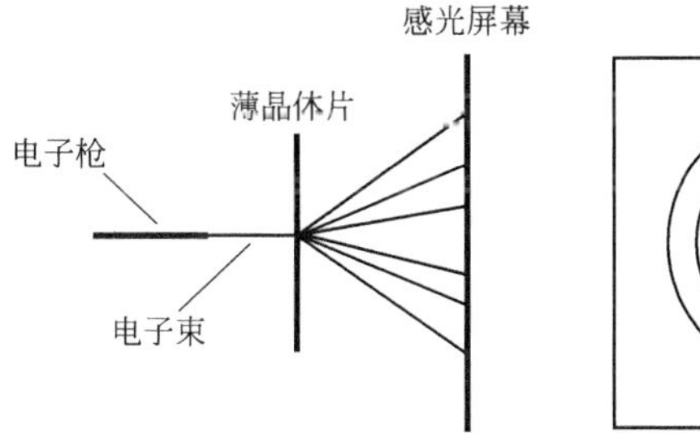

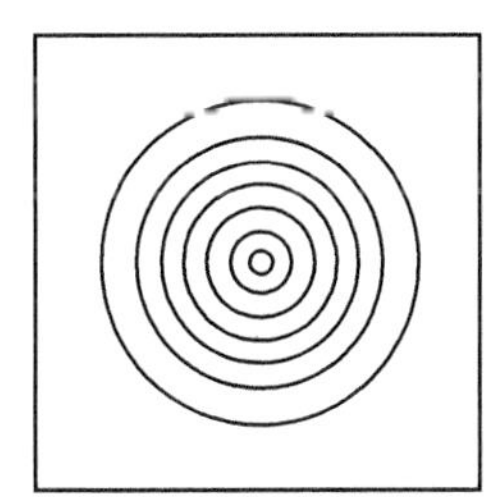

屏幕正面：明暗交替的衍射纹

图 1-1　电子衍射装置示意图

例 1-1　若电子以 5.9×10^{6} m/s 的速度运动，试计算其在运动中表现出的波长是多少？若一颗质量为 20g 的子弹，以 10^{3} m/s 的速度运动，它的波长又是多少？

解：

$$\lambda_1 = \frac{h}{mv} = \frac{6.626\times10^{-34}}{9.11\times10^{-31}\times5.9\times10^{6}} = 1.23\times10^{-10}(\text{m}) = 123(\text{pm})$$

$$\lambda_2 = \frac{h}{mv} = \frac{6.626\times10^{-34}}{20\times10^{-3}\times10^{3}} = 3.31\times10^{-35}(\text{m}) = 3.31\times10^{-23}(\text{pm})$$

2. 测不准原理

对于宏观物体，如人造卫星、飞行的导弹、运动的汽车等，从上面的例子可以看出其物质波长趋近于零，无波动性，它们运动时有确定的轨道，根据力学理论，可以同时准确确定它们在某一瞬间所在的位置和速度。例如，导弹打飞机就是通过雷达测量飞机的飞行速度和它的坐标（即位置）而准确得到飞机的航道，从而引导导弹加以击落。但是微观粒子如原子核外的电子，由于质量小、速度快，具有波粒二象性，因此不能同时准确测定它们的位置和速度，而是符合海森堡（W. Heisenberg）的测不准原理。

$$\Delta p\Delta x \approx h \quad 或 \quad m\Delta v\Delta x \approx h \tag{1-2}$$

式中，Δp 为动量的不准确程度；Δx 为位置的不准确程度；Δv 为速度的不准确程度；

m 为微观粒子的质量；h 为普朗克常数。

由测不准原理可知，微观粒子位置测定准确度越高（Δx 越小），则其动量或速度的测定准确度就越低（Δp 或 Δv 越大），反之亦然。

例 1-2 质量为 1g 的宏观物体，若其位置不准确度 Δx 为 10^{-6}m（已是相当准确），问此时速度的不准确度 Δv 是多少？

解：由 $m\Delta v\Delta x \approx h$，有

$$\Delta v=\frac{h}{m\Delta x}=\frac{6.626\times 10^{-34}}{10^{-3}\times 10^{-6}}=6.626\times 10^{-25}(\mathrm{m/s})$$

由此可以看到速度的不准确量是如此的微小，已远远小于测量误差，说明测不准原理对宏观物体是不起作用的，即宏观物体是可以同时准确测定其位置和速度的。

例 1-3 质量为 9.1×10^{-31}kg 的电子，若 Δx 为 10^{-11}m，则其 Δv 是多少？

解：
$$\Delta v=\frac{h}{m\Delta x}=\frac{6.626\times 10^{-34}}{9.1\times 10^{-31}\times 10^{-11}}=7.28\times 10^{7}(\mathrm{m/s})$$

计算结果表明，这个不准确量已大于电子自身的运动速度（电子的速度一般在 10^{4}～10^{7} m/s），可见要同时准确测定电子的位置和速度是不可能的。这也说明电子不可能有确定的轨道。

二、原子核外电子运动状态的描述

宏观物体的运动规律可以用牛顿力学方程来描述，即物体在任一瞬间都有某一确定的位置或速度。而电子属于波动性粒子，按测不准原理，它在原子中的运动轨迹是无法用位置和速度来描述的，那么如何来研究原子中电子的运动状态呢？量子力学通过研究电子在原子核外空间运动的概率分布来描述电子运动的规律性。1926 年，奥地利物理学家薛定谔(E. Schrodinger) 根据德布罗意关于物质波的观点，建立了著名的描述微观粒子运动状态的量子力学波动方程，称为薛定谔方程：

$$\frac{\partial^2 \Psi}{\partial x^2}+\frac{\partial^2 \Psi}{\partial y^2}+\frac{\partial^2 \Psi}{\partial z^2}+\frac{8\pi^2 m}{h^2}(E-V)\Psi=0 \tag{1-3}$$

式中，Ψ 为波函数，它是反映电子波动性的物理量；x、y、z 为电子位置的空间坐标；m 为电子质量；E 为电子总能量；V 为电子势能；h 为普朗克常数。

求解薛定谔方程就是要求出波函数 Ψ，由于这个方程式的求解是一个十分繁复的过程，涉及到较深的数学计算，这里不做介绍，以下从比较具体的电子云谈起。

1. 电子云的概念

(1) 电子运动的统计学解释　由于电子的波粒二象性，它的运动规律只能用统计学的方法做出概率性的判断。在日常生活中，常常要用到统计学方法。例如，对一个具有一定射击水平的运动员，虽然无法预测每发子弹命中靶子的具体位置，但是，如果对他连续多次的射击进行统计，就会发现命中率的分布是有规律的。如在 1000 次的练习中，有 500 次中十环，我们就说，中十环的机会是 50%或 0.5；有 250 次中九环，就说中九环的机会是 25%或 0.25；有一次脱靶，那么脱靶的机会就是 0.1%或 0.001 等。这种“机会”的百分数（或小数）就称为概率。因此，也可以说，中十环的概率是 0.5，中九环的概率是 0.25，脱靶的概率是 0.001。

再看靶子上的洞眼，就会看到一张围绕着中心分布的斑斑点点图像。在这个图像上，中心的洞眼最密，外围的洞眼依次变稀。因此，又可以说，中心的概率密度最大，外围的概率密度依次变小。所以，概率密度是指空间某处单位体积中出现的概率大小，即：概率＝概率密度×体积。

对于电子运动的描述也是如此，某个电子在某一时刻的位置虽然无法预测，但是大量电子（或一个电子重复多次）出现的位置却存在着统计规律。

以最简单的氢原子为例，它的核外只有一个电子，这个电子在不同的时刻出现的位置是不同的。假如有一台可以对氢原子进行连续摄影的照相机，我们可以拍摄到大量的照片，每张照片上的感光点表示某一时刻该电子出现的位置。我们发现在单张照片上电子出现的位置是偶然的，好像没有什么规律，但是若把大量的照片，以原子核位置为中心重叠起来就可发现具有明显的统计规律。如图 1-2 所示，在离核越近的区域，小黑点越密集；在离核越远的区域，小黑点越稀疏。这些密密麻麻的小黑点像一团带负电的云雾，笼罩在原子核周围，就如同天上的云雾一样，故人们形象地称为电子云。需要注意的是：图中的小黑点数目并不代表电子的实际数目，而是表示在某一瞬间电子在该位置出现过。

（2）概率密度和电子云　通过求解薛定谔方程，可以得到描述单个电子运动状态的波函数 Ψ，$|\Psi|^2$ 表示核外电子出现的概率密度。

在图 1-2 中，为了形象地表示电子在核外空间出现的概率分布情况，黑点密集的地方表示概率密度大，黑点稀疏的地方表示概率密度小。由此可见，电子云就是概率密度的形象化图示，$|\Psi|^2$ 在空间分布的具体图像即为电子云。通常还可用更为简便的界面图来表示电子云的形状，如图 1-3 所示。界面图是指界面以内电子出现的概率达 95%以上，界面以外出现的概率小于 5%。

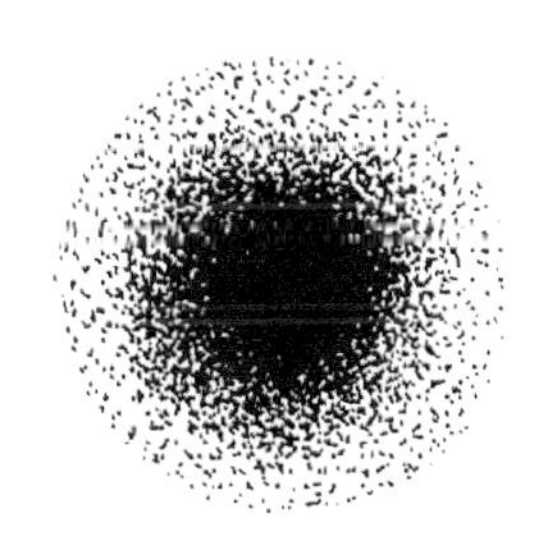

图 1-2　氢原子电子云示意图

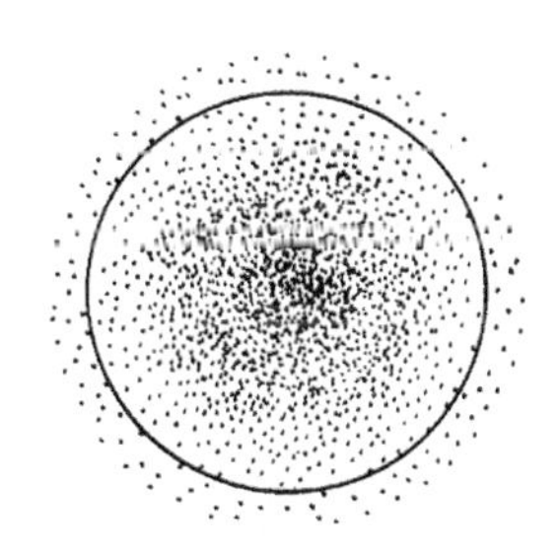

图 1-3　氢原子电子云界面图

2. 四个量子数

如前所述，电子在核外的运动有其特殊性，只能取一定的运动状态。如何确定电子在原子中的运动状态呢？根据量子力学，需要用四个量子数才能确定电子的一个运动状态。量子数是用来表征微观粒子运动状态的一些特定数字。

（1）主量子数 n　原子核外电子的能量不尽相同，它们离核运动的区域远近也不相同。能量低的电子在离核近的区域运动，能量高的电子在离核远的区域运动。因此，不同能量的电子在原子核外运动的区域是分层的，称为电子层，按能量由低到高分别称为第一、第二、第三、第四、第五、第六、第七、……层，根据光谱符号也可分别对应称为 K、L、M、N、O、P、Q、……层。

主量子数 n 是与电子层相对应的量子数，是表示电子所属电子层离核远近的参数，也是决定电子能量高低的主要因素。它的取值为 1，2，3，4，…自然数。如 $n=1$，表示第一电子层，亦可称为 K 层；$n=3$，表示第三电子层，亦可称为 M 层。

（2）角量子数 l　科学研究发现，主量子数相同，即使处在同一电子层中的电子能量仍稍有差别，根据这些差别，又可将一个电子层分为一个或几个亚层。电子亚层分别用 s、p、d、f 等符号表示。K 层只包含一个 s 亚层；L 层包含 s 和 p 两个亚层；M 层包含 s、p、d 三个亚层；N 层包含 s、p、d、f 四个亚层。

角量子数 l 是与亚层对应的量子数，用于描述电子云的形状，是决定多电子原子中电子能量的次要因素。l 的取值受主量子数 n 的制约，可取 0，1，2，3，…，$(n-1)$ 个。l 取值与亚层的对应关系为：

角量子数 l 的取值	0	1	2	3	4	…
亚层符号	s	p	d	f	g	…

当 n 一定时，l 的不同取值代表同一电子层中不同状态的亚层。例如：

$n=1$，$l=0$。l 只有 1 个值，即表示第一电子层的 s 亚层（1s 亚层）。

$n=2$，$l=0$、1。l 有 2 个值，即表示第二电子层有 2 个亚层（2s、2p 亚层）。

角量子数 l 还表明了不同亚层电子云形状的不同。

$l=0$ 的 s 亚层，电子云的形状是球形对称的，见图 1-4。

$l=1$ 的 p 亚层，电子云的形状是哑铃形的，见图 1-5。

$l=2$ 的 d 亚层，电子云常呈四叶花瓣形。

$l=3$ 的 f 亚层，电子云形状复杂。

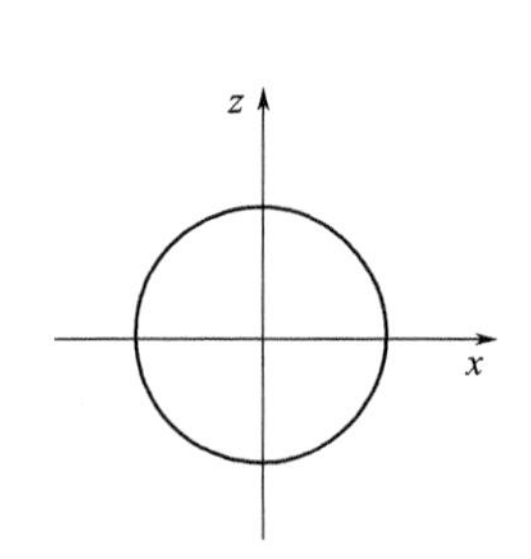

图 1-4　s 电子云的空间图像

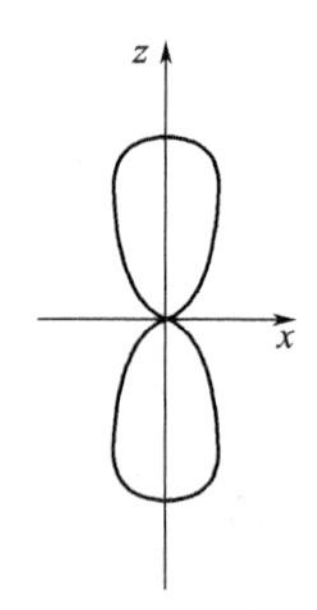

图 1-5　p 电子云的空间图像

对多电子原子而言，电子能量由该电子的 n、l 值决定。

不同电子层，电子的能量为：

$$E_{1s}<E_{2s}<E_{3s}<E_{4s}\cdots$$

同一电子层，电子的能量为：

$$E_{4s}<E_{4p}<E_{4d}<E_{4f}\cdots$$

(3) 磁量子数 m　不同亚层电子云的形状不同，如 s 电子云是球形对称的，处于 s 状态的电子在核外空间半径相同的各个方向出现的概率密度相同，即在空间的伸展方向只有一个；p 电子云在空间有三种不同的伸展方向，它们相互垂直，分别是 p_x、p_y 和 p_z；d 电子云有五种不同的伸展方向，分别为 d_{z^2}、$d_{x^2-y^2}$、d_{xy}、d_{xz}、d_{yz}；f 电子云有七种不同的伸展方向，见图 1-6。我们常借用经典力学中的“轨道”一词，称原子中一个电子的可能空间运动状态为原子轨道，如 1s 轨道、$2p_x$ 轨道、$4d_{xy}$ 轨道等。

磁量子数 m 是与原子轨道对应的量子数，是表示原子轨道在空间的伸展方向。m 取值受角量子数 l 制约，为 0，±1，±2，…，$\pm l$。当 $l=0$ 时，m 只有一个取值 0；当 $l=1$ 时，m 有三个取值：0、±1；当 $l=2$ 时，m 有五个取值：0、±1、±2。因此，s、p、d、f 亚层的轨道数有 1、3、5、7 个。同一亚层下的原子轨道能量是相同的，如 $2p_x$、$2p_y$、$2p_z$ 称为等价轨道（简并轨道）。

(4) 自旋量子数 m_s　实验证明，电子除了在核外高速运动外，自身还做自旋运动。电子绕着自身的轴的运动叫作电子的自旋，用自旋量子数 m_s 表示。由于电子的自旋方向只有“顺时针”和“逆时针”两种，因此自旋量子数的值只有两个，即 +1/2 和 −1/2，通常用“↑”和“↓”表示自旋中方向相反的两个电子。

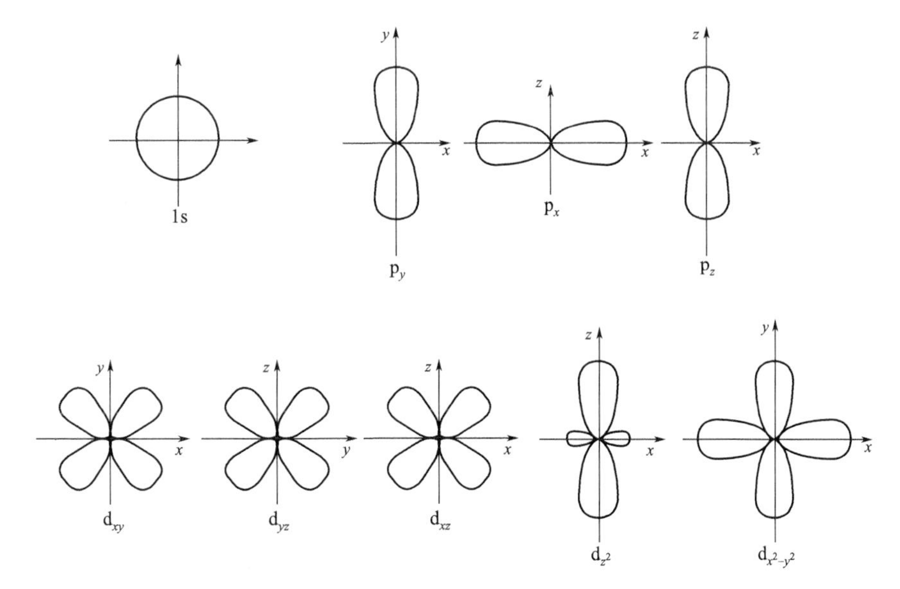

图 1-6　s、p、d 电子云在空间的分布

综上所述，每个电子在原子核外的运动状态都要由以上四个量子数来确定，即 n 确定了电子所在的电子层；l 确定了原子轨道的形状；m 确定了原子轨道在空间的伸展方向；m_s 确定了电子的自旋状态。n 和 l 共同确定了电子的能量（氢原子的能量只由 n 决定），n、l、m 三个量子数确定了电子所处的原子轨道。因此，要完整地描述电子的运动状态必须有四个量子数，缺一不可。

四个量子数与原子轨道间的关系如表 1-1 所示。

表 1-1　量子数与原子轨道的关系

主量子数 n	角量子数 l	亚层符号	亚层层数	磁量子数 m	亚层中轨道数	电子层中总轨道数	自旋量子数 m_s
1(K)	0	1s	1	0	1	1	±1/2
2(L)	0 1	2s 2p	2	0 0,±1	1 3	4	±1/2
3(M)	0 1 2	3s 3p 3d	3	0 0,±1 0,±1,±2	1 3 5	9	±1/2
4(N)	0 1 2 3	4s 4p 4d 4f	4	0 0,±1 0,±1,±2 0,±1,±2,±3	1 3 5 7	16	±1/2

见数字资源 1-1　原子核外电子的运动状态视频。

第二节　核外电子排布与元素周期律

一、原子轨道能级

鲍林（L. C. Pauling）根据光谱实验的结果，提出了多电子原子中原子轨道的近似能级图（图 1-7）。

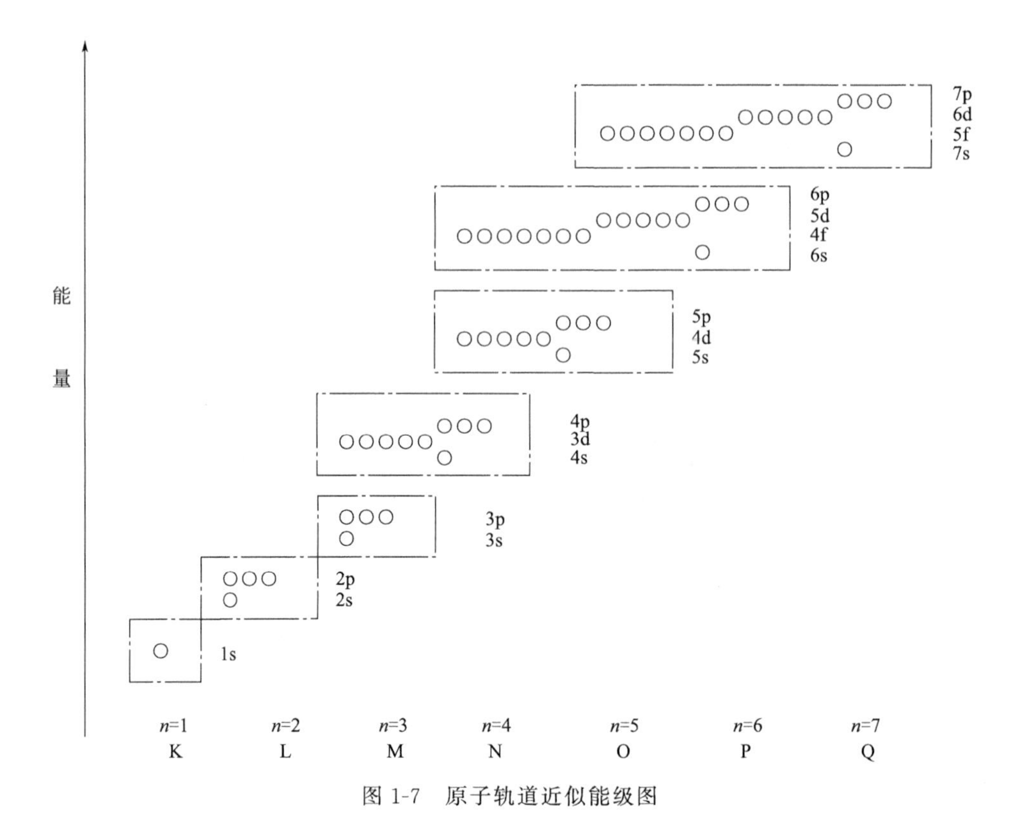

图 1-7　原子轨道近似能级图

① 图中每个小圆圈代表一个原子轨道，小圆圈位置的高低，代表能级的高低；处于同一水平位置的几个小圆圈，表示能级相同的等价（简并）轨道。如 p 轨道是三重简并的，d 轨道是五重简并的等。图中将能量相近的能级划分为一组（虚线框起部分），称为能级组，通常分为七个能级组。依 1，2，3，…能级组的顺序其能量逐次增加。

② 角量子数 l 相同时，主量子数 n 越大，轨道的能量（或能级）越高。例如：

$$E_{1s}<E_{2s}<E_{3s}<E_{4s}\cdots$$

$$E_{2p}<E_{3p}<E_{4p}\cdots$$

这是因为 n 越大，电子离核越远，核对电子的吸引力越小。

③ 主量子数 n 相同时，角量子数 l 越大，轨道的能量（或能级）越高。例如：

$$E_{2s}<E_{2p}$$

$$E_{3s}<E_{3p}<E_{3d}$$

④ 主量子数和角量子数同时变动时，从图中可知，轨道的能级变化比较复杂。当 $n\geqslant3$ 时，可能发生主量子数较大的某些轨道能量反而比主量子数小的某些轨道能量低的“能级交错”现象。

例如：

$$E_{4s}<E_{3d}<E_{4p}$$

$$E_{5s}<E_{4d}<E_{5p}$$

为了解决多电子原子中轨道的能量与主量子数 n 和角量子数 l 的关系，1956 年我国著名量子化学家徐光宪先生根据大量光谱实验数据归纳出一个近似规律：对于一个中性原子，其外层电子能量随（$n+0.7l$）值的增大而增大，反之亦然，称为 $n+0.7l$ 规律。

例如：比较 3d 轨道与 4s 轨道的能量高低，如下。

4s 轨道：（$n+0.7l$）值$=4+0.7\times0=4.0$

3d 轨道：$(n+0.7l)$ 值$=3+0.7\times2=4.4$

故 $E_{4s}<E_{3d}$

又如：比较 6s 轨道与 4f 轨道的能量高低，如下。

6s 轨道：$(n+0.7l)$ 值$=6+0.7\times0=6.0$

4f 轨道：$(n+0.7l)$ 值$=4+0.7\times3=6.1$

故 $E_{6s}<E_{4f}$

$(n+0.7l)$ 值是原子轨道能量大小的量度，若将 $(n+0.7l)$ 值的整数值相同的能级归为一组就是能级组。整数值为 1 的称为第一能级组；整数值为 2 的称为第二能级组；……。例如：3s 和 3p，它们的 $(n+0.7l)$ 值分别为 3.0 和 3.7，它们的整数是 3，应属于第三能级组；4s、3d、4p 的 $(n+0.7l)$ 值分别为 4.0、4.4、4.7，它们属于第四能级组等。同一能级组的轨道能量相近，相邻两能级组上的轨道能量则相差较大，见表 1-2。能级组的划分是导致周期表中化学元素划分为周期的原因。

表 1-2　多电子原子能级组的划分

能级	1s	2s	2p	3s	3p	4s	3d	4p	5s	4d	5p	6s	4f	5d	6p
$n+0.7l$	1.0	2.0	2.7	3.0	3.7	4.0	4.4	4.7	5.0	5.4	5.7	6.0	6.1	6.4	6.7
能级组	1	2		3		4			5			6			

二、原子核外电子排布规律

上节讨论了核外电子运动的特征和电子在核外可能存在的各种运动状态。那么多电子原子的核外电子是怎样排布的呢？根据光谱实验结果，归纳出基态原子中电子排布的三个原理。

1. 能量最低原理

能量越低越稳定，这是自然界的一个普遍规律。原子中的电子也是如此，电子在原子中所处的状态总是要尽可能地使整个体系的能量最低，这样的体系最稳定。只有在能量低的轨道被占满后，电子才依次进入到能量较高的轨道。填充的顺序基本按照图 1-8 所示。

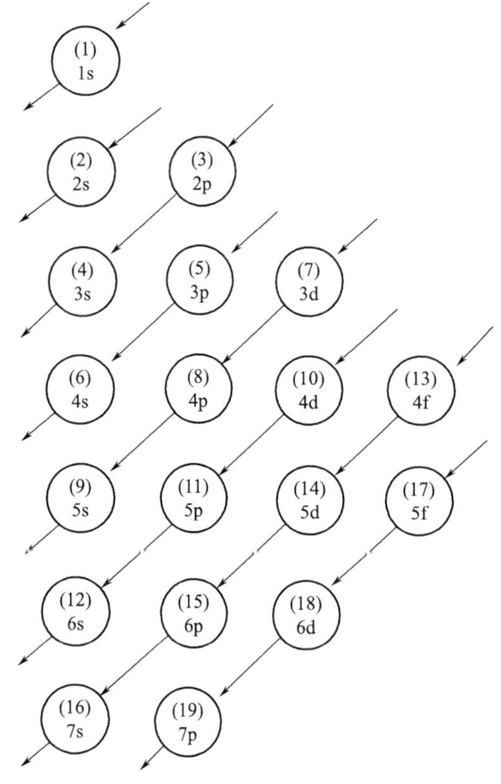

图 1-8　电子填充各轨道的先后顺序

2. 泡利（W．Pauli）原理

泡利原理也称为泡利不相容原理，其内容是：在同一原子中没有四个量子数完全相同的电子。或者说在一个轨道里最多只能容纳 2 个电子且它们的自旋方向相反。例如，元素氦核外有两个电子，用四个量子数来描述第一个电子的运动状态时，$n=1$、$l=0$、$m=0$、$m_s=+1/2$；则另一个电子的四个量子数必然是 $n=1$、$l=0$、$m=0$、$m_s=-1/2$。所以 s、p、d、f 各亚层最多所能容纳的电子数分别为 2、6、10、14。每一个电子层中原子轨道的总数为 n^2，所以各电子层最多可容纳的电子数为 $2n^2$。

3. 洪特（F. Hund）规则

洪特根据大量的光谱实验数据总结出一条规律：等价轨道上的电子尽可能分占不同轨道且自旋平行。例如碳原子有 6 个电子，其电子排布为 $1s^2 2s^2 2p^2$，2p 电子的排布是 $\boxed{\uparrow}\boxed{\uparrow}\boxed{\ }$，而不是 $\boxed{\uparrow\downarrow}\boxed{\ }\boxed{\ }$ 和 $\boxed{\uparrow}\boxed{\downarrow}\boxed{\ }$。洪特规则实际上是能量最低原理的补充。因为两个电子同占一个轨道所产生的排斥作用会使体系能量升高。分占等价轨道，有利于体系能量的降低。

作为洪特规则的特例，我们还经常遇到这样的情况：等价轨道全充满、半充满或全空状态时，能量低，稳定。即具有下列电子层结构的原子是比较稳定的。

全充满：p^6、d^{10}、f^{14}

半充满：p^3、d^5、f^7

全空：p^0、d^0、f^0

根据以上原理，可以得出下列原子的核外电子排布式。

$_7$N 原子：$1s^2 2s^2 2p^3$

$_{10}$Ne 原子：$1s^2 2s^2 2p^6$

$_{16}$S 原子：$1s^2 2s^2 2p^6 3s^2 3p^4$

$_{19}$K 原子：$1s^2 2s^2 2p^6 3s^2 3p^6 4s^1$

$_{24}$Cr 原子：$1s^2 2s^2 2p^6 3s^2 3p^6 3d^5 4s^1$

$_{29}$Cu 原子：$1s^2 2s^2 2p^6 3s^2 3p^6 3d^{10} 4s^1$

为避免电子结构式书写过长，通常把内层电子已达到稀有气体结构的部分写成“原子实”，并以稀有气体的元素符号外加括号来表示。例如：$_{16}$S 原子用 [Ne] $3s^2 3p^4$ 表示，$_{24}$Cr 原子用 [Ar] $3d^5 4s^1$ 表示。原子实以外的电子排布称原子的外层电子构型或价电子构型。

应该说明的是，电子层结构排布原理是从大量事实概括出来的一般结论，因此绝大多数原子在核外的实际排布与这些原理是一致的。然而有些副族元素，特别是第六、第七周期的某些元素实验所得的结果并不能用排布原理圆满地解释，如钨的价电子构型为 $5d^4 6s^2$，而不是 $5d^5 6s^1$。在学习中，应先尊重事实，不要拿原理去适应事实也不要因为原理有某些不足而全盘加以否定。现将所有元素原子的电子层结构汇列在表 1-3 中，以便查阅。

见数字资源 1-2　核外电子排布视频。

表 1-3　基态原子的电子层结构

周期	原子序数	元素符号	电子层																	
			K	L		M			N				O				P			Q
			1s	2s	2p	3s	3p	3d	4s	4p	4d	4f	5s	5p	5d	5f	6s	6p	6d	7s
1	1	H	1																	
	2	He	2																	
2	3	Li	2	1																
	4	Be	2	2																
	5	B	2	2	1															
	6	C	2	2	2															
	7	N	2	2	3															
	8	O	2	2	4															
	9	F	2	2	5															
	10	Ne	2	2	6															

续表

周期	原子序数	元素符号	电子层																	
			K	L		M			N				O				P			Q
			1s	2s	2p	3s	3p	3d	4s	4p	4d	4f	5s	5p	5d	5f	6s	6p	6d	7s
3	11	Na	2	2	6	1														
	12	Mg	2	2	6	2														
	13	Al	2	2	6	2	1													
	14	Si	2	2	6	2	2													
	15	P	2	2	6	2	3													
	16	S	2	2	6	2	4													
	17	Cl	2	2	6	2	5													
	18	Ar	2	2	6	2	6													
4	19	K	2	2	6	2	6		1											
	20	Ca	2	2	6	2	6		2											
	21	Sc	2	2	6	2	6	1	2											
	22	Ti	2	2	6	2	6	2	2											
	23	V	2	2	6	2	6	3	2											
	24	Cr	2	2	6	2	6	5	1											
	25	Mn	2	2	6	2	6	5	2											
	26	Fe	2	2	6	2	6	6	2											
	27	Co	2	2	6	2	6	7	2											
	28	Ni	2	2	6	2	6	8	2											
	29	Cu	2	2	6	2	6	10	1											
	30	Zn	2	2	6	2	6	10	2											
	31	Ga	2	2	6	2	6	10	2	1										
	32	Ge	2	2	6	2	6	10	2	2										
	33	As	2	2	6	2	6	10	2	3										
	34	Se	2	2	6	2	6	10	2	4										
	35	Br	2	2	6	2	6	10	2	5										
	36	Kr	2	2	6	2	6	10	2	6										
5	37	Rb	2	2	6	2	6	10	2	6			1							
	38	Sr	2	2	6	2	6	10	2	6			2							
	39	Y	2	2	6	2	6	10	2	6	1		2							
	40	Zr	2	2	6	2	6	10	2	6	2		2							
	41	Nb	2	2	6	2	6	10	2	6	4		1							
	42	Mo	2	2	6	2	6	10	2	6	5		1							
	43	Tc	2	2	6	2	6	10	2	6	5		2							
	44	Ru	2	2	6	2	6	10	2	6	7		1							
	45	Rh	2	2	6	2	6	10	2	6	8		1							
	46	Pd	2	2	6	2	6	10	2	6	10									
	47	Ag	2	2	6	2	6	10	2	6	10		1							
	48	Cd	2	2	6	2	6	10	2	6	10		2							
	49	In	2	2	6	2	6	10	2	6	10		2	1						
	50	Sn	2	2	6	2	6	10	2	6	10		2	2						
	51	Sb	2	2	6	2	6	10	2	6	10		2	3						
	52	Te	2	2	6	2	6	10	2	6	10		2	4						
	53	I	2	2	6	2	6	10	2	6	10		2	5						
	54	Xe	2	2	6	2	6	10	2	6	10		2	6						

续表

周期	原子序数	元素符号	电子层																
			K	L		M			N				O				P			Q
			1s	2s	2p	3s	3p	3d	4s	4p	4d	4f	5s	5p	5d	5f	6s	6p	6d	7s
6	55	Cs	2	2	6	2	6	10	2	6	10		2	6			1			
	56	Ba	2	2	6	2	6	10	2	6	10		2	6			2			
	57	La	2	2	6	2	6	10	2	6	10		2	6	1		2			
	58	Ce	2	2	6	2	6	10	2	6	10	1	2	6	1		2			
	59	Pr	2	2	6	2	6	10	2	6	10	3	2	6			2			
	60	Nd	2	2	6	2	6	10	2	6	10	4	2	6			2			
	61	Pm	2	2	6	2	6	10	2	6	10	5	2	6			2			
	62	Sm	2	2	6	2	6	10	2	6	10	6	2	6			2			
	63	Eu	2	2	6	2	6	10	2	6	10	7	2	6			2			
	64	Gd	2	2	6	2	6	10	2	6	10	7	2	6	1		2			
	65	Tb	2	2	6	2	6	10	2	6	10	9	2	6			2			
	66	Dy	2	2	6	2	6	10	2	6	10	10	2	6			2			
	67	Ho	2	2	6	2	6	10	2	6	10	11	2	6			2			
	68	Er	2	2	6	2	6	10	2	6	10	12	2	6			2			
	69	Tm	2	2	6	2	6	10	2	6	10	13	2	6			2			
	70	Yb	2	2	6	2	6	10	2	6	10	14	2	6			2			
	71	Lu	2	2	6	2	6	10	2	6	10	14	2	6	1		2			
	72	Hf	2	2	6	2	6	10	2	6	10	14	2	6	2		2			
	73	Ta	2	2	6	2	6	10	2	6	10	14	2	6	3		2			
	74	W	2	2	6	2	6	10	2	6	10	14	2	6	4		2			
	75	Re	2	2	6	2	6	10	2	6	10	14	2	6	5		2			
	76	Os	2	2	6	2	6	10	2	6	10	14	2	6	6		2			
	77	Ir	2	2	6	2	6	10	2	6	10	14	2	6	7		2			
	78	Pt	2	2	6	2	6	10	2	6	10	14	2	6	9		1			
	79	Au	2	2	6	2	6	10	2	6	10	14	2	6	10		1			
	80	Hg	2	2	6	2	6	10	2	6	10	14	2	6	10		2			
	81	Tl	2	2	6	2	6	10	2	6	10	14	2	6	10		2	1		
	82	Pb	2	2	6	2	6	10	2	6	10	14	2	6	10		2	2		
	83	Bi	2	2	6	2	6	10	2	6	10	14	2	6	10		2	3		
	84	Po	2	2	6	2	6	10	2	6	10	14	2	6	10		2	4		
	85	At	2	2	6	2	6	10	2	6	10	14	2	6	10		2	5		
	86	Rn	2	2	6	2	6	10	2	6	10	14	2	6	10		2	6		
7	87	Fr	2	2	6	2	6	10	2	6	10	14	2	6	10		2	6		1
	88	Ra	2	2	6	2	6	10	2	6	10	14	2	6	10		2	6		2
	89	Ac	2	2	6	2	6	10	2	6	10	14	2	6	10		2	6	1	2
	90	Th	2	2	6	2	6	10	2	6	10	14	2	6	10		2	6	2	2
	91	Pa	2	2	6	2	6	10	2	6	10	14	2	6	10	2	2	6	1	2
	92	U	2	2	6	2	6	10	2	6	10	14	2	6	10	3	2	6	1	2
	93	Np	2	2	6	2	6	10	2	6	10	14	2	6	10	4	2	6	1	2
	94	Pu	2	2	6	2	6	10	2	6	10	14	2	6	10	6	2	6		2
	95	Am	2	2	6	2	6	10	2	6	10	14	2	6	10	7	2	6		2
	96	Cm	2	2	6	2	6	10	2	6	10	14	2	6	10	7	2	6	1	2
	97	Bk	2	2	6	2	6	10	2	6	10	14	2	6	10	9	2	6		2
	98	Cf	2	2	6	2	6	10	2	6	10	14	2	6	10	10	2	6		2
	99	Es	2	2	6	2	6	10	2	6	10	14	2	6	10	11	2	6		2
	100	Fm	2	2	6	2	6	10	2	6	10	14	2	6	10	12	2	6		2
	101	Md	2	2	6	2	6	10	2	6	10	14	2	6	10	13	2	6		2
	102	No	2	2	6	2	6	10	2	6	10	14	2	6	10	14	2	6		2
	103	Lr	2	2	6	2	6	10	2	6	10	14	2	6	10	14	2	6	1	2
	104	Rf	2	2	6	2	6	10	2	6	10	14	2	6	10	14	2	6	2	2
	105	Db	2	2	6	2	6	10	2	6	10	14	2	6	10	14	2	6	3	2
	106	Sg	2	2	6	2	6	10	2	6	10	14	2	6	10	14	2	6	4	2

注：表中双框中的元素是镧系或锕系元素。

知识拓展

泡利的不相容原理

泡利的不相容原理解释了为什么原子中不是所有的电子都进入最接近核的轨道。这是因为一旦有一个电子占据某一轨道，它就会排斥任何其他电子占据同一轨道。泡利由于这项工作在1945年获得了诺贝尔物理学奖。泡利还解开了另外一个迷：当原子辐射β粒子时（β粒子实际上是高速的电子），某些能量似乎是遗失了，这一情况显然违反了能量守恒定律。泡利提出了一个猜想，认为是一种不可探测的中性粒子带走了能量。这种粒子随后被意大利物理学家费米叫作“中微子”，以区别于中子。费米利用泡利的这个猜想成功地建立了β衰变理论，随后中微子很快被广泛接受。1956年，人们利用一家核电站完成了一场精彩实验，证明了幽灵般的中微子确实存在。

三、电子层结构与元素周期律

元素周期律是俄国化学家门捷列夫（Mendeleev）于1869年提出的，他指出元素的性质随原子量的增加而呈现周期性的变化，并根据这个规律将当时已发现的63种元素排成了元素周期表，并在表中预留了当时还未发现的元素的位置，且预言了其大致性质，恩格斯称赞他“完成了科学上的一个勋业”。各种元素形成有周期性规律的体系称为元素周期系，元素周期表是元素周期系的具体表现形式。

原子结构理论问世以后，人们才知道影响元素性质变化的主要因素不是原子量，而是原子序数，所以元素周期律应该表述为：随着原子序数的递增，元素性质呈现周期性变化的规律。原子结构的研究证明，原子的外层电子构型是决定元素性质的主要因素，而不同元素原子的外层电子构型是随原子序数的递增呈现周期性地重复排列。因此，原子核外电子排布的周期性变化是造成元素周期律的本质原因。元素周期表是各元素原子核外电子排布呈周期性变化的反映。

1. 周期

周期表中共有七个横行，每一横行上的元素组成一个周期，从上到下共分为七个周期：其中第一周期（2种元素）和第二、第三周期（各8种元素）元素较少，称为短周期；第四、第五周期（各18种元素）以及第六周期（32种元素）元素较多，称为长周期；第七周期目前也已经填满，有32种元素。

从表1-4中可以看出，周期与能级组存在密切的关系。

表1-4 周期与能级组的关系

能级组			周期		
序数	能级	填充电子数	序数	原子序数	元素数
1	1s	2	1	1～2	2
2	2s2p	8	2	3～10	8
3	3s3p	8	3	11～18	8
4	4s3d4p	18	4	19～36	18
5	5s4d5p	18	5	37～54	18
6	6s4f5d6p	32	6	55～86	32
7	7s5f6d	32	7	87～118	32

① 周期表中，周期数＝能级组数＝最外电子层主量子数。

每个能级组对应于一个周期，能级组有七个，相应就有七个周期。例如：Cl原子的电子构型为$1s^2 2s^2 2p^6 3s^2 3p^5$，有3个能级组，$n=3$，故Cl位于第三周期；Cu原子的外层电子构型为$3d^{10} 4s^1$，有4个能级组，$n=4$，故Cu位于第四周期。

② 周期表中每一新周期的出现，相当于原子中一个新的能级组的建立。电子在原子核外的排布是按照能级组的顺序进行填充的。每一个能级组都是从 ns 开始，电子填入一个新的电子层，出现一个新的周期。

③ 周期表中每一周期中的元素数目，等于相应能级组内各轨道所能容纳的电子总数。例如：第二能级组内包含 2s、2p 轨道，共可容纳 8 个电子，故第二周期共有 8 种元素；第四能级组内包含 4s、3d、4p 轨道，共可容纳 18 个电子，故第四周期共有 18 种元素。

2. 族

周期表中，把元素分为 16 个族：七个主族（ⅠA～ⅦA)、七个副族（ⅠB～ⅦB)、Ⅷ族和零族。同族元素的原子，它们的最高能级组（又称最外能级组）具有相同的电子构型，由于外层电子构型是影响元素性质的主要因素，而内层电子对元素的性质影响则较小，所以同一族元素具有相似的化学性质。最高能级组上的电子也称为“价电子”。

(1) 主族元素　最后 1 个电子填充在 ns 和 np 能级上的族是主族。主族元素原子最外能级组电子数和它所属的族号是一致的，即主族元素的族数＝最高能级组电子数（ns＋np)。ⅠA、ⅡA 最高能级组分别有 1 个和 2 个电子，价电子构型分别是 ns^1 和 ns^2；ⅢA 的最高能级组上应有 3 个电子，其价电子构型是 ns^2np^1；ⅣA～ⅦA 可以依次分别类推。

(2) 副族元素　最后 1 个电子填充在 d 能级和 f 能级上的元素是副族元素。副族元素的原子，最高能级组由 2～3 个能级构成。在这些能级中，ns 和（n－1）d 能级是决定元素性质的主要能级。从表 1-3 中可以看到，除少数元素的电子排布有例外，同族元素原子的 ns 和（n－1）d 能级构型相同。这是导致同一副族元素性质相似的根本原因。除第Ⅷ族、ⅠB 和ⅡB 外，大多数副族族数等于（n－1）d＋ns 电子数。例如：$_{25}$Mn 的电子排布为 $1s^2 2s^2 2p^6 3s^2 3p^6 3d^5 4s^2$，价电子构型是 $3d^5 4s^2$，所以是ⅦB 族。

周期表中 57 号镧以后的 14 个元素以及 89 号锕以后的 14 个元素，其原子中最后一个电子都是填充在（n－2）f 能级上，这些元素称为内过渡元素。由于（n－2）f 能级的构型对元素性质的影响很小，所以镧和其后的 14 个元素性质极其相似，占据周期表同一格内，命名为镧系元素。锕系元素与镧系元素类似。

3. 区

周期表中的元素除按周期和族划分外，还可按照原子的价电子结构特征分为 5 个区域，见表 1-5。

表 1-5　周期表中元素的分区

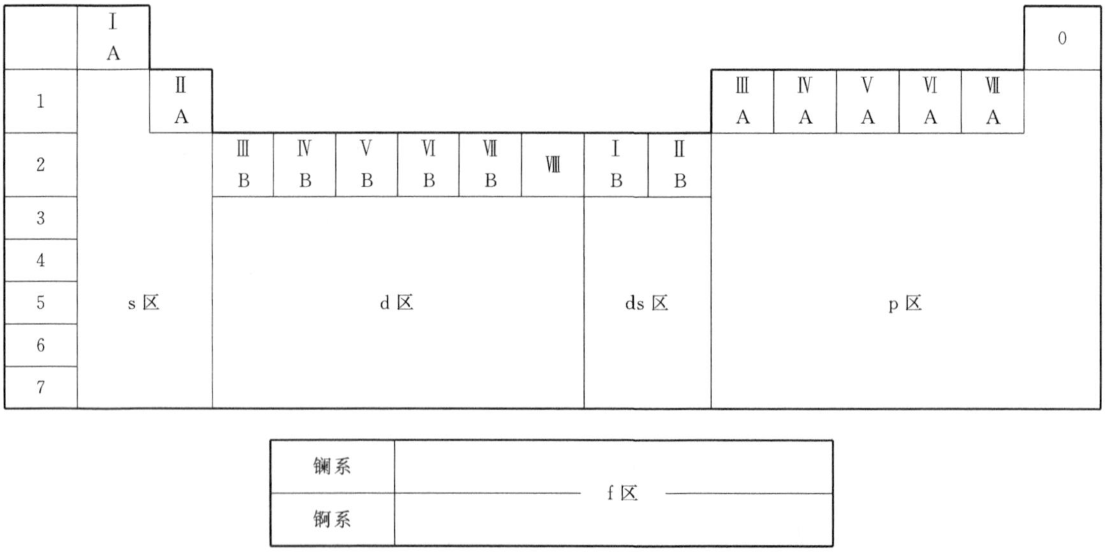

	ⅠA	ⅡA	ⅢB	ⅣB	ⅤB	ⅥB	ⅦB	Ⅷ	ⅠB	ⅡB	ⅢA	ⅣA	ⅤA	ⅥA	ⅦA	0
1																
2																
3																
4																
5	s 区		d 区						ds 区		p 区					
6																
7																

镧系	f 区
锕系	

(1) s区　包括ⅠA族和ⅡA族，元素原子的价电子构型分别为 ns^1 和 ns^2，即最后1个电子填充在s轨道上的元素。

(2) p区　包括ⅢA～ⅦA族和零族，价电子构型为 $ns^2np^{1\sim6}$，即最后1个电子填充在p轨道上的元素。

(3) d区　包括ⅢB～ⅦB族和Ⅷ族，价电子构型为 $(n-1)d^{1\sim9}ns^{1\sim2}$，即最后1个电子填充在 $(n-1)$ d轨道上的元素（个别例外）。

(4) ds区　包括ⅠB族和ⅡB族，元素原子的价电子构型为 $(n-1)d^{10}ns^{1\sim2}$，即次外层d轨道充满，最外层轨道上有1～2个电子的元素。

(5) f区　包括镧系元素和锕系元素，价电子构型为 $(n-2)f^{0\sim14}ns^2$ 或 $(n-2)f^{0\sim14}(n-1)d^{0\sim2}ns^2$，即最后1个电子填充在f轨道上的元素。

例1-4　已知某元素在第四周期ⅣA族，试写出它的价电子构型和原子的电子层结构。

解：根据周期数等于电子层数，主族元素族数等于最高能级组电子数，可推知该元素有4个电子层，4个价电子，价电子构型为 $4s^24p^2$。根据电子排布规律，内层电子全充满。因此，可以推断各电子层的电子数为2、8、18、4。该元素原子的电子层结构为：$1s^22s^22p^63s^23p^63d^{10}4s^24p^2$ 或 [Ar] $3d^{10}4s^24p^2$，该元素是锗（Ge）。

例1-5　已知某元素的原子序数为21，试指出其属于哪一周期、哪一族、什么区，该元素是什么？

解：该元素的原子序数是21，核外有21个电子，其电子层结构为 $1s^22s^22p^63s^23p^63d^14s^2$ 或 [Ar] $3d^14s^2$，属于第四周期、ⅢB族、d区，是钪（Sc）。

四、原子结构与元素性质的关系

元素性质取决于原子的结构，原子的电子层结构具有周期性变化的规律，使得元素的基本性质也呈现出周期性变化。元素性质主要如原子半径、电离能、电子亲和能和电负性等，都与电子层结构有关，它们亦呈现周期性变化的规律。

1. 原子半径

除稀有气体外，其他元素的原子总是以单质或化合物的键合形式存在。根据原子存在的不同形式，一般可把原子半径分为三种：

(1) 共价半径　同种元素的两个原子以共价单键相结合成单质分子时，两原子核间距离的一半，称为该原子的共价半径。

(2) 金属半径　在金属单质的晶体中，相邻两原子核间距的一半，称为该原子的金属半径。

(3) 范德华半径　在分子晶体中，相邻两分子的两原子核间距的一半，称为范德华半径。

一般来说，共价半径较小，金属半径居中，范德华半径最大。三种半径的比较见图1-9。

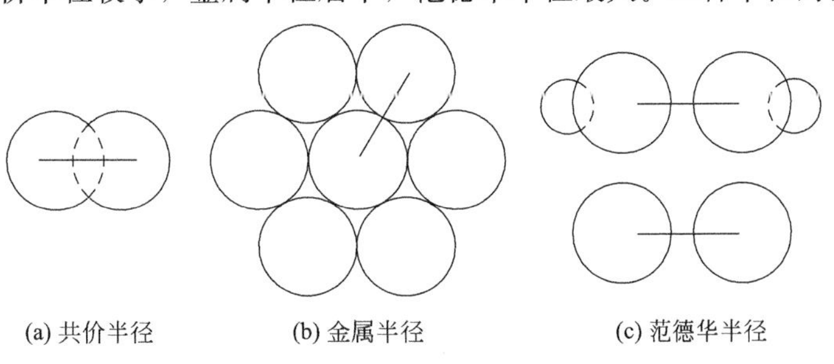

图1-9　各种原子半径示意图

周期表中各元素的原子半径数据见表1-6，其中除金属为金属半径、稀有气体为范德华半径外，其余皆以单键共价半径作为原子半径。

表1-6　元素的原子半径　　单位：pm

H 37																	He 122
Li 152	Be 111											B 88	C 77	N 70	O 66	F 64	Ne 160
Na 186	Mg 160											Al 143	Si 117	P 110	S 104	Cl 99	Ar 191
K 227	Ca 197	Sc 161	Ti 145	V 132	Cr 125	Mn 124	Fe 124	Co 125	Ni 125	Cu 128	Zn 133	Ga 122	Ge 122	As 121	Se 117	Br 114	Kr 198
Rb 248	Sr 215	Y 181	Zr 160	Nb 143	Mo 136	Tc 136	Ru 133	Rh 135	Pd 138	Ag 144	Cd 149	In 163	Sn 141	Sb 141	Te 137	I 133	Xe 217
Cs 265	Ba 217	Lu 173	Hf 159	Ta 143	W 137	Re 137	Os 134	Ir 136	Pt 136	Au 144	Hg 160	Tl 170	Pb 175	Bi 155	Po 153		

La	Ce	Pr	Nd	Pm	Sm	Eu	Gd	Tb	Dy	Ho	Er	Tm	Yb
188	183	183	182	181	180	204	180	178	177	177	176	175	194

① 同一周期中，原子半径的大小受两个因素的制约：一是随着核电荷的增加，原子核对外层电子的吸引力增强，使原子半径逐渐变小；二是随着核外电子数的增加，电子间的斥力增强，削弱了原子核的吸引力（屏蔽效应），使得有效核电荷减少，原子半径变大。

对于短周期的元素，从左到右，原子半径明显减小，这是因为电子依次填充到最外层上，而同层电子的屏蔽作用较小，因而有效核电荷数（Z^*）增加速度较快。对于长周期的过渡元素，从左到右，原子半径减小得较为缓慢，这是因为电子依次填充在次外层的d轨道上，对最外层电子的屏蔽作用大，而使有效核电荷增加的速度变慢。至于镧系元素，原子半径减小得则更为缓慢。这是因为电子依次填充在倒数第三层的4f轨道上，因而对最外层电子的屏蔽作用更大，使得有效核电荷递增极小，致使整个镧系元素的原子半径减小非常缓慢。镧系元素的原子半径随原子序数的递增而逐渐减小的现象，称为镧系收缩。其结果使ⅣB族到ⅠB族的第五与第六周期同族元素的原子半径相差不大，它们的外层电子构型也相同，因而化学性质极为相似，以至很难分离它们。

② 同一主族的元素，从上到下，外层电子构型相同，核电荷数增加有使原子半径缩小的作用，但由于内层电子的增多，对外层电子的屏蔽作用较大，使其有效核电荷增加不多，因而电子层数增多是原子半径增大的主要因素。同一副族的元素，从上到下原子半径增大的幅度不大，除ⅢB外，尤其是第五、第六周期同族元素的原子半径很接近，这主要是由于镧系收缩的结果。

总之，原子半径随原子序数的递增而变化的情况，具有明显的周期性，其原因是有效核电荷变化的周期性。

2. 电离能

一个基态的气态原子失去电子成为气态正离子时所需要的能量。符号 I，单位常用kJ/mol。

对于多电子原子，失去一个电子成为+1价气态正离子时所需的能量称为第一电离能（I_1），由+1价正离子再失去一个电子形成+2价正离子时所需的能量称为第二电离能（I_2），第三、第四、……电离能的定义类推：

$$M(g) \longrightarrow M^+(g) + e^- \qquad I_1$$

$$M^+(g) \longrightarrow M^{2+}(g) + e^- \qquad I_2$$

各级电离能大小顺序是：$I_1 < I_2 < I_3 < \cdots$，因为离子的正电荷越高，半径越小，有效

核电荷明显增大，核对外层电子的吸引力增强，失去电子逐渐变得困难，需要的能量就依次增大。

在元素的电离能中，第一电离能具有特殊的重要性，可作为原子失电子难易的度量标准。第一电离能越小，表示该元素原子越容易失去电子；反之，第一电离能越大，则原子失电子就越困难。原子失电子的难易体现了元素金属活泼性的强弱。元素的第一电离能 I_1 数据见表 1-7。

表 1-7　元素的第一电离能 I_1　　单位：kJ/mol

H 1312																	He 2372
Li 520	Be 900											B 801	C 1086	N 1402	O 1314	F 1681	Ne 2081
Na 496	Mg 738											Al 578	Si 787	P 1012	S 1000	Cl 1251	Ar 1521
K 419	Ca 590	Sc 631	Ti 658	V 650	Cr 653	Mn 717	Fe 759	Co 758	Ni 737	Cu 746	Zn 906	Ga 579	Ge 762	As 944	Se 941	Br 1140	Kr 1351
Rb 403	Sr 550	Y 616	Zr 660	Nb 664	Mo 685	Tc 702	Ru 711	Rh 720	Pd 805	Ag 731	Cd 868	In 558	Sn 709	Sb 832	Te 869	I 1008	Xe 1170
Cs 376	Ba 503	La 538	Hf 654	Ta 761	W 770	Re 760	Os 840	Ir 880	Pt 870	Au 890	Hg 1007	Tl 589	Pb 716	Bi 703	Po 812	At 912	Rn 1037

La	Ce	Pr	Nd	Pm	Eu	Gd	Tb	Dy	Ho	Er	Tm	Yb
538	528	523	530	536	547	592	564	572	581	589	597	603

从表 1-7 的电离能数据，可以得出同周期元素从左到右电离能增大。这是因为元素的有效核电荷逐渐增加，原子半径逐渐减小，原子最外层上的电子数逐渐增多，电离能逐渐增大。由于价电子层构型处于半充满、全充满状态时原子比较稳定，电离能有所增大。例如，s 轨道全充满的 Be、Mg 的电离能比 B、Al 高；p 轨道半充满的 N、P 的电离能高于 O、S。所以，电离能在周期性递增过程中稍有起伏。

3. 电子亲和能

处于基态的一个气态中性原子得到一个电子形成气态负离子时，所释放的能量称为该元素的第一电子亲和能，符号为 E_1，单位为 kJ/mol。

$$F(g)+e^- \longrightarrow F^-(g) \qquad E_1=-332\text{kJ/mol}$$

－1 价负离子再得到一个电子，成为－2 价负离子时所释放的能量称为第二电子亲和能。

电子亲和能可用来衡量原子获得电子的难易程度。电子亲和能越大，表示该元素越易获得电子，非金属性也就越强。部分元素的第一电子亲和能数值见表 1-8。

表 1-8　一些元素的第一电子亲和能　　单位：kJ/mol

H −72.7							He +48.2
Li −59.6	Be +48.2	B −26.7	C −121.9	N +6.75	O −141.0	F −328.0	Ne +115.8
Na −52.9	Mg +38.6	Al −42.5	Si −133.6	P −72.1	S −200.4	Cl −349.0	Ar +96.5
K −48.4	Ca +28.9	Ga −28.9	Ge −115.8	As −78.2	Se −195.0	Br −324.7	Kr +96.5
Rb −46.9	Sr +28.9	In −28.9	Sn −115.8	Sb −103.2	Te −190.2	I −295.1	Xe +77.2

电子亲和能在周期表中的大致变化规律是：同周期元素从左到右，电子亲和能一般逐渐

增大。这是因为有效核电荷数递增，原子半径递减，核对电子的引力增强，使得到电子变得容易。

同一主族，从上到下第一电子亲和能总体上逐渐减小，即放出的能量减小。但第 2 周期非金属元素 F 和 O 的第一电子亲和能反而比相应的第 3 周期元素 Cl 和 S 小。原因是 F 和 O 的原子半径特别小，电子云密度较大，电子之间的斥力很强，当结合一个电子时由于排斥力而使放出的能量减小。

4. 电负性

电离能和电子亲和能都是表征孤立（气态）原子的性质。同一原子具有这样的双重性质——失去电子和获得电子，如何综合这两个对立过程的能力，来说明元素在化学物质中的行为呢？化学物质中的原子是以化学键相结合在一起的，简称键和原子。每个原子都有得或失电子的能力，或者说都有接受或提供电子的能力。人们把一个原子吸引成键电子的相对能力称为该元素的相对电负性，简称电负性（χ）。鲍林于 1932 年，最先从热化学实验数据中整理出一套电负性数据。他把最活泼的非金属元素氟（F）的电负性指定为 4.0，然后通过对比求出其他元素的电负性，具体见表 1-9。

表 1-9 中的数据显示，随着原子序数增加，电负性明显地呈周期性变化。同一周期从左至右，电负性增加，主族及副族元素都是这样，原因在于原子的电子层数（n）不变，原子的有效核电荷数（Z^*）依次增加，原子半径（r）依次减小，原子吸引成键电子的能力依次增强；同族元素从上至下，原子的价电子构型相同，原子半径增加的影响超过了有效核电荷数增加的影响，使得原子吸引成键电子的能力依次减弱，故同族从上至下，元素电负性依次减小。

表 1-9　元素的电负性

H 2.18																
Li 0.98	Be 1.57											B 2.04	C 2.55	N 3.04	O 3.44	F 3.98
Na 0.93	Mg 1.31											Al 1.61	Si 1.90	P 2.19	S 2.58	Cl 3.16
K 0.82	Ca 1.00	Sc 1.36	Ti 1.54	V 1.63	Cr 1.66	Mn 1.55	Fe 1.8	Co 1.88	Ni 1.91	Cu 1.90	Zn 1.65	Ga 1.81	Ge 2.01	As 2.18	Se 2.55	Br 2.96
Rb 0.82	Sr 0.95	Y 1.22	Zr 1.33	Nb 1.60	Mo 2.16	Tc 1.9	Ru 2.28	Rh 2.2	Pd 2.20	Ag 1.93	Cd 1.69	In 1.78	Sn 1.96	Sb 2.05	Te 2.10	I 2.66
Cs 0.79	Ba 0.89	La 1.2	Hf 1.3	Ta 1.5	W 2.36	Re 1.9	Os 2.2	Ir 2.2	Pt 2.28	Au 2.54	Hg 2.00	Tl 2.04	Pb 2.33	Bi 2.02	Po 2.0	At 2.2

见数字资源 1-3　元素周期律视频。

第三节　共价键

分子是物质能够独立存在并保持其化学性质的最小微粒。也就是说，物质的化学性质主要取决于分子的性质，而分子的性质又取决于分子结构。所谓分子结构主要包括以下内容：分子或晶体中直接相邻的原子靠什么力、以何种方式结合，即化学键问题；分子的空间构型问题；分子间还存在着一种较弱的作用力，即分子间作用力问题。根据原子间相互作用的方式和强度不同，化学键可分为：

① 离子键：原子失去电子成为阳离子，或得到电子成为阴离子，阴阳离子间通过静电引力而形成的化学键称为离子键。离子在任何方向都可以和带有相反电荷的其他离子相互吸引成键，并且只要周围空间容许，每种离子都会尽可能多地吸引异性离子，所以离子键既无

方向性又无饱和性。

② 共价键：原子间通过电子云重叠（共用电子对）的方式而形成的化学键称为共价键，共价键具有饱和性和方向性。

③ 金属键：金属晶体中，依靠一些能够流动的自由电子，把金属原子和离子结合在一起形成的化学键叫作金属键。这些自由电子为许多原子或离子所共有，但它与共价键不同，没有饱和性和方向性。

本节只讨论共价键。

一、现代价键理论

1916 年美国化学家路易斯（Lewis）提出了原子间共用电子对的经典共价键理论。他发现绝大多数分子中的电子数目为偶数，因而认为分子中的电子有成对倾向，相互作用的原子既可通过得失电子，也可通过共用电子方式，彼此达到符合八隅体规则的稳定电子排布。经典共价键理论虽然能解释不少物质分子的结构，但也存在着局限性，如它不能解释两个带负电荷的电子为什么不互相排斥反而相互配对成键；也不能解释共价键分子都具有一定的空间构型，以及许多共价化合物分子中原子的外层电子数虽少于 8（如 BF_3）或多于 8（如 PCl_5、SF_6 等）仍能稳定存在。为了解决这些问题，1927 年德国化学家海特勒（Heitler）和伦敦（London）把量子力学成功地应用到氢分子的结构上，使共价键的本质获得了初步说明。后来鲍林（Pauling）等人在此基础上建立了现代价键理论（valence bond theory，简称 VB 法）。1932 年，美国化学家密立根（Mulliken）和德国化学家洪特（Hund）从另外的角度提出了分子轨道法（molecular orbital theory，简称 MO 法）。这里，我们只讨论 VB 法。

1. 氢分子共价键的形成本质

从量子力学的观点来看，联系两原子核的共用电子对之所以能形成，是因为两个电子的自旋相反，这是鲍林不相容原理用在分子结构中的自然结果。图 1-10 是形成氢分子的能量曲线。当两个原子相距无限远时，相互之间没有作用力，相互作用的能量几乎为零。随着它们的接近，原子间的相互作用和电子的自旋方向有密切关系。如果自旋方向相反，在到达平衡距离 R_0 之前，随着 R 的减小，电子运动的空间轨道发生重叠，电子在两核间出现的机会较多，即电子云密度较大，体系的能量逐渐降低，直至 R_0（实验值 74pm），体系能量达到最低。若两原子继续靠近，体系能量将迅速升高，因此体系能量最低的那个状态就是氢分子的稳定状态；若自旋方向相同，则原子间的相互作用总是排斥的，能量曲线不断上升，体系能量趋于升高，不会出现最低点，因此不可能形成稳固的分子。所以，两原子电子自旋方向相反时，电子云在核间分布比较密集，能量降低，形成氢分子；两原子电子自旋方向相同时，电子云在核间分布比较稀疏，能量升高，不能形成氢分子。

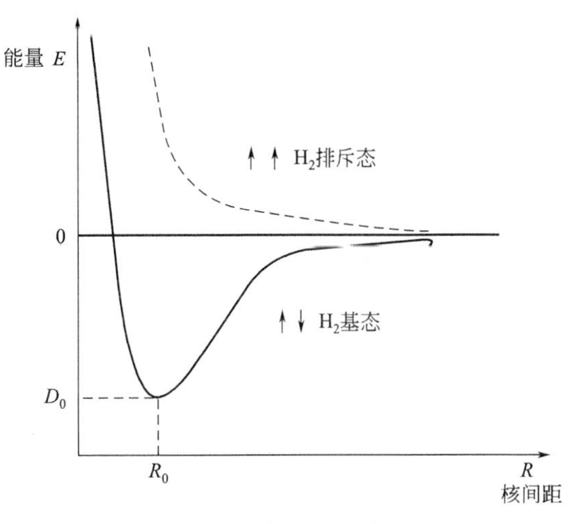

图 1-10　氢分子能量曲线图

2. 现代价键理论的基本要点

该理论是在用量子力学处理氢分子取得满意结果的基础上发展起来的，对经典共价键理论的不足之处能给予较好的解释。其基本要点如下：

① 原子中自旋方向相反的未成对电子相互接近时，电子云重叠，核间电子云密度较大，可相互配对形成稳定的化学键。一个原子有几个未成对的电子，便可和几个自旋相反的未成对电子配对成键。这称为电子配对原理。例如：H—H、Cl—Cl、H—O—H、 N≡N 等。

② 原子间形成共价键时，成键电子的电子云重叠越多，两核间电子云密度越大，形成的共价键就越牢固。因此，形成共价键时原子轨道总是沿着一定的方向尽可能达到最大程度的重叠，这称为电子云最大重叠原理。

3. 共价键的特征

(1) 共价键的饱和性　一个原子的未成对电子与另一个原子自旋相反的电子配对成键后，就不能再与第三个原子的电子配对成键，否则其中必有两个电子因自旋方向相同而互相排斥。因此，一个原子中有几个未成对电子，就只能和几个自旋相反的电子配对成键，这就是共价键的饱和性。

(2) 共价键的方向性　根据电子云最大重叠原理，共价键形成时会尽可能沿着电子云密度最大的方向成键。s 电子云是球形对称的，因此无论在哪个方向上都可能发生最大重叠，而 p、d 电子云在空间都有不同的伸展方向，为了形成稳定的共价键，电子云尽可能沿着密度最大的方向进行重叠，这就是共价键的方向性。例如，在形成 HCl 分子时，氢原子的 1s 电子云总是沿着氯原子未成对 3p 电子云的对称轴方向做最大程度的重叠［图 1-11(a)］，才能形成稳定的 HCl 分子，而其他方向都不能形成稳定的 HCl 分子［图 1-11(b)、图 1-11(c)］。

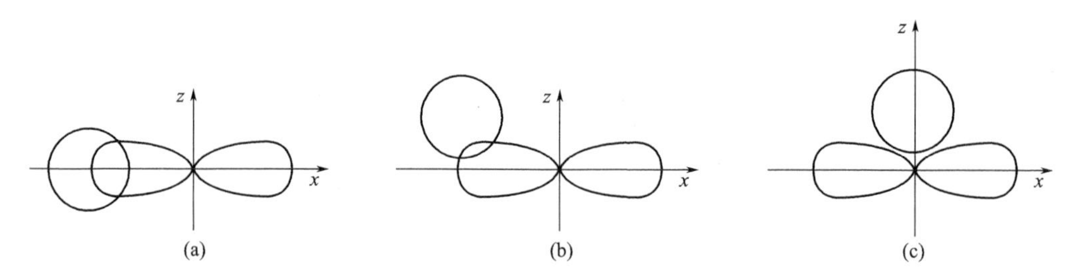

图 1-11　氢原子 1s 电子云与氯原子 $3p_x$ 电子云的三种重叠情况

4. 共价键的类型

根据成键时原子轨道的重叠方式不同，共价键有两种基本的类型：σ 键与 π 键。

(1) σ 键　两个原子轨道沿键轴（两原子核间连线）方向呈圆柱形对称重叠。形象地称为“头碰头”重叠。这种共价键称为 σ 键［图 1-12(a)］。

(2) π 键　两个原子轨道沿着键轴方向以“肩并肩”的方式重叠，重叠部分对通过键轴的一个平面具有镜面反对称，这种共价键称为 π 键［图 1-12(b)］。

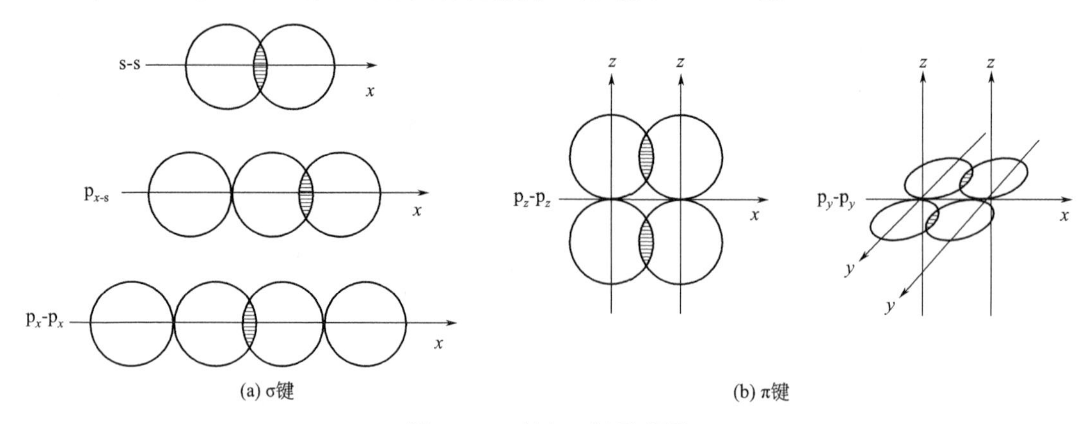

图 1-12　σ 键与 π 键示意图

例如，N_2 分子中的 2 个 N 原子以 3 对共用电子结合在一起。N 原子的电子层结构为 $1s^2 2s^2 2p_x^1 2p_y^1 2p_z^1$，3 个未成对电子的电子云分别密集于 3 个互相垂直的对称轴上，当两个 N 原子相结合时，每个 N 原子若以 1 个 p_x 电子沿着 x 轴的方向“头碰头”地重叠形成 1 个 σ 键，则 N 原子其余的 2 个 p 电子只能采取“肩并肩”的方式重叠（如图 1-12 所示），形成两个互相垂直的 π 键。因此，在 N_2 分子中，两个 N 原子是以 1 个 σ 键和 2 个 π 键相结合的。N_2 分子的结构可以用 N≡N 来表示。

由以上分析可知，如果原子间共用一对电子，形成共价单键，通常是 σ 键；如果共用两对电子，形成共价双键，则为 1 个 σ 键、1 个 π 键；如果共用 3 对电子，形成共价三键，则由 1 个 σ 键和 2 个 π 键组成。

从原子轨道重叠的程度看，π 键的重叠程度比 σ 键重叠程度小，π 键的稳定性要低于 σ 键。因此，π 键容易断裂发生化学反应。

σ 键和 π 键只是共价键中最基本、最简单的类型，除此之外，还存在多种共价键类型，如共轭大 π 键、多中心键、反馈键等。

见数字资源 1-4　价键理论视频。

5. 键参数

表征化学键性质的物理量称为键参数。共价键的键参数主要有键长、键能、键角等。利用这些键参数可以判断分子的几何构型以及热稳定性等性质。

（1）键长　指成键原子核间的平均距离。两原子形成共价键的键长越短，键越强，共价键越牢固。相同原子间的键长，单键 > 双键 > 三键。

（2）键能　键能是衡量化学键强弱的物理量。定义为一定温度（298.15K）和标准压力下基态化学键分解成气态基态原子所需要的能量。对于双原子分子，键能就是键解离能；对于多原子分子，由于断开每一个键的能量不相等，所以键能只是一种统计平均值。

一些共价键的键长和键能见表 1-10。

表 1-10　一些共价键的键长和键能

键	键长/pm	键能/(kJ/mol)	键	键长/pm	键能/(kJ/mol)
H—H	74	436	C—H	109	416
O—O	148	146	N—H	101	391
S—S	205	226	O—H	96	467
F—F	128	158	F—H	92	566
Cl—Cl	199	242	B—H	123	293
Br—Br	228	193	Si—H	152	323
I—I	267	151	S—H	136	347
C—F	127	485	P—H	143	322
B—F	126	548	Cl—H	127	431
I—F	191	191	Br—H	141	366
C—N	147	305	I—H	161	299
C—C	154	356	N—N	146	160
C═C	134	598	N═N	125	418
C≡C	120	813	N≡N	110	946

由表 1-10 可以看出，从单键、双键到三键，键能越来越大。键能越大，表明键越牢固，断裂该键所需要的能量越大。

（3）键角　共价分子中成键原子核连线的夹角称为键角。键角和键长是表征分子几何构型的重要参数。对于双原子分子，分子构型总是直线型的；对于多原子分子，分子中原子在空间的位置不同，各化学键的夹角不同，分子的几何构型也不同（见表 1-11）。

表 1-11　一些分子的键长、键角和几何构型

分子式	键长(实验值)/pm	键角(实验值)/(°)	几何构型
H_2S	134	93.3	V形
CO_2	116.2	180	直线型
NH_3	101	107.3	三角锥形
CH_4	109	109.5	正四面体形

二、杂化轨道理论

价键理论虽然较好地阐明了共价键的形成过程和本质，解释了共价键的方向性和饱和性，但在解释多原子分子的空间构型时遇到了困难。以 CH_4 分子为例，经实验测知其结构是一个四面体，C 原子位于四面体中心，四个 H 原子占据四面体的四个顶点，CH_4 分子中形成了四个稳定的、相同的 C—H 键，键角为 109°28′。根据价键理论，C 原子最外层只有两个未成对电子，只能和两个其他原子形成两个共价单键。如果考虑将 C 原子的一个 2s 电子激发到 2p 轨道上去的可能性，则有四个未成对电子（一个 s 电子、三个 p 电子）可与四个 H 原子成键。但由于 C 原子 s 电子和 p 电子的能量是不相同的，那么这四个 C—H 键也应该是不相同的，这是价键理论无法解释的。1931 年，鲍林在价键理论的基础上提出了杂化轨道的概念，较好地解释了许多以共价键结合的分子的空间构型问题。

1. 杂化与杂化轨道

所谓杂化，是指在形成分子时，由于原子间的相互影响，在同一原子中若干不同类型的能量相近的原子轨道混合起来，重新组成一组新的原子轨道，这一重新组合的过程称为“杂化”，所形成的新的轨道叫“杂化轨道”。具有了杂化轨道的原子再以自旋相反的单电子与其他原子形成共价键。例如 CH_4 分子的形成过程可表述如下。

在形成 CH_4 分子时，在总体能量降低的趋势下，C 原子的一个 2s 电子可被激发到 2p 空轨道上，一个 2s 轨道和三个 2p 轨道杂化形成四个能量相等、形状完全相同、在空间对称分布（目的在于形成一种能量最低的稳定状态）的新轨道，每一个新轨道都含有 $\frac{1}{4}$ s 和 $\frac{3}{4}$ p 的成分，叫作 sp^3 杂化轨道。四个 sp^3 杂化轨道分别与四个 H 原子的 1s 轨道重叠成键，形成 CH_4 分子，所以四个 C—H 键是完全等同的，键角为 109°28′，与实验事实相符。

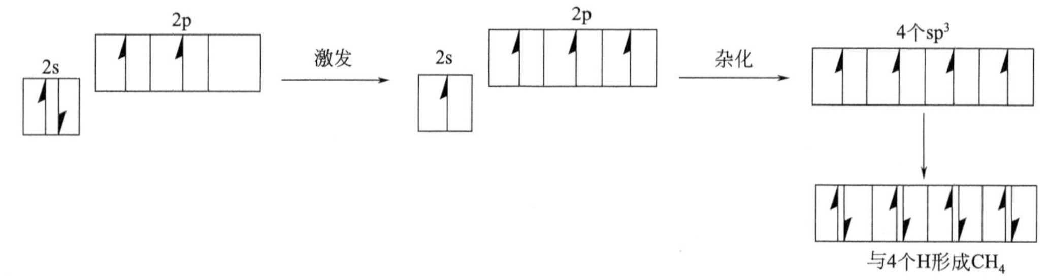

杂化轨道为什么有利于成键，从理论上也得到了说明。这是由于轨道杂化后，电子云形状和伸展方向都发生了改变，形成的杂化轨道一头大一头小，较大的一头重叠，比未杂化的 p 轨道重叠得更多，因此形成的共价键更稳定，电子云分布更为集中，成键时更有利于形成最大重叠。

需要注意的是，只有能量相近的轨道才能发生杂化（如 *n*s 和 *n*p 轨道），像 1s 轨道和 2p 轨道因能量相差较大，故不能杂化。另外，只有在形成分子时才发生杂化，孤立原子的 s 轨道和 p 轨道不发生杂化。

2. 杂化轨道的类型

由于参加杂化的原子轨道种类和数目不同，所以可组成不同类型的杂化轨道。

(1) sp 杂化　是由一个 ns 和一个 np 轨道进行杂化组成两个等同的 sp 杂化轨道，每个 sp 杂化轨道含$\frac{1}{2}$s 和$\frac{1}{2}$p 的成分，sp 杂化轨道间的夹角为 180°，分子构型呈直线型（如图 1-13 所示）。例如 BeH_2 分子的形成，Be 原子 $2s^2$ 中的一个电子在 H 原子的影响下，激发到 2p 轨道上去，同时，一个 2s 轨道和一个有电子 2p 轨道进行 sp 杂化，组合成两个等同的 sp 杂化轨道，再分别和 H 原子的 1s 轨道重叠，形成有两个 σ 键的 BeH_2 分子，分子的空间构型是直线型。

(2) sp^2 杂化　是由一个 ns 轨道和两个 np 轨道经杂化组合成三个等同的 sp^2 杂化轨道，每个 sp^2 杂化轨道含$\frac{1}{3}$s 和$\frac{2}{3}$p 的成分，杂化轨道间的夹角为 120°，呈平面三角形（如图 1-13 所示）。例如 BF_3 分子的形成，B 的电子层结构为：$1s^2 2s^2 2p_x^1$，在 F 原子的影响下，其 $2s^2$ 的一个电子激发到一个空的 2p 轨道上，一个 2s 轨道和两个 2p 轨道经杂化形成三个等同的 sp^2 杂化轨道，再和 F 原子含有单电子的 2p 轨道重叠，形成有三个 σ 键的 BF_3 分子。实验证明 BF_3 分子是平面三角形（图 1-13），B 原子位于中央，三个 F 原子位于三角形顶点，三个 B—F 键是等同的，∠FBF=120°。其他像 BCl_3、BI_3 和 GaI_3 等都是平面正三角形结构。

(3) sp^3 杂化　如同上述，由一个 ns 轨道和三个 np 轨道经杂化形成四个等同的 sp^3 杂化轨道，每个 sp^3 杂化轨道含有$\frac{1}{4}$s 和$\frac{3}{4}$p 的成分。sp^3 杂化轨道间的夹角为 109°28′，呈正四面体构型（如图 1-13 所示）。CH_4、C_2H_6 和 CCl_4 等分子的中心原子 C 均采用了 sp^3 杂化方式。

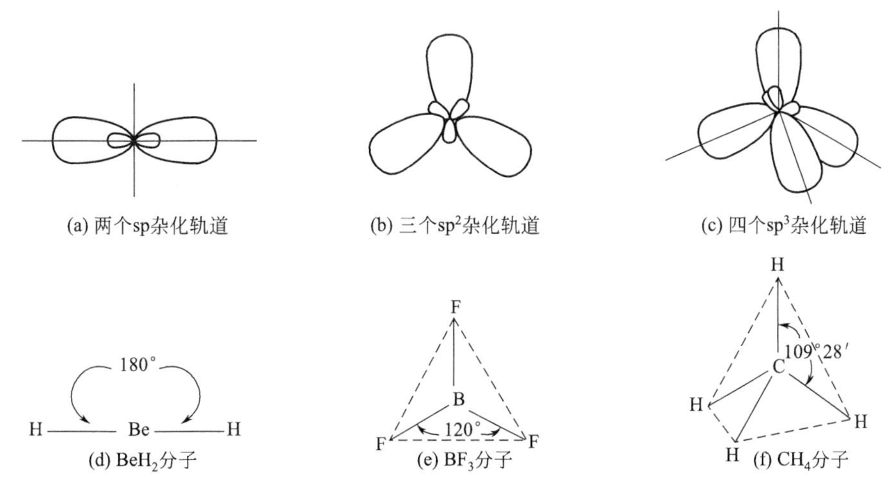

图 1-13　杂化轨道及相应分子的空间构型

此外，还有 d 轨道参与杂化的 sp^3d^2、d^2sp^3 等杂化轨道，本书不做介绍。

3. 等性杂化与不等性杂化

前面提到的每种杂化轨道都是等同的（能量相等、成分相同），如 sp^3 杂化的四个 sp^3 轨道都含有$\frac{1}{4}$s 和$\frac{3}{4}$p 轨道的成分。这种杂化叫作等性杂化。如果在杂化轨道中有未成键的孤对电子存在，使杂化轨道不完全等同，则这种杂化称为不等性杂化。例如 NH_3 分子的形成，N 原子的电子构型为：$1s^2 2s^2 2p_x^1 2p_y^1 2p_z^1$。由一个 2s 轨道和三个 2p 轨道杂化所形成的四个 sp^3 杂化轨道中有一个杂化轨道被孤对电子占据，其余三个含有一个电子的杂化轨道，与 H 原子 1s 轨道重叠形成 NH_3 分子。由于孤对电子的电子云密集于 N 原子核附近，因而这个杂化轨道含有较多的 s 成分，其余的三个 sp^3 杂化轨道含有较多的 p 成分，造成孤对电子对成键电子所占据的杂化轨道有排斥压缩作用，致使∠HNH 不是 109°28′，而是 107°18′。被孤对电子占据的杂化轨道不参与成键，因此 NH_3 分子的空间构型呈三角锥形，如图 1-14 所示。又如 H_2O 分子的形成，O 原子的 2s 和 2p 轨道进行不等性杂化，四个 sp^3 杂化轨道中有两个被孤对电子占据，不参与成键。它们对成键的两个 sp^3 杂化轨道的排斥作用更大，使 H_2O 分子中的 O—H 键的键角被压缩到 104°45′，形成“V”型或弯角形，如图 1-15 所示。

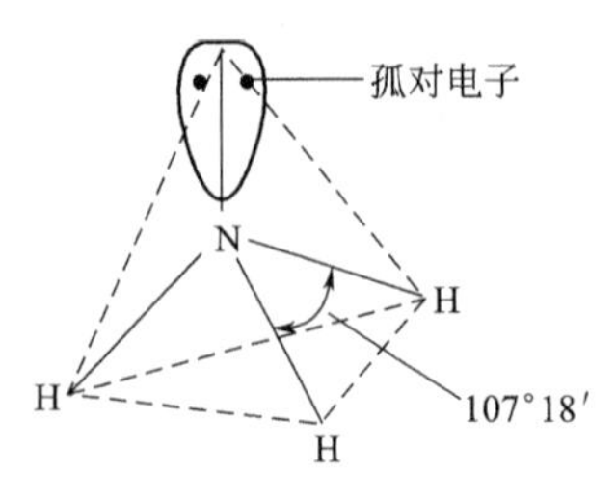

图 1-14　NH_3 分子的空间构型

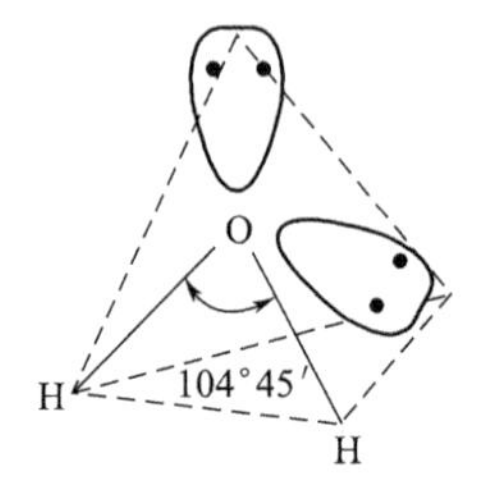

图 1-15　H_2O 分子的空间构型

见数字资源 1-5　杂化轨道理论视频。

第四节　分子间作用力和氢键

一、共价键的极性

（1）非极性键　当两个相同的原子以共价键相结合时，由于原子双方吸引电子的能力（即电负性）相同，则电子云密度大的区域恰好在两个原子之间。这样原子核的正电荷重心和电子云负电荷重心正好重合，这种共价键叫作非极性共价键。例如 H_2、O_2、N_2 等单质分子中的共价键是非极性键。

（2）极性键　当两个不同的原子以共价键相结合时，由于不同原子吸引电子的能力（电负性）不同，电子云密集的区域偏向电负性较大的原子一方，这样键的一端带有部分负电荷，另一端带有部分正电荷，即在键的两端出现了正极和负极。这种共价键叫作极性键。可以根据成键两原子电负性的差值估计键的极性大小。一般电负性的差值越大，键的极性也越大。例如在卤化氢分子中，氢与卤素原子电负性的差值按 HI（0.5）、HBr（0.8）、HCl（1.0）、HF（1.8）的顺序依次增强，其键的极性也按此顺序依次增大。

位于周期表左边的碱金属元素电负性很低，右边的卤素电负性很高。当成键的两个原子电负性相差很大时，例如 Na 原子与 Cl 原子的电负性差值为 2.2，则氯化钠是离子型化合物。但是，近代实验指出，即使电负性最低的 Cs（铯）原子与电负性最高的 F 原子结合而成的离子型化合物 CsF，也并非纯静电作用。CsF 中也有约 8%的共价性，只有 92%的离子性（离子特征百分数）。

从键的极性而言，可以认为离子键是最强的极性键，极性键是由离子键到非极性键之间的一种过渡状态。

二、极性分子和非极性分子

正、负电荷重心重合的分子称为非极性分子，如 H_2、Cl_2、O_2 等。正、负电荷重心不重合的分子称为极性分子，如 HC1、HF、HI 等。

判断分子是否有极性，除了考虑分子的键是否有极性外，还要考虑分子的构型是否对称。如 CO_2 分子，键是极性的（O ═C），但分子是直线对称型的（O ═C ═O），两个键的极性相互抵消，所以 CO_2 分子为非极性分子。又如 SO_2 分子，两个 S ═O 键都是极性键，但分子是 V 型不对称的，所以 SO_2 分子是极性分子。

分子极性的强弱一般用偶极矩 μ 来衡量，若偶极长度为 d，偶极一端带有的电荷量为 q，则 $\mu=dq$，偶极矩 μ 的单位是库［仑］·米（C·m），例如 HCl、H_2O、CO_2 的偶极矩分别为 $\mu_{HCl}=3.61\times10^{-30}$ C·m、$\mu_{H_2O}=6.23\times10^{-30}$ C·m、$\mu_{CO_2}=0$。显然，偶极矩为 0 的分子为非极性分子；反之偶极矩不等于 0 的分子，则为极性分子。分子的偶极矩越大，分子的极性就越大；反之，偶极矩越小，分子的极性就越小。

三、分子间的作用力

分子间力（又称范德华力）与化学键相比，是比较弱的力。物质聚集状态的变化如液化、凝固与蒸发等主要靠分子间的作用力。分子间力包括三部分。

（1）取向力　取向力发生在极性分子和极性分子之间。极性分子相互接近时，两极因电性的同性相斥、异性相吸，使分子发生相对转动，称为取向。在取向的偶极分子之间，由于静电引力将相互吸引，当接近到一定距离后，排斥与吸引作用达到相对平衡，体系能量趋于最小。这种因固有偶极而产生的相互作用，称为取向力，如图 1-16(a) 所示。

（2）诱导力　非极性分子在极性分子偶极电场的影响下，正、负电荷重心发生分离产生诱导偶极。诱导偶极与极性分子固有偶极间的相互作用力称为诱导力，如图 1-16(b) 所示。极性分子相互之间因固有偶极的相互作用，每个极性分子也会产生诱导偶极而产生诱导力。

（3）色散力　非极性分子由于电子的运动、原子核的不断振动，能使正、负电荷的重心发生短暂的分离，产生“瞬间偶极”，这种“瞬间偶极”虽然存在的时间短暂，但出于大群分子反复产生，就会在非极性分子群中连续存在。

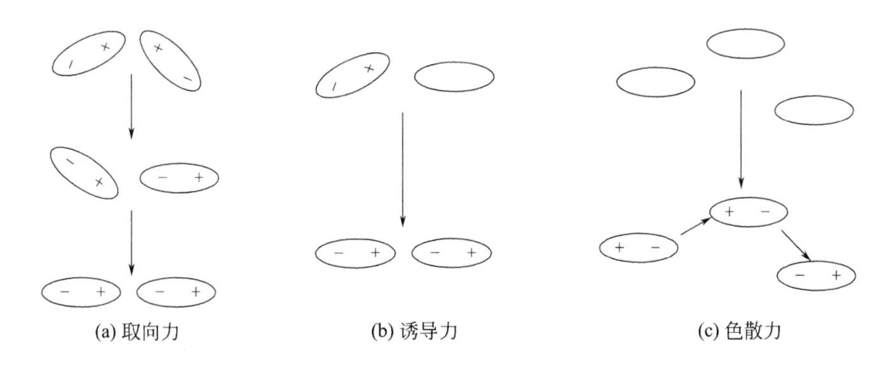

图 1-16　分子间作用力

另外，这种“瞬间偶极”还会诱导邻近分子产生瞬间偶极。这种由于存在瞬间偶极而产生的相互作用力，称为色散力，如图 1-16(c) 所示。显然，极性分子也会产生瞬间偶极，极性分子间、极性分子与非极性分子间也存在色散力。

所以取向力存在于极性分子之间；诱导力存在于极性分子与非极性分子之间，也存在于极性分子相互之间；而色散力则存在于任何分子之间，除极性很强的分子（H_2O）外，大多数分子间以色散力为主。三种力的分配见表 1-12。

表 1-12　一些分子的分子间作用力的分配

分子	偶极矩 /$\times10^{-30}$C·m	取向力 /(kJ/mol)	诱导力 /(kJ/mol)	色散力 /(kJ/mol)	总作用力 /(kJ/mol)
Ar	0	0	0	8.49	8.49
CO	0.40	0.0003	0.0008	8.74	8.74
HI	1.40	0.025	0.113	25.83	25.97
HBr	2.67	0.685	0.502	21.90	23.09
HCl	3.57	3.30	1.003	16.80	21.11
NH_3	4.90	13.29	1.547	14.92	29.75
H_2O	6.17	37.45	1.923	8.99	48.36

总之，分子间力是一种永远存在于任何分子间的作用力。随着分子间的距离增大而迅速减小，作用范围约几皮米。作用能比化学键能要小 1～2 个数量级。分子间力没有方向性和饱和性。分子间力对物质的熔点、沸点、溶解度等物理性质有很大影响。例如，从表 1-12 中可以看出，Ar 和 CO 都是难液化的气体，水在常温下是液体。又如卤素分子（X_2）间只存在着色散力，由于色散力随分子量的增大而增大，故 F_2、Cl_2、Br_2、I_2 的熔点和沸点依次升高。

四、氢键

HF 的物理性质不符合卤族元素氢化物的变化规律，显示反常，如密度特别大、沸点特别高等，这是由于 HF 分子之间存在氢键，使简单的 HF 分子聚合成缔合分子。HF 中 H—F 键的共用电子对强烈地偏向 F 原子，使 F 原子带部分负电荷，而使 H 原子几乎成为赤裸的质子，因其半径小、电场强，所以很容易和另外带有部分负电荷的 F 原子相互吸引而发生缔合，这种作用力称为氢键。如图 1-17 所示。氢键可用 $X—H\cdots Y$ 表示，X、Y 可以是同种原子，也可以是不同种原子，但必须是电负性大、半径小且有孤对电子的原子，如 F、O、N 等元素。

氢键不仅存在于分子与分子之间，还可以在分子内形成。例如，邻硝基苯酚分子内可形成氢键，如图 1-18 所示。

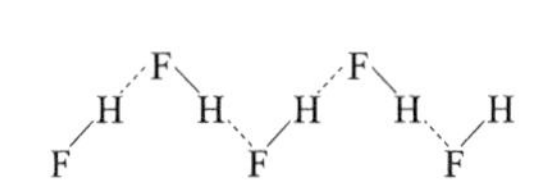

图 1-17　HF 分子间的氢键

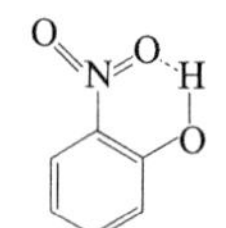

图 1-18　邻硝基苯酚分子内氢键

氢键具有方向性和饱和性。分子间氢键是直线型的（使带负电原子间的斥力最小）。分子内氢键常不能在一条直线上。氢键的饱和性是指每一个 $X—H$ 只能与一个 Y 原子形成氢键。氢键的键能比化学键能小，比分子间力略大，是一种既不同于化学键，又不同于范德华力的作用力。

氢键的形成对物质的性质有一定的影响，能使熔点、沸点升高，因破坏氢键需要消耗能量。例如，NH_3、H_2O、HF 的熔点和沸点均比同族的相应氢化物高，就是因为 NH_3、H_2O、HF 等物质均有氢键存在。氢键的存在对物质的溶解度、酸碱性、密度、黏度甚至反应性能也均有影响。例如，在极性溶剂中，溶质和溶剂的分子间形成氢键，会使溶质的溶解度增大；在溶质的分子内形成氢键，使溶解度减小。氢键对生物高分子的高级结构有重要意义。例如，DNA 的双螺旋结构就是羰基（C═O）上的氧和氨基（—NH_2）上的氢以氢键（C═O…H—N）联合而成。

见数字资源 1-6　分子间作用力和氢键视频。

【本章小结】

① 核外电子运动具有波粒二象性，因此其运动状态要用四个量子数同时进行描述：主量子数 n 确定了电子的主要能量，角量子数 l 确定了原子轨道的形状，磁量子数 m 确定了原子轨道在空间的伸展方向，自旋量子数 m_s 确定了电子的自旋方向。

② 核外电子排布应遵循三个原理：能量最低原理、泡利不相容原理、洪特规则。由于多电子原子中电子的相互影响，使得有效核电荷数减少，能量相近的原子轨道产生能级交错。

③ 元素原子电子层结构的周期性变化是导致元素性质如原子半径、电离能、电子亲和能和电负性呈现周期性变化的根本原因。

④ 价键理论基本要点：两个原子的成单电子若自旋方向相反则可两两配对形成共价键；原子轨道重叠程度越大，共价键越稳定；共价键有方向性和饱和性。

⑤ 杂化轨道理论基本要点：只有能量相近的原子轨道在形成分子的过程中才会进行杂化；杂化轨道的成键能力增强；杂化轨道的数目等于参加杂化的原子轨道总数；杂化轨道的类型与分子的空间构型有关。

⑥ 分子间作用力包括取向力、诱导力和色散力三种，以色散力为主。氢键是一种特殊的分子间作用力，分为分子内氢键和分子间氢键，可对物质的物理性质产生不同的影响。

【目标检测】

一、判断题

1. s 电子在一个对称的球面上运动，而 p 电子在两个双球面上运动。（　　）
2. 电子云图中黑点越密之处，表示那里的电子越多。（　　）
3. 杂化轨道理论可用来解释分子的空间构型。（　　）
4. 构成非极性分子的共价键不一定就是非极性共价键。（　　）
5. 所有的含氢化合物分子之间都存在着氢键。（　　）

二、选择题

1. 决定核外电子运动状态的量子数是（　　）。

A. n，l　　B. n，m　　C. n，l，m　　D. n，l，m，m_s

2. 下列各组量子数（n，l，m）中，不合理的是（　　）。

A. 3，2，2　　B. 3，1，−1　　C. 3，2，0　　D. 3，3，0

3. 有一个元素，它的基态原子有 3 个半满的 p 轨道，这个元素是（　　）。

A. $_5B$　　B. $_6C$　　C. $_7N$　　D. $_8O$

4. 若将某原子的核外电子排布式写成：$1s^2 2s^2 2p_x{}^2 2p_y{}^1$，则违背了（　　）。

A. 能量最低原理　　B. 泡利不相容原理

C. 洪特规则　　D. 最大重叠原理

5. 下列元素的电负性大小顺序正确的是（　　）。

A. C ＜ N ＜ O ＜ F ＜ Si　　B. Si ＜ C ＜ N ＜ O ＜ F

C. C ＜ Si ＜ N ＜ O ＜ F　　D. Si ＜ C ＜ O ＜ N ＜ F

6. 下列分子中，中心原子采用不等性 sp^3 杂化的是（　　）。

A. NH_3　　B. $BeCl_2$　　C. SO_2　　D. CH_4

7. 下列物质中，分子间仅存在色散力的是（　　）。

A. NH_3　　B. HBr　　C. H_2O　　D. CH_4

三、简答题

1. 原子轨道、概率密度和电子云三个概念的含义是什么？

2. 写出下列物质的电子层结构：${}_{9}F^{-}$、${}_{15}P$、${}_{24}Cr$、${}_{13}Al^{3+}$。

3. 按要求填下表。

原子序数	元素符号	电子层结构	电子层数	能级组	周期	族	最高化合价
11	Na						
16							
	Fe						
36							
50	Sn						

4. 有第四周期的 A、B、C、D 四元素，其价电子数依次为 1、2、2、7，原子序数随 A、B、C、D 依次增大。已知 A 与 B 的次外层电子数为 8，而 C、D 为 18。根据上述线索，判断：(1) 哪些是金属元素？(2) D 与 A 的简单离子是什么？(3) B 与 D 两原子间能形成何种化合物？写出化学式。

5. 什么叫原子轨道杂化？为什么要杂化？指出 s、p 杂化的类型及其相应的几何构型。用杂化轨道理论说明 H_2O 分子的结构。

6. 举例说明下列概念的区别。

(1) 极性键与极性分子；

(2) σ 键与 π 键；

(3) 范德华力与氢键。

7. 指出下列各组物质的分子间存在何种作用力？

(1) CCl_4 和 C_6H_6（苯）；

(2) Br_2 和 H_2O；

(3) $CHCl_3$ 和 C_2H_5OH。

8. 形成氢键的条件是什么？氢键的特征有哪些？举例指出氢键的类型。

9. 解释下面现象。

(1) 邻羟基苯甲酸的熔点低于对羟基苯甲酸；

(2) 在室温下，为什么水是液体而 H_2S 是气体。

第二章

物质的聚集状态

学习目标

1. 掌握浓度的几种表示法及其相互换算；掌握稀溶液的依数性及其应用。
2. 熟悉理想气体状态方程式及其应用。
3. 了解气体的基本特征，理想气体的概念，道尔顿分压定律及其应用。

数字资源2-1　溶液视频
数字资源2-2　稀溶液的依数性（一）视频
数字资源2-3　稀溶液的依数性（二）——渗透压视频

物质是由原子或分子所构成的，人们日常接触的不是单个的原子和分子，而是它们的聚集体。一般来说，物质有三种不同的聚集状态，即气态、液态和固态。在一定的温度和压力条件下，这三种状态可以互相转化。物质除了以这三种聚集状态存在外，在特定的条件下还能以等离子体、液晶体等状态存在。物质所处的状态与外界的温度、压力等条件有关。结合医药领域的特点，本章主要讨论气体及溶液的性质、规律及有关应用。

第一节　气体

气体的基本特征是它的无限膨胀性和无限掺混性。不管容器的大小以及气体量的多少，气体都能充满整个容器，而且不同气体能以任意的比例相互混合从而形成均匀的气体混合物。气体无一定的体积和形状，气体的体积随体系温度和压力的改变而改变，同时，还与气体的量有关。通常用物理量压力（p）、体积（V）、温度（T）、物质的量（n）来描述气体的状态。

一、理想气体状态方程式

理想气体状态方程式为：

$$pV=nRT \tag{2-1}$$

理想气体是一种假想的气体，要求气体分子间没有作用力，分子本身不占体积。真实气体只有在压力不太高和温度不太低时才接近于理想气体。理想气体状态方程式中的 R 为气体常数，R 的取值为 $8.314\mathrm{Pa\cdot m^3/(mol\cdot K)}$[或 $8.314\mathrm{J/(mol\cdot K)}$]。

理想气体状态方程式也可表示为另外一种形式：

$$pV=\frac{m}{M}RT \tag{2-2}$$

式中，m 为气体的质量，g；M 为气体的摩尔质量，g/mol。

例 2-1　已知淡蓝色氧气钢瓶容积为 $50\mathrm{dm^3}$，在 20℃时，当它的压力为 1000kPa 时，估算钢瓶内剩余氧气的质量。

解：由式（2-2），得 $m=\frac{MpV}{RT}=\frac{32\times1000\times50}{8.314\times(273.15+20)}=656.5$（g）

二、道尔顿（J. Dalton）分压定律

对于由两种或两种以上气体组成的混合气体，道尔顿分压定律指出：气体能以任意的比例互相混合，每种气体都对器壁施加压力，在低压下，混合气体的总压力等于各气体分压力之和。所谓某一组分分压力是指该组分在同一温度下单独占有混合气体容积时所具有的压力。可表示为：

$$p_{总}=p_1+p_2+\cdots \tag{2-3}$$

对每一种气体有

$$p_1V=n_1RT，p_2V=n_2RT，\cdots \tag{2-4}$$

对所有气体求和得：

$$p_1V+p_2V+\cdots=n_1RT+n_2RT+\cdots$$

$$(p_1+p_2+\cdots)V=(n_1+n_2+\cdots)RT$$

$$p_{总}V=(n_1+n_2+\cdots)RT=nRT \tag{2-5}$$

此式即为低压下混合气体的状态方程式。

由式（2-4）和式（2-5）得：$p_1/p_{总}=n_1/n_{总}=x_1$ 或 $p_1=p_{总}x_1$

$$p_2/p_{总}=n_2/n_{总}=x_2 \text{ 或 } p_2=p_{总}x_2$$

……

$$p_i/p_{总}=n_i/n_{总} \text{ 或 } p_i=p_{总}x_i \tag{2-6}$$

式中，x_i 是 i 气体的摩尔分数。这是道尔顿分压定律的另一种表达形式。必须指出，道尔顿分压定律只适用于理想气体，实际气体只有在低压和高温时才可适用。

例 2-2 在 20℃、100kPa 压力下收集 N_2 150mL。求在标准状况下该氮气经干燥后的体积（水在 20℃时的饱和蒸气压为 2.34kPa，设该气体为理想气体）。

解：

$$p_{总}=p_{N_2}+p_{H_2O}$$

$$p_{N_2}=p_{总}-p_{H_2O}=100-2.34=97.66(\text{kPa})$$

$$\frac{p_1V_1}{T_1}=\frac{p_2V_2}{T_2}$$

$$\frac{97.66\times150}{273.15+20}=\frac{100V_2}{273.15}$$

$$V_2=136\text{mL}$$

第二节 溶液

一、溶液的概念

把一种或几种物质分散在另一种物质中就构成分散体系。分散体系中被分散的物质叫作分散相，另一种物质叫作分散介质。按分散相粒子的大小，常把分散体系分为分子（或离子）分散体系（粒子平均直径 $d<1$nm）、胶体分散体系（d 约为 1～100nm）及粗分散体系（$d>100$nm）等三类。

通常说溶液是指分子或离子分散体系。它必须具备两个条件：①至少必须有两种物质；②分散必须是均匀的。溶液可这样表述：是一种物质均匀地分布在另一种物质中所得到的均匀分散体系。把前一种物质称为溶质，后一种物质称为溶剂。

广义地讲，溶液可分为固体溶液（如合金）、气体溶液（如大气层）和液体溶液。通常

所说的溶液一般是指液体溶液。以下将对此加以介绍。

二、溶液浓度的表示方法及其计算

浓度是指溶液中溶质和溶剂（或溶液）的相对含量。常见的表示方法如下所述。

1. 质量分数

溶质的质量（m_B）与溶液的质量（m）之比称为该溶质的质量分数，用符号 w_B 表示，过去称为质量百分浓度。即：

$$w_B = \frac{m_B}{m} \tag{2-7}$$

2. 质量浓度

物质 B 的质量浓度用符号 ρ_B 表示，定义为：物质 B 的质量除以溶液的体积 V。即：

$$\rho_B = \frac{m_B}{V} \tag{2-8}$$

质量浓度的国际制单位（SI 单位）是 kg/m^3，常用的单位是 g/L、mg/L 和 μg/L。

3.“物质的量”浓度

“物质的量”浓度简称“浓度”，其定义为：单位体积的溶液中所含溶质的物质的量，用符号 c_B 表示，即：

$$c_B = \frac{n_B}{V} \tag{2-9}$$

式中，c_B 为溶质 B 的物质的量浓度，SI 单位为 mol/m^3，常用单位 mol/L 或 mol/dm^3。

4. 摩尔分数（物质的量分数）

溶液 i 组分的摩尔分数 x_i（或 y_i）是该组分的物质的量占所有物质总物质的量的分数。即：

$$x_i = \frac{n_i}{n_1 + n_2 + \cdots} = \frac{n_i}{n_{总}} \tag{2-10}$$

例如，某酒精的水溶液含有 2mol 的 H_2O 和 3mol 的 C_2H_5OH，则水的摩尔分数为：

$$x_{H_2O} = \frac{n_{H_2O}}{n_{H_2O} + n_{C_2H_5OH}} = \frac{2}{2+3} = 0.4$$

用摩尔分数来表示溶液的浓度可以和化学反应直接联系起来，这种浓度表示方法也常用到稀溶液性质的研究上。

5. 质量摩尔浓度

在 1000g 溶剂中所含溶质 B 的物质的量叫作溶质 B 的质量摩尔浓度，常以 b_B（或 m_B）表示。

即：

$$b_B = \frac{n_B}{m_A} \tag{2-11}$$

式中，b_B 为质量摩尔浓度，mol/kg；n_B 为溶质 B 的物质的量，mol；m_A 为溶剂的质量，kg。

例如，50.0g 水中溶有 2.00g 甲醇，则该溶液的质量摩尔浓度为：

$$b_B = \frac{2.00}{32.0} \times \frac{1000}{50.0} = 1.25(mol/kg)$$

质量摩尔浓度与“物质的量”浓度相比较，其优点是浓度数值不受温度影响，所以在讨论某些理论问题时，常用这种浓度表示方法。

6. 体积分数和质量体积浓度

在一定的温度与压力下，液态溶质的体积与溶液总体积之比，称为溶质的体积分数。可用下式表达：

$$\varphi_B = \frac{V_B}{V} \tag{2-12}$$

如某消毒用酒精，浓度为 $\varphi_B = 75\%$，即该酒精溶液每 100mL 含有 75mL 的乙醇。

当溶质为固体时，为表达方便，也常用质量体积浓度表示，即溶质质量与溶液体积之比。如下式表示：

$$\varphi_B = \frac{m_B}{V} \tag{2-13}$$

如葡萄糖溶液的浓度为 $\varphi_B = 5\%$，表示该溶液每 100mL 含葡萄糖 5g。

实际工作中，常遇到不同浓度表示方法之间的相互换算，如把一种浓溶液加溶剂稀释为一种稀溶液，以及两种不同浓度的溶液相互混合为一种所需浓度的溶液等问题。现举例加以说明。

例 2-3 10% NaCl 溶液的密度 $\rho = 1.07 \text{g/cm}^3$ (283K)，该溶液的“物质的量”浓度是多少？

解：
$$c_{NaCl} = \frac{n_B}{V} = \frac{m_B/M_B}{m/\rho} = \frac{10/58.5}{100/1.07} \times 1000 = 1.83(\text{mol/dm}^3)$$

例 2-4 欲配制 1.0mol/L 的 H_2SO_4 溶液 0.50 L，需取用 $\rho = 1.84 \text{g/cm}^3$、98% 的浓 H_2SO_4 多少体积（mL）？

解：设需取用浓 H_2SO_4 x(mL)。

因为稀释前后溶液中溶质质量不变，故有 $0.50 \times 1.0 \times 98 = x \times 1.84 \times 98\%$

解得 $x = 27.17$mL

例 2-5 配制某药剂需用 0.3000mol/L H_2SO_4 溶液，欲将 2000mL、0.1000mol/L H_2SO_4 溶液利用起来，问需取 3.000mol/L H_2SO_4 溶液多少体积（mL）与其混合，才能配成 0.3000mol/L 的 H_2SO_4 溶液？

解：设需取 3.000mol/L H_2SO_4 溶液 x(mL)，混合后溶质的量应等于混合前两溶液中溶质的量之和。故有

$$0.1000 \times 2000 \times 10^{-3} + 3.000x \times 10^{-3} = 0.3000 \times (2000 + x) \times 10^{-3}$$

解得 $x = 148$mL

见数字资源 2-1　溶液视频。

三、固体在液体中的溶解度

1. 溶解过程

当把固体物质放在水中或其他溶剂中时，固体表面一部分分子或离子，由于本身的振动及溶剂分子的冲击和吸引，逐渐脱离固体表面而扩散进入溶剂中去，这个过程就是溶解。

在固体溶解的同时，还存在着另一相反的过程，即随着溶解的进行，溶液中溶质的分子或离子数目逐渐增加，它们在溶液中不停地运动着，当它们与未溶的固体表面相碰撞时，也可重新回到固体表面上，这种过程叫结晶。当溶解开始时，溶解速率很大，结晶速率很小，随着溶质的不断溶解，溶液的浓度逐渐增大，已溶解的溶质分子或离子与固体表面碰撞接触的概率增加，从而使结晶速率逐渐增大，最后可达到这样一种状态，即在同一时间内进入溶液中的溶质分子或离子与溶液中回到固体表面的溶质分子或离子的数量相等，这时溶液中多余的溶质就好像不再溶解，溶液的浓度也不再改变了。这种与未溶解的溶质互成平衡状态的

溶液称为饱和溶液。溶解与结晶达成的平衡是一种物理的动态平衡。即：

$$未溶解的溶质 \underset{结晶}{\overset{溶解}{\rightleftharpoons}} 溶液中的溶质(分子或离子)$$

固体在水中溶解时，往往有热效应发生，即有放热或吸热的现象。多数固体在溶解时吸热，如 NH_4NO_3、KNO_3 等物质的溶解；也有一些固体物质在溶解时放热，如 NaOH、无水 $CuSO_4$ 等物质的溶解。

固体物质在溶解时之所以有的放热、有的吸热，这是因为固体物质在溶解时，其表面上的分子或离子，必须克服其内部分子对它们的吸引力，这个物理过程要消耗能量，是吸热过程；而溶液中的溶质分子或离子与水（溶剂）形成水（溶剂）合物溶剂化的过程是放热的化学过程。溶解的热效应就取决于这两个过程的热效应大小，若溶解时的化学过程大于物理过程的热效应，则溶解时放热，溶液温度升高，反之，则溶解过程吸热，溶液温度降低。

综上所述，溶解过程既不是溶质与溶剂的机械混合，也不是定量地化合，而是一个物理化学过程。

2. 溶解度

每种物质的溶解能力是不同的，如 100g 水可溶解 257g $AgNO_3$，但只能溶解 3×10^{-20}g HgS，物质溶解能力的大小通常用溶解度来表示。

在一定的温度和压力下，一定量的饱和溶液中溶质的含量称为溶解度。习惯上用 100g 溶剂中所能溶解溶质的最大量（g）来表示，还常用溶解后饱和溶液的浓度表示，前面介绍的浓度表示法都可用来表示溶解度。例如 20℃时，100g 水中溶解 35.9g NaCl，形成饱和溶液，则该温度下 NaCl 的溶解度为 35.9g/100g 水，也可表示为 26.3%（质量分数）或 6.10mol/kg（质量摩尔浓度）。

影响溶解度的因素很多，溶解度与溶质和溶剂的本性以及温度均有关，但压力对它的影响甚小。关于固体物质溶解度理论至今尚未完善，很多实验事实还未得到解释，目前只有一些定性的规则。如“相似相溶”原理，即极性物质易溶于极性溶剂，非极性物质易溶于非极性溶剂中。

在 100g 水中溶解度在 1g 以上的，称为“可溶”物质；溶解度在 1g 以下、0.1g 以上的，称为“微溶”物质；在 0.1g 以下的为“难溶”物质，绝对不溶的物质是不存在的。

3. 温度与溶解度的关系

溶解度大小除与溶质和溶剂的本性有关外，温度是影响溶解度很重要的外界因素。

溶解度与温度的关系常用溶解度曲线表示，如图 2-1 所示。

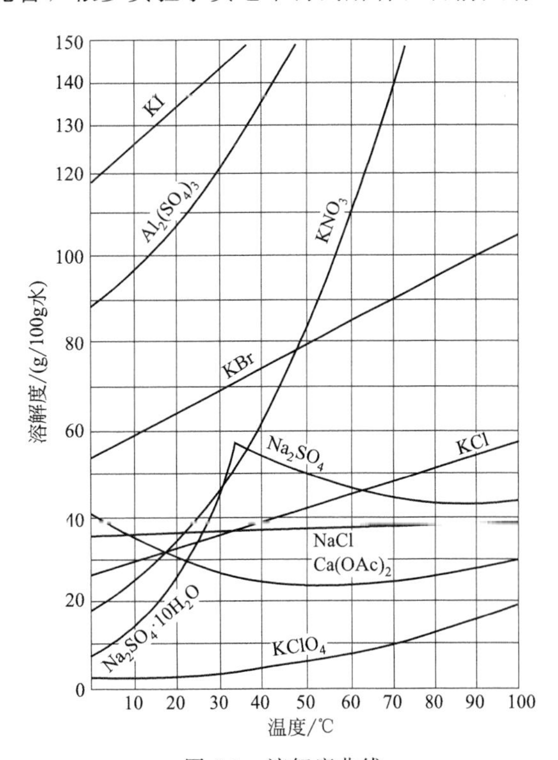

图 2-1 溶解度曲线

由图可见，温度对溶解度的影响，大致有以下三种比较典型的情况。

① 以 $K_2Cr_2O_7$ 为代表的，溶解度随温度上升而迅速增大，这类物质的溶解度曲线的特点是很“陡”。

② 以 NaCl 为代表的，这类物质的溶解度虽也随温度的升高而增大，但影响很小，因此溶解度曲线很“平坦”。

③ 以无水 Na_2SO_4 为代表的，这类物质的溶解度随温度的上升而减小。须注意，温度在 305.4K 以下时，溶质为 $Na_2SO_4 \cdot 10H_2O$，溶解度曲线为 $Na_2SO_4 \cdot 10H_2O$ 的溶解度曲线；温度在 305.4K 以上时，溶质为无水 Na_2SO_4，溶解度曲线为无水 Na_2SO_4 的溶解度曲线。305.4K 为无水 Na_2SO_4 与 $Na_2SO_4 \cdot 10H_2O$ 的转变点（两者处于平衡状态），温度低于 305.4K，溶质为 $Na_2SO_4 \cdot 10H_2O$；温度高于 305.4K，溶质为 Na_2SO_4。

大多数固体和液体物质的溶解度随温度的升高而增大，但气体物质则不同，由于气体在溶解时总是放热的，因此气体的溶解度随温度的升高而减小。

四、重结晶与分步结晶

1. 重结晶

物质在溶解度上的差异，常被用于提纯和分离物质。试样中若含有少量可溶性杂质，通常可用重结晶法除去。

当溶液蒸发到一定浓度后冷却，溶液中就会析出溶质的晶体。析出晶体的颗粒大小与外界条件有关。假如溶液的浓度高，溶质的溶解度小，冷却得快，析出的晶体就细小；否则，就得到较大颗粒的结晶。搅拌溶液、摩擦器壁或静置溶液，可以得到不同的效果，前者有利于细品的生成，后者有利于大晶体的生成，特别是加入一小粒晶种时更有利于大晶体的生成。从纯度来说，细品的快速生成有利于制备物纯度的提高，因为它不易裹入母液或别的杂质；而大晶体的慢速生成，则不利于纯度的提高。因此，无机制备中常要求制得的晶体不要过大。

当第一次结晶所得物质的纯度不合乎要求时，可以重新加入尽可能少的蒸馏水溶解，然后再蒸发浓缩溶液（浓缩的程度视杂质的含量和溶解度而定），最后将浓缩后的溶液冷却使该物质重新结晶出来，这就是所谓的重结晶。

重结晶提纯和分离物质的基本原理是把固体物质溶解在热的溶剂中达到饱和，冷却时由于溶解度降低，溶液变成过饱和而析出结晶。利用溶剂对被提纯物质及杂质的溶解度不同可以使被提纯物质从过饱和溶液中析出，而让杂质全部或大部分仍留在溶液中（通过过滤手段分离除去），从而达到分离提纯的目的。

重结晶的关键是蒸发浓缩这一步要控制得当，务必使浓缩后溶液中留下的水分能够溶解全部杂质，而主要成分在溶液冷却时大部分析出。一次重结晶如果在纯度上还不能满足需要，则可反复进行几次，直到达到纯度要求。

2. 分步结晶

利用溶解度的差异，还可分离混合物中的各种成分，采用的方法称为分步结晶。所谓分步结晶，就是将混合物在合适的条件下（各成分溶解度差别最大），反复地进行溶解和结晶的操作，而在每一次溶解和结晶以后，溶解度小的成分富集于晶体中，溶解度大的成分则富集于母液中，这样经过多次反复以后，就可以达到分离的目的。现以 NaCl 和 KNO_3 的混合物为例，说明分步结晶的原理。

先考察此两种物质在不同温度下的溶解度，见表 2-1。

表 2-1　NaCl 和 KNO_3 的溶解度　　单位：g/100g 水

温度/K	273	293	313	333	353	373
KNO_3	13.3	31.6	63.9	110.0	169.0	246.0
NaCl	35.7	36.0	36.6	37.3	38.4	39.8

由表 2-1 的数据可见，两者的溶解度以 373K 时差别最大。故第一步以 373K 的水去处

理混合物，使部分 NaCl 先分离出来。在这一步中关键是控制加水量，最适宜的水量，应该是刚刚能使 KNO_3 溶解而无多余。这个数量可通过溶解度进行粗略计算。经过这一步处理，大部分 NaCl 晶体留在固相中。将 NaCl 分离后，KNO_3 就富集于母液中；第二步是将母液冷却，使 KNO_3 从溶液中结晶出来，但此时母液中仍然存在 NaCl 和 KNO_3，再蒸发、冷却，反复数次，可使 KNO_3 和 NaCl 基本分离。

见数字资源 2-1　溶液视频。

第三节　稀溶液的依数性

溶质溶解在溶剂里，不仅溶质的状态、体积等发生了变化，而且溶剂的性质也起了变化。对稀溶液来说，后一类变化与溶质的种类几乎没有关系，它只表现在溶剂的一些特性（蒸气压、沸点、凝固点等）上。在稀溶液的范围内，溶质分子在溶液中所占的比例越大，也就是溶质的浓度越大，这种变化的表现也就越显著。

一、溶液的蒸气压

任何液体甚至一些固体都能蒸发产生蒸气。若将某液体置于密闭容器中，该液体产生的蒸气不久即充满容器，在一定温度下，当液体蒸发的速率与蒸气凝结的速率相等即达到相平衡时，蒸气所具有的压力称为该温度下液体的饱和蒸气压，简称蒸气压。

温度一定时，蒸气压的大小与液体的本性有关，同一液体的蒸气压随温度的升高而增大。固体升华也有一定的蒸气压，但一般很小，它也随温度的升高而增大。

由实验可测出，在一定温度下，若往溶剂（如水）中加入任何一种难挥发的溶质，使它溶解而成溶液时，溶剂（如水）的蒸气压便下降。即在同一温度下，难挥发物质溶液的蒸气压总是低于纯溶剂的蒸气压。在这里，所谓溶液的蒸气压实际是指溶液中溶剂的蒸气压。同一温度下，纯溶剂蒸气压与溶液蒸气压之差叫作溶液的蒸气压下降（Δp）。

1887 年，法国化学家拉乌尔（F. M. Raoult）根据大量的实验结果，得出如下的经验公式：

$$p=p_{A}^{\circ}x_{A}=p_{A}^{\circ}(1-x_{B})$$
$$\Delta p=p_{A}^{\circ}-p=p_{A}^{\circ}x_{B} \tag{2-14}$$

在一定温度下，难挥发非电解质稀溶液的蒸气压下降和溶质的摩尔分数成正比，而与溶质的本性无关。这一结论称为拉乌尔定律，拉乌尔定律是稀溶液最基本定律之一，只适用于稀溶液中的溶剂。溶液越稀，越符合拉乌尔定律。其原因是在稀溶液中溶质的量很少，对溶剂分子间的相互作用力几乎没有影响，但是由于溶质分子的存在，降低了溶液中溶剂分子在溶液表面的覆盖度，阻碍了溶剂分子的挥发，所以使溶剂的蒸气压下降。

例 2-6　20℃时，将 114g 蔗糖溶解到 1kg 的水中形成蔗糖水溶液，溶液的蒸气压为 2.251kPa，求蔗糖的摩尔质量（已知 20℃时纯水的饱和蒸气压为 2.265kPa，蔗糖摩尔质量的理论值为 342g/mol）。

解：根据拉乌尔定律，即式（2-14），有

$$\Delta p=p_{A}^{\circ}-p=p_{A}^{\circ}x_{B}=2.265\times10^{3}-2.251\times10^{3}=14(\text{Pa})$$

$$14=2.265\times10^{3}\times\frac{114/M_{B}}{114/M_{B}+1000/18}$$

解得

$$M_{B}=332\text{g/mol}$$

二、溶液的沸点和凝固点

一切纯物质都有一定的沸点和凝固点。液体的沸点（T_b）是指液体的蒸气压等于外界压力（一般为 100kPa）时的温度。

当向纯溶剂中加入难挥发的非电解质后，溶液的蒸气压下降，低于 100 kPa，要使溶液开始沸腾，使其蒸气压达到外压，就必然要升高温度，所以溶液的沸点升高（见图 2-2）。

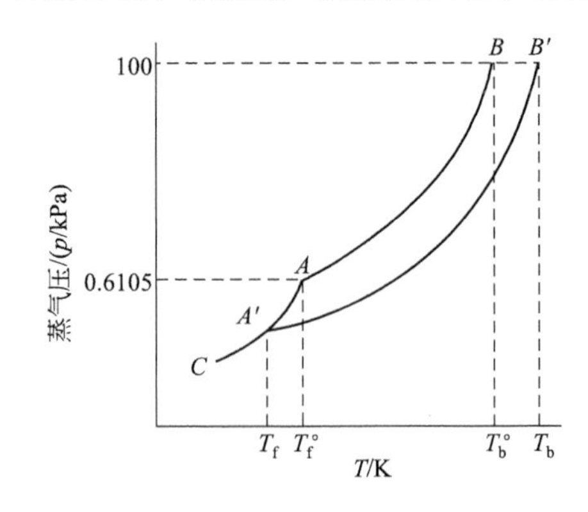

图 2-2　稀溶液的沸点升高、凝固点下降

注：AB 为纯水的蒸气压曲线，$A'B'$为稀溶液的蒸气压曲线，AC 为冰的蒸气压曲线

$$\Delta T_b = K_b b_B \qquad (2\text{-}15)$$

式中，ΔT_b 是溶液沸点升高值；K_b 为溶剂的沸点升高常数；b_B 为溶液的质量摩尔浓度。

某物质的凝固点（T_f）是在一定的外界压力下（一般是 100kPa），该物质的液相和固相具有相同的蒸气压，可以平衡共存时的温度。

当在纯水中加入少量难挥发性非电解质后，溶液的蒸气压下降，由图 2-2 可见，此时溶液在 273K 纯水冰点时的蒸气压与冰的蒸气压不相等。只有当温度降低到某一定值（T_f）时，冰和溶液的蒸气压相等。显然溶液的凝固点要低于纯溶剂的凝固点。

$$\Delta T_f = K_f b_B \qquad (2\text{-}16)$$

式中，ΔT_f 是溶液凝固点下降值；K_f 为溶剂的凝固点下降常数，b_B 为溶液的质量摩尔浓度。

K_b、K_f 只与温度和溶剂的性质有关，与溶质的性质无关，表 2-2 列出了几种溶剂的 K_b、K_f 值。

表 2-2　几种常见溶剂的 K_b、K_f 值

溶剂	沸点/℃	K_b	凝固点/℃	K_f
乙酸	118.1	2.93	17	3.9
水	100	0.52	0	1.86
苯	80.1	2.57	5.4	5.12
乙醇	78.3	1.19	—	—
氯仿	61.2	3.85	−63.5	4.68
丙酮	56.15	1.73	—	—

例 2-7　在 25.00g 的苯中加入 0.244g 的苯甲酸，测得凝固点下降值为 0.2048℃，求苯甲酸在苯中的分子式。

解：查表 2-2 得苯的凝固点下降常数 K_f 为 5.12。据式（2-16）可以计算出 b_B。

$$b_B = \frac{0.244/M_B}{25.00\times10^{-3}} = \frac{\Delta T_f}{K_f}$$

$$\frac{0.2048}{5.12} = \frac{0.244}{25.00\times10^{-3}M_B}$$

解得　　$M_B = 244\text{g/mol}$

由于苯甲酸 C_6H_5COOH 的摩尔质量是 122g/mol，所以苯甲酸在苯中的分子式为 $(C_6H_5COOH)_2$，是一个二聚体。

利用溶液的沸点上升和凝固点下降与浓度关系的数学表达式，可以求得溶质的摩尔质量。由于同一溶剂的 K_f 大于 K_b，相同浓度溶液的凝固点下降较沸点上升为大，因此凝固点下降法测摩尔质量的实验误差较小，这种方法的应用较沸点上升法更为广泛。

利用溶液的凝固点下降不仅可以测定摩尔质量，并且有一定的实用价值。例如冬季，在汽车水箱的用水中，通常加入醇类如乙二醇、甲醇、甘油等，使其凝固点下降而阻止水结为冰。又如食盐和冰的混合物可以作为冷冻剂。在有机合成中，常用测定沸点和熔点的方法来检验化合物的纯度。这是因为含杂质难挥发的化合物可看作是一种溶液，化合物本身是溶剂，杂质是溶质，所以含杂质的物质的熔点比纯化合物低，沸点比纯化合物高。

见数字资源 2-2　稀溶液的依数性（一）视频。

三、溶液的渗透压

如果用一种半透膜将蔗糖溶液和水分开，如图 2-3 所示，这种半透膜仅允许水分子通过，而糖分子却不能通过，就会发生如图 2-3 所示现象，即产生了渗透压。这种溶剂分子通过半透膜自动扩散的过程称为渗透，达到渗透平衡时，半透膜两边的水位差所显示的净压力大小就称为溶液的渗透压，换言之，为阻止渗透作用所需加给溶液的额外压力，就称为渗透压。如果向溶液施压，超过渗透压时，则水分子将由溶液向纯水中渗透，这个过程称为反渗透。

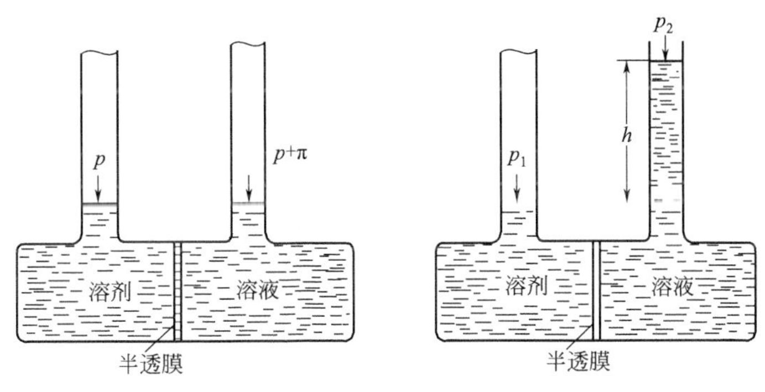

图 2-3　渗透压示意图

渗透现象的产生是由于半透膜两侧与膜接触的溶剂分子数目不等而引起的。因为溶剂水分子能自由通过半透膜，而溶质分子不能通过。所以水分子从纯水向溶液方向渗透的速率快，导致溶液面不断升高，其净压力逐渐增加，结果使溶液一侧的水分子渗入纯水中的速率逐渐增加。当膜两侧透过水分子的速率相等时，达到渗透平衡，液面也就不再上升了。由此可见，渗透作用的发生必须要有半透膜存在且膜两侧单位体积内溶剂的分子数不相等。

范特霍夫（J. H. Van't Hoff）根据实验结果，指出稀溶液的渗透压与浓度、温度的关系为：

$$\pi V = nRT$$

或

$$\pi = \frac{n}{V}RT = cRT \tag{2-17}$$

式中，π 表示溶液的渗透压，kPa；n 表示溶质的物质的量，mol；V 是溶液的体积，L；c 是溶液的物质的量浓度，mol/L；R 是气体常数，8.314kPa·L/(mol·K)；T 是热力学温度，K。

范特霍夫方程在形式上与理想气体状态方程相似，但这并不是说气体压力和渗透压的产生原因也是相同的，恰恰相反，气体的压力是由于它的分子碰撞器壁而产生，而溶液的渗透压并不是溶质分子运动的直接结果，而是溶剂分子在半透膜两边运动所致。

大多数有机体的细胞壁有半透膜的性质，因此渗透现象对于生命有着重大意义。例如，人体血液有一定的渗透压，当向人体的静脉输液时，如果输入溶液的渗透压大于血液的渗透压，则使血浆中可溶物浓度增大，红细胞膜内细胞液的渗透压必然低于膜外血浆的渗透压，红细胞膜内的细胞液将向血浆渗透，结果使红细胞萎缩；如果输入溶液的渗透压小于血液的渗透压，则使血浆中可溶物浓度减小（溶液稀释），红细胞膜内细胞液的渗透压必然高于膜外血浆的渗透压，血浆中的水分将向红细胞膜内渗透，结果使红细胞膨胀，严重时可使红细胞破裂，这种现象叫作溶血。因此，静脉输液时，要求输入溶液的渗透压与血液的渗透压相等，通常是用0.9%的氯化钠溶液。人体内肾脏也是一个特殊的渗透器，它让代谢过程产生的废物经渗透随尿排出体外，而将有用的蛋白质保留在肾小球内，所以尿内出现蛋白质是肾功能受损的表征。

工业上利用反渗透技术进行海水淡化或水的净化和各种废水处理。例如，一般海水的渗透压约为3MPa，只要对海水加压超过此压力，海水便通过半透膜发生反渗透而流出纯水。海水资源相当丰富，通过反渗透进行海水淡化是一项十分有意义的技术，尤其是在淡水资源缺乏的地区。在海水淡化技术中，必须找到性能优良且能长期经受高压而不被破坏的半透膜。溶液的渗透压还可用来测定溶质的摩尔质量，尤其适用于测定高分子化合物的摩尔质量。

例 2-8 将1.00g血红素溶于适量纯水中，配制成100mL溶液，在20℃时测得溶液的渗透压力为0.366kPa。求此溶液的凝固点降低值及血红素的分子量。

解：根据式（2-17）$\pi=\frac{n}{V}RT=cRT$，可得

$$c=\frac{\pi}{RT}=\frac{0.366\times10^{3}}{8.314\times293}=0.1502(\text{mol/m}^{3})=0.1502\times10^{-3}(\text{mol/L})$$

且质量摩尔浓度 $b_{\text{B}}=\frac{n_{\text{B}}}{m_{\text{A}}}\approx c=0.1502\times10^{-3}$ (mol/kg)(因为稀溶液的密度近似等于水的密度)

再据式（2-16）$\Delta T_{\text{f}}=K_{\text{f}}b_{\text{B}}=1.86\times0.1502\times10^{-3}=2.79\times10^{-4}$ (K)

由式（2-17）$\pi V=nRT=\frac{m}{M}RT$，得

$$M=\frac{m}{\pi V}RT=\frac{1.00\times8.314\times293}{0.366\times100\times10^{-3}}=6.66\times10^{4}(\text{g/mol})$$

故该血红素溶液的凝固点降低值为2.79×10^{-4}K，血红素的分子量为6.66×10^{4}。

尽管从理论上讲，利用凝固点降低法和测定溶液渗透压力法均可推算溶质的分子量，但在实际工作中，由于溶液的渗透压力越高，对半透膜耐压的要求就越高，就越难直接测定，所以确定小分子溶质的分子量多用凝固点降低法；而对高分子溶质的稀溶液，溶质的质点数很少，其凝固点降低值很小，使用一般仪器无法测定，但其渗透压力足以达到可以进行测定的程度（如例2-8题中血红素溶液的渗透压力为0.366kPa)，故确定高分子溶质的分子量多用渗透压力法。

难挥发非电解质稀溶液的蒸气压下降、沸点升高、凝固点降低和渗透压均与溶质的种类无关，只与溶质的量有关。因此，称为稀溶液的依数性，也叫稀溶液通性，上述式(2-14)～式(2-17)不适用于电解质溶液和浓溶液。这是因为在非电解质浓溶液中，溶质的分子数多，它们之间的相互影响以及溶质与溶剂质点间的相互影响较非电解质稀溶液大得多，破坏了稀溶液依数性的定量关系；对于电解质溶液，由于溶质发生了解离，使溶液的依数性发生较大偏差，同浓度的电解质溶液总是比同浓度的非电解质溶液有较大的蒸气压下降、沸点升高、凝固点降低和渗透压，如运用上述公式，则必须加以校正，这样计算结果才与实验结果相

符合。

见数字资源 2-3　稀溶液的依数性（二）——渗透压视频。

知识拓展

血浆渗透压

血浆渗透压是由大分子血浆蛋白组成的胶体渗透压和由电解质、葡萄糖等小分子物质组成的晶体渗透压两部分构成，正常值约为 776kPa（渗透浓度为 300mmol/L）左右。细胞膜是一种间隔细胞内、外液的半透膜，只允许水分子自由出入。由于血浆中晶体溶质数目远远大于胶体数目，所以血浆渗透压主要由晶体渗透压构成。晶体渗透压对于调节细胞内外水分的交换，维持红细胞的正常形态和功能具有重要的作用。由于血浆与组织液中晶体物质的浓度几乎相等，所以它们的晶体渗透压也基本相等。毛细血管壁是间隔血液和组织间液的一种半透膜，允许水分子及小分子物质自由通过。血浆中白蛋白的分子量较小，但是密度较高，所以血液中的白蛋白是维持血浆胶体渗透压的主要物质，胶体渗透压约为 3.3kPa。血浆蛋白质一般不能透过毛细血管壁，所以血浆胶体渗透压虽小，却影响血管内外的水平衡。如果因某种原因导致血浆蛋白质减少时，血浆胶体渗透压降低，血液中的水分子和其他小分子、小离子会透过毛细血管壁进入组织间液，导致血容量（人体血液总量）降低，组织间液增多，严重时可产生水肿。

【本章小结】

① 气体的基本特征是它的无限膨胀性和无限渗混性。

② 理想气体是一种假想的气体，要求气体分子间没有作用力，分子本身不占体积。真实气体只有在压力不太高和温度不太低时才接近于理想气体。理想气体状态方程式为 $pV=nRT$，理想气体状态方程式也可表示为另外一种形式为 $pV=\frac{m}{M}RT$。

③ 对于由两种或两种以上气体组成的混合气体，道尔顿分压定律可表示为：$p_{总}=p_1+p_2+\cdots$ 或 $p_i/p_{总}=n_i/n_{总}$ 或 $p_i=p_{总}x_i$。

④ 溶液可这样表述：是一种物质均匀地分布在另一种物质中所得到的均匀分散体系。把前一种物质称为溶质，后一种物质称为溶剂。

⑤ 溶液浓度是指溶液中溶质和溶剂（或溶液）的相对含量。常见的表示方法有质量分数、质量浓度、“物质的量”浓度、摩尔分数（物质的量分数）、质量摩尔浓度、体积分数和质量体积浓度。实际工作中，常遇到不同浓度表示方法之间的相互换算，例如把一种浓溶液加溶剂稀释为一种稀溶液，以及两种不同浓度的溶液相互混合为一种所需浓度溶液等问题。

⑥ 在一定的温度和压力下，一定量的饱和溶液中溶质的含量称为溶解度。影响溶解度的因素很多，溶解度与溶质和溶剂的本性以及温度均有关，但压力对它的影响甚小。目前只有一些定性的规则，如“相似相溶”原理，即极性物质易溶于极性溶剂，非极性物质易溶于非极性溶剂中。大多数固体和液体物质的溶解度随温度的升高而增大，但气体物质则不同，气体的溶解度随温度的升高而减小。利用溶解度的差异，可以去除杂质。采用重结晶法，还可分离混合物中的各种成分。采用的方法称为分步结晶。

⑦ 溶质溶解在溶剂里，不仅溶质的状态、体积等发生了变化，而且溶剂的性质也起了变化。对稀溶液来说，后一类变化与溶质的种类几乎没有关系，它只表现在溶剂的一些特性（如蒸气压、沸点、凝固点等）上。在稀溶液的范围内，溶质分子在溶液中所占的比例越大，也就是溶质的浓度越大，这种变化的表现也就越显著。难挥发非电解质稀溶液的蒸气压下降、沸点升高、凝固点降低和渗透压均与溶质的种类无关，只与溶质的量有关。因此，称为稀溶液的依数性，也叫稀溶液通性。

【目标检测】

一、选择题

1. 理想气体状态方程用于真实气体的条件是（　　）。

A. 低温高压　　B. 高温高压　　C. 低温低压　　D. 高温低压

2. 混合气体中，某组分的分压是指（　　）。

A. 相同温度时，该组分气体在容积为 1.0L 的容器中所产生的压力

B. 该组分气体在 273.15 K 时所产生的压力

C. 同一容器中，该组分气体在 273.15 K 时所产生的压力

D. 相同温度时，该组分气体单独占据与混合气体相同体积时所产生的压力

3. 在一定温度下，某容器中含有相同质量的 H_2、O_2、N_2 和 He 等气体，其中分压最小的是（　　）。

A. N_2　　B. O_2　　C. H_2　　D. He

4. 稀溶液的依数性的本质是（　　）。

A. 溶液的凝固点降低　　B. 溶液的沸点升高

C. 溶液的蒸气压下降　　D. 溶液的渗透压

5. 下列哪种溶液为生理等渗溶液（　　）。

A. 100g/L 的葡萄糖溶液　　B. 80g/L 的葡萄糖溶液

C. 0.9%的食盐水　　D. 9%的食盐水

二、问答题

1. 现需 2.2L、浓度为 2.0mol/L 的盐酸，问：

(1) 应取多少体积（mL）20%、密度为 1.10g/cm^3 的盐酸来配制？

(2) 现有 550mL、1.0mol/L 的稀盐酸，那么应该加多少体积（mL）的 20%盐酸之后再加多少体积（mL）水稀释？

2. 把一块冰放在 273K 的水中，另一块冰放在 273K 的盐水中，各有什么现象？

3. 把下列水溶液按其沸点由小到大的顺序排列：

(1) 1mol/L NaCl；(2) 1mol/L $C_6H_{12}O_6$；(3) 1mol/L H_2SO_4；

(4) 0.1mol/L CH_3COOH；(5) 0.1mol/L NaCl；(6) 0.1mol/L $CaCl_2$。

4. 将 2.76g 甘油（$C_3H_8O_3$）溶于 200g H_2O 中，测得此溶液的凝固点为 272.871K，求甘油的分子量。

5. 配制 500cm^3 1.0%尿素药液，测得凝固点为 272.69K，计算需添加多少克葡萄糖才能与血浆等渗？

三、计算题

1. 体积为 $5.00\times10^{-2}m^3$ 的容器中，含有 1.40×10^{-1}kg CO 和 2.00×10^{-2}kg H_2，温度为 300K。试计算：

(1) CO 和 H_2 的分压；

(2) 混合气体的总压。

2. 在 298.15K 和 100 kPa 时，用排水集气法收集 H_2 0.370L（298.15K，饱和水蒸气压为 0.611kPa）。试计算：

(1) H_2 的分压；

(2) 收集了多少摩尔 H_2；

(3) 在 298.15K 和 100kPa 时，干燥的 H_2 的体积是多少？

3. 20℃时，将 4.50g $CO(NH_2)_2$(尿素）溶于 100g H_2O 中。计算溶液的蒸气压（20℃时，水的饱和蒸气压查例 2-2）。

4. 下列几种商品溶液都是常用试剂，分别计算它们的“物质的量”浓度、质量摩尔浓度和摩尔分数。

(1) 浓盐酸含 HCl 37%，密度 1.19g/cm^3；

(2) 浓硫酸含 H_2SO_4 98%，密度 1.84g/cm^3；

(3) 浓硝酸含 HNO_3 70%，密度 1.42g/cm^3；

(4) 浓氨水含 NH_3 28%，密度 0.90g/cm^3。

5. 计算临床上补液用的 50.0g/L（$\omega=0.0500$）葡萄糖溶液的凝固点降低值和在 37℃时的渗透压力。

6. 人的血浆在 272.44K 时结冰，求体温 37℃时的渗透压。

第三章

定量分析基础

学习目标

1. 掌握标准溶液的配制、标定方法，浓度表示方法，以及滴定分析的有关计算。
2. 熟悉化学计量点、滴定终点、终点误差、标准溶液等滴定分析的基本概念；熟悉定量分析中的误差及数据处理。
3. 了解化学分析的分类和定量分析的一般程序；了解滴定分析法的特点、分类及基本条件。

数字资源3-1　误差和数据处理视频
数字资源3-2　有效数字视频

第一节　定量分析概述

分析化学的任务主要有三方面：鉴定物质的化学组成、测定各组分的含量及确定物质的化学结构，它们分属于定性分析、定量分析及结构分析的研究内容，本章重点介绍定量分析的相关知识。

在医药卫生领域，定量分析贯穿于药物的开发研究、生产、质量检验及临床监控的始终。如天然药物中有效成分的分离及含量测定；药物合成中原料、中间体及产品的含量测定；药品质量标准的制定；药剂学中制剂的稳定性及生物利用度；药理学中药物的药理作用及药物代谢动力学研究；环境质量评估、“三废”的处理等都需要定量分析的理论知识和技术。

一、化学分析方法的分类

化学分析方法可从不同角度进行分类，除定性分析、定量分析及结构分析外，常见的有如下方法。

1. 无机分析和有机分析

根据分析对象的不同，化学分析可分为无机分析和有机分析。前者的分析对象是无机物；后者的分析对象为有机物。由于分析对象不同，两者对分析的要求和分析方法有所不同。无机物所含的元素种类多，要求分析结果以元素、离子、化合物或组分是否存在以及相对含量的多少来表示；而有机物的组成元素虽然相对较少，但结构复杂，化合物的种类很多，故在分析时不仅要做元素分析、含量测定，更重要的是要进行官能团分析和结构分析。针对不同的分析对象，还可以进一步分类，如食品分析、药物分析、环境分析和生物分析等。

2. 化学分析和仪器分析

以物质化学反应及其计量关系为基础的分析方法称为化学分析法。化学分析是分析化学的基础，又称为经典分析法，主要有重量分析法和滴定分析法等。

重量分析法和滴定分析法通常用于常量组分的测定，即待测组分的质量分数在1%以上。重量分析法的准确度比较高，至今还有一些组分的含量测定是以重量分析法为标准方法，但其操作烦琐，分析速度慢。滴定分析法操作简便，省时快捷，而且测定结果的准确度较高，所用的仪器设备简单，是重要的例行分析法。虽然现在仪器分析的发展迅速，但滴定分析法在工业生产实践和科学研究上仍有很大的实用价值。

以被测物质的某种物理和物理化学性质为基础的分析方法称为物理分析法和物理化学分析法，这类方法通常需要特殊的仪器，一般又称为仪器分析法。仪器分析主要包括光学分析、电化学分析、色谱分析、质谱分析、核磁共振分析、放射化学分析、生化分析及生物传感器和各种联用技术等，种类很多，而且可行的方法还在不断地出现。

仪器分析法是灵敏、快速、准确的分析方法，发展很快，应用也越来越广泛，其易于自动化的特点最适合于生产过程中的控制分析，尤其是在组分含量低时，更需要用仪器分析法。但有的仪器价格高，维护比较困难。另外，在进行仪器分析之前，通常要用化学方法对样品进行预处理，在建立测定方法的过程中，要把未知物的分析结果和已知的标准进行比较，而该标准通常需要用化学分析法测定，所以化学分析法和仪器分析法是互补的，化学分析法是仪器分析法的基础。

3. 常量分析、半微量分析、微量分析和超微量分析

根据分析过程中所需要试样量的多少，分析方法可分为常量分析、半微量分析、微量分析和超微量分析，各种分析法的试样用量如表3-1所示。

表3-1 各种分析法的试样用量

分析方法	试样质量/mg	试液体积/mL
常量	＞100	＞10
半微量	10～100	1～10
微量	0.1～10	0.01～1
超微量	＜0.1	＜0.01

在无机定性分析中多采用半微量分析法；在化学定量分析中，一般采用常量分析法；而在进行微量分析和超微量分析时多采用仪器分析法。

此外，根据样品中待测组分含量高低，又可将组分粗略地分为常量组分（＞1%）、微量组分（0.01%～1%）和痕量组分（＜0.01%），这些组分的分析又分别称为常量组分分析、微量组分分析和痕量（组分）分析。这种分类法与按取样量分类法角度不同，两种概念不能混淆，痕量分析不一定是微量分析。

二、定量分析的一般程序

定量分析工作一般有以下几个步骤：①试样的采集；②试样的预处理；③分析方法的选择和样品测定；④分析结果的计算和处理。

（1）试样的采集　分析样品必须是被测对象的代表，采样时应注意所取样品的代表性。由于分析对象种类多、数量大，组成可能均匀，也可能不均匀，待测组分的含量可能很高，也可能很低；由于分析的目的不同，有时要求分析结果能反映分析对象整体的平均组成，有时则可能要求反映其中某一特定区域或特定时间样品的特殊状态等，所以应根据分析的具体要求选择合理的试样采集方法。

（2）试样的预处理　分析过程中，由于分析对象多种多样，存在的形式也不相同，只有少数样品可以直接分析，而绝大多数采集的样品往往不能直接测定，为此需要将样品处理成测量所需要的状态。如大多数分析方法要求将样品转化成溶液状态，或将待测组分转入溶液中，这就需要对固体样品进行分解或溶解，对气体样品用溶剂进行吸收，制成待测样品的溶液。

当分析的样品成分复杂，且其中存在对测定有干扰的组分，就需要在测定前将干扰组分分离去除，使干扰组分减少至不干扰待测组分的测定，而待测组分在样品处理过程中损失应小到可以忽略不计。通过有效的分离，测定就变得比较简单了，对于特别复杂的样品，分离与测定同样重要。

(3) 分析方法的选择和样品测定　在确定分析方法时，一般根据对分析测定的具体要求，以及样品中各组分的性质与含量，选择合适的测定方法。分析方法选择后，在分析测定过程中，要根据实验情况全面考虑分析条件的选择和优化，并进行分析质量控制，以保证分析结果的精密度和准确度。

(4) 分析结果的计算和处理　对分析测定所得的数据必须用建立在统计学基础上的误差理论来进行计算和处理，并正确表达结果，按要求给出报告。借助计算机技术发展，数据分析处理在现代化学中也越来越重要，已由过去单纯的提供数据上升到从分析数据中获取有用的信息和知识，解决更多的实际问题。

第二节　定量分析中的误差和分析数据处理

一、误差及其产生的原因

根据误差的性质和产生的原因，可将误差分为系统误差和偶然误差两大类。

1. 系统误差及其产生的原因

系统误差也可称为可测定误差或恒定误差。它是由某些确定的因素引起的误差，对分析结果的影响恒定，大小总是重复出现，具有单向性。系统误差根据其来源，可分为方法误差、仪器误差、试剂误差和操作误差四种。

(1) 方法误差　由于分析方法本身不够完善所造成的误差。如在滴定分析中，滴定反应不完全、配合物解离、干扰离子的影响、化学计量点与滴定终点不一致及副反应的发生等；重量分析中沉淀的溶解、共沉淀现象、灼烧时沉淀的分解或挥发等引起的误差，都是方法误差。

(2) 仪器误差　因仪器本身不够准确（精度所限）或未经校准而引起的误差。如天平不等臂；砝码腐蚀；测量（或计量）仪器或容量器皿没有校准；分光光度法中单色光不纯等引起的误差。

(3) 试剂误差　因试剂不纯；试剂变质或受污染；蒸馏水不纯而引进杂质或干扰物质而引起的误差。

(4) 操作误差　由于分析工作者在正常操作情况下对操作规程的理解不一致而引起的误差。如对仪器指针位置的判断；容量仪器所显示的体积读数判断；滴定终点颜色判断等不一致而引起的误差。

2. 偶然误差及其产生的原因

偶然误差也可称为不可测误差或随机误差。它是由于某些无法控制和预测的因素（偶然性因素）随机变化而引起的误差。无方向性（或大、或小）。如测定时环境的温度、湿度、压力的微小变化，仪器性能的微小波动等引起的测量数据的波动。但在系统误差减免后，同样条件下平行测定，发现偶然误差的分布符合统计规律。即绝对值相同的正负误差出现的概率相同，因此它们之间常相互抵消。可采取增加测定次数，取平均值的方法，减小偶然误差。

除上述两种误差外，还有由人为错误造成的误差，称为过失误差。如读错刻度、记错读数、加错试剂、溶液溅失等。实验中，应按操作规程操作，仔细认真，避免过失误差的产生。在分析过程中，出现较大误差时，应查明原因，对确有过失误差的实验数据必须舍弃，不参加结果的计算。

二、误差的表示方法

1. 准确度与误差

（1）准确度　准确度是指测定值与真值之间接近的程度。测定值与真值越接近，准确度越高；反之，准确度越低。

（2）误差　误差反映测定结果的正确性。测定值越接近真值，误差越小，测定值越正确，所以误差是衡量测定准确度高低的尺度。一般可用绝对误差（E）和相对误差（RE）表示。

① 绝对误差（E）。测定值 x_i 与真值 x_t 之差。

$$E=x_i-x_t \tag{3-1}$$

② 相对误差（RE）。指绝对误差 E 在真值中所占的百分率。

$$\mathrm{RE}=\frac{E}{x_t}\times 100\% \tag{3-2}$$

绝对误差和相对误差都有正、负值，正值表示测定结果偏高，负值表示测定结果偏低。

例 3-1　用分析天平称量两份样品，结果如下。

	样品 1	样品 2
实际测定值（x）	1.0001g	0.1001g
真值（x_t）	1.0000g	0.1000g
绝对误差（E）	+0.0001g	+0.0001g
相对误差（RE）	0.01%	0.1%

分析结果的准确性常用相对误差来表示；仪器测量的准确度用绝对误差来表示。对于同一台仪器，称量值越大，相对误差越小，准确度就越高。

知识拓展

真　值

任何测量都存在误差，绝对真值是不可能得到的，我们常用的真值有：

① 理论真值，如三角形的内角和为 180°等。

② 约定真值，由国际权威机构国际计量大会定义的单位、数值，如时间、长度、原子量、物质的量等，是全球通用的。

③ 相对真值，即采用可靠的分析方法，在权威机构认可的实验室，由不同有经验的分析工作者对同一试样进行反复多次实验所得大量数据，经数理统计方法处理后的平均值。

2. 精密度与偏差

（1）精密度　精密度是指同一样品多次平行测定结果相互接近的程度。

（2）偏差　偏差表现测定结果的重现性，它反映了测定结果的精密度。测定值之间越接近，偏差越小，分析结果的精密度越高，所以偏差是衡量测定精密度高低的尺度。一般可用绝对偏差（d_i）、相对偏差（Rd）、平均偏差（$\bar{d}$）、相对平均偏差（$R\bar{d}$）、标准偏差（S）、相对标准偏差（RSD）表示。

① 绝对偏差（d_i）。个别测定值 x_i 与平均值 $\overline{x}$ 之差。

$$d_i = x_i - \overline{x} \tag{3-3}$$

② 相对偏差（Rd）。绝对偏差（d_i）在平均值 $\overline{x}$ 中所占的百分率。

$$Rd = \frac{d_i}{\overline{x}} \times 100\% = \frac{x_i - \overline{x}}{\overline{x}} \times 100\% \tag{3-4}$$

③ 平均偏差（$\overline{d}$）。一组测定结果绝对偏差的绝对值的平均值。

$$\overline{d} = \frac{1}{n}\sum_{i=1}^{n}|d_i| \tag{3-5}$$

④ 相对平均偏差（$R\overline{d}$）。平均偏差 $\overline{d}$ 在平均值 $\overline{x}$ 中所占的百分率。

$$R\overline{d} = \frac{\overline{d}}{\overline{x}} \times 100\% = \frac{\sum_{i=1}^{n}|d_i|}{n\overline{x}} \times 100\% \tag{3-6}$$

⑤ 标准偏差（S）。用来衡量数据的离散程度和测定的精密度。突出较大偏差对测定结果重现性的影响。

$$S = \sqrt{\frac{\sum_{i=1}^{n}(x_i - \overline{x})^2}{n-1}} \tag{3-7}$$

⑥ 相对标准偏差（RSD）。标准偏差（S）在平均值 $\overline{x}$ 中所占的百分率。也称变异系数（CV）。

$$\mathrm{RSD} = \frac{S}{\overline{x}} \times 100\% = \frac{\sqrt{\frac{\sum_{i=1}^{n}(x_i - \overline{x})^2}{n-1}}}{\overline{x}} \times 100\% \tag{3-8}$$

在实际工作中多用 RSD 表示分析结果的精密度。

例 3-2 四次标定某溶液的浓度，标定结果分别为 0.2041mol/L、0.2046mol/L、0.2043mol/L、0.2044mol/L，试计算其平均值、平均偏差、相对平均偏差、相对标准偏差。

解：$\overline{x} = (0.2041 + 0.2046 + 0.2043 + 0.2044) \div 4 = 0.2044(\mathrm{mol/L})$

$$\overline{d} = (0.0003 + 0.0002 + 0.0001 + 0.0000) \div 4 = 0.0002(\mathrm{mol/L})$$

$$R\overline{d} = \frac{\overline{d}}{\overline{x}} \times 100\% = \frac{0.0002}{0.2044} \times 100\% = 0.10\%$$

$$S = \sqrt{\frac{\sum_{i=1}^{n}(x_i - \overline{x})^2}{n-1}} = \sqrt{\frac{0.0003^2 + 0.0002^2 + 0.0001^2 + 0.0000^2}{4-1}} = 0.0002$$

$$\mathrm{RSD} = \frac{S}{\overline{x}} \times 100\% = \frac{0.0002}{0.2044} \times 100\% = 0.10\%$$

3. 准确度与精密度的关系

准确度取决于偶然误差和系统误差，表示测定结果的准确性。精密度取决于偶然误差，

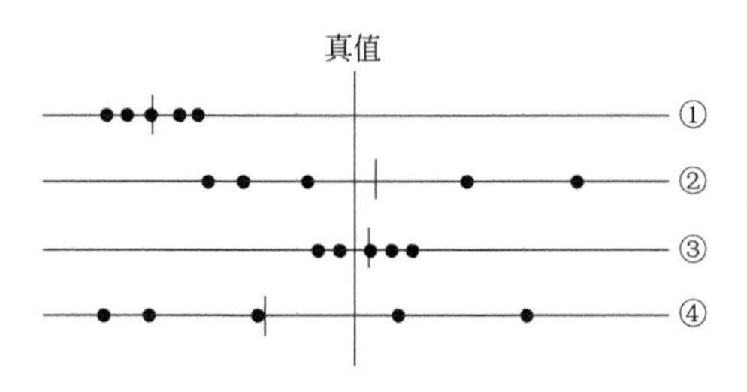

图 3-1　准确度与精密度的关系
“·”表示测定值；“|”表示平均值

表示测定结果的重现性或再现性。准确度与精密度的关系可用图 3-1 说明。

① 表示精密度好，准确度差，说明存在系统误差；②精密度很差，其平均值接近真值，但这种正负误差相抵消的结果纯属偶然，不可取；③精密度与准确度都好，结果可靠；④准确度与精密度都差。

由此可见，精密度是保证准确度的先决条件，精密度差，所得结果不可靠。精密度好不一定保证有好的准确度，因为可能存在系统误差。只有在消除或校正了系统误差的情况下，精密度好，准确度也会好。

三、提高分析结果准确度的方法

要想提高分析结果的准确度，必须减免在分析过程中带来的各种误差。

1. 选择合适的分析方法

根据分析对象、试样情况及对分析结果的要求，选择适当的分析方法。如滴定分析法的灵敏度虽然不高，但对于常量组分的测定能获得比较准确的分析结果（RE≤0.2%），而对微量或痕量组分则无法准确测定。而仪器分析法对于微量或痕量组分的测定灵敏度较高。虽然相对误差较大，但绝对误差小，仍能满足准确度的要求。另外，选择分析方法还应考虑共存物质的干扰。

2. 减小测量误差

为了保证分析结果的准确度，必须尽量减少各步的测量误差。例如，一般分析天平称量的绝对误差为±0.0001g，用减量法称样要称两次，可能引起的最大误差是±0.0002g。为了使称量的相对误差≤0.1%，称样量需要≥0.2g。又如，在滴定步骤中，一般滴定管读数可有±0.01mL 的绝对误差，一次滴定需两次读数，可能产生的最大误差是±0.02mL。为使滴定读数的相对误差≤0.10%，消耗滴定剂的体积就需≥20mL。但是各步骤的测量准确度应与分析方法的准确度相当，过度的准确测量也无必要。如采用相对误差≤2%的某比色法分析时，则称量的绝对误差应≤0.004g（0.2g×2%），即称量到小数点后三位即可。

3. 减小偶然误差

增加平行测定次数，可以减少偶然误差。在一般化学分析中，对于同一试样，通常要求平行测定 3～4 次，使其精密度符合要求，以获得较准确的分析结果。

4. 消除测量过程中的系统误差

① 校正仪器——减免仪器误差。如对天平、砝码、容量仪器等进行定期校对，在测定时用校正值。

② 空白试验——减免试剂误差。不加样品或用蒸馏水代替试样溶液，在相同条件下，用同样的方法与被测物同时做试验（平行试验），所得空白值从实验数据中减去，以消除试剂、蒸馏水或器皿所带杂质引进的误差。

③ 对照试验——减免方法误差。对照试验主要检验分析方法、试剂和条件控制不当所引进的误差。常采用标准品和标准对照法，利用已知准确浓度的标准品或已经证实是可靠的方法做同样的实验，以资对照。

在许多生产单位，为了检查分析人员之间是否存在系统误差和其他问题，常采用内检和外检的方法。内检：几个分析人员同时做同一样品，将结果进行比较，以消除操作者之间或环境、仪器之间所存在的系统误差。外检：将样品送到外单位检验，以消除环境之间的系统误差。

总之，误差产生的因素是很复杂的，必须根据具体情况，仔细地分析，找出原因，然后加以克服，以获得尽可能准确可靠的分析结果。

见数字资源 3-1　误差和数据处理视频。

四、有效数字及其运算规则

为获取准确的分析结果，首先要准确测定，其次还要正确记录和计算。即记录的数据和最终分析结果的表达，不仅要说明数值的大小，而且可以反映测量的准确程度。

1. 有效数字的意义和位数

（1）有效数字的意义　有效数字是指实际上能测量到的数字，包括所有准确数字和最后一位可疑数字。其位数多少应与分析方法和测量仪器的准确度一致。

如以托盘天平称量样品质量，记为 0.2g，其为 1 位有效数字，托盘天平称量最多精确到±0.1g，其相对误差为：

$$RE=\frac{\pm 0.1}{0.2}\times 100\%=\pm 50\%$$

用万分之一分析天平称量样品质量，则应记为 0.2000g，其为 4 位有效数字，此分析天平称量可精确到±0.0001g，其相对误差为：

$$RE=\frac{\pm 0.0001}{0.2000}\times 100\%=\pm 0.05\%$$

（2）有效数字的位数

① 0 的意义。0 在具体数字之前，只作定位，不属于有效数字；而在具体数字中间或后面时，均为有效数字。

如 1.001、0.2000、0.001234 均为四位有效数字。

② 对数中有效数字的位数，取决于小数点后数字的位数。因整数部分只代表原真数的方次。如 pH=9.75、$[H^+]=1.8\times 10^{-10}$ 均为两位有效数字。

③ 对很小或很大的数字，可用 10 的方次表示，一般小数点前保留一位整数，有效数字的位数不变。计算单位需改变时，其有效数字的位数也不变。

如 $0.000456=4.56\times 10^{-4}$、25.00mL=0.02500L、$1.05L=1.05\times 10^3 mL$。

④ 将在记录或运算中的倍数或分数视为无误差数字或无限多位有效数字，因为它不是测量出来的数据。

如$\frac{1}{2}$×原子量、3×分子量。

例 3-3　指出下列数字的有效数字位数

0.0324　　pH=11.37　　1/12　　200.0　　1.75×10^{-5}　　0.0030

解：

0.0324	pH=11.37	1/12	200.0	1.75×10^{-5}	0.0030
三位	两位	不定	四位	三位	两位

2. 有效数字的运算规则

在处理数字过程中，涉及各测量值的有效数字位数可能不同，因此运算时必须按照一定的运算规则，合理地保留有效数字的位数。目前，大多采用“四舍六入五留双”规则对数字进行修约。

（1）数字的修约　“四舍六入五留双”规则规定：当测量值的尾数≤4 时舍去；尾数≥6 时进位；尾数等于 5 时，“5”后面还有数字进位，“5”为末位数或后面数字为零，则“5”前面为奇数进位，“5”前面为偶数舍去。

例 3-4 将下列数字修约为两位有效数字

1.6637　　1.2497　　1.3502　　1.4500　　1.05　　0.750

解：1.6637 → 1.7　　1.2497 → 1.2　　1.3502 → 1.4

1.4500 → 1.4　　1.05 → 1.0　　0.750 → 0.75

注意：修约应一次完成，不能多次层层修约。1.148 应修约为 1.1，而不能 1.148 先修约为 1.15，然后再修约为 1.2。

（2）运算规则　由于每个测量的误差都会传递到最终测量结果，因而按照一定的运算规则，合理地取舍各数据的有效数字位数，既可节约时间，又可以保证得到合理的测定结果。

① 加减法。有效数字的位数以小数点后位数最少的数字为依据，其余的数字依次进行修约，然后进行计算。

例 3-5 计算 1.234＋15.86＋0.2345－6.345

解：在四个数字中，应以 15.86 为准，其余数字修约后再进行计算。

$$
\begin{aligned}
&1.234+15.86+0.2345-6.345\\
&=1.23+15.86+0.23-6.34\\
&=10.98
\end{aligned}
$$

② 乘除法。有效数字的位数以有效数字位数最少的数字为依据，其余数字修约后再进行计算。

例 3-6 计算$\dfrac{0.0124\times 20.13\times 1.236}{2.235}$

解：$\dfrac{0.0124\times 20.13\times 1.236}{2.235}=\dfrac{0.0124\times 20.1\times 1.24}{2.24}=0.138$

③ 注意在四则运算时，同样先修约后运算。首位为 8、9 的数字在运算中，有效数字可多保留一位，最后结果仍以实际位数为准。

如 9.76 是三位有效数字，在运算中，可当作四位有效数字，最后结果仍为三位有效数字。

$$9.81\times 1.32618=9.81\times 1.326=13.0$$

3. 有效数字及运算在分析化学中的运用

（1）正确记录实验数据　例如，托盘天平称量记为：10.5g；万分之一的分析天平称量记为：0.5000g；用量筒量取一定量体积的溶液记为：20mL；用移液管量取一定量体积的溶液记为：20.00mL。

（2）正确表示分析结果　分析结果是由实验数据计算而得，所以要正确表示结果，就要按有效数字的定义记录数据，按有效数字的运算规则计算数据，按分析项目的准确度要求正确表示结果。

在分析化学的实际计算中，测量数据的有效数字多为四位。精密测量时，为确保计算准确，分析结果一般保留有效数字位数如下：对于高含量组分（＞10%），分析结果要求四位有效数字；对于中含量组分（1%～10%），分析结果一般要求三位有效数字；对于微量组分（＜1%），分析结果一般只要求两位有效数字。

对于表示精密度、准确度的数据，一般保留一位有效数字，最多保留两位有效数字。

见数字资源 3-2　有效数字视频。

五、分析数据的处理

1. 偶然误差的正态分布

偶然误差的规律性可用正态分布曲线来表示，如图 3-2 所示。该曲线可用正态分布的方程（高斯分布）来表示。

$$y=f(x)=\frac{1}{\sigma\sqrt{2\pi}}e^{\frac{-(x-\mu)^2}{2\sigma^2}} \tag{3-9}$$

式中，y 为概率密度，它是 x 的函数，它表示一定偏差的测定值出现的概率；x 是样品的测定值；e 是自然对数之底；π 是圆周率；μ 是曲线最高点的横坐标，即总体均值，在没有系统误差的情况下，它为真值；σ 为总体标准偏差。

由图 3-2 可知，对于分析化学而言，其偏差一般以 $\pm 2\sigma$ 作为允许的最大偏差。一般大于 $\pm 2\sigma$ 的出现概率只有 5%，而偏差大于 $\pm 3\sigma$ 的测定只有 3%的机会。从上述正态分布曲线可找出偏差的界限，例如：若要保证测定结果有 95%的出现机会，则测定的偏差界限应控制在 $\pm 1.96\sigma$。

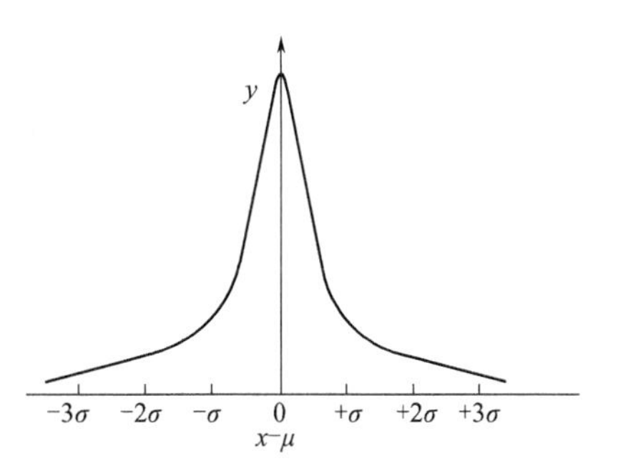

图 3-2　偶然误差的正态分布曲线

2. 置信度与平均值的置信区间

通常分析工作中平行测定的次数（n）比较少，无法得到总体的平均值 μ 和标准偏差 σ，只能由得到的样品平均值 $\overline{x}$ 和样品标准偏差 S 来估计测量数据的分散程度。由统计学可知，在有限次的测定中，平均值 $\overline{x}$ 和总体的平均值 μ（即真值）之间，存在以下关系：

$$\mu=\overline{x}\pm\frac{tS}{\sqrt{n}} \tag{3-10}$$

式中，μ 为真值；$\overline{x}$ 为平均值；S 为标准偏差；n 为测定次数；t 为在选定的置信度下的概率系数，可查表 3-2 得到。

表 3-2　不同测定次数和不同置信度下的 t 值表

自由度 $f=n-1$	置信度		
	90%	95%	99%
2	2.920	4.303	9.925
3	2.353	3.182	5.841
4	2.132	2.776	4.604
5	2.015	2.571	4.032
6	1.943	2.447	3.707
7	1.895	2.365	3.500
8	1.860	2.306	3.355
9	1.833	2.262	3.250
10	1.812	2.228	3.169
15	1.753	2.131	2.947
20	1.708	2.060	2.787
∞	1.645	1.960	2.576

所谓置信度，它表示分析结果在一定范围内出现的概率。例如，从偶然误差出现的概率正态分布曲线图（图 3-2）可知，分析结果在 $\mu\pm 2\sigma$ 区间内出现的概率为 95.5%。而 t 值是随所取置信度及测定次数不同而不同的。一般当增加测定次数时，t 值减小；当置信度提高时，t 值增大。

由式（3-10）可以计算，在选定置信度下，真值在以平均值 $\overline{x}$ 为中心的 $\pm\frac{tS}{\sqrt{n}}$ 范围内出现。这个值即是平均值的置信区间。例如，用邻菲罗啉比色法测定样品中 Fe 的含量，分析结果为 Fe（%）＝52.44±0.17，置信度为 95%。那么，可以认为，该样品的真值有 95% 的把握在 52.27～52.61 区间（即置信区间）内。

3. 分析结果的显著性检验

在实际分析工作中，常遇到以下两种情况：一是样本测量的平均值 $\overline{x}$ 与标准值或真值 μ 不一致；二是两组测量的平均值 $\overline{x}_1$ 和 $\overline{x}_2$ 不一致。导致不一致的原因是由分析过程的系统误差或偶然误差引起的。因此，必须对两组分析结果的准确度或精密度是否存在显著性差异进行判断（显著性检验）。目前常用的检验准确度的方法是 t 检验法，而检验精密度的方法是 F 检验法。

（1）t 检验法　t 检验法为判断一种新的分析方法、分析仪器、一种试剂或某一分析工作者的操作是否可靠，即准确度如何，主要判断系统误差是否存在。

t 检验法要求计算出的 t 值与按测定次数和置信度为 95%，查表 3-2 得到 $t_{表}$ 值比较。若计算值小于表中值，证明被检验的方法、仪器、试剂或操作无显著的系统误差，测定结果可靠；反之，计算值大于表中值，表明测定存在明显的系统误差，需要校正。

由式（3-10）可知，平均值 $\overline{x}$ 和总体的平均值 μ（即真值）之间，存在以下关系：

$$\mu=\overline{x}\pm\frac{tS}{\sqrt{n}}$$

由此可得

$$t=\frac{|\overline{x}-\mu|}{S}\sqrt{n} \tag{3-11}$$

例 3-7　用一种新的分析方法测定中药黄连中小檗碱（标准品）的含量，平行测定 5 次，其百分含量如下：8.90、8.85、8.82、8.90、8.87，已知标准值为 8.90，问此方法是否可靠（要求置信度 95%）。

解：由题意得

$$\overline{x}=\frac{\sum x_i}{n}=8.87$$

$$S=0.038$$

则

$$t_{计}=\frac{|8.87-8.90|}{0.038}\times\sqrt{5}=1.77$$

由　$f=n-1=4$、$p=95\%$，查表 3-2，得 $t_{表}=2.78>t_{计}$。

故新方法不存在显著性差异，无系统误差，分析方法可靠。

在实际测定中，特别是药物检验中，可将检验标准（规格要求）作为标准值进行比较，以检验药品是否合格。

（2）F 检验法　对于两组测定数据，它们的精密度是否有显著的差别，可用 F 检验法进行比较。F 检验法要求计算 F 值与表 3-3 查得 F 值比较。如果计算值小于表中值，说明两组数据精密度无显著性差异，反之有显著性差异。

表 3-3　置信度 95%时的 F 值表

分母的自由度 f_2	分子的自由度 f_1											
	2	3	4	5	6	7	8	9	10	15	20	∞
2	19.00	19.16	19.25	19.30	19.33	19.36	19.37	19.38	19.39	19.43	19.44	19.50
3	9.55	9.28	9.12	9.01	8.94	8.89	8.84	8.81	8.78	8.70	8.66	8.53
4	6.94	6.59	6.39	6.26	6.16	6.09	6.04	6.00	5.96	5.86	5.80	5.63
5	5.79	5.41	5.19	5.05	4.95	4.88	4.82	4.78	4.74	4.62	4.56	4.36
6	5.14	4.76	4.53	4.39	4.28	4.21	4.15	4.10	4.06	3.94	3.87	3.67
7	4.74	4.35	4.12	3.97	3.87	3.79	3.73	3.68	3.63	3.51	3.44	3.23
8	4.46	4.07	3.84	3.69	3.58	3.50	3.44	3.39	3.343	3.22	3.15	2.93
9	4.26	3.86	3.63	3.48	3.37	3.29	3.23	3.18	3.13	3.01	2.93	2.71
10	4.10	3.71	3.48	3.33	3.22	3.14	3.07	3.02	2.97	2.85	2.77	2.54
15	3.68	3.29	3.06	2.90	2.79	2.70	2.64	2.59	2.55	2.40	2.33	2.07
20	3.49	3.10	2.87	2.71	2.60	2.51	2.45	2.39	2.35	2.20	2.12	1.84
∞	3.00	2.60	2.37	2.21	2.09	2.01	1.94	1.88	1.83	1.67	1.75	1.00

先计算两组数据的方差 S_1^2 和 S_2^2，然后按大方差为分子、小方差为分母计算 $F_{计}$ 值。

$$F_{计}=\frac{S_1^2}{S_2^2}(S_1^2>S_2^2) \tag{3-12}$$

与按两组数据的自由度（$f_1=n_1-1$，$f_2=n_2-1$），查表 3-3 得置信度为 95%的 $F_{表}$ 值比较。如果 $F_{计}$ 小于 $F_{表}$，说明两组数据精密度无显著性差异，反之有显著性差异。

例 3-8　某检验人员分别用新方法和标准方法测定一药物中的钙含量，得到以下数据。

新方法：32.22%、32.26%、32.33%、32.28%、32.30%

标准方法：32.22%、32.31%、32.40%、32.27%、32.35%

试比较两方法精密度之间有无显著性差异（置信度为 95%）。

解：根据题意

$$\bar{x}_1=32.28\%，\bar{x}_2=32.31\%，S_{新}^2=0.0017，S_{标}^2=0.0048$$

$$F_{计}=\frac{S_{标}^2}{S_{新}^2}=\frac{0.0048}{0.0017}=2.82$$

$$f_1=5-1=4，f_2=5-1=4$$

查表 3-3 得 $F_{表}=6.39>2.82$，说明两种方法的精密度无显著性差异，且这种判断的可靠性达 95%。

两组数据显著性差异检验的顺序是先进行 F 检验，后进行 t 检验，若 F 检验存在显著性差异，说明两组数据的精密度有显著性差异，没有必要再做 t 检验。

4. 可疑值的取舍

分析测量中，系统误差和偶然误差可能同时存在，各种统计检验就是利用数理统计方法对误差进行分析，从而正确评价测量数据和分析结果。

可疑值是一组平行测定的数据中，偏差较大的个别值。如发现此值确实为过失误差所造成才应舍去，否则不能随意舍去。应用统计检验的方法，经计算后决定取舍，常用方法较多，在此只介绍 Q 检验法和 G 检验法。

（1）Q 检验法

① 将一组数据按由小到大顺序排列：x_1，x_2，x_3，…，x_n。

② 计算测量值的极差（x_n-x_1）和可疑值的邻差。

③ 假设 x_n 为可疑值，按下式计算 Q 值：

$$Q_{计}=\frac{邻差}{极差}=\frac{|x_n-x_{n-1}|}{x_n-x_1} \tag{3-13}$$

④ 根据测定次数 n 和要求的置信度（一般为90%或95%），查表3-4的 Q 值，如 $Q_{计}>Q_{表}$，可疑值应舍去，否则应保留。

表 3-4　Q 值表

测定次数(n)	3	4	5	6	7	8	9	10
$Q_{0.90}$	0.94	0.76	0.64	0.56	0.51	0.47	0.44	0.41
$Q_{0.95}$	0.97	0.84	0.73	0.64	0.59	0.54	0.51	0.49
$Q_{0.99}$	0.99	0.93	0.82	0.74	0.68	0.63	0.60	0.57

例 3-9　用原子吸收光度法测定某样品中镁的含量，平行测定5次，其百分含量（mg/L）数据由小到大如下：0.132、0.140、0.144、0.146、0.148，计算0.132是否应舍去（置信度为95%）？

解：

$$Q_{计}=\frac{邻差}{极差}=\frac{|可疑值-邻近值|}{最大值-最小值}=\frac{|0.132-0.140|}{0.148-0.132}=0.50$$

查表3-4得 $Q_{0.95}=0.73(n=5)>0.50$，所以0.132应保留。

（2）G 检验法　G 检验法的基本步骤如下：

① 先计算所有数据的平均值 $\bar{x}$ 和标准偏差 S，然后按下式计算 G 值：

$$G_{计}=\frac{|可疑值-\bar{x}|}{S} \tag{3-14}$$

② 根据测定次数查表3-5中不同置信度对应的 $G_{表}$ 值，进行比较，如 $G_{计}>G_{表}$，可疑值应舍去，否则应保留。

表 3-5　G 值表

测定次数(n)	3	4	5	6	7	8	9	10
$G_{0.95}$	1.15	1.46	1.67	1.82	1.94	2.03	2.11	2.18
$G_{0.99}$		1.49	1.75	1.94	2.10	2.22	2.32	2.41

例 3-10　用 G 检验法计算例3-9中，可疑值0.132是否应舍去（置信度为95%）？

解：

$$S=\sqrt{\frac{d_1^2+d_2^2+d_3^2+d_4^2+d_5^2}{n-1}}=\sqrt{\frac{0.00016}{4}}=0.0063$$

$$G_{计}=\frac{|0.132-0.142|}{0.0063}=1.59$$

查表3-5，置信度为95%，测定次数 $n=5$，查得 $G_{表}=1.67>1.59$，所以0.132不能舍去，应保留。

第三节　滴定分析法概述

一、滴定分析法的基本概念及其有关术语

滴定分析法在化学定量分析中占有很重要的位置，是化学分析法中最重要的分析方法之一，

是将一种已知准确浓度的试剂溶液（也称为标准溶液）滴加到被测物质的溶液中，直到所加的试剂溶液与被测物质按计量关系定量反应完全为止，然后根据所用试剂溶液的浓度和体积，通过计量关系计算出被测物质的含量。因为这类方法是以测量标准溶液体积为基础的方法，故也称为容量分析法，对应的常用仪器也称为容量分析仪器，如滴定管、移液管、容量瓶等。

在滴定分析中，通常把装入滴定管中已知准确浓度的试剂溶液称作标准溶液，又称滴定液。将标准溶液从滴定管加到被测物质溶液中去的操作过程叫滴定。当加入的标准溶液与被测组分恰好完全反应，即标准溶液物质的量与被测组分物质的量恰好符合化学反应式所表示的化学计量关系，将这一点称为化学计量点。在滴定中，将能借助颜色的改变指示终点的辅助试剂称为指示剂，将指示剂恰好发生颜色变化的转变点称为滴定终点。化学计量点与滴定终点不一定恰好符合，所引起的误差称为终点误差或者滴定误差。

二、常见的滴定分析法

1. 滴定分析法的特点及分类

滴定分析法所需要的仪器设备简单，操作简单，测定快速，结果准确度比较高，一般情况下，相对平均偏差可以控制在±0.2%以内。本法常用于常量组分的含量测定，有时也可用于半微量、微量组分的含量测定。因此，其至今在食品、药品、化学品等的含量测定方面具有很大的实用价值。

滴定分析法可按不同的方式分类，常根据标准溶液和被测物质发生的反应类型分为酸碱滴定法、沉淀滴定法、氧化还原滴定法和配位滴定法。

（1）酸碱滴定法　酸碱滴定法是利用酸或者碱作为标准溶液，以质子传递反应为基础滴定另外一种碱或者酸的方法。常用的酸标准溶液是 HCl 和 H_2SO_4，常用的碱是 NaOH。如：

$$H^+ + OH^- \longrightarrow H_2O \text{（强酸强碱的反应）}$$

$$H^+ + MOH \longrightarrow H_2O + M^+ \text{（强酸弱碱的反应，MOH 表示一元弱碱）}$$

$$HA + OH^- \longrightarrow H_2O + A^- \text{（弱酸强碱的反应，HA 表示一元弱酸）}$$

（2）沉淀滴定法　沉淀滴定法是利用沉淀剂作为标准溶液，利用沉淀反应进行滴定的方法。如用 $AgNO_3$ 作为标准溶液，测定能与 Ag^+ 生成银盐沉淀的 X^- 是最常用的沉淀滴定法，也称为银量法。

$$Ag^+ + X^- \longrightarrow AgX\downarrow$$

其中，X^- 代表 Cl^-、Br^-、I^-、CN^- 及 SCN^- 等离子。

（3）氧化还原滴定法　氧化还原滴定法是以氧化剂或还原剂作为标准溶液，利用氧化还原反应进行滴定的方法。根据所用的标准溶液不同，氧化还原滴定法又可分为高锰酸钾法、碘量法、亚硝酸钠法等。如：

$$2MnO_4^- + 5C_2O_4^{2-} + 16H^+ \longrightarrow 2Mn^{2+} + 10CO_2\uparrow + 8H_2O$$

$$I_2 + 2S_2O_3^{2-} \longrightarrow 2I^- + S_4O_6^{2-}$$

$$C_6H_5NH_2 + NaNO_2 + 2HCl \longrightarrow [C_6H_5\text{-}\overset{+}{N}\equiv N]Cl^- + NaCl + 2H_2O \text{（重氮化反应）}$$

（4）配位滴定法　配位滴定法也称为络合滴定法，是以配位剂作为标准溶液，利用配位反应进行滴定的方法。常用的标准溶液是氨羧配位剂，如乙二胺四乙酸（EDTA）。

$$Y^{4-} + M^{n+} \longrightarrow MY^{n-4} \text{（以 } Y^{4-} \text{ 表示 EDTA，} M^{n+} \text{ 表示金属离子）}$$

滴定一般在水溶液中进行，水是常用的溶剂，具有安全、价廉的优点，但也有些物质由于在水溶液中溶解度小、难电离等原因不能滴定，因此也可以选择有机溶剂或者不含水的无机溶剂。我们把在非水溶剂中进行的滴定称为非水滴定，在药物分析中，比较常用的是在非水溶剂中进行的酸碱滴定，常用来测定弱酸、弱碱或者弱酸弱碱盐等。

2. 滴定分析对化学反应的要求与滴定方式

（1）滴定分析对化学反应的要求　滴定分析法虽然可用各种类型的化学反应，但是并不是所有的化学反应都能用于滴定分析，适合滴定分析法的化学反应必须具备以下三个要求：

① 反应必须具有确定的计量关系，并要定量完成。即反应按一定的反应方程式进行，无副反应，反应完成程度达99.9%以上。这是定量计算的基础。

② 反应能迅速完成，即反应速度快，在滴定液滴下后，经摇晃，应立即与待测样品反应，如果反应速度慢，将无法确定滴定终点。通常可以用加热或加入催化剂等方法来加快反应速度。

③ 有适当的方法确定滴定终点。通常用指示剂，也可以借助仪器，以简便、准确的方法为好。

（2）滴定方式　滴定分析中并不是所有的反应都满足滴定分析法对化学反应的三个要求，但可以设计不同的滴定方式，使最终的滴定反应满足以上三个条件。根据滴定方式的不同也常将滴定分析法分为直接滴定法、返滴定法、置换滴定法和间接滴定法。

① 直接滴定法。滴定剂和被测物质的反应能满足滴定分析法对化学反应的三个要求，可以用标准溶液直接滴定被测物质，这类滴定方式称为直接滴定法，它是滴定分析中最常用和最基本的滴定方法。例如：NaOH 滴定 HCl、$AgNO_3$ 滴定 NaCl 都属于直接滴定法。

$$NaOH+HCl \xlongequal{} NaCl+H_2O$$
$$AgNO_3+NaCl \xlongequal{} AgCl\downarrow+NaNO_3$$

当化学反应不能完全符合上述三个要求时，不能采用直接滴定法，这时可采用下述几种方式进行滴定。

② 返滴定法（剩余滴定法、回滴定法）。当被测物质与标准溶液的反应速度比较慢；或用标准溶液测定固体试样，反应不能立即完成时，可先准确加入过量的标准溶液，待标准溶液与试样中的被测物质完全反应后，再用另一种标准溶液滴定剩余的标准溶液，这种滴定方式称为返滴定法。例如，在测定 $CaCO_3$ 的含量时，可加入过量的 HCl 标准溶液与被测组分 $CaCO_3$ 完全反应后，再用 NaOH 标准溶液滴定剩余的 HCl，根据 HCl 和所消耗的 NaOH 物质的量之差即可求算出 $CaCO_3$ 的含量。反应式如下：

$$CaCO_3+\underset{（定量，过量）}{2HCl} \xlongequal{} CaCl_2+CO_2\uparrow+H_2O$$
$$\underset{（剩余）}{HCl}+NaOH \xlongequal{} NaCl+H_2O$$

有时采用返滴定法是由于某些反应没有合适的指示剂。如在酸性溶液中用 $AgNO_3$ 滴定 NaCl，缺乏合适的指示剂，可先加入过量的 $AgNO_3$ 标准溶液，再以 Fe^{3+} 作指示剂，用 NH_4SCN 标准溶液返滴定剩余的 Ag^+，当出现 $[Fe(SCN)]^{2+}$ 淡红色即为终点。

③ 置换滴定法。对于不按确定的化学反应式（有副反应）进行反应的物质或受空气等条件影响不能直接滴定的物质，可先选用适合的、过量的试剂与被测物质反应，置换出一定量的被滴定物质，然后用适当滴定剂滴定新生成的被滴定物质，这种滴定方式称为置换滴定法。例如，用 $Na_2S_2O_3$ 标准溶液滴定 $K_2Cr_2O_7$，在酸性条件下，$Na_2S_2O_3$ 与 $K_2Cr_2O_7$ 等强氧化剂反应都会发生副反应，无确定的计量关系，但 $Na_2S_2O_3$ 能直接滴定 I_2，因此常采用置换滴定法。

第一步用 $K_2Cr_2O_7$ 与过量的 KI 反应生成 I_2：

$$K_2Cr_2O_7+6KI+14HCl \xlongequal{} 8KCl+2CrCl_3+3I_2+7H_2O$$

第二步用 $Na_2S_2O_3$ 滴定生成的 I_2：

$$2Na_2S_2O_3+I_2 \xlongequal{} 2NaI+Na_2S_4O_6$$

④ 间接滴定法。有时，被测物质不能直接与标准溶液反应，却能和另外一种可以与标准溶液直接反应的物质定量反应，则可以采用间接滴定法进行测定。例如，Ca^{2+}不能直接和$KMnO_4$标准溶液反应，可用$C_2O_4^{2-}$将Ca^{2+}定量沉淀为CaC_2O_4后，过滤，用H_2SO_4溶解CaC_2O_4，再用$KMnO_4$标准溶液滴定与Ca^{2+}结合的$C_2O_4^{2-}$，从而间接测定Ca^{2+}的含量。反应式如下：

$$Ca^{2+} + C_2O_4^{2-} \xlongequal{} CaC_2O_4 \downarrow$$

$$CaC_2O_4 + H_2SO_4 \xlongequal{} H_2C_2O_4 + CaSO_4$$

$$2MnO_4^- + 5C_2O_4^{2-} + 16H^+ \xlongequal{} 2Mn^{2+} + 10CO_2 \uparrow + 8H_2O$$

三、标准溶液的配制与标定

1. 基准物质

在化学分析中，能够用于直接配制标准溶液或标定溶液浓度的物质，称为基准物质或标准物质。标准溶液浓度的准确与否同基准物质有着直接的关系，凡是基准物质应满足以下条件：

① 物质的组成应与化学式完全相符。若包括结晶水，其结晶水的含量也应与化学式完全相符。

② 试剂的纯度应足够高，一般要求其纯度达 99.9%以上，而杂质的含量应少到不影响分析的准确度。

③ 参加反应时，应按反应式定量进行，没有副反应。

④ 试剂在一般情况下性质稳定。在加热干燥时不挥发、不分解；称量时不吸湿，不与空气中的氧气及二氧化碳反应；长时间保存不变质等。

⑤ 试剂最好具有较大的摩尔质量。在使用时，称取的质量越大，相对误差越小。

常用基准物质的干燥条件和应用范围见表 3-6。

表 3-6 常用基准物质的干燥条件和应用范围

基准物质		干燥后的组成	干燥条件/℃	标定物质
名称	分子式			
碳酸氢钠	$NaHCO_3$	Na_2CO_3	270～300	酸
十水合碳酸钠	$Na_2CO_3 \cdot 10H_2O$	Na_2CO_3	270～300	酸
硼砂	$Na_2B_4O_7 \cdot 10H_2O$	$Na_2B_4O_7 \cdot 10H_2O$	放在装有 NaCl 和蔗糖饱和溶液的密闭容器中 270～300	酸
碳酸氢钾	$KHCO_3$	K_2CO_3	270～300	酸
二水合草酸	$H_2C_2O_4 \cdot 2H_2O$	$H_2C_2O_4 \cdot 2H_2O$	室温空气干燥	碱或 $KMnO_4$
邻苯二甲酸氢钾	$KHC_8H_4O_4$	$KHC_8H_4O_4$	110～120	碱
重铬酸钾	$K_2Cr_2O_7$	$K_2Cr_2O_7$	140～150	还原剂
溴酸钾	$KBrO_3$	$KBrO_3$	130	还原剂
碘酸钾	KIO_3	KIO_3	130	还原剂
铜	Cu	Cu	室温干燥器中保存	还原剂
三氧化二砷	As_2O_3	As_2O_3	室温干燥器中保存	氧化剂
草酸钠	$Na_2C_2O_4$	$Na_2C_2O_4$	130	氧化剂
碳酸钙	$CaCO_3$	$CaCO_3$	110	EDTA
锌	Zn	Zn	室温干燥器中保存	EDTA
氧化锌	ZnO	ZnO	900～1000	EDTA
氯化钠	NaCl	NaCl	500～600	$AgNO_3$
氯化钾	KCl	KCl	500～600	$AgNO_3$
硝酸银	$AgNO_3$	$AgNO_3$	220～250	氯化物

2. 标准溶液

(1) 标准溶液的配制方法　标准溶液是一种已知准确浓度的溶液，在滴定分析中，无论采用何种滴定分析法，都离不开标准溶液，否则无法准确计算分析结果。通常要求标准溶液的浓度准确到四位有效数字。配制标准溶液的方法一般有两种，即直接配制法和间接配制法(标定法)。

① 直接配制法。准确称取一定量的基准物质，溶解后配制成一定体积的溶液（通常在容量瓶中定容），根据基准物质的质量和配制的溶液体积，即可计算出该标准溶液的准确浓度，这种使用基准物质直接配制标准溶液的方法，称为直接配制法。直接配制法的前提是所选用的物质必须是基准物质。

例如，准确称取 4.3775g 基准 $K_2Cr_2O_7$，用水溶解后，置于 1L 容量瓶中，用蒸馏水稀释至刻度定容，摇匀，即得浓度为 0.01488mol/L 的 $K_2Cr_2O_7$ 标准溶液。

② 间接配制法。很多物质（如 HCl、NaOH 等）由于不易提纯、不易保存、性质不稳定或者组成不恒定等诸多原因，常常无法制备成基准物质，因而不能直接配制标准溶液，但可先配制成一种近似所需浓度的溶液，然后用基准物质（或已经用基准物质标定过的标准溶液）标定其准确浓度，这种配制方法称为间接配制法，又称为标定法。

如欲配制 0.1000mol/L 的 HCl 标准溶液，先用浓盐酸配制成近似 0.1mol/L 的稀溶液，然后称取一定量的基准物质如碳酸钠进行标定（或用已知准确浓度的 NaOH 溶液进行标定)，这样便可求得盐酸标准溶液的准确浓度。

为了控制结果的准确性，制备标准溶液的浓度值应在规定浓度值的±5%范围以内；一般要求标定的浓度相对偏差小于±0.2%；标定溶液浓度时，平行滴定 3～5 次，滴定液消耗的体积一般在 20～24mL 之间（如果使用的滴定管体积为 25mL)，滴定速度一般保持在 6～8mL/min。

标定溶液浓度时要根据实际情况选择合适的方法。通常称量的基准物质质量在 0.5g 以上时，采用多次称量法；称量的基准物质质量在 0.5g 以下时，采用移液管法；此外，如果有已知浓度的标准溶液也可以用比较法来标定。标定好的标准溶液应塞紧瓶塞，贴上标签，根据它的性质妥善保管，备用。

a. 多次称量法。准确称取几份基准物质，分别用适量的溶剂溶解，然后用待标定的溶液滴定，分别计算出溶液的准确浓度，求取平均值。

b. 移液管法。准确称取一份较大质量的基准物质，溶解后，转至容量瓶中定容，摇匀。用移液管移取一定体积的基准物质溶液，用待标定的溶液滴定。平行几次，求取平均值。

c. 比较法。准确移取一定体积的待标定溶液，用已知浓度的标准溶液滴定；或者准确移取一定体积的标准溶液，用待标定的溶液标定。根据两者的体积和标准溶液的浓度，计算待标定液的浓度，平行几次，求取平均值。

(2) 标准溶液浓度表示法　标准溶液的浓度通常有物质的量浓度和滴定度两种表示方式。

① 物质的量浓度。单位体积中所含溶质的物质的量。其计算公式如下：

$$c_B=\frac{n_B}{V} \tag{3-15}$$

式中，c_B 为 B 物质的物质的量浓度，mol/L；V 为 B 溶液的体积，L；n_B 为 B 物质的物质的量，mol。

例 3-11　将 40g NaOH 配制成 500mL 溶液，求该 NaOH 溶液的物质的量浓度。

解：

$$c_{NaOH}=\frac{n_{NaOH}}{V}=\frac{m_{NaOH}}{M_{NaOH}V}=\frac{40}{40\times500\times10^{-3}}=2.0(mol/L)$$

② 滴定度。每毫升标准溶液相当于被测物质的质量。其计算公式如下：

$$T_{T/B}=\frac{m_B}{V_T} \tag{3-16}$$

式中，m_B 为被测物质 B 的质量，g；V_T 为标准溶液 T 的体积，mL；$T_{T/B}$ 为滴定度，g/mL。

如采用 $K_2Cr_2O_7$ 标准溶液滴定铁，$T_{K_2Cr_2O_7/Fe}=0.005000g/mL$，它表示每毫升 $K_2Cr_2O_7$ 标准溶液相当于 0.005000g 的铁。如果一次滴定消耗 $K_2Cr_2O_7$ 标准溶液 22.58mL，则有

溶液中铁的质量 $m_{Fe}=22.58\times0.005000=0.1129$ (g)。

对于生产单位的例行分析，如果对象固定，为简化计算，常采用滴定度表示标准溶液的浓度。

四、滴定分析计算

滴定分析中涉及一系列的计算问题，如标准溶液的配制和标定、标准溶液与被测物质之间的计量关系及分析结果的计算等。这些计算的依据是当反应定量完成到达化学计量点时，待测物质与标准溶液的物质的量必定相当。

1. 滴定分析计算的基本公式

设待测组分为 B，基准物质为 T，发生如下的反应：

$$bB+tT=cC+dD$$

当滴定到达化学计量点时，$b$mol 的待测组分 B 与 $t$mol 的基准物质 T 完全反应，则待测组分 B 的物质的量 n_B 与基准物质 T 的物质的量 n_T 之间的化学计量关系为：

$$n_B/n_T=b/t \tag{3-17}$$

则有

$$n_B=\frac{b}{t}n_T \quad 或 \quad n_T=\frac{t}{b}n_B \tag{3-18}$$

2. 标准溶液浓度的计算

(1) 直接配制法的浓度计算　设基准物质 T 的摩尔质量为 M_T (g/mol)，物质的质量为 m_T (g)，配制 V_T (mL) 标准溶液，则基准物质 T 标准溶液的物质的量浓度 c_T 为：

$$c_T=\frac{m_T\times1000}{M_TV_T} \tag{3-19}$$

(2) 间接配制法（标定法）的浓度计算

① 多次称量法的浓度计算。设称量 m_T (g) 基准物质 T，用适量的溶剂溶解，标定时消耗 V_B (mL) 待标定的 B 物质的溶液，基准物质 T 的摩尔质量为 M_T (g/mol)，则有 $n_B=c_BV_B$、$n_T=m_T/M_T$；根据公式 (3-18) 得到 B 物质溶液的物质的量浓度为：

$$c_B=\frac{b}{t}\times\frac{m_T\times1000}{M_TV_B} \tag{3-20}$$

多次平行计算，求平均值。

② 移液管法的浓度计算。设称量 m_Tg 基准物质 T，配制成 V_1mL 标准溶液，移取 V_2mL 标准溶液，标定时消耗 V_BmL 待标定的 B 物质的溶液，基准物质 T 的摩尔质量为 M_T g/mol，则有实际参与反应的 $n_B=c_BV_B$、$n_T=\frac{V_2}{V_1}\times\frac{m_T}{M_T}$；根据公式 (3-18) 得到 B 物质溶液的物质的量浓度为：

$$c_B=\frac{b}{t}\times\frac{V_2}{V_1}\times\frac{m_T\times1000}{M_TV_B} \tag{3-21}$$

多次平行计算，求平均值。

③ 比较法的浓度计算。设移取V_TmL基准物质T的标准溶液，标定时消耗V_BmL待标定的B物质的溶液（或者移取V_BmL待标定的B物质的溶液，标定时消耗V_TmL基准物质T的标准溶液），基准物质T标准溶液的物质的量浓度为c_T mol/L，则有$n_B=c_BV_B$、$n_T=c_TV_T$；根据公式（3-18）得到B物质溶液的物质的量浓度为：

$$c_B=\frac{b}{t}\times\frac{c_TV_T}{V_B} \tag{3-22}$$

多次平行计算，求平均值。

（3）物质的量浓度与滴定度之间的换算

根据滴定度$T_{T/B}=\frac{m_B}{V_T}$和式（3-18）可得

$$c_T=\frac{t}{b}\times\frac{T_{T/B}\times1000}{M_B}\text{ 或 }T_{T/B}=\frac{b}{t}\times\frac{c_TM_B}{1000} \tag{3-23}$$

3. 被测组分百分含量的计算

设称量m_S g试样B，则待测组分B在试样中的百分含量为：

$$B\%=\frac{m_B}{m_S}\times100\% \tag{3-24}$$

由上式和式（3-18）得

$$B\%=\frac{b}{t}\times\frac{c_TV_TM_B\times10^{-3}}{m_S}\times100\% \tag{3-25}$$

$$B\%=\frac{T_{T/B}V_T}{m_S}\times100\% \tag{3-26}$$

4. 滴定分析计算实例

（1）标准溶液的配制及滴定的计算

例 3-12 配制0.2500mol/L KCl标准溶液100.00mL，应称取KCl基准试剂多少克？

解：已知有$M_{KCl}=74.55$g/mol

$$m_T=\frac{c_TM_TV_T}{1000}=\frac{0.2500\times74.55\times100.00}{1000}=1.864(\text{g})$$

例 3-13 配制0.20mol/L的HCl溶液200mL，需取浓HCl（密度为1.18g/mL，质量分数为36.5%）溶液多少毫升？

解：已知$M_{HCl}=36.46$g/mol

$$c_{浓}=\frac{1000\rho w}{M_{HCl}}=\frac{1000\times1.18\times36.5\%}{36.46}=11.8(\text{mol/L})$$

由$c_{浓}V_{浓}=c_{稀}V_{稀}$得

$$V_{浓}=\frac{c_{稀}V_{稀}}{c_{浓}}=\frac{0.20\times200}{11.8}=3.4(\text{mL})$$

例 3-14 用基准硼砂标定盐酸溶液浓度，准确称取硼砂1.0932g，用待标定的盐酸溶液滴定，消耗了盐酸溶液20.14mL，求盐酸溶液的浓度。

解：已知$M_{Na_2B_4O_7\cdot10H_2O}=381.37$g/mol，滴定反应为：

$$Na_2B_4O_7+2HCl+5H_2O=\!=\!=4H_3BO_3+2NaCl$$

由式（3-18）得

$$c_T=\frac{t}{b}\times\frac{m_B\times1000}{M_BV_T}=\frac{2\times1.0932\times1000}{381.37\times20.14}=0.2847(\text{mol/L})$$

（2）有关滴定度的计算及滴定度与物质的量浓度的换算

例 3-15 已知盐酸标准溶液的浓度为 0.2105mol/L，求 T_{HCl/Na_2CO_3}。

解：已知 $M_{Na_2CO_3}=106.0\text{g/mol}$，盐酸与碳酸钠的滴定反应为：

$$2HCl+Na_2CO_3 = 2NaCl+H_2O+CO_2$$

由式（3-23）得

$$T_{HCl/Na_2CO_3}=\frac{1}{2}\times\frac{c_{HCl}M_{Na_2CO_3}}{1000}=\frac{0.2105\times106.0}{2\times1000}=0.01116(\text{g/mL})$$

例 3-16 $KMnO_4$ 标准溶液的 $T_{KMnO_4/Fe}=0.002550\text{g/mL}$，准确称取 $FeSO_4\cdot7H_2O$ 试样 0.4126g，加稀硫酸与新煮沸过的冷水溶解后，立即用 $KMnO_4$ 标准溶液滴定至浅红色，消耗 $KMnO_4$ 标准溶液 21.48mL。求：（1）$KMnO_4$ 标准溶液的物质的量浓度；（2）$FeSO_4\cdot7H_2O$ 的百分含量。

解：已知 $M_{FeSO_4\cdot7H_2O}=278.01\text{g/mol}$，滴定反应为：

$$2KMnO_4+10FeSO_4+8H_2SO_4 = 2MnSO_4+5Fe_2(SO_4)_3+K_2SO_4+8H_2O$$

故 $n_{KMnO_4}:n_{Fe}=1:5$。

由式（3-23）得：

$$c_{KMnO_4}=\frac{1}{5}\times\frac{T_{KMnO_4/Fe}\times1000}{M_{FeSO_4\cdot7H_2O}}=\frac{0.002550\times1000}{5\times278.01}=0.001834(\text{mol/L})$$

由式（3-25）得

$$FeSO_4\cdot7H_2O\%=\frac{5}{1}\times\frac{c_{KMnO_4}V_{KMnO_4}M_{FeSO_4\cdot7H_2O}\times10^{-3}}{m_S}\times100\%$$

$$=\frac{5\times0.001834\times21.48\times10^{-3}\times278.01}{0.4126}\times100\%$$

$$=13.27\%$$

或由式（3-26）得

$$FeSO_4\cdot7H_2O\%=\frac{T_{KMnO_4/Fe}V_{KMnO_4}}{m_S}\times100\%=\frac{0.002550\times21.48}{0.4126}\times100\%=13.27\%$$

（3）试样中被测组分含量的计算

例 3-17 准确称取某 Al_2O_3 试样 0.4782g，溶解后加入 0.05009mol/L EDTA 标准溶液 25.00mL，完全反应后，用 0.02107mol/L 的 $ZnSO_4$ 标准溶液滴定剩余的 EDTA，消耗 Zn-SO_4 标准溶液 13.24mL，求试样中 Al_2O_3 的百分含量。

解：已知 $M_{Al_2O_3}=102.0\text{g/mol}$，$n_{Al_2O_3}=\frac{1}{2}n_{Al}$，$n_{Al}=n_{EDTA}-n_{Zn}$

由式（3-25）得

$$Al_2O_3\%=\frac{1}{2}\times\frac{(0.05009\times25.00\times10^{-3}-0.02107\times13.34\times10^{-3})\times102.0}{0.4782}\times100\%$$

$$=10.38\%$$

【本章小结】

① 化学分析方法常分为：定性分析、定量分析及结构分析；化学分析和仪器分析；常

量分析、半微量分析、微量分析和超微量分析等。

② 定量分析工作一般有以下几个步骤：a. 试样的采集；b. 试样的预处理；c. 分析方法的选择和样品测定；d. 分析结果的计算和处理。

③ 误差包括系统误差和偶然误差两类。偶然误差是由不确定的因素导致的，可用增加实验次数求平均值的办法来消除；系统误差是由确定的因素导致的，可用对照实验和空白试验来消除。

④ 实验的准确度用误差描述，误差越小准确度越好，反之，准确度越差；实验的精密度用偏差来描述，偏差越小精密度越好，反之，精密度越差。

⑤ 有效数据的计算按加减乘除的规则。数据的修约除应满足“四舍六入五留双”的原则外，还应该满足实际意义。

⑥ 滴定分析法的特点、分类及基本条件；滴定分析中的基本概念如化学计量点、滴定终点、终点误差、标准溶液等；标准溶液的配制、标定方法，浓度表示方法；以及滴定分析的有关计算。

【目标检测】

一、选择题

1. 下列说法正确的是（　　）。

A. 待测液和标准溶液刚好反应完全的点称为滴定终点

B. 待测液和标准溶液刚好反应完的点称为化学计量点

C. 滴定速度越快越好

D. 滴定速度越慢越好

2. 根据化学反应的类型可将滴定分析法分成哪些类？（　　）

A. 酸碱滴定法、沉淀滴定法、氧化还原滴定法、配位滴定法

B. 返滴定、回滴定、剩余滴定

C. 返滴定、直接滴定、置换滴定、间接滴定

D. 直接滴定、间接滴定

3. 下列不属于滴定分析对化学反应的要求的是（　　）。

A. 反应完成程度达 99.9%以上

B. 反应速度快

C. 有适当的方法确定滴定终点

D. 化学反应可以发生副反应

4. 关于基准物质的描述不正确的是（　　）。

A. 纯度必须达 99.9%以上

B. 性质稳定

C. 应有比较大的摩尔质量

D. 除结晶水外，组成恒定

5. 下列数据包括 3 位有效数字的是（　　）。

(1) 156.03　(2) 0.00430　(3) 200.30　(4) 1.76×10^5

(5) pH=7.05　(6) 1000　(7) pK=0.47　(8) 56.30%

A. (2)(5)(7)　B. (2)(4)(7)(8)

C. (1)(6)(7)　D. (2)(4)

二、问答题

1. 简述滴定分析法的特点。

2. 标定标准溶液浓度的方法有哪些？

3. 列举常用的化学试剂类型。

4. 名词解释：绝对误差、相对误差、绝对偏差、相对偏差、标准偏差、相对标准偏差、置信区间、有

效数字、滴定分析法、标准溶液、化学计量点、滴定终点、滴定误差、指示剂、基准物质。

5.判断下列误差是偶然误差还是系统误差？如果是系统误差，区分是方法误差、仪器误差、试剂误差，还是操作误差，并说明消除的方法。

(1) 在滴定分析中，终点颜色深浅判断不一致；

(2) 称量时试样吸收了空气中的水分；

(3) 重量分析中，被测组分的沉淀不完全；

(4) 容量瓶和移液管未经过校准；

(5) 天平两臂不平衡；

(6) 在分光光度法中，所示波长与实际波长不一致；

(7) 化学计量点与滴定终点不一致；

(8) 滴定管读数最后一位估计不准；

(9) 分析天平零点偶有波动；

(10) 滴定过程中，溶液有溅出。

6.标准溶液浓度有哪几种表示形式？写出相互之间的换算关系式。

7.简述定量分析的一般程序。

8.简述误差与偏差、准确度与精密度之间的区别与联系。

三、计算题

1.根据有效数字的运算规则计算下列各式：

(1) $1.2467+0.943+1.23\times10^{-5}+23.45$

(2) $\dfrac{3.1456\times9.67\times11.42}{0.14223}$

(3) $\dfrac{11.426\times3.62+7.44-2.3471\times6.52\times10^{-3}}{34.567}$

(4) pH=9.45，求溶液的 $[H^+]$。

2.某一分析天平的称量误差为±0.0001g，如果称取试样为0.2000g，相对误差为多少？如果称取试样为0.0200g，相对误差又为多少？两者相对误差的数值说明什么问题？

3.用气相色谱法测定维生素 E 的标示百分含量，共测定 6 次，数据为 98.1%、97.2%、99.9%、97.5%、98.4%、99.4%。求算平均值、标准偏差、相对标准偏差、平均值在95%置信度的置信区间。

4.某学生在高锰酸钾溶液标定时，得到如下数据：0.1014mol/L、0.1011mol/L、0.1016mol/L、0.1024mol/L。按 Q 检验法和 G 检验法分别进行判断，最后一个数据是否应该保留？

5.已知盐酸标准溶液的浓度为0.1105mol/L，试计算：(1) 相当于 NaOH 的滴定度 $T_{HCl/NaOH}$；(2) 相当于 CaO 的滴定度 $T_{HCl/CaO}$。

6.准确称取 $NaHCO_3$ 基准试剂 0.6352g，在锥形瓶中加适量蒸馏水溶解，然后用盐酸溶液滴定至终点，消耗盐酸溶液 21.32mL，求盐酸溶液的物质的量浓度。

7.称取 $CaCO_3$ 试样 0.5000g，溶于 50.00mL HCl 溶液中，多余的酸用 NaOH 溶液回滴，消耗 NaOH 6.20mL，若 10.00mL NaOH 溶液相当于 10.10mL HCl 溶液，HCl 溶液的浓度为 0.1255mol/L，求 $CaCO_3$ 的百分含量。

第四章 酸碱平衡与酸碱滴定法

学习目标

1. 掌握一元弱酸（弱碱）溶液中 pH 值计算。
2. 掌握酸碱滴定法的滴定类型、滴定突跃的意义及影响滴定突跃范围大小的因素。
3. 熟悉质子理论的酸碱定义、酸碱反应的实质等概念；共轭酸碱对K_a与K_b的关系；弱电解质解离平衡的移动、稀释定律、同离子效应及盐效应。
4. 熟悉缓冲溶液的概念、组成、缓冲作用原理、缓冲溶液 pH 值的计算公式。
5. 熟悉常见酸碱指示剂的变色范围及影响酸碱指示剂变色范围的因素，了解混合指示剂。
6. 了解多元酸（碱）两性物质溶液 pH 值的计算；了解非水溶剂分类和非水酸碱滴定法。

数字资源4-1　酸碱质子理论视频
数字资源4-2　水溶液中的质子转移平衡视频
数字资源4-3　酸碱水溶液中有关离子浓度的计算视频
数字资源4-4　缓冲溶液视频
数字资源4-5　酸碱滴定曲线和指示剂的选择动画

酸碱反应是一类重要的化学反应，而且许多其他类型的化学反应均需在一定的酸碱条件下才能顺利进行。本章以酸碱质子理论为基础，讨论酸碱平衡及其影响因素；各类酸碱溶液中 pH 值的计算；缓冲溶液的性质、组成和应用；常见酸碱滴定的方法及其应用等内容。

第一节　酸碱质子理论

一、酸碱的定义

最早的酸碱定义是阿伦尼乌斯（S. A. Arrhenius）创立的电离理论，阿伦尼乌斯的电离理论在化学发展过程中发挥了重大作用，但它把酸碱反应限制在水溶液中进行，离开了水溶液就没有酸碱反应。事实上，有许多酸碱反应是在非水溶液或非溶液中进行的。因此，电离理论有很大的局限性。1923 年布朗斯特和劳瑞分别提出了酸碱质子理论，从而使酸碱的范围扩展到了非水溶剂和无溶剂体系，进一步发展了酸碱理论。

酸碱质子理论认为：凡能提供质子（H^+）的物质是酸，凡能接受质子的物质是碱。其酸碱关系如下：

$$\underset{\text{酸}}{HA} \rightleftharpoons H^+ + \underset{\text{碱}}{A^-}$$

此反应是酸碱半反应，式中 HA 是酸，当给出一个质子后，剩余部分（A^-）是一种碱，这种仅差一个质子的对应酸碱称为共轭酸碱对，酸和碱之间的这种对应关系叫作酸碱共轭关系。如

$$\text{酸} \rightleftharpoons \text{质子} + \text{碱}$$

$$HCl \rightleftharpoons H^+ + Cl^-$$

$$NH_4^+ \rightleftharpoons H^+ + NH_3$$
$$HCO_3^- \rightleftharpoons H^+ + CO_3^{2-}$$

从上述酸碱的对应关系可以看出：

① 质子理论中的酸和碱可以是中性分子，也可以是带电荷的阴离子和阳离子。

② 酸碱是相对的，如 HCO_3^-，在 H_2CO_3/HCO_3^- 的共轭酸碱对中是碱，而在 HCO_3^-/CO_3^{2-} 的共轭酸碱对中是酸，这类物质又称为两性物质。

③ 质子理论把物质分为酸、碱和非酸非碱物质，没有盐的概念。按质子理论，NH_4Ac 中 NH_4^+ 是质子酸，Ac^- 是质子碱；KCN 中 CN^- 是质子碱，K^+ 是非酸非碱物质。

④ 左边的酸是右边的碱的共轭酸，右边的碱是左边的酸的共轭碱。共轭酸与共轭碱必定同时存在。酸给出质子的能力越强，则其共轭碱接受质子的能力就越弱；反之，共轭碱的碱性越强，它的共轭酸的酸性就越弱。

总之，在酸碱质子理论中，酸碱总是互相依存，酸中有碱，碱可变酸，共轭酸碱通过质子而联系在一起。

二、酸碱反应的实质

酸碱质子理论认为，酸碱反应的实质是共轭酸碱之间的质子传递过程，酸碱中和反应不一定生成水。如气体 HCl 和气体 NH_3 反应时：

$$\underset{\text{酸}1}{HCl(g)} + \underset{\text{碱}2}{NH_3(g)} \longrightarrow \underset{\text{酸}2}{NH_4^+} + \underset{\text{碱}1}{Cl^-}$$

HCl 给出质子是酸，NH_3 接受质子是碱，HCl 把质子传递给 NH_3 后变为共轭碱 Cl^-，NH_3 接受质子后变成共轭酸 NH_4^+。由于 HCl 给出质子的能力比 NH_4^+ 强（酸 1 比酸 2 强），NH_3 接受质子的能力比 Cl^- 强（碱 2 比碱 1 强），所以酸碱中和反应方向是强酸与强碱反应生成弱酸与弱碱。

用酸碱质子理论同样可以解释电离理论中的电离过程、水解反应等。

1. 电离过程

$$\underset{\text{酸}1}{HAc} + \underset{\text{碱}2}{H_2O} \rightleftharpoons \underset{\text{酸}2}{H_3O^+} + \underset{\text{碱}1}{Ac^-}$$

2. 水解反应

$$\underset{\text{酸}1}{NH_4^+} + \underset{\text{碱}2}{H_2O} \rightleftharpoons \underset{\text{酸}2}{H_3O^+} + \underset{\text{碱}1}{NH_3}$$

见数字资源 4-1　酸碱质子理论视频。

第二节　水溶液中的质子转移平衡

水是最常用的溶剂，本章讨论的质子转移平衡都是在水溶液中建立的。水溶液的酸碱性取决于溶质和水的解离平衡，所以应先了解水的自身解离。

一、水的质子自递平衡和 pH 值

实验证明水有微弱的导电性，说明水本身能够解离，水分子与水分子之间发生了质子转移，反应式如下：

$$H_2O + H_2O \rightleftharpoons H_3O^+ + OH^-$$

这种只发生在水分子之间的质子转移作用称为水的质子自递反应，当反应达平衡时，根据化学平衡定律其平衡常数表达式为

$$K_i = \frac{[H_3O^+][OH^-]}{[H_2O]^2}$$

由于纯液体的浓度可看作 1，因此上式可写为

$$K_w = [H_3O^+][OH^-]，或简写为\ K_w = [H^+][OH^-] \qquad (4\text{-}1)$$

K_w 称为水的质子自递常数，又称为水的离子积。它表明在一定温度下，水中 $[H^+]$ 和 $[OH^-]$ 之积为一常数。精密实验测定得知在 295K 时，$[H^+]=[OH^-]=10^{-7}$ mol/L，即 $K_w=[H^+][OH^-]=1.0\times10^{-14}$。水的解离是吸热过程，温度升高，$K_w$ 值增大。常温下采用 $K_w=1.0\times10^{-14}$ 进行有关计算。

任何物质的水溶液，不论是酸性、碱性或中性，都同时含有 H^+ 和 OH^-，只不过它们的相对浓度不同而已。常温下：

中性溶液　$[H^+]=1.0\times10^{-7}\ \text{mol/L}=[OH^-]$

酸性溶液　$[H^+]>1.0\times10^{-7}\ \text{mol/L}>[OH^-]$

碱性溶液　$[H^+]<1.0\times10^{-7}\ \text{mol/L}<[OH^-]$

一般水溶液中 $[H^+]$ 都很小，常用 pH 即溶液中 H^+ 浓度的负对数值来表示溶液的酸碱性。

$$pH = -\lg[H^+] \qquad (4\text{-}2)$$

因此，pH=7 溶液呈中性；pH<7 溶液呈酸性；pH>7 溶液呈碱性。

同样也可用 OH^- 浓度的负对数值来表示溶液的酸碱度：

$$pOH = -\lg[OH^-] \qquad (4\text{-}3)$$

因为常温下水溶液中：$[H^+][OH^-]=1.0\times10^{-14}$，故有

$$pH + pOH = 14 \qquad (4\text{-}4)$$

二、酸碱水溶液中的质子转移平衡

1. 质子转移平衡与平衡常数

一定温度下，一元弱酸（HA）和其共轭碱（A^-）的水溶液存在着如下质子转移平衡：

$$HA + H_2O \rightleftharpoons H_3O^+ + A^-$$

$$K_a = \frac{[H_3O^+][A^-]}{[HA]} \qquad (4\text{-}5)$$

K_a 称为酸的质子转移平衡常数，或酸的解离常数（简称酸常数）。K_a 值大小反映了酸给出质子的能力大小。K_a 值较大的酸较强，K_a 值较小的酸较弱，它是水溶液中酸强度的量度。一般认为 K_a 在 10^{-2} 左右为中强酸，在 10^{-5} 左右为弱酸，在 10^{-10} 左右为极弱的酸。

$$H_2O + A^- \rightleftharpoons HA + OH^-$$

$$K_b = \frac{[HA][OH^-]}{[A^-]} \qquad (4\text{-}6)$$

K_b 称为碱的质子转移平衡常数，或碱的解离常数（简称碱常数）。它表示碱在水溶液中接受质子的能力。K_b 值越大，碱性越强。

对于共轭酸碱对（HA-A^-）K_a 与 K_b 之间存在确定的关系，即

$$K_aK_b=\frac{[H_3O^+][A^-]}{[HA]}\times\frac{[HA][OH^-]}{[A^-]}=[H_3O^+][OH^-]=K_w \tag{4-7}$$

可见，已知 K_a 可计算其共轭碱的 K_b；已知 K_b 可计算其共轭酸的 K_a。酸常数与碱常数具有平衡常数的一般属性，它们与平衡体系中各组分的浓度无关，而与温度有关。附录3列出了一些弱酸（质子酸）的 K_a。

2. 解离常数与解离度的关系——稀释定律

解离度是指已解离的电解质分子数占电解质分子总数的百分数，用 α 表示。

$$\alpha=\frac{\text{已解离的电解质分子数}}{\text{电解质分子总数}}\times100\%$$

解离度和解离常数都可以用来比较弱电解质的相对强弱程度，它们既有联系又有区别。解离常数是化学平衡常数的一种形式，而解离度则是转化率的一种形式。奥斯特瓦尔德导出了下面的公式：

$$K_i\approx c\alpha^2 \text{ 或 } \alpha=\sqrt{\frac{K_i}{c}} \tag{4-8}$$

式中，c 为浓度；α 为解离度。该公式表明同一弱电解质的解离度与其浓度的平方根成反比，即溶液越稀，解离度越大；相同浓度的不同弱电解质的解离度与解离平衡常数的平方根成正比，解离常数越大，解离度也越大。这个关系称为稀释定律。

3. 同离子效应和盐效应

酸碱平衡是一种动态平衡，当改变平衡的某一条件时，平衡就会被破坏并移动，结果使弱酸或弱碱的解离程度有所增减。因此，可以应用化学平衡移动的原理，通过改变外界条件，控制弱酸、弱碱的解离程度。由于温度变化时，解离平衡常数的改变较小，因此常温范围内可以认为温度对解离平衡基本没有影响，影响解离平衡的主要因素是浓度。

（1）同离子效应　在弱电解质中加入与弱电解质具有相同离子的强电解质，使解离平衡向左移动，弱电解质的解离度降低的现象，称为同离子效应。例如：

平衡向左移动

$$HAc+H_2O \rightleftharpoons H_3O^+ + Ac^-$$

$$NaAc \longrightarrow Na^+ + Ac^-$$

（2）盐效应　在弱电解质中加入不含有与弱电解质有相同离子的强电解质，使弱电解质解离度略有增大的现象，称为盐效应。例如，在 HAc 溶液加入强电解质 KCl，使溶液中离子之间的牵制作用加强，从而使 H^+ 与 Ac^- 分子化倾向有所降低，HAc 的解离度略有增大。产生同离子效应时，必然伴随着盐效应，但盐效应的影响要比同离子效应影响小得多。对于稀溶液，可以不考虑盐效应。

见数字资源 4-2　水溶液中的质子转移平衡视频。

第三节　酸碱水溶液中有关离子浓度的计算

一、一元弱酸或弱碱溶液

以一元弱酸（HA）为例，设起始浓度为 c 的一元弱酸水溶液的质子转移平衡为：

$$H_2O+H_2O \rightleftharpoons H_3O^+ + OH^-$$

$$HA+H_2O \rightleftharpoons H_3O^+ + A^-$$

可见 HA 水溶液中的 H^+ 有两个来源，当酸解离出的 H^+ 浓度远大于 H_2O 解离出的

H^+浓度时，水的质子转移可以忽略，通常当$K_a c \geqslant 20K_w$时可忽略水的质子转移平衡。

设平衡时 $[H^+]=x$ mol/L，则有

$$HA+H_2O \rightleftharpoons H_3O^+ + A^-$$

起始浓度/(mol/L)　　c　　　0　　0

平衡浓度/(mol/L)　　$c-x$　　x　　x

$$K_a=\frac{[H^+][A^-]}{[HA]}=\frac{x^2}{c-x} \tag{4-9}$$

解出上面的一元二次方程可求出一元弱酸中的H^+浓度，为了简便起见常用近似公式进行计算，当$c/K_a \geqslant 500$时，质子转移平衡中 $[H^+] \ll c$，则 $[HA]=c-x \approx c$，所以：

$$K_a=\frac{x^2}{c},\ x=[H^+]=\sqrt{K_a c}$$

即对于一元弱酸，当$c/K_a \geqslant 500$时

$$[H^+]=\sqrt{K_a c_a} \tag{4-10}$$

同理，对于一元弱碱，当$c/K_b \geqslant 500$时

$$[OH^-]=\sqrt{K_b c_b} \tag{4-11}$$

例 4-1　298.15K时HAc的$K_a=1.75\times10^{-5}$，计算0.1mol/L HAc溶液中H^+的浓度和溶液的pH。

解：因为$c/K_a>500$，

所以 $[H^+]=\sqrt{K_a c_a}=\sqrt{1.75\times10^{-5}\times0.1}=1.32\times10^{-3}$(mol/L)

$$pH=-\lg[H^+]=-\lg1.32\times10^{-3}=2.88$$

例 4-2　计算0.1mol/L NH_4Cl溶液中H^+的浓度和溶液的pH（已知$K_{b,NH_3}=1.75\times10^{-5}$）。

解：根据质子理论，NH_4^+是质子酸，其共轭碱是NH_3，NH_4^+在水中的质子传递反应为：

$$NH_4^+ + H_2O \rightleftharpoons NH_3 + H_3O^+$$

$$K_{a,NH_4^+}=\frac{[NH_3][H_3O^+]}{[NH_4^+]}=\frac{[NH_3][H_3O^+]}{[NH_4^+]}\times\frac{[OH^-]}{[OH^-]}$$

$$=\frac{K_w}{K_{b,NH_3}}=\frac{1.0\times10^{-14}}{1.75\times10^{-5}}=5.7\times10^{-10}$$

因为$c/K_a>500$，

所以 $[H^+]=\sqrt{K_{a,NH_4^+}c_a}=\sqrt{5.7\times10^{-10}\times0.1}=7.5\times10^{-6}$ (mol/L)

$$pH=-\lg[H^+]=-\lg7.5\times10^{-6}=5.12$$

例 4-3　计算0.1mol/L NaCN溶液中OH^-、H^+的浓度和溶液的pH（已知$K_{a,HCN}=6.2\times10^{-10}$）。

解：根据质子理论CN^-是质子碱，CN^-在水中的质子传递反应为：

$$CN^- + H_2O \rightleftharpoons HCN + OH^-$$

$$K_{b,CN^-}=\frac{[HCN][OH^-]}{[CN^-]}=\frac{[HCN][OH^-]}{[CN^-]}\times\frac{[H^+]}{[H^+]}=\frac{K_w}{K_{a,HCN}}=\frac{1.0\times10^{-14}}{6.2\times10^{-10}}=1.6\times10^{-5}$$

因为$c/K_b>500$，

所以 $[OH^-]=\sqrt{K_{b,CN^-}c_b}=\sqrt{1.6\times10^{-5}\times0.1}=1.3\times10^{-3}$ (mol/L)

$$[H^+]=\frac{K_w}{[OH^-]}=\frac{1.0\times10^{-14}}{1.3\times10^{-3}}=7.7\times10^{-12}(mol/L)$$

$$pH=-lg[H^+]=-lg7.7\times10^{-12}=11.11$$

见数字资源 4-3　酸碱水溶液中有关离子浓度的计算视频。

二、多元弱酸（碱）溶液

能够放出（或接受）两个或更多质子的弱酸（弱碱）称为多元弱酸（多元弱碱），如 H_2CO_3、H_2S 等。多元弱酸（多元弱碱）在水溶液中的质子转移反应是分步进行的，例如 H_2S 在水溶液中的质子转移是分两步进行的：

第一步　$H_2S+H_2O \rightleftharpoons H_3O^+ + HS^-$　　$K_{a_1}=\frac{[H^+][HS^-]}{[H_2S]}=9.5\times10^{-8}$

第二步　$HS^- + H_2O \rightleftharpoons H_3O^+ + S^{2-}$　　$K_{a_2}=\frac{[H^+][S^{2-}]}{[HS^-]}=1.3\times10^{-14}$

可以看出两步的解离常数相差近 10^5，即 $K_{a_1} \gg K_{a_2}$，说明第二步质子转移比第一步困难得多。这是由于第一步反应产生的 H^+ 抑制了第二步反应，同时第二步质子转移反应是从带一个负电荷的离子中再释放一个 H^+，比从中性分子中释放一个 H^+ 困难得多。多元弱酸溶液，若其 $K_{a_1} \gg K_{a_2} \gg K_{a_3}$，则计算 H^+ 的浓度时，可将多元弱酸当作一元弱酸来处理。当 $c/K_{a_1} \geqslant 500$ 时，用公式 $[H^+]=\sqrt{K_{a_1}c_a}$ 来计算 H^+ 的浓度。对于二元弱酸溶液，酸根离子（S^{2-}）的浓度近似等于 K_{a_2}，与酸的浓度无关。多元弱碱亦可类似处理。

例 4-4　计算 0.1mol/L Na_2CO_3 溶液的 pH（已知 H_2CO_3 的 $K_{a_1}=4.45\times10^{-7}$，$K_{a_2}=4.81\times10^{-11}$）。

解：Na_2CO_3 作为二元弱碱，其质子转移分为两步：

第一步：$CO_3^{2-}+H_2O \rightleftharpoons HCO_3^- + OH^-$

$$K_{b_1,CO_3^{2-}}=\frac{[HCO_3^-][OH^-]}{[CO_3^{2-}]}=\frac{[HCO_3^-][OH^-]}{[CO_3^{2-}]}\times\frac{[H^+]}{[H^+]}=\frac{K_w}{K_{a_2,H_2CO_3}}=\frac{1.0\times10^{-14}}{4.81\times10^{-11}}$$
$$=2.1\times10^{-4}$$

第二步：$HCO_3^- + H_2O \rightleftharpoons H_2CO_3 + OH^-$

$$K_{b_2,CO_3^{2-}}=\frac{[H_2CO_3][OH^-]}{[HCO_3^-]}=\frac{[H_2CO_3][OH^-]}{[HCO_3^-]}\times\frac{[H^+]}{[H^+]}=\frac{K_w}{K_{a_1,H_2CO_3}}=\frac{1.0\times10^{-14}}{4.45\times10^{-7}}$$
$$=2.2\times10^{-8}$$

因为 $K_{b_1,CO_3^{2-}} \gg K_{b_2,CO_3^{2-}}$，溶液中的 OH^- 主要来源于第一步质子转移，所以可以忽略第二步质子转移所产生的 OH^-，将 CO_3^{2-} 当作一元弱碱处理。

当 $c/K_{b_1} \geqslant 500$ 时，$[OH^-]=\sqrt{K_{b_1}c_b}=\sqrt{2.1\times10^{-4}\times0.1}=4.6\times10^{-3}$（mol/L）

$$pOH=-lg[OH^-]=-lg(4.6\times10^{-3})=2.34$$

$$pH=14-pOH=11.66$$

三、两性物质溶液

既能给出质子又能接受质子的物质称为两性物质，较重要的两性物质有 $NaHCO_3$、Na_2HPO_4、NaH_2PO_4、NH_4Ac 和氨基酸等，两性物质的质子转移平衡比较复杂，应根据具体情况依据主要平衡进行近似计算。

如 $H_2PO_4^-$ 既能给出质子又能接受质子。

作为酸：$H_2PO_4^- + H_2O \rightleftharpoons H_3O^+ + HPO_4^{2-}$ $K_{a_2} = \dfrac{[HPO_4^{2-}][H_3O^+]}{[H_2PO_4^-]} = 6.2 \times 10^{-8}$

作为碱：$H_2PO_4^- + H_2O \rightleftharpoons OH^- + H_3PO_4$ $K_{b_3} = \dfrac{[H_3PO_4][OH^-]}{[H_2PO_4^-]} = 1.4 \times 10^{-12}$

在两个平衡中，因为 $K_{a_2} \gg K_{b_3}$，表示 $H_2PO_4^-$ 失去质子的能力大于接受质子的能力，所以溶液呈酸性。同样方法可说明 HPO_4^{2-} 溶液呈碱性。

对于 $H_2PO_4^-$ 这样的两性物质，当溶液浓度不是很稀时（$c/K_{a_1} > 20$），根据质子转移平衡关系可推导出 H^+ 浓度的近似计算式为：

$$[H^+] = \sqrt{K_{a_1} K_{a_2}} \tag{4-12}$$

K_{a_1} 和 K_{a_2} 分别表示 $H_2PO_4^-$ 的相应弱酸 H_3PO_4 的一级和二级解离常数。

第四节 缓冲溶液

一、缓冲溶液的概念及作用原理

1. 缓冲溶液的概念

实验表明，当向 1L NaCl 溶液中通入 0.01mol HCl 气体时，溶液的 pH 值由 7 降为 2；若改加 0.01mol NaOH 固体时（设溶液的体积不变），溶液的 pH 值由 7 上升为 12，两种情况都改变了 5 个 pH 单位。但在 1L 含有 HAc 和 NaAc 都是 0.1mol 的混合溶液中，通入 0.01mol HCl 时，其 pH 值仅由 4.76 变为 4.75；若加 0.01mol NaOH 固体时，其 pH 值也仅由 4.76 变为 4.77；像这种能抵抗外加少量强酸、强碱或稀释，而保持 pH 值基本不变的溶液称为缓冲溶液。缓冲溶液对少量强酸、强碱的抵抗作用称为缓冲作用。

2. 缓冲作用原理

以 HAc 和 NaAc 所组成的缓冲溶液为例，来说明缓冲溶液的缓冲作用。

HAc 为一弱酸，在水溶液中主要以 HAc 分子的形式存在，NaAc 为强电解质，在水溶液中完全解离为 Na^+ 和 Ac^-。在 HAc-NaAc 溶液中，由于同离子效应，HAc 的解离度减小，HAc 几乎全部以分子的形式存在。HAc 和 Ac^- 这对共轭酸碱对之间存在如下的解离平衡：

$$\underset{\text{大量}}{HAc} + H_2O \rightleftharpoons \underset{\text{少量}}{H_3O^+} + \underset{\text{大量}}{Ac^-}$$

当向溶液中加入少量强酸时，H_3O^+ 浓度增加，大量存在的 Ac^- 能接受质子，生成 HAc，使平衡向左移动。由于加入的强酸量比较少，大量 Ac^- 仅少部分与 H_3O^+ 反应，达到平衡时，Ac^- 的浓度略有降低，HAc 分子的浓度略有升高，而 H_3O^+ 的浓度几乎不变，所以溶液的 pH 值基本不变。Ac^- 在此起抵抗酸的作用，称为抗酸成分。

当向溶液中加入少量强碱时，OH^- 浓度增加，OH^- 立即接受 H_3O^+ 生成 H_2O，使 H_3O^+ 的浓度减少，平衡向右移动，促使 HAc 解离生成 H_3O^+，补充与 OH^- 反应所消耗的 H_3O^+。当达到新的平衡时，HAc 的浓度略有降低，Ac^- 的浓度略有升高，而 H_3O^+ 的浓度几乎没有改变，所以溶液的 pH 值基本保持不变。因此，HAc 在此起抵抗碱的作用，称为抗碱成分。

当溶液稀释时，其中 H^+ 浓度降低了，但 Ac^- 的浓度也同时降低了。而因同离子效应减弱，促使 HAc 解离度增大。HAc 进一步解离所产生的 H^+ 使溶液的 pH 值基本保持不变。

缓冲溶液一般是由足够浓度的共轭酸碱对的两种物质组成。组成缓冲溶液的共轭酸碱对的两种物质合称为缓冲对或缓冲系。常见的缓冲溶液如表 4-1 所示。

表 4-1　一些常见缓冲溶液

缓冲溶液	共轭酸	共轭碱	pK_a
HAc-NaAc	HAc	Ac^-	4.76
NaH_2PO_4-Na_2HPO_4	$H_2PO_4^-$	HPO_4^{2-}	7.20
$Na_2B_4O_7$-HCl	H_3BO_3	$H_2BO_3^-$	9.24
NH_3-NH_4Cl	NH_4^+	NH_3	9.24
$NaHCO_3$-Na_2CO_3	HCO_3^-	CO_3^{2-}	10.32

二、缓冲溶液的计算

缓冲溶液的 pH 值可以根据缓冲对的质子转移平衡和共轭酸的解离平衡常数来推算。在由共轭酸 HA 和共轭碱 A^- 所组成的缓冲对中，共轭酸的质子转移平衡用通式表示如下：

$$HA + H_2O \rightleftharpoons H_3O^+ + A^-$$

共轭酸的解离常数则为

$$K_a = \frac{[H_3O^+][A^-]}{[HA]}$$

或

$$[H_3O^+] = \frac{K_a[HA]}{[A^-]}$$

上式两边取负对数得：$-\lg\ [H_3O^+] = -\lg K_a - \lg\frac{[HA]}{[A^-]}$

$$pH = pK_a + \lg\frac{[A^-]}{[HA]}$$

即

$$pH = pK_a + \lg\frac{[共轭碱]}{[共轭酸]} \tag{4-13}$$

式 (4-13) 为缓冲溶液 pH 值的计算公式，式中的 [共轭酸] 和 [共轭碱] 表示平衡浓度。由于共轭酸为弱酸，解离度很小，而共轭碱的浓度很大。同离子效应抑制共轭酸的解离，故共轭酸、共轭碱的平衡浓度可近似等于它们的配制浓度，即 [共轭酸] $\approx c_{共轭酸}$，[共轭碱] $\approx c_{共轭碱}$，因此还可表示为：

$$pH = pK_a + \lg\frac{c_{共轭碱}}{c_{共轭酸}} \tag{4-14}$$

由式 (4-14) 可知：缓冲溶液的 pH 值主要取决于共轭酸的解离常数 K_a，对同一缓冲对组成的缓冲溶液，当温度一定时，K_a 一定，溶液的 pH 值就取决于共轭碱与共轭酸浓度的比值$\left(\frac{c_{共轭碱}}{c_{共轭酸}}\right)$即缓冲比。当缓冲比等于 1 时，$pH = pK_a$。

若以 n_A 和 n_B 分别表示一定体积 (V) 的溶液中所含共轭酸和共轭碱的物质的量，即

$$c_{共轭酸} = \frac{n_A}{V} \qquad c_{共轭碱} = \frac{n_B}{V}$$

得出缓冲溶液 pH 的另一种计算公式：

$$pH = pK_a + \lg \frac{n_B}{n_A} \tag{4-15}$$

例 4-5 计算 0.1mol/L HAc 和 0.1mol/L NaAc 所组成的缓冲溶液的 pH 值。

解：混合溶液中的缓冲对是 $HAc\text{-}Ac^-$，$K_a = 1.75 \times 10^{-5}$。

$$pH = pK_a + \lg \frac{c_{Ac^-}}{c_{HAc}}$$

$$= -\lg 1.75 \times 10^{-5} + \lg \frac{0.1}{0.1} = 4.76$$

例 4-6 计算 0.1mol/L NH_3 和 0.1mol/L NH_4Cl 缓冲溶液的 pH 值。

解：混合溶液中的缓冲对是 $NH_4^+\text{-}NH_3$，$K_b = 1.75 \times 10^{-5}$。

$$K_{a,NH_4^+} = \frac{K_w}{K_{b,NH_3}} = \frac{1.0 \times 10^{-14}}{1.75 \times 10^{-5}} = 5.7 \times 10^{-10}$$

根据

$$pH = pK_a + \lg \frac{c_{NH_3}}{c_{NH_4^+}}$$

$$= -\lg 5.7 \times 10^{-10} + \lg \frac{0.1}{0.1} = 9.24$$

任何缓冲溶液的缓冲能力都有一定的限度。常用缓冲容量来表示缓冲溶液的缓冲能力。所谓缓冲容量是指使 1L（或 1mL）缓冲溶液的 pH 值改变 1 个单位所需加入的强酸或强碱的量。影响缓冲容量的因素为缓冲溶液的总浓度和缓冲比。

① 当溶液的缓冲比$\frac{c_{共轭碱}}{c_{共轭酸}}$一定时，缓冲溶液的总浓度（$c_{共轭酸} + c_{共轭碱}$）越大，抗酸抗碱成分越多，缓冲容量也越大。

② 当缓冲溶液的总浓度（$c_{共轭酸} + c_{共轭碱}$）一定时，缓冲比$\frac{c_{共轭碱}}{c_{共轭酸}}$为 1，溶液的缓冲容量最大；反之，缓冲比越远离 1，缓冲容量越小。

只有缓冲比控制在 0.1～10 之间，这样缓冲溶液的缓冲范围是 $pH = pK_a \pm 1$，缓冲溶液将有较为理想的缓冲效果。

三、缓冲溶液的选择和配制

在实际工作中常需配制一定 pH 值的缓冲溶液，配制缓冲溶液可按以下的原则和步骤进行。

① 选择合适的缓冲对。应选择缓冲对中弱酸的 pK_a 最接近所配缓冲溶液的 pH 值，例如配制 pH＝5 的缓冲溶液，选择 HAc-NaAc 缓冲对（$pK_a = 4.76$）比较适合；而配制 pH＝9 的缓冲溶液，选择 $NH_3\text{-}NH_4Cl$ 缓冲对（$pK_a = 9.24$）比较适合。

② 选择一定的总浓度。为了有较大的缓冲能力，总浓度一般可控制在 0.05～0.2mol/L 之间。

③ 利用缓冲溶液 pH 值计算公式求出组成缓冲溶液所需的共轭酸和共轭碱的量。

④ 根据计算结果，配制缓冲溶液。

在选择药用缓冲对时，还应考虑所选用的共轭酸碱对在高压灭菌和贮存期内是否稳定以及是否有毒等。若配制精确 pH 值的缓冲溶液还需用 pH 计进行校准。

例 4-7 如何配制 1000mL、pH＝5.0 具有中等缓冲能力的缓冲溶液？

解：(1) 选择缓冲对　HAc 的 $pK_a = 4.76$，接近于 5.0，故选 HAc -NaAc 缓冲对。

(2) 确定总浓度　为简便操作和计算，选择浓度相同的 0.10mol/L 的 HAc 和 0.10mol/L 的 NaAc 溶液。设缓冲溶液总体积为 V，则 $V=V_{HAc}+V_{Ac^-}$。

该缓冲溶液的 pH 值为：

$$pH=pK_a+\lg\frac{\dfrac{c_{Ac^-}V_{Ac^-}}{V}}{\dfrac{c_{HAc}V_{HAc}}{V}}$$

由于 $c_{Ac^-}=c_{HAc}$，$pH=pK_a+\lg\dfrac{V_{Ac^-}}{V_{HAc}}$

已知 $V=1000mL$，$V_{HAc}=1000-V_{Ac^-}$

代入上式得

$$pH=pK_a+\lg\frac{V_{Ac^-}}{1000-V_{Ac^-}}$$

$$5.00=4.76+\lg\frac{V_{Ac^-}}{1000-V_{Ac^-}}$$

所以有：$\dfrac{V_{Ac^-}}{1000-V_{Ac^-}}=1.74$　　$V_{Ac^-}=635$ (mL)

$$V_{HAc}=1000-635=365(mL)$$

将 365mL 0.1mol/L HAc 溶液与 635mL 0.1mol/L NaAc 溶液混合，即得 1000mL、pH=5.0、具有中等缓冲能力的缓冲溶液。

四、缓冲溶液在医药学上的应用

缓冲溶液对人的生理作用有着重要的意义。因为人体正常的生理活动是在相对稳定的酸碱性环境中进行的，如果因某种疾病或外界因素造成血液的酸碱度突然改变，就会导致不同程度的“酸中毒”或“碱中毒”，若血液的 pH 改变超过 0.4 个 pH 单位，就可能会危及生命。

正常人体血液的 pH 值总是维持在 7.35～7.45 范围内，这与血液中含有多种缓冲对有关，主要是 H_2CO_3-HCO_3^- 和 $H_2PO_4^-$-HPO_4^{2-} 等无机盐缓冲体系。在这些缓冲体系中，碳酸缓冲系在血液中的浓度最高，缓冲能力最大，在维持血液正常 pH 值中发挥了重要作用。当患有糖尿病、支气管炎和食用高脂肪食物引起代谢酸的增加或摄食过多的酸等会引起血液中 H^+ 增加，HCO_3^- 与酸解离出的 H^+ 结合生成 H_2CO_3，并立即分解成 CO_2 和水，CO_2 由肺排出体外，这个过程用质子转移平衡表示如下：

$$HCO_3^-+H_3O^+ \rightleftharpoons H_2CO_3+H_2O$$

若发高烧或摄入过多碱性物质和严重呕吐等会引起血液碱性增加。身体的补偿机制通过降低肺部 CO_2 的排出和通过肾增加 HCO_3^- 的排泄来维持血液正常的 pH 值。缓冲溶液在医药学上也有很重要的用途，在药剂生产、药物稳定性等方面通常需要合适的缓冲溶液来稳定其 pH 值。如有些注射剂经灭菌后 pH 值可能会发生改变，常用盐酸、枸橼酸、酒石酸枸橼酸钠、磷酸二氢钠、磷酸氢二钠等物质的稀溶液调节 pH 值，使注射剂在加热灭菌过程中 pH 值保持相对稳定。

见数字资源 4-4　缓冲溶液视频。

第五节 酸碱滴定法

酸碱滴定法是以水溶液中质子的转移为基础的滴定分析方法，也称中和滴定法。一般的酸、碱以及能与酸、碱直接或间接起反应的物质，大多可以用酸碱滴定法进行测定。除水溶液体系外，还可利用非水溶液体系进行非水滴定分析。

一、酸碱指示剂

酸碱滴定分析中，可借助酸碱指示剂，通过其在化学计量点附近发生颜色转变来指示终点。

1. 酸碱指示剂的变色原理

酸碱指示剂是一类结构较复杂的有机弱酸或有机弱碱，这些弱酸或弱碱与其共轭酸碱由于结构不同而具有不同的颜色。当溶液的 pH 值改变时，指示剂得到或失去质子，其结构发生变化，引起溶液颜色的变化。现以弱酸型指示剂酚酞（HIn）为例来说明酸碱指示剂的变色原理。酚酞是一有机弱酸，其解离平衡如下：

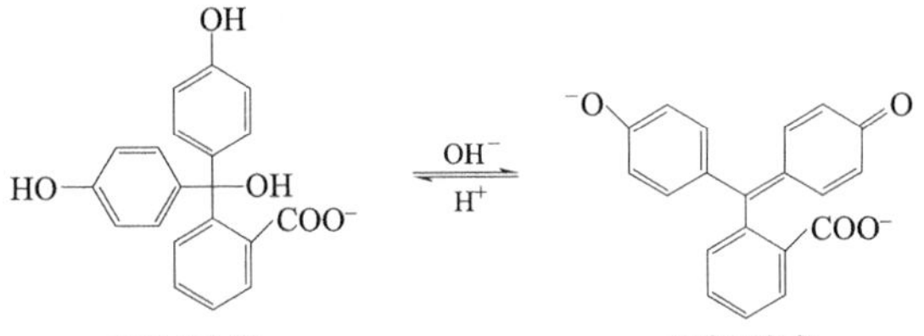

$$\underset{\text{无色(酸式)}}{\text{(HO-C}_6\text{H}_4)_2\text{C(OH)-C}_6\text{H}_4\text{-COO}^-} \underset{\text{H}^+}{\overset{\text{OH}^-}{\rightleftharpoons}} \underset{\text{红色(碱式)}}{{}^-\text{O-C}_6\text{H}_4\text{-C(=C}_6\text{H}_4\text{=O)-C}_6\text{H}_4\text{-COO}^-}$$

为简便起见，以 HIn 表示酚酞指示剂的酸式结构，以 In^- 表示酚酞指示剂的碱式结构，则可简写为：

$$\underset{\text{无色}}{HIn} + H_2O \rightleftharpoons H_3O^+ + \underset{\text{红色}}{In^-}$$

由平衡关系可以看出，在酸性溶液中，酚酞主要以酸式结构形式存在，溶液呈无色；如向溶液中加碱，则平衡向右移动，酚酞主要以碱式结构形式存在，溶液呈碱式色（红色）。

2. 指示剂的变色范围

酸碱指示剂的变色与溶液的 pH 值有着密切的关系。只有知道了指示剂变色的 pH 条件，才有可能用它来指示终点。现以 HIn 代表弱酸型指示剂，指示剂的酸式结构 HIn 和碱式结构 In^- 在溶液中达到平衡，其解离方程式如下：

$$HIn \rightleftharpoons H^+ + In^-$$

指示剂 HIn 的解离平衡常数 K_{HIn}：

$$K_{HIn} = \frac{[H^+][In^-]}{[HIn]} \tag{4-16}$$

经过整理，并两边取负对数得：

$$pH = pK_{HIn} - \lg\frac{[HIn]}{[In^-]} \tag{4-17}$$

溶液显现的颜色取决于$\frac{[HIn]}{[In^-]}$的比值。在式（4-17）中，当温度一定时，K_{HIn} 是个常数，所以$\frac{[HIn]}{[In^-]}$的比值取决于溶液中的 $[H^+]$。而 [HIn] 和 $[In^-]$ 分别代表了指示剂酸式结构的浓度和碱式结构的浓度；在颜色方面，代表了指示剂的酸式色和碱式色。

在一般情况下，大多数人的眼睛只有当一种物质浓度是另一种物质浓度的10倍以上时，才能看到较高浓度物质的颜色。

当$\frac{[HIn]}{[In^-]} \geqslant 10$时，看到的是酸式色，$pH \leqslant pK_{HIn} - 1$；

当$\frac{[HIn]}{[In^-]} \leqslant \frac{1}{10}$时，看到的是碱式色，$pH \geqslant pK_{HIn} + 1$；

当$\frac{1}{10} < \frac{[HIn]}{[In^-]} < 10$时，指示剂呈混合色。

从$pH = pK_{HIn} - 1$到$pH = pK_{HIn} + 1$，可明显地看出指示剂从酸式色变化为碱式色，故$pH = pK_{HIn} \pm 1$，为指示剂的理论变色范围。$pH = pK_{HIn}$（此时$[HIn] = [In^-]$）这一点，称为理论变色点，这时指示剂正好呈现混合色的中间色，为变色最灵敏的一点。

由于人的眼睛对颜色的敏感程度不同，人眼实际观察到的指示剂变色范围与理论变色范围有一定差别。例如，甲基橙$pK_{HIn} = 3.4$，理论变色范围是2.4～4.4，但实测范围是3.1～4.4。这是由于人的眼睛对红色比对黄色更敏锐。

指示剂的变色范围越窄越好，这样在化学计量点附近时，溶液pH稍有变化，指示剂即由一种颜色变换到另一种颜色。常见酸碱指示剂及由实验测得的变色范围见表4-2。

表4-2　常见酸碱指示剂

指示剂	变色范围	颜色		pK_{HIn}	浓度	用量/(滴/10mL)
		酸式色	碱式色			
百里酚蓝	1.2～2.7	红	黄	1.7	0.1%的20%乙醇溶液	1～2
甲基黄	2.9～4.0	红	黄	3.3	0.1%的90%乙醇溶液	1
甲基橙	3.1～4.4	红	黄	3.4	0.05%的水溶液	1
溴酚蓝	3.0～4.6	黄	蓝	4.1	0.1%的20%乙醇溶液或其钠盐水溶液	1
溴甲酚绿	3.8～5.4	黄	蓝	4.9	0.1%的水溶液	1
甲基红	4.4～6.2	红	黄	5.1	0.1%的60%乙醇溶液或其钠盐水溶液	1
溴百里酚蓝	6.0～7.6	黄	蓝	7.3	0.1%的20%乙醇溶液或其钠盐水溶液	1
中性红	6.8～8.0	红	黄	7.4	0.1%的60%乙醇溶液	1
百里酚蓝	8.0～9.6	黄	蓝	8.9	0.1%的20%乙醇溶液	1～4
酚酞	8.0～10.0	无	红	9.1	0.1%的90%乙醇溶液	1～3
百里酚酞	9.4～10.6	无	蓝	10.0	0.1%的90%乙醇溶液	1～2

3. 影响指示剂变色范围的因素

（1）温度　指示剂的变色范围与pK_{HIn}有关，而pK_{HIn}是随温度不同而变化的，因此滴定常在室温下进行。例如，甲基橙的变色范围，在18℃时，pH值为3.1～4.4；在100℃时，pH值则为2.5～3.7。

（2）溶剂　指示剂在不同溶剂中的pK_{HIn}也不同，故指示剂的变色范围也会随溶剂而变。

（3）指示剂用量　指示剂用量的多少会影响其变色范围。如果指示剂浓度大时则变色不敏锐，而且指示剂本身是弱酸或弱碱，也会消耗标准溶液，给滴定带来误差。因此，在能辨别指示剂颜色变化的前提下，指示剂用量应少一点。使用时可参考表4-2中的用量。

（4）滴定程序　在实际工作中，指示剂颜色变化在由浅到深时容易观察，滴定误差小。如指示剂是酚酞，若用酸滴定碱，则溶液颜色由红色转变为无色，颜色转变不敏锐，滴定误差大；而用碱滴定酸，则溶液颜色由无色变化为红色，颜色变化敏锐，滴定误差小。

4. 混合指示剂

指示剂的变色范围大时，会造成较大的误差。缩小指示剂的变色范围，可使变色更为敏锐，灵敏度更高。

混合指示剂配制方法有两种：一是由一种指示剂和一种染料按一定比例混合而成。例如由甲基橙与靛蓝组成的混合指示剂，靛蓝的颜色不随 pH 值的改变而改变，只作为甲基橙的蓝色背景。其蓝色与甲基橙的酸式色（红色）加合为紫色，与甲基橙的碱式色（黄色）加合为绿色。在滴定过程中，随 H^+ 浓度变化发生如下颜色改变：

溶液的酸度	甲基橙的颜色	甲基橙＋靛蓝的颜色
pH＞4.4	黄色	绿色
pH＝4.1	橙色	浅灰色
pH＜3.1	红色	紫色

另一种配制方法是由两种或两种以上的指示剂按一定比例混合而成。例如溴甲酚绿（$pK_{HIn}=4.9$，黄→蓝）和甲基红（$pK_{HIn}=5.1$，红→黄）按 3∶1 混合，在 pH＜4.9 时，溶液呈橙红色（黄＋红）；在 pH＞5.1 时，溶液呈绿色（蓝＋黄）；而在 pH＝5.0 时，两者颜色发生互补，产生灰色。溶液 pH 值由 4.9 变为 5.1 时，颜色突变，由橙红色变为绿色，变色非常敏锐。表 4-3 列出了常用的混合指示剂。

表 4-3　常用的混合指示剂

指示剂溶液的组成	变色点 pH	变色情况		备注
		酸式色	碱式色	
1. 一份 0.1%甲基黄乙醇溶液 一份 0.1%次甲基蓝乙醇溶液	3.25	蓝紫	绿	pH 3.4 绿色　pH 3.2 蓝紫色
2. 一份 0.1%溴甲酚绿钠盐水溶液 一份 0.02%甲基橙水溶液	4.3	橙	蓝绿	pH 3.5 黄色　pH 4.05 绿色 pH 4.3 浅绿色
3. 三份 0.1%溴甲酚绿乙醇溶液 一份 0.2%甲基红乙醇溶液	5.1	酒红	绿	
4. 一份 0.1%甲酚红钠盐水溶液 三份 0.1%百里酚蓝钠盐水溶液	8.3	黄	紫	pH 8.2 玫瑰红色　pH 8.4 紫色
5. 一份 0.1%百里酚蓝 50%乙醇溶液 一份 0.1%酚酞 50%乙醇溶液	9.0	黄	紫	pH 9.0 绿色
6. 一份 0.1%百里酚酞乙醇溶液 一份 0.1%茜素黄乙醇溶液	10.2	黄	紫	

二、滴定曲线和指示剂的选择

在滴定分析中，要考虑被测物质能否用酸碱滴定法测定，就必须先了解滴定过程中，溶液 pH 值是如何随标准溶液的加入而变化的，以便选择合适的指示剂来确定终点。酸碱滴定的终点误差一般控制在±0.1%以内，为了减小滴定误差，必须了解滴定过程中溶液 pH 值的变化，尤其是化学计量点前后±0.1%相对误差范围内溶液 pH 值的变化情况，以便选择一个刚好能在化学计量点附近变色的指示剂，用来确定滴定终点。

在酸碱滴定过程中，以所加入滴定剂的物质的量或体积为横坐标，相应溶液的 pH 值为纵坐标，得到的曲线称为酸碱滴定曲线，能很好地描述在滴定过程中溶液 pH 值的变化规律，并为正确选择指示剂提供了理论依据。根据酸碱滴定的类型，下面分别予以介绍。

1. 强碱与强酸的滴定

（1）滴定过程中溶液 pH 值的变化情况和滴定曲线　现以 0.1000mol/L 的 NaOH 溶液滴定 20.00mL 0.1000mol/L 的 HCl 溶液为例进行讨论。强酸强碱之间的滴定反应为：

$$NaOH + HCl = NaCl + H_2O$$

为了计算滴定过程的 pH 值，现将整个滴定过程分为四个阶段：

① 滴定开始前。HCl 是强酸，在水溶液中完全解离，故溶液的酸度等于 HCl 的原始浓度：

$$[H^+]=0.1000\text{mol/L}$$

$$\text{pH}=1.00$$

② 滴定开始至化学计量点前。NaOH 标准溶液与相当量的 HCl 生成了 NaCl 和 H_2O，所以溶液的酸度取决于剩余 HCl 的浓度：

$$[H^+]=\frac{c_{HCl}V_{HCl}-c_{NaOH}V_{NaOH}}{V_{HCl}+V_{NaOH}}$$

例如，当滴入 18.00mL NaOH 溶液（中和百分数为 90%）时：

$$[H^+]=\frac{c_{HCl}V_{HCl}-c_{NaOH}V_{NaOH}}{V_{HCl}+V_{NaOH}}=\frac{20.00\times0.1000-18.00\times0.1000}{20.00+18.00}$$

$$=5.3\times10^{-3}(\text{mol/L})$$

$$\text{pH}=2.28$$

又例如，当滴入 19.98mL NaOH 溶液（中和百分数为 99.9%）时：

$$[H^+]=\frac{c_{HCl}V_{HCl}-c_{NaOH}V_{NaOH}}{V_{HCl}+V_{NaOH}}=\frac{20.00\times0.1000-19.98\times0.1000}{20.00+19.98}$$

$$=5.0\times10^{-5}(\text{mol/L})$$

$$\text{pH}=4.30$$

③ 化学计量点时。当滴入 20.00mL NaOH 时，HCl 恰好全部被 NaOH 中和，生成 NaCl 和 H_2O，故溶液呈中性：

$$\text{pH}=7.00$$

④ 化学计量点后。溶液中滴入过量 NaOH，故溶液的 pH 取决于过量 NaOH 的浓度：

$$[OH^-]=\frac{c_{NaOH}V_{NaOH}-c_{HCl}V_{HCl}}{V_{NaOH}+V_{HCl}}$$

例如，当滴入 20.02mL NaOH 溶液（中和百分数为 100.1%）时：

$$[OH^-]=\frac{20.02\times0.1000-20.00\times0.1000}{20.02+20.00}=5.0\times10^{-5}(\text{mol/L})$$

$$\text{pOH}=4.30\quad \text{pH}=14.00-\text{pOH}=14.00-4.30=9.70$$

同样，当滴入 22.00mL NaOH 溶液（中和百分数为 110%）时：

$$\text{pH}=11.70$$

将整个滴定过程中溶液 pH 的变化情况逐一计算出来，列成表 4-4。

表 4-4 0.1000mol/L NaOH 滴定 20.00mL 0.1000mol/L HCl 的溶液 pH 变化情况

加入 NaOH/mL	中和百分数/%	剩余 HCl/mL	过量 NaOH/mL	pH
0.00	0.00	20.00	—	1.00
18.00	90.00	2.00		2.28
19.80	99.00	0.20	—	3.30
19.98	99.90	0.02	—	4.30 突跃范围
20.00	100.0	0.00	—	7.00
20.02	100.1	—	0.02	9.70
20.20	101.0	—	0.20	10.70
22.00	110.0	—	2.00	11.70
40.00	200.0	—	20.00	12.50

根据表 4-4 中的数据，以 NaOH 的体积（mL）为横坐标，溶液的 pH 为纵坐标作图，所得曲线就是强碱滴定强酸的滴定曲线（pH-V 曲线），如图 4-1 所示。

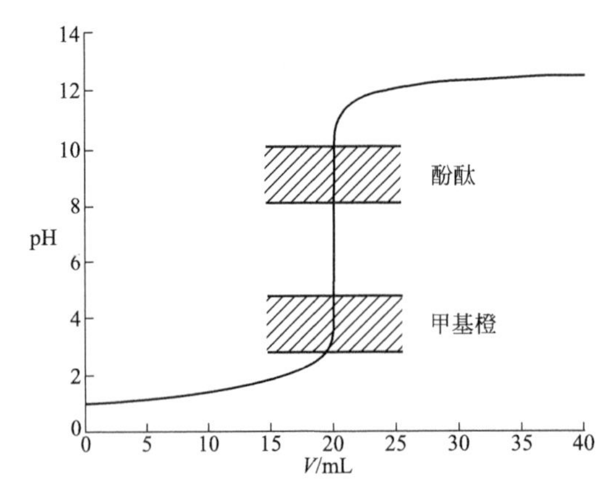

图 4-1　0.1000mol/L NaOH 滴定 20.00mL 0.1000mol/LHCl 溶液的滴定曲线

从表 4-4 和滴定曲线可以看到：从滴定开始到加入 NaOH 溶液 19.98mL，溶液 pH 仅改变了 3.30 个 pH 单位，即 pH 值变化缓慢，曲线平坦；从 NaOH 溶液过量 0.02mL 到过量 20.00mL，溶液 pH 也仅改变了 1.80 个 pH 单位；而在化学计量点附近，加入 1 滴的 NaOH 溶液（从 HCl 剩余 0.02mL 到 NaOH 过量 0.02mL），使溶液的 pH 由 4.30 急剧上升为 9.70，增大了 5.40 个 pH 单位，即 $[H^+]$ 急剧降低了 25×10^4 倍，溶液由酸性突变为碱性。这种在化学计量点附近加入 1 滴的酸或碱使溶液的 pH 发生突变的现象称为滴定突跃。突跃所在的 pH 值范围称为滴定突跃范围。在滴定曲线上表现为近乎垂直。此后继续加入 NaOH，溶液的 pH 变化逐渐变慢，曲线又趋于平坦。

如果用强酸滴定强碱，则滴定曲线刚好与强碱滴定强酸的滴定曲线对称，pH 变化方向相反，如图 4-2 所示。

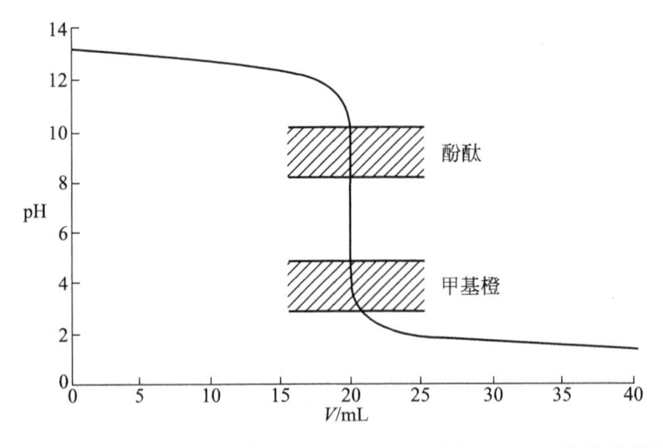

图 4-2　0.1000mol/L HCl 滴定 20mL 0.1000mol/L NaOH 溶液的滴定曲线

（2）指示剂的选择　选择指示剂的依据是滴定突跃范围。选择指示剂的原则是：使指示剂的变色点尽可能接近化学计量点，或指示剂的变色范围全部或部分落在滴定突跃范围内。最理想的指示剂应该恰好在化学计量点变色。因此，对上例来说，pH 值的突跃范围为 4.30～9.70，由表 4-2 可知能选择的指示剂较多，如酚酞、甲基红、甲基橙等。

（3）突跃范围与浓度的关系　对于强酸强碱的滴定，其滴定突跃范围的大小与酸碱的浓度有关，如图 4-3 所示。从图中可见，用 1.0000mol/L、0.1000mol/L、0.0100mol/L 的

NaOH 溶液，分别滴定与其本身浓度相同的 HCl 时，它们的滴定突跃范围 pH 分别为 3.30～10.70、4.30～9.70、5.30～8.70。溶液的浓度越大，滴定突跃范围越大，可供选择的指示剂越多。溶液越稀，突跃范围越小，使指示剂选择受到限制。如选用 0.0100mol/L NaOH 溶液滴定 0.0100mol/L 的 HCl，其滴定突跃范围为 pH 5.30～8.70，就不能选用甲基橙等作指示剂。

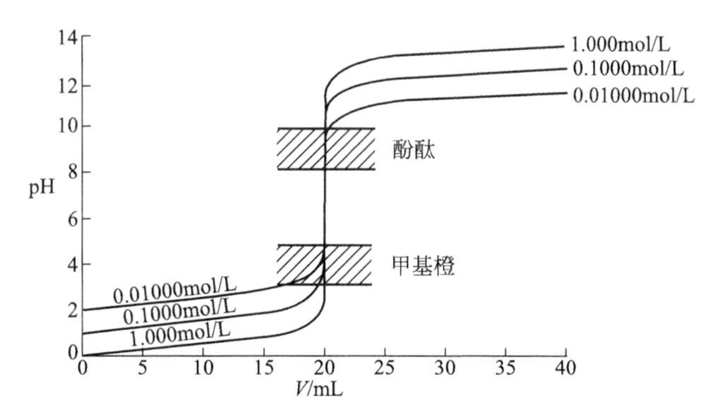

图 4-3　不同浓度的 NaOH 溶液滴定不同浓度的 HCl 溶液的滴定曲线

在酸碱滴定中，标准溶液的浓度一般以控制在 0.01～1.00mol/L 之间为宜。另外，酸碱溶液的浓度也应相近。

见数字资源 4-5　酸碱滴定曲线和指示剂的选择动画。

2. 强碱滴定弱酸

（1）滴定过程中溶液 pH 的计算和滴定曲线　以 0.1000mol/L 的 NaOH 溶液滴定 20.00mL 0.1000mol/L HAc 为例进行讨论。滴定反应方程式为：

$$NaOH + HAc \longrightarrow NaAc + H_2O$$

将滴定过程分为四个阶段：

① 滴定开始前。由于 HAc 是弱酸，在水溶液中部分解离，而又由于 $c_aK_a \geqslant 20K_w$ 且 $c_a/K_a \geqslant 500$，可用最简式计算：

$$[H^+] \approx \sqrt{K_ac_a} = \sqrt{1.75\times10^{-5}\times0.1000} = 1.32\times10^{-3}(mol/L)$$

$$pH = 2.88$$

② 滴定开始至化学计量点前。溶液组成为 HAc-NaAc，溶液为 HAc-NaAc 缓冲体系，可用缓冲溶液公式计算溶液的 pH 值：

$$[H^+] \approx K_a \times \frac{[HAc]}{[Ac^-]}$$

当 NaOH 滴入 19.98mL 时，剩余的 HAc 为 0.02mL，这时溶液中剩余的［HAc］与反应生成的［Ac^-］分别为：

$$[HAc] = \frac{0.02\times0.1000}{20.00+19.98} = 5.00\times10^{-5}(mol/L)$$

$$[Ac^-] = \frac{19.98\times0.1000}{20.00+19.98} = 5.00\times10^{-2}(mol/L)$$

$$[H^+] \approx K_a \times \frac{[HAc]}{[Ac^-]} = 1.75\times10^{-5}\times\frac{5.00\times10^{-5}}{5.00\times10^{-2}} = 1.75\times10^{-8}(mol/L)$$

$$pH = 7.76$$

③ 化学计量点时。HAc 恰好被 NaOH 全部中和生成 NaAc 和 H_2O，溶液的 pH 取决于 Ac^- 的解离，根据它在溶液中与 H_2O 之间的质子转移反应：

$$Ac^- + H_2O \rightleftharpoons HAc + OH^-$$

$$[OH^-] \approx \sqrt{K_{b,Ac^-} c_{Ac^-}} = \sqrt{\frac{K_w}{K_{a,HAc}} \times c_{Ac^-}}$$

$$[OH^-] \approx \sqrt{\frac{1.0\times10^{-14}}{1.75\times10^{-5}} \times \frac{0.1000\times20.00}{20.00+20.00}} = 5.34\times10^{-6}(mol/L)$$

$$pOH = 5.27$$

$$pH = 14 - 5.27 = 8.73$$

④ 化学计量点后。溶液中存在着 NaAc 和过量的 NaOH，由于过量的 NaOH 抑制了 NaAc 的解离，溶液的 pH 由过量的 NaOH 决定，其计算方法与强碱滴定强酸相同。

例如，加入 NaOH 溶液 20.02mL，

$$[OH^-] = \frac{0.1000\times0.02}{20.00+20.02} = 5.0\times10^{-5}(mol/L)$$

$$pOH = 4.30 \qquad pH = 9.70$$

按此逐一计算，结果见表 4-5。并根据表 4-5 的数据，以 NaOH 溶液的体积（mL）为横坐标，溶液的 pH 值为纵坐标，绘制出强碱滴定弱酸的滴定曲线，如图 4-4 所示。

表 4-5　0.1000mol/L NaOH 滴定 20.00mL 0.1000mol/L HAc 的溶液 pH 变化情况

加入 NaOH /mL	中和百分数 /%	剩余 HAc /mL	过量 NaOH /mL	计算公式	pH
0.00	0.00	20.00	—	$[H^+] \approx \sqrt{K_a c_a}$	2.88
18.00	90.00	2.00	—		5.71
19.80	99.00	0.20	—	$[H^+] \approx K_a \times \frac{[HAc]}{[Ac^-]}$	6.75
19.98	99.90	0.02	—		7.76 }突跃范围
20.00	100.0	0.00	—	$[OH^-] \approx \sqrt{\frac{K_w}{K_a} \times c_{Ac^-}}$	8.73 }突跃范围
20.02	100.1	—	0.02		9.70 }突跃范围
20.20	101.0	—	0.20		10.70

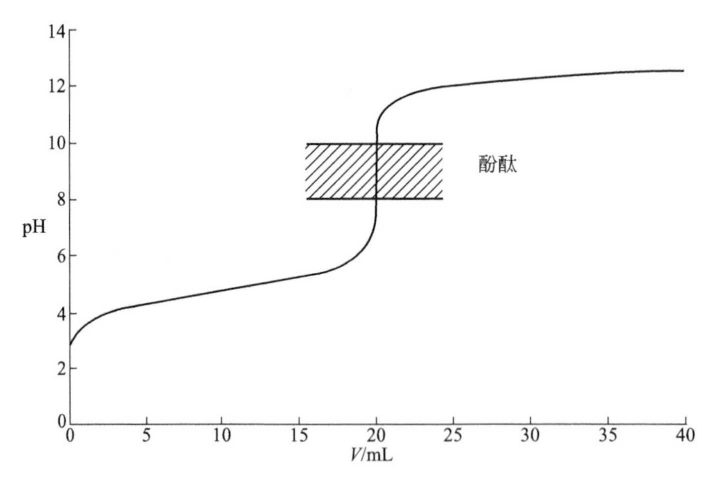

图 4-4　0.1000mol/L NaOH 滴定 20.00mL 0.1000mol/L HAc 溶液的滴定曲线

从表 4-5 和图 4-4 可以看出强碱滴定弱酸有如下特点：

① 滴定曲线的起点是 pH=2.88，比强碱滴定强酸的起点 pH=1.00 要高。这是因为 HAc 是弱酸部分解离，$[H^+]$ 远比相同浓度的强酸 HCl 要小。

② 滴定曲线斜率变化不同。滴定刚开始时，随着 NaOH 的滴入，溶液 pH 值升高较快，曲线的斜率较大。这是因为生成少量 NaAc，Ac^- 的同离子效应抑制了 HAc 的解离，使 $[H^+]$ 迅速降低的缘故。随着滴定的继续进行，NaOH 的不断滴入，使 NaAc 的浓度逐渐增大，NaAc 与溶液中剩余的 HAc 形成了 NaAc-HAc 缓冲体系，使溶液 pH 值的增加速度较慢，较大的一段曲线较平坦。近化学计量点时，曲线斜率又加大，这是因为 HAc 浓度已很低，缓冲作用逐渐减弱，而 NaAc 的解离作用增强，溶液碱性增强，pH 值上升明显，曲线斜率又迅速增大。到化学计量点时，溶液的 pH 值发生突变，滴定突跃范围为 pH 7.76～9.70，变化约 2 个 pH 单位。化学计量点后，由于 NaOH 的存在抑制了 NaAc 的解离，故滴定曲线与强碱滴定强酸的滴定曲线相同。

（2）指示剂的选择　由于滴定反应产物 NaAc 是弱碱，使化学计量点落在了碱性区域中（pH 值为 8.73）。应选用在碱性区域变色的指示剂，如中性红、酚红、酚酞和百里酚酞等。而不能选用甲基橙、甲基红等在酸性区域变色的指示剂。

（3）影响滴定突跃的因素　在弱酸的滴定中，影响滴定突跃的因素除溶液的浓度外，还有酸的强度。以 0.1000mol/L NaOH 滴定 20.00mL 0.1000mol/L 不同强度一元弱酸的滴定曲线如图 4-5 所示。

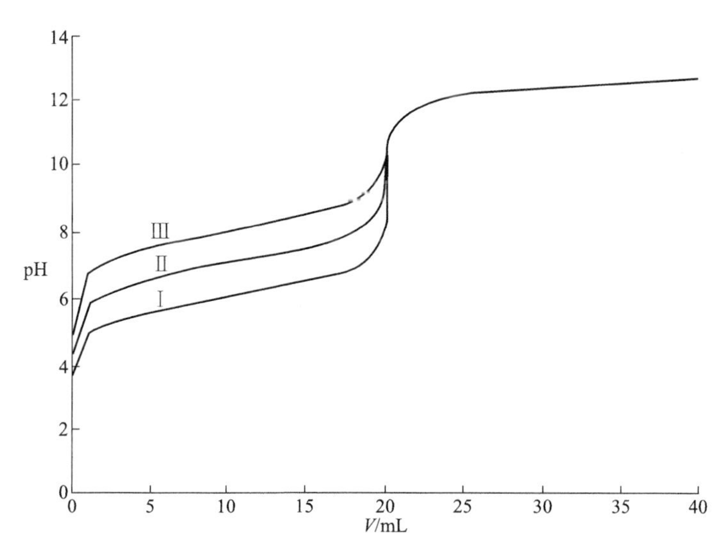

图 4-5　0.1000mol/L NaOH 滴定不同强度弱酸溶液的滴定曲线

Ⅰ—$K_a=10^{-6}$；Ⅱ—$K_a=10^{-7}$；Ⅲ—$K_a=10^{-8}$

由图 4-5 可见，滴定突跃范围受到弱酸强度的影响，酸强度越大（即 K_a 越大），滴定突跃范围越大。当 $K_a \leqslant 10^{-9}$ 时，滴定曲线已无垂直部分，即无明显的滴定突跃，此时已无法根据滴定突跃范围选择指示剂。

由此可见，滴定突跃范围大小取决于两个因素，即弱酸的强度（K_a）与其浓度（c）。当 K_a 和 c 值较大时，突跃范围较大，反之则较小。当弱酸的 $cK_a \geqslant 10^{-8}$ 时，才有明显的滴定突跃，也才能选到合适的指示剂指示滴定终点。

3. 强酸滴定弱碱

以 0.1000mol/L HCl 滴定 20.00mL 0.1000mol/L $NH_3 \cdot H_2O$ 为例，其滴定情况与强碱滴定弱酸的情况相同。

① 强酸滴定弱碱的滴定曲线与强碱滴定弱酸的滴定曲线相似，但 pH 值的变化方向相反（图 4-6）。

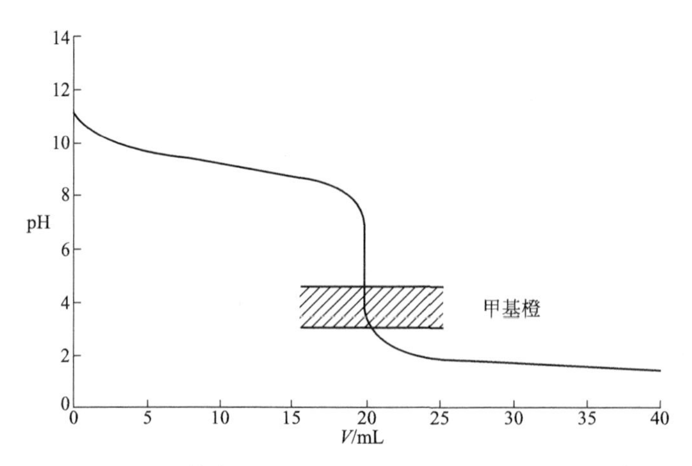

图 4-6　0.1000mol/L HCl 滴定 20.00mL 0.1000mol/L $NH_3 \cdot H_2O$ 溶液的滴定曲线

② 由于滴定产物 NH_4Cl 为弱酸，使化学计量点（pH＝5.28）和突跃范围落在酸性区域（pH 4.30～6.24）。应选择在酸性区域变色的指示剂，如甲基橙、溴酚蓝、甲基红、溴百里酚蓝等，而不能选用在碱性区域变色的指示剂如酚酞等。

③ 滴定突跃范围受到弱碱浓度和强度的影响，要使能被直接滴定，必须满足 $cK_b \geqslant 10^{-8}$。

4. 多元酸的滴定

多元酸在溶液中是分步解离的。对于多元酸的滴定，可根据以下两个原则判断多元酸能否被分步滴定以及能否形成两个滴定突跃。

① $cK_a \geqslant 10^{-8}$，这一级解离的 H^+ 可被准确滴定。

② $K_{a_n}/K_{a_{n+1}} \geqslant 10^4$，判断相邻两个 H^+ 能否分步滴定。若相邻两级 K_a 的比值 $K_{a_1}/K_{a_2} \geqslant 10^4$，第二步解离的 H^+ 对第一步解离的 H^+ 没有干扰。若 $cK_{a_1} \geqslant 10^{-8}$，则第一步解离的 H^+ 先被滴定，形成第一个突跃；若 $cK_{a_2} \geqslant 10^{-8}$ 就能形成第二个突跃，即能分步滴定。

又如，以 0.1000mol/L 的 NaOH 溶液滴定 0.1000mol/L 的 H_3PO_4。

H_3PO_4 是三元酸，在水溶液中分三步解离：

$$H_3PO_4 \rightleftharpoons H^+ + H_2PO_4^- \qquad K_{a_1} = 7.11\times10^{-3}$$

$$H_2PO_4^- \rightleftharpoons H^+ + HPO_4^{2-} \qquad K_{a_2} = 6.23\times10^{-8}$$

$$HPO_4^{2-} \rightleftharpoons H^+ + PO_4^{3-} \qquad K_{a_3} = 4.5\times10^{-13}$$

因为 $cK_{a_1} = 7.11\times10^{-4} > 10^{-8}$，$cK_{a_2} = 6.23\times10^{-9} \approx 10^{-8}$，第一步和第二步解离的 H^+ 能被准确滴定，而 $K_{a_3} = 4.5\times10^{-13} < 10^{-8}$，第三步解离的 H^+ 不能被准确滴定，所以 H_3PO_4 不能被滴定至正盐，只能滴定至 Na_2HPO_4。

又因为 $K_{a_1}/K_{a_2} \approx 10^5 > 10^4$，所以在第一化学计量点和第二化学计量点可分开，因此在滴定曲线上能看出两个滴定突跃。

5. 多元碱的滴定

多元碱如 Na_2CO_3 能否被滴定，会产生几个滴定突跃，其判断标准与多元酸一样。即：

① $cK_b \geqslant 10^{-8}$，碱可被准确滴定。

② $K_{b_n}/K_{b_{n+1}} \geqslant 10^4$，能分步滴定。若相邻两级 K_b 的比值 $K_{b_1}/K_{b_2} \geqslant 10^4$，第二步的滴定对第一步的滴定没有干扰。若 $cK_{b_1} \geqslant 10^{-8}$、$cK_{b_2} \geqslant 10^{-8}$ 就能形成两个互不干扰的滴定突

跃，即能分步滴定。

下面以 0.1000mol/L HCl 溶液滴定 20.00mL 0.1000mol/L Na_2CO_3 为例说明。

Na_2CO_3 是二元碱，在水溶液中分两步解离，其 $K_{b_1}=K_w/K_{a_2}=2.1\times10^{-4}$，$K_{b_2}=K_w/K_{a_1}=2.2\times10^{-8}$。用 HCl 滴定时，先发生的滴定反应为：

$$CO_3^{2-}+H^+=HCO_3^-$$

达到第一化学计量点时，溶液的 pH 值由 HCO_3^- 的浓度决定，HCO_3^- 是两性物质，其溶液的 pH 值计算公式如下：

$$[H^+]=\sqrt{K_{a_1}K_{a_2}}=\sqrt{4.45\times10^{-7}\times4.81\times10^{-11}}=4.63\times10^{-9}(mol/L)$$

$$pH=8.33$$

可选用酚酞作指示剂。又由于 $K_{a_1}/K_{a_2}\approx10^4$，再加上酚酞的颜色变化是从红色变为无色，故滴定误差大。采用甲酚红-百里酚蓝混合指示剂（pH 8.2～8.4）可获得较好的滴定结果。

继续用 HCl 滴定，发生的滴定反应为：

$$HCO_3^-+H^+ = H_2CO_3$$

产物 H_2CO_3 是弱酸，常温下 H_2CO_3 饱和溶液的浓度为 0.04mol/L。可用弱电解质的解离平衡公式计算第二化学计量点时的 pH 值：

$$[H^+]=\sqrt{K_{a_1}c}=\sqrt{4.45\times10^{-7}\times0.04}=1.3\times10^{-4}(mol/L)$$

$$pH=3.89$$

可选用甲基橙作指示剂，也可选用甲基红-溴甲酚绿混合指示剂。第二化学计量点的滴定突跃较为明显。

但是，由于 CO_2 容易形成过饱和溶液，因此在滴定过程中生成的 H_2CO_3 只能慢慢转化为 CO_2 放出，故使溶液的酸度略有增大，终点出现略早且不敏锐。因此，在接近终点时，一是可以通过剧烈振摇赶除 CO_2，二是可以通过将溶液煮沸除去 CO_2，待冷却后再滴定至终点，可以使终点变色更明显，减少滴定误差。其滴定曲线如图 4-7 所示。

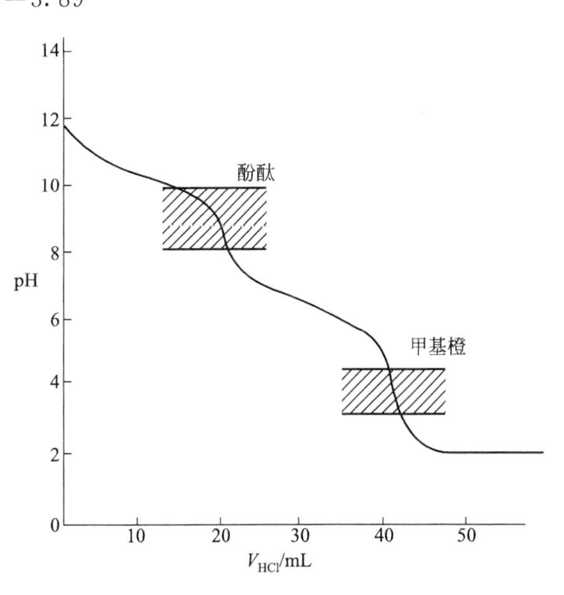

图 4-7　0.1000mol/L HCl 滴定 0.1000mol/L Na_2CO_3 溶液的滴定曲线

三、标准溶液的配制和标定

HCl、H_2SO_4、HNO_3 均属强酸，由于 HNO_3 常含有杂质，能干扰指示剂变色，且稳定性较差，所以常用 HCl、H_2SO_4 配制酸标准溶液，其中又以 HCl 应用最广，因为滴定反应生成的氯化物大都可溶于水。

碱标准溶液用得最多的是 NaOH 标准溶液。

1. 酸标准溶液

HCl 标准溶液一般用浓 HCl 采用间接法配制。先配制成近似浓度后用基准物质标定，常用的基准物质为无水碳酸钠和硼砂。无水碳酸钠（Na_2CO_3）易制得纯品、价廉。缺点是摩尔质量小、易吸湿。临用前在 270～300℃干燥至恒重，置干燥器中冷却至室温后保存备用。硼砂（$Na_2B_4O_7 \cdot 10H_2O$）具有摩尔质量大、吸湿性小、易于精制等优点。其缺点是在空气中易风化失去结晶水，应保存在相对湿度为60%的密闭容器中。

2. 碱标准溶液

碱标准溶液一般用氢氧化钠配制。NaOH易吸水和吸收CO_2生成Na_2CO_3，故应用间接法配制。为制得不含CO_3^{2-}的NaOH标准溶液，先配制NaOH的饱和溶液，然后取饱和NaOH的中层清液（用移液管吸取），用新煮沸并冷却的蒸馏水稀释至所需浓度，再用基准物质标定。由于浓碱对玻璃有腐蚀性，饱和氢氧化钠溶液应贮存在聚乙烯试剂瓶中，密塞，待澄清后备用。

标定NaOH常用的基准物质为邻苯二甲酸氢钾（$KHC_8H_4O_4$，简写为KHP）、草酸等。药典采用邻苯二甲酸氢钾，其易得到纯品、不吸湿、摩尔质量大。

四、酸碱滴定法应用与示例

酸碱滴定法能测定一般的酸、碱以及能与酸、碱起作用的物质，也能间接测定一些既非酸又非碱的物质，因而其应用范围非常广泛。现按滴定方式的不同分别加以介绍。

（1）直接滴定法　碱标准溶液可直接滴定强酸、弱酸（$cK_a \geqslant 10^{-8}$）、混合酸和多元酸（$cK_a \geqslant 10^{-8}$）等。酸标准溶液可直接滴定强碱、弱碱（$cK_b \geqslant 10^{-8}$）、多元碱（$cK_b \geqslant 10^{-8}$）等。

例 4-8　乙酰水杨酸（阿司匹林）的测定。

乙酰水杨酸（$C_9H_8O_4$）属解热镇痛药，为芳酸酯类结构，在水溶液中可解离出H^+（$pK_a = 3.49$），故可用NaOH标准溶液直接滴定，以酚酞为指示剂，滴定反应式如下：

$$C_9H_8O_4 + NaOH = C_9H_7O_4Na + H_2O$$

可按下式计算乙酰水杨酸的百分含量：

$$C_9H_8O_4\% = \frac{c_{NaOH}V_{NaOH} \times 10^{-3} M_{C_9H_8O_4}}{m_s} \times 100\%$$

式中，m_s为实际参加反应的试样质量。

为防止分子中的酯水解而使结果偏高，故在中性乙醇溶液中滴定。滴定时应在不断振摇下稍快地进行，以防止局部碱度过大而促使其水解。

例 4-9　药用氢氧化钠的测定——双指示剂法。

NaOH是强碱，极易吸收空气中的CO_2生成Na_2CO_3，故NaOH中常混有Na_2CO_3。可采用双指示剂滴定法，将NaOH和Na_2CO_3的量分别测定出来。

第一步滴定以酚酞为指示剂，用HCl作标准溶液，到达第一化学计量点时，NaOH被全部中和，Na_2CO_3被中和至$NaHCO_3$，溶液由红色变为无色即到达滴定终点，消耗HCl溶液体积为V_1 mL；第二步继续用HCl滴定，以甲基橙为指示剂，至第二化学计量点时，将$NaHCO_3$中和为H_2O和CO_2，滴定至溶液由黄色变为橙色，消耗HCl溶液体积为V_2 mL。由于滴定过程中使用两种指示剂，因此称为双指示剂法。其中Na_2CO_3被完全中和所消耗的HCl溶液为$2V_2$ mL，NaOH被完全中和所消耗的HCl溶液为（$V_1 - V_2$）mL，则NaOH和Na_2CO_3的含量分别为：

$$NaOH\% = \frac{c_{HCl}(V_1 - V_2)M_{NaOH} \times 10^{-3}}{m_s} \times 100\%$$

$$Na_2CO_3\% = \frac{1}{2} \times \frac{c_{HCl} \times 2V_2 M_{Na_2CO_3} \times 10^{-3}}{m_s} \times 100\%$$

其滴定过程如下：

NaOH Na_2CO_3	$\xrightarrow[\text{至酚酞无色}]{HCl, V_1}$	NaCl $NaHCO_3$	$\xrightarrow[\text{至甲基橙为橙色}]{HCl, V_2}$	NaCl H_2O, CO_2

（2）间接滴定法　某些物质的酸碱性太弱，不能被碱酸直接滴定，但它们能与酸、碱或其他物质发生定量反应，置换出另一生成物，再用滴定液滴定此生成物，如硼酸含量的测定。又如有些物质溶解度达不到要求，或反应速度较慢，可先加入定量、过量的标准溶液，待与被测物反应完全后，其剩余量再用另一种标准溶液回滴，如碳酸钙含量的测定。

例 4-10　硼酸的测定（置换滴定法）。

硼酸为消毒防腐药，有微弱的抑制细菌和霉菌的作用。因其刺激性小，适用于洗涤眼、口腔、胃、膀胱、子宫等敏感的黏膜组织，也可用于急性皮炎、湿疹等的治疗。硼酸（H_3BO_3）是很弱的一元酸（$K_a=7.3\times10^{-10}$），不能用 NaOH 直接滴定，可利用 H_3BO_3 和多元醇（如甘油、甘露醇等）生成配合酸而增强酸的强度。硼酸与甘露醇生成配合酸（$K_a=5.5\times10^{-5}$），能被 NaOH 直接滴定，以酚酞为指示剂。

第六节　非水溶液酸碱滴定的类型与应用

在滴定分析中，因为水的溶解度大、价廉、容易纯化，所以水是最常见的溶剂。但以水为介质进行滴定分析时，有一定局限性，比如有些弱酸（或弱碱）在水中不能被准确滴定；有些有机酸或有机碱在水中溶解度很小；强度相近的多元酸、多元碱、混合酸或碱，在水溶液中不能被分别进行滴定。采用非水溶剂，不仅能增加样品的溶解性，而且能改变物质的某些化学性质（如酸碱性及其强弱），使在水中不能进行的滴定得以进行。

非水滴定法包括非水酸碱滴定、非水氧化还原滴定、非水沉淀滴定和非水配位滴定，其中以非水酸碱滴定应用最广，在药物分析中应用更广泛。非水滴定法除溶剂较特殊外，具有滴定分析法所具备的准确、迅速、仪器设备简单等优点。本节只对非水溶液中的酸碱滴定加以讨论。

一、溶剂的性质

1. 溶剂的酸碱性

物质的酸碱性不仅与物质的本性有关，还与溶剂的性质有关。酸的强弱不仅取决于酸本身给出质子的能力，还取决于溶剂接受质子的能力。同样，碱的强弱不仅取决于碱本身接受质子的能力，还取决于溶剂给出质子的能力。如 HCl 在水中是强酸，在冰醋酸中是弱酸，这是因为水接受质子的能力比冰醋酸强；NH_3 在水中是弱碱，在冰醋酸中是强碱，这是因为冰醋酸给出质子的能力比水强。

弱酸性的物质，选择碱性溶剂，会使物质的酸性增强；弱碱性的物质，选择酸性溶剂，会使物质的碱性增强。

2. 溶剂的均化效应和区分效应

$HClO_4$、H_2SO_4、HCl、HNO_3 这四种酸在水溶液中都是强酸，这是因为它们给出 H^+ 的能力都很强，而水对质子具有亲和力，使得这四种酸全部都将质子转移给 H_2O，结果使这四种酸的酸强度统统被调节到水合质子（H_3O^+）的强度水平，表现出的酸强度相等。溶剂的这种作用称为均化效应。具有均化效应的溶剂称为均化性溶剂。H_2O 是 $HClO_4$、H_2SO_4、HCl、HNO_3 四种酸的均化性溶剂。

如果将上述四种酸溶于冰醋酸中，由于醋酸的碱性比水弱，这四种酸不能将质子全部转移给 HAc 分子，而且在程度上有差别，如从 $HClO_4$、HCl 在冰醋酸中的 K_a 可以区分酸的强弱。

$$HClO_4 + HAc \rightleftharpoons H_2Ac^+ + ClO_4^- \qquad K_a = 1.3\times10^{-5}$$

$$HCl + HAc \rightleftharpoons H_2Ac^+ + Cl^- \qquad K_a = 2.8\times10^{-9}$$

溶剂的这种区分酸（或碱）强弱的作用称为区分效应。具有区分效应的溶剂称为区分性溶剂。冰醋酸是 $HClO_4$、H_2SO_4、HCl、HNO_3 四种酸的区分性溶剂。

一般来说，酸性溶剂是碱的均化性溶剂，是酸的区分性溶剂；碱性溶剂是酸的均化性溶剂，是碱的区分性溶剂。在非水滴定中，利用均化效应测定混合酸（碱）的总量，利用区分效应分别测定混合酸（碱）中各组分的含量。

二、溶剂的分类和选择

1. 溶剂的分类

在非水酸碱滴定中，可将非水溶剂分为三大类：

（1）质子性溶剂　这类溶剂极性均较强，特点是有给出质子或接受质子的倾向，溶剂分子间有质子的转移，能发生质子自递反应。它包括以下三类：

① 酸性溶剂。指给出质子能力强的溶剂。如甲酸、乙酸、丙酸等。酸性溶剂适于作弱碱性物质的溶剂。

② 碱性溶剂。指容易接受质子的溶剂。如乙二胺、乙醇胺、液氨等。碱性溶剂适于作弱酸性物质的溶剂。

③ 两性溶剂。指既能给出质子又能接受质子的溶剂。如甲醇、乙醇、丙醇、异丙醇、乙二醇等醇类均属于两性溶剂。它适于作为不太弱酸、碱的溶剂。

（2）非质子性溶剂　这类溶剂的特点是分子间没有质子的转移，不能发生质子自递反应。包括以下两类：

① 非质子亲质子性溶剂。这类溶剂无质子，但却有较弱的接受质子的能力和形成氢键的能力。如酰胺类、酮类、腈类、吡啶类等，这些溶剂具有一定的碱性，其中以二甲基甲酰胺、吡啶等的碱性较明显。

② 惰性溶剂。指既不能给出质子又不能接受质子的溶剂。这类溶剂只起分散和稀释溶质的作用，如苯、氯仿、四氯化碳等。在此类溶剂中，酸直接将质子转移给碱，溶剂不参与反应。

（3）混合溶剂　混合溶剂是将质子性溶剂和惰性溶剂混合使用。它的优点是增大了样品的溶解性，又增强了物质的酸碱性，使滴定突跃范围变大，终点指示敏锐。如滴定弱碱性物质，可选择冰醋酸-醋酐、冰醋酸-苯等混合溶剂；滴定弱酸性物质，可选择苯-甲醇等混合溶剂。

2. 溶剂的选择

非水滴定中溶剂的选择是关系到滴定成败的重要因素之一。选择溶剂应遵循以下原则：

① 溶剂的酸碱性。测定弱碱性物质可选择酸性溶剂，测定弱酸性物质可选择碱性溶剂。测定混合酸（碱）的总量选用具有均化效应的溶剂，测定混合酸（碱）中各组分的含量可选用具有良好区分效应的溶剂。

② 溶解性。应选择能完全溶解样品和滴定产物的溶剂。选择溶剂可依据相似相溶原理。

③ 不发生副反应。如某些芳伯胺或芳仲胺类化合物能与醋酐发生乙酰化反应而影响滴定结果，故此类反应不能选醋酐作溶剂。

④ 纯度要高。非水酸碱滴定中溶剂不应含有酸性和碱性杂质。溶剂中含有的水分，也应予以除去。

⑤ 选择溶剂还应注意安全、价廉、低黏度、挥发性小以及易于精制和回收等。

三、应用与示例

1. 碱的测定

对于弱碱，若 $cK_b < 10^{-8}$，在水溶液中就不能用酸直接滴定，应改用非水溶剂。选择能提高被测物质碱性的酸性溶剂，再用强酸作滴定剂，就能增大滴定突跃范围，使弱碱性物质能被直接滴定。测定弱碱性物质常用的溶剂是冰醋酸，常用的标准溶液是高氯酸。

(1) 高氯酸标准溶液的配制与标定　高氯酸-醋酸标准溶液是由 70%～72%高氯酸配制的，其中的水既是酸性杂质又是碱性杂质，干扰了非水酸碱滴定。除去高氯酸和冰醋酸中水的方法是加入计算量的醋酐，使其与水反应生成醋酸：

$$(CH_3CO)_2O + H_2O \longrightarrow 2CH_3COOH$$

从反应式可知，除去 1mol 水需 1mol 醋酐，若冰醋酸含水量为 0.2%，相对密度为 1.05，则除去 1000mL 冰醋酸中的水需相对密度为 1.08、含量为 97.0%的醋酐体积为：

$$V = \frac{0.2\% \times 1.05 \times 1000 \times 102.1}{1.08 \times 97\% \times 18.05} = 11.3(\text{mL})$$

高氯酸中的水同样应加入醋酐除去，加入醋酐量的计算方法与上述方法相同。

高氯酸与有机物接触、遇热极易引起爆炸，和醋酐混合时易发生剧烈反应，并放出大量热。因此，在配制时应先用冰醋酸将高氯酸稀释后，再在不断搅拌下，缓缓加入醋酐。测定一般样品时，醋酐稍过量对测定结果影响不大。若被测物是芳伯胺、芳仲胺时，醋酐过量会导致乙酰化，影响测定结果，故不宜过量。

① 高氯酸标准溶液的配制。取无水冰醋酸 750mL，加入高氯酸（70.0%～72.0%）8.5mL，摇匀，在室温下缓缓滴加醋酐 24mL，边滴边搅拌，加完后摇匀，放冷。加适量无水冰醋酸使成 1000mL，摇匀，放置 24h，待标定后备用。

② 高氯酸标准溶液的标定。标定高氯酸标准溶液，常用邻苯二甲酸氢钾为基准物质，以结晶紫为指示剂。其滴定反应如下：

$$C_6H_4(COOH)(COOK) + HClO_4 \longrightarrow C_6H_4(COOH)_2 + KClO_4$$

由于溶剂和指示剂会消耗一定量的标准溶液，故非水酸碱滴定需做空白实验校正。

非水溶剂中的有机溶剂体积膨胀系数较大，体积随温度的改变也较大，所以当高氯酸的冰醋酸溶液在滴定样品和标定时温度相差较大，则必须重新标定或按下式进行浓度校正：

$$c_1 = \frac{c_0}{1 + 0.0011(T_1 - T_0)}$$

式中，0.0011 为冰醋酸的体积膨胀系数；T_0 为标定时的温度；T_1 为测定时的温度；c_0 为标定时的浓度；c_1 为测定时的浓度。

(2) 滴定终点的确定　以冰醋酸为溶剂，用酸滴定弱碱时，最常用的指示剂是结晶紫（0.5%的冰醋酸溶液），其酸式色为黄色、碱式色为紫色，由碱区到酸区的颜色变化有紫、蓝、蓝绿、黄绿、黄。在滴定不同强度的碱时，终点颜色不同。滴定较强碱时，应以蓝色或蓝绿色为终点；滴定较弱碱时，应以蓝绿色或绿色为终点。最好以电位滴定法作对照，以确定终点的颜色，并做空白试验以减少滴定误差。

电位滴定法也是非水溶液滴定中确定终点的基本方法。

(3) 应用范围　具有碱性基团的化合物，如胺类、氨基酸类、含氮杂环化合物、某些有机碱的盐及弱酸盐等，大多可用高氯酸标准溶液滴定。各国药典中应用高氯酸的冰醋酸非水滴定法的药物包括有机弱碱、有机弱酸的碱金属盐、有机碱的氢卤酸盐及有机碱的有机酸盐等。

例如，有机弱碱的非水滴定

样品溶液　$R—NH_2+HAc \rightleftharpoons R—NH_3^+ +Ac^-$

标准溶液　$HClO_4+HAc \rightleftharpoons H_2Ac^+ +ClO_4^-$

滴定反应　$H_2Ac^+ +Ac^- \rightleftharpoons 2HAc$

总式　$HClO_4+R—NH_2 \rightleftharpoons R—NH_3^+ +ClO_4^-$

由反应式可知，在滴定过程中，溶剂 HAc 分子起了质子传递作用，而本身并没有变化。

2. 酸的测定

对于弱酸，若 $cK_a<10^{-8}$，在水溶液中就不能用碱直接滴定，此时应选择碱性比水强的溶剂。一般滴定不太弱的酸可选用醇类作溶剂，如甲醇、乙醇等；滴定较弱的酸可选用乙二胺、二甲基甲酰胺等作溶剂；有时也可选择混合溶剂，如甲醇-苯、甲醇-丙酮等。标准溶液常选择甲醇钠。

(1) 甲醇钠标准溶液的配制与标定　配制甲醇钠标准溶液多采用苯-甲醇混合溶剂。甲醇钠由甲醇和金属钠反应制得：

$$2CH_3OH+2Na = 2CH_3ONa+H_2\uparrow$$

① 配制。取无水甲醇（含水量少于 0.2%）150mL，置于冰水冷却的容器中，分次少量加入新切的金属钠 2.5g，完全溶解后加入适量的无水苯（含水量少于 0.2%）使其成为1000mL，摇匀，即得。

非水碱性溶剂与标准溶液的配制、贮存应注意以下几点：配制标准溶液的溶剂甲醇、苯等均具有一定的毒性及挥发性；溶剂中所含的水分应予除去。甲醇中的水分可在碘或氯化汞存在下以镁条脱水。苯、甲苯中的水分可用金属钠处理。非水碱性标准溶液应贮存在密闭的并附有滴定装置的硬质玻璃或聚乙烯容器内，以避免与空气中的水及 CO_2 接触，并防止溶剂的挥发。

② 标定。标定甲醇钠的苯-甲醇溶液，常以苯甲酸为基准物质，其滴定反应如下：

$$C_6H_5—COOH+CH_3ONa = C_6H_5—COO^- +CH_3OH+Na^+$$

在碱标准溶液的标定及样品酸的测定中，常以百里酚蓝（麝香草酚蓝）为指示剂，其碱式色为蓝色、酸式色为黄色，用甲酸钠溶液滴定至蓝色为终点，并做空白实验校正。此外，偶氮紫、溴酚蓝等也可作指示剂。

(2) 应用范围　具有酸性基团的化合物，如羧酸类、酚类、磺酸胺类、巴比妥类和氨基酸类及某些铵盐等，可以用甲醇钠标准溶液进行滴定。

一些高级羧酸在水溶液中的 pK_a 约为 5～6，但在滴定时会产生泡沫使终点模糊，无法在水中滴定，可在苯-甲醇混合溶剂中，用甲醇钠标准溶液滴定，反应如下：

样品溶液　$RCOOH+CH_3OH \rightleftharpoons RCOO^- +CH_3OH_2^+$

标准溶液　$CH_3ONa \rightleftharpoons Na^+ +CH_3O^-$

滴定反应　$CH_3OH_2^+ +CH_3O^- \rightleftharpoons 2CH_3OH$

总式　$RCOOH+CH_3ONa \rightleftharpoons RCOONa+CH_3OH$

由反应式可知，在滴定过程中，溶剂 CH_3OH 分子起了质子传递作用，而本身并没有变化。

知识拓展

体液酸度与药物利用率

药物在经胃肠道或经皮肤黏膜吸收时都必须通过细胞膜。细胞膜由磷脂层构成，药物的脂溶性越大则越经膜吸收。分子状态药物疏水而亲脂，易通过细胞膜；离子状态药物极性高，不易通过细胞膜的脂质层，这种现象称为离子障。多数药物为弱酸或弱碱，因此体液酸度对药物的存在状态和利用率影响很大。离子障现象的特点是"酸酸少易，酸碱多难"。"酸酸少易"指弱酸性药物在酸性体液中解离少，容易透过细胞膜；"酸碱多难"指弱酸性药物在碱性体液中解离多，难透过细胞膜。药物离子态和分子态的相对多少取决于药物的解离常数 K_a 和体液 pH 的相互关系。弱电解质的解离程度在 pH 变化较大的体内对药物吸收有重要的影响，胃液 pH 变化范围为 1.5～7.0，尿液为 5.5～8.0，肠道内位置不同 pH 不同(由上到下从 pH 2.0 到 pH 7.6)。如此大的 pH 变化范围对脂溶性适中的药物可能产生显著的临床意义。口服的乙酰水杨酸是弱酸，$pK_a=3.5$，可以自胃及小肠上部吸收。这是因为它在胃液和小肠上段解离很小，绝大部分以分子状态存在，易透过细胞膜被吸收。当与碳酸氢钠同服时，胃及小肠上部 pH 增高，药物解离增多，吸收减少。因此，阿司匹林肠溶片和碳酸氢钠片不建议一起服用。

【本章小结】

① 酸碱质子理论要点。凡能给出质子的物质是酸；凡能接受质子的物质是碱。酸碱反应的实质是质子的转移。酸碱反应的方向总是：强酸与强碱反应生成弱碱和弱酸。酸给出质子变为共轭碱，碱接受质子变为共轭酸，化学组成上仅差一个质子的一对酸碱，称为共轭酸碱对。任何一对共轭酸碱对都有：$K_aK_b=[H^+][OH^-]=K_w=10^{-14}$。

② 溶液 pH 值的计算

a. 强酸和强碱溶液：可以根据强酸和强碱浓度得知溶液的 $[H^+]$，然后由 $[H^+]$ 求 pH。

b. 一元弱酸溶液：$[H^+]=\sqrt{K_ac_a}$ （$c_aK_a\geqslant 20K_w$ 且 $c_a/K_a\geqslant 500$）

一元弱碱溶液：$[OH^-]=\sqrt{K_bc_b}$ （$c_bK_b\geqslant 20K_w$ 且 $c_b/K_b\geqslant 500$）

c. 多元弱酸溶液：若 $K_{a_1}\gg K_{a_2}\gg K_{a_3}$，可将多元弱酸当作一元弱酸来计算 $[H^+]$，用最简式：$[H^+]=\sqrt{K_{a_1}c}\left(cK_{a_1}\geqslant 20K_w，且\dfrac{c}{K_{a_1}}\geqslant 500\right)$

多元弱碱溶液：若 $K_{b_1}\gg K_{b_2}\gg K_{b_3}$，可将多元弱碱当作一元弱碱来计算 $[H^+]$，用最简式：$[OH^-]=\sqrt{K_{b_1}c}\left(cK_{b_1}\geqslant 20K_w，且\dfrac{c}{K_{b_1}}\geqslant 500\right)$

③ 缓冲溶液是由一对共轭酸碱对组成，其中共轭酸为抗碱成分，共轭碱为抗酸成分。缓冲溶液的计算公式：$pH=pK_a+\lg\dfrac{[共轭碱]}{[共轭酸]}$。

④ 酸碱指示剂的变色范围：$pH=pK_{HIn}\pm 1$，影响指示剂变色的因素有温度、溶剂、指示剂用量以及滴定程序等。

⑤ 选择指示剂的原则：指示剂变色范围大部分或全部落在滴定突跃范围内，均可指示终点。

⑥ 影响滴定突跃范围的因素有：a. 酸（碱）的浓度，$c_{a(b)}$ 越大，滴定突跃范围越大。b. 强酸（碱）滴定弱碱（酸），还与 K_a（K_b）的大小有关。K_a（K_b）越大，滴定突跃范

围越大。

⑦ 准确滴定弱酸（碱）的条件：cK_a（K_b）$\geqslant 10^{-8}$。

⑧ 多元弱酸分步滴定原则：a. $cK_a \geqslant 10^{-8}$，这一级解离的 H^+ 可被准确滴定；b. 若相邻两级 $K_{a_n}/K_{a_{n+1}} \geqslant 10^4$ 可以分步滴定。

⑨ 非水溶液中的酸碱滴定。溶剂具有酸碱性、均化效应和区分效应等性质。溶剂分为质子性溶剂、非质子性溶剂和混合溶剂。对于碱的滴定，采用冰醋酸作溶剂，高氯酸的冰醋酸溶液作标准溶液，结晶紫为指示剂。对于酸的滴定，采用苯-甲醇作溶剂，甲醇钠的苯-甲醇溶液作标准溶液，百里酚蓝为指示剂。

【目标检测】

一、选择题

1. 在 HAc 中加入下列物质可以使其解离度降低，而 pH 升高的是（　　）。

A. HCl　　B. NH_4Cl　　C. H_2O　　D. NaAc

2. 以 NaOH 滴定 HAc 时，应选择下列何种指示剂（　　）。

A. 酚酞　　B. 甲基橙　　C. 甲基红　　D. 溴酚蓝

3. 欲配制 pH=5 的缓冲溶液，应选择下面哪个缓冲对（　　）。

A. HCN-NaCN（$K_a=6.2\times10^{-10}$）　　B. HAc-NaAc（$K_a=1.75\times10^{-5}$）

C. NH_3-NH_4Cl（$K_b=1.75\times10^{-5}$）　　D. KH_2PO_4-Na_2HPO_4（$K_{a_2}=6.2\times10^{-8}$）

4. 0.1mol/L HAc 溶液的 pH 值为（　　）。

A. 2.88　　B. 8.73　　C. 5.27　　D. 11.12

5. 下列物质不属于共轭酸碱对的是（　　）。

A. HCl-NaOH　　B. HAc-Ac^-　　C. H_2CO_3-HCO_3^-　　D. NH_3-NH_4^+

6. 下列酸不能用标准碱液直接滴定的是（　　）。

A. HCOOH（$K_a=1.80\times10^{-4}$）　　B. C_6H_5COOH（$K_a=6.28\times10^{-5}$）

C. HAc（$K_a=1.75\times10^{-5}$）　　D. HCN（$K_a=6.2\times10^{-10}$）

7. 某酸碱指示剂的 $pK_{HIn}=1\times10^{-5}$，则从理论上推算，其 pH 变色范围是（　　）。

A. 4～5　　B. 4～6　　C. 5～7　　D. 5～6

8. 酸碱滴定中选择指示剂的原则是（　　）。

A. 指示剂的变色范围与化学计量点完全符合

B. 指示剂的变色范围全部或部分落在滴定突跃范围之内

C. 指示剂的变色范围应全部落在滴定突跃范围之内

D. 指示剂应在 pH=7.00 时变色

9. 标定 NaOH 溶液常用的基准物质是（　　）。

A. 硼砂　　B. 邻苯二甲酸氢钾　　C. 碳酸钙　　D. 无水碳酸钠

10. 为区分 HCl、$HClO_4$、H_2SO_4、HNO_3 四种酸的强度大小，可采用下列哪种溶剂（　　）。

A. 水　　B. 冰醋酸　　C. 液氨　　D. 乙二胺

二、问答题

1. 根据酸碱质子理论，分析下列物质哪些是酸？哪些是碱？哪些既是酸又是碱？

HS^-　HCO_3^-　$H_2PO_4^-$　H_2S　NO_3^-　Ac^-　OH^-　H_2O

2. 写出下列各分子或离子的共轭碱化学式。

NH_4^+　HS^-　HPO_4^{2-}　H_2SO_4　H_2O

3. 用质子转移平衡式说明下列物质是两性物质。

（1）H_2O　（2）HCO_3^-　（3）$H_2PO_4^-$

4. 用 0.1mol/L HCl 滴定 20.00mL 0.1mol/L $NH_3 \cdot H_2O$ 溶液，反应完全时溶液的 pH 值为多少？突跃范围的 pH 值为多少？选用何种指示剂？

5. 用碱标准溶液滴定下列各种多元酸或混合酸时，各有几个滴定突跃？选用何种指示剂指示终点？

（1）H_2SO_3　　（2）H_3PO_4　　（3）丙二酸

6.有一种三元酸，其三级酸常数分别为：$K_{a_1}=10\times10^{-2}$，$K_{a_2}=10\times10^{-6}$，$K_{a_3}=10\times10^{-10}$；当用NaOH标准溶液滴定时，有几个滴定突跃？各计量点的pH值为多少？选用何种指示剂？

三、计算题

1.通过计算说明0.1mol/L HCl和0.1mol/L HAc溶液中的[H^+]是否相等？

2.正常人胃液的pH值为1.4，婴儿胃液的pH值为5，他们胃液中的氢离子浓度各是多少？

3.计算下列各溶液的pH值。

（1）0.02mol/L HCl溶液；

（2）0.01mol/L NH_3 溶液；

（3）0.02mol/L HAc溶液。

4.在氨水溶液中加入下列物质，溶液的pH值将如何改变？

（1）NH_4Cl　（2）NaOH　（3）HCl　（4）NaCl　（5）加水稀释

5.计算：（1）0.20mol/L氨水中[OH^-]及pH值是多少？

（2）0.20mol/L氨水中同时含有0.10mol/L NH_4Cl时，[OH^-]及pH值各是多少？

6.50mL 0.1mol/L HAc溶液与25mL 0.1mol/L NaOH溶液相混合，溶液是否具有缓冲作用？计算该混合溶液的pH值。

7.在100mL 0.1mol/L的氨水中加入1.07g固体NH_4Cl，溶液的pH值为多少？

8.欲配制250mL pH=5.0的缓冲溶液，则在125mL、1.0mol/L NaAc溶液中应加入多少体积（mL）6.0mol/L的HAc溶液？

9.称取0.6817g基准Na_2CO_3标定盐酸溶液，用去盐酸溶液26.65mL，以甲基橙为指示剂，问此盐酸标准溶液的浓度是多少？

10.称取某含碳酸钠和氢氧化钠的试样0.4500g，用0.1342mol/L HCl滴定至酚酞指示剂变色时，用去36.85mL HCl标准溶液，继续滴定至甲基橙指示剂变色时，又用去15.58mL HCl标准溶液，试计算试样中碳酸钠和氢氧化钠的百分含量。

11.配制0.05000mol/L高氯酸冰醋酸溶液1000mL，需相对密度为1.75、含量为70%的$HClO_4$ 2mL，所用的冰醋酸含量为99.8%、相对密度为1.05，应加含量为98%、相对密度为1.087的醋酐多少毫升，才能完全除去水分？

第五章

沉淀反应

学习目标

1. 掌握溶度积的意义及溶度积规则；沉淀滴定法的原理、主要应用范围及计算。
2. 熟悉K_{sp}与溶解度之间的换算。
3. 了解影响难溶电解质沉淀溶解平衡的因素和重量分析法。

数字资源5-1　溶度积概述视频

第一节　溶度积

在溶液中固相的形成和溶解是一种常见并有实际意义的化学平衡。在实际工作中可利用沉淀-溶解平衡理论来进行物质的制备、分离、提纯及定性或定量分析。

一、溶度积概述

1. 沉淀溶解平衡常数——溶度积

绝对不溶解的物质是不存在的，任何难溶的电解质在水中或多或少会溶解，所溶解的部分全部发生解离，这类电解质称为难溶电解质。

如果把晶态 AgCl 投入水中，晶体表面的 Ag^+、Cl^- 受到水分子的作用，其中有部分离开晶体表面进入溶液中，这个过程就是溶解。同时溶液中溶解的 Ag^+、Cl^- 不断地回到晶体表面而析出沉淀。在一定条件下，当沉淀与溶解的速度相等时，建立沉淀-溶解平衡，此时溶液为饱和溶液。

$$AgCl(s) \underset{沉淀}{\overset{溶解}{\rightleftharpoons}} Ag^+ + Cl^-$$

平衡常数表达式为：$K=\dfrac{[Ag^+][Cl^-]}{[AgCl]}$

在一定温度下，K 为常数，式中 [AgCl] 是一个定值，可并入常数项，所以上式可写为：

$$K_{sp}=[Ag^+][Cl^-]$$

上式表明，在一定温度下，难溶电解质的饱和溶液中离子浓度幂的乘积为一常数，称为溶度积常数，简称溶度积，用符号 K_{sp} 表示。它反映了难溶电解质在水中的溶解能力。对于任一难溶电解质 A_mB_n，在一定温度下达到沉淀-溶解平衡时：

$$A_mB_n \rightleftharpoons mA^{n+} + nB^{m-}$$

则

$$K_{sp}=[A^{n+}]^m[B^{m-}]^n \tag{5-1}$$

K_{sp} 与其他平衡常数一样，只与难溶电解质的本性及温度有关，溶液中离子浓度变化使平衡移动，并不改变溶度积。当提到溶度积时，必须注明温度。实际工作中常采用298.15K。一些常见物质的溶度积见附录6。

2. 溶度积和溶解度的关系

溶度积和溶解度都可以表示难溶电解质在水中溶解能力的大小，它们之间有内在的联系，在一定的条件下，若溶解度的单位用mol/L表示时，溶度积和溶解度可以进行直接换算。

例5-1 AgCl在298.15K时的溶解度为1.33×10^{-5}mol/L，求其溶度积。

解：在AgCl的饱和溶液中，$[Ag^+]=[Cl^-]=1.33\times10^{-5}$mol/L

$$K_{sp}=[Ag^+][Cl^-]=(1.33\times10^{-5})^2=1.77\times10^{-10}$$

例5-2 Ag_2CrO_4在298.15K时的溶度积K_{sp}为1.12×10^{-12}，求其溶解度。

解：设Ag_2CrO_4的溶解度为s（mol/L），则饱和溶液中

$$Ag_2CrO_4 \rightleftharpoons 2Ag^+ + CrO_4^{2-}$$

平衡浓度/(mol/L)　　　　$2s$　　s

$$K_{sp}=[Ag^+]^2[CrO_4^{2-}]=(2s)^2s=4s^3=1.12\times10^{-12}$$

$$s=\sqrt[3]{\frac{1.12\times10^{-12}}{4}}=6.54\times10^{-5}\text{mol/L}$$

对同一类型的电解质（如AgCl和AgBr），在相同温度下，其溶度积越大，溶解度也越大。对于不同类型的难溶电解质，不能直接根据溶度积来比较溶解度的大小，可以通过计算来比较。

上述溶解度和溶度积之间的换算是有条件的，要求难溶电解质溶于水的部分必须完全解离，解离出的离子不能发生水解或配位等副反应，而且难溶的电解质水溶液中没有同离子效应和盐效应。

3. 溶度积规则

在一定温度下，某一难溶电解质溶液在任意状态时，将各离子浓度幂的乘积称为离子积，用符号Q表示。即

$$A_mB_n(s) \rightleftharpoons mA^{n+} + nB^{m-}$$

$$Q=c^m(A^{n+})c^n(B^{m-})$$

Q表示任意状态下的有关离子浓度幂的乘积，其数值不定。K_{sp}表示难溶电解质的饱和溶液中离子浓度幂的乘积，仅是Q的一个特例。对于任何给定的难溶电解质溶液，Q与K_{sp}比较有三种情况。

① $Q>K_{sp}$，过饱和溶液。溶液中会有A_mB_n沉淀析出，直至饱和为止。

② $Q=K_{sp}$，饱和溶液，溶液中的沉淀与溶解达到动态平衡。

③ $Q<K_{sp}$，不饱和溶液，没有沉淀析出，反应向沉淀溶解的方向进行。

以上规则称为溶度积规则。溶度积规则是难溶电解质沉淀-溶解平衡移动规律的总结，还可以判断化学反应中沉淀的生成和溶解。

见数字资源5-1　溶度积概述视频。

二、沉淀平衡的移动

1. 沉淀的生成

根据溶度积规则，在难溶电解质的溶液中，若$Q>K_{sp}$，则有沉淀生成。为促使沉淀生成，可加入沉淀剂以及应用同离子效应与盐效应等方法。

(1) 加入沉淀剂　在 Na_2SO_4 溶液中加入 $BaCl_2$ 溶液，使 $Q > K_{sp}$ 时，$BaSO_4$ 沉淀析出，$BaCl_2$ 就是沉淀剂。

例 5-3　将 10mL 0.010mol/L $BaCl_2$ 溶液和 30mL 0.005mol/L Na_2SO_4 溶液相混合，问是否有 $BaSO_4$ 沉淀生成（$K_{sp,BaSO_4} = 1.07 \times 10^{-10}$）？

解：两溶液混合后，

$$c_{Ba^{2+}} = \frac{0.010 \times 10}{10 + 30} = 2.50 \times 10^{-3}(mol/L)$$

$$c_{SO_4^{2-}} = \frac{0.005 \times 30}{10 + 30} = 3.75 \times 10^{-3}(mol/L)$$

$$Q = c_{Ba^{2+}} c_{SO_4^{2-}} = (2.50 \times 10^{-3}) \times (3.75 \times 10^{-3}) = 9.38 \times 10^{-6}$$

因为 $Q > K_{sp}$，所以有沉淀生成。

(2) 同离子效应与盐效应　在 AgCl 的沉淀溶解平衡系统中，若加入含有相同离子 Ag^+ 或 Cl^- 的试剂后，使 AgCl 的溶解度降低。这种在难溶电解质溶液中，加入含有相同离子的强电解质，而使难溶电解质的溶解度降低的效应称为沉淀溶解平衡中的同离子效应。

例 5-4　计算 AgCl 在 0.10mol/L $AgNO_3$ 溶液中的溶解度。

解：设 AgCl 在 0.10mol/L $AgNO_3$ 溶液中的溶解度为 s mol/L，则

$$AgCl(s) \rightleftharpoons Ag^+ + Cl^-$$

平衡浓度/(mol/L)　　　　　　$s + 0.10$　　s

由于 K_{sp} (1.77×10^{-10}) 很小，溶液中 Ag^+ 主要来自 $AgNO_3$。因此，$s + 0.10 \approx 0.10$，则

$$s = [Cl^-] = \frac{K_{sp,AgCl}}{[Ag^+]} = \frac{1.77 \times 10^{-10}}{0.10} = 1.77 \times 10^{-9}(mol/L)$$

计算表明，AgCl 在 0.10mol/L $AgNO_3$ 溶液中的溶解度比在纯水中小得多。

在利用沉淀反应分离某些离子时，常利用同离子效应加入过量沉淀剂，使某些离子的沉淀趋于完全以达到分离的目的。当然沉淀剂的用量不是越多越好，因为加入过量的沉淀剂还会因增大溶液离子总数，使每个离子周围吸引异性电荷形成“离子氛”，束缚了离子的自由行动，使离子与沉淀表面碰撞次数减少，生成沉淀速率减小，平衡向溶解方向移动，沉淀溶解度增大，即发生盐效应。例如在 $BaSO_4$ 和 AgCl 的饱和溶液中加入强电解质 KNO_3，发现这两种沉淀的溶解度比在水中的溶解度要大。同离子效应与盐效应的结果相反，但前者比后者显著。因此，加入沉淀剂通常以过量 20%～50%为宜。

2. 分步沉淀

如果溶液中同时含有几种离子，当加入某种试剂时，可能与溶液中的几种离子都能发生沉淀反应，离子积先达到溶度积的先沉淀，后达到的后沉淀。这种在混合液中，逐步加入一种试剂，使不同离子按先后次序析出沉淀的现象叫作分步沉淀。

例 5-5　设 Cl^- 和 I^- 各为 0.010mol/L 的溶液中，逐滴加入 $AgNO_3$ 溶液时，问 AgCl 和 AgI 哪个先沉淀出来？

解：$[I^-] = [Cl^-] = 0.010$mol/L，

AgCl 开始沉淀时，$[Ag^+] = \dfrac{K_{sp,AgCl}}{[Cl^-]} = \dfrac{1.77 \times 10^{-10}}{0.010} = 1.77 \times 10^{-8}(mol/L)$

AgI 开始沉淀时，$[Ag^+] = \dfrac{K_{sp,AgI}}{[I^-]} = \dfrac{8.51 \times 10^{-17}}{0.010} = 8.51 \times 10^{-15}(mol/L)$

由于沉淀 I^- 所需 $[Ag^+]$ 要比沉淀 Cl^- 所需要 $[Ag^+]$ 小近 10^{-7} 倍，因此当逐滴加入 $AgNO_3$ 溶液时，AgI 沉淀先析出，而此时 $[Ag^+][Cl^-] < K_{sp,AgCl}$，不产生 AgCl 沉

淀。只有 AgI 沉淀完全时，再加入 $AgNO_3$ 溶液，当 $[Ag^+][Cl^-] > K_{sp,AgCl}$，才形成 AgCl 沉淀。因此，可用分步沉淀法进行离子间的相互分离。

3. 沉淀的溶解

根据溶度积规则，要使处于沉淀平衡状态的难溶电解质向着溶解方向转化，只要降低该难溶电解质饱和溶液中某一离子的浓度，使 $Q < K_{sp}$ 即可。降低离子浓度的方法有：

（1）生成弱电解质

① 难溶氢氧化物的溶解，如 $Mg(OH)_2$、$Cu(OH)_2$、$Fe(OH)_3$ 等的溶解度与溶液的酸度有关，可以用加酸或加 NH_4Cl 的方法使沉淀溶解。

例如，$Mg(OH)_2$ 沉淀可溶于盐酸，其反应如下：

$$Mg(OH)_2(s) \rightleftharpoons Mg^{2+} + 2OH^-$$

$$+$$

$$2HCl \longrightarrow 2Cl^- + 2H^+$$

$$\Updownarrow$$

$$2H_2O$$

加入 HCl 后，生成弱电解质 H_2O，降低溶液中的 $[OH^-]$，使 $Q < K_{sp}$，于是沉淀溶解。

② 碳酸盐、亚硫酸盐和某些硫化物的溶解，这些难溶盐与稀酸作用都能生成微溶性的气体，随着气体的逸出，平衡不断向沉淀溶解的方向移动。如 MnS、FeS、ZnS 等，由于它们的溶度积 K_{sp} 较大，能溶于非氧化性的强酸。

$$ZnS \rightleftharpoons Zn^{2+} + S^{2-}$$

$$+$$

$$2HCl \longrightarrow 2Cl^- + 2H^+$$

$$\Updownarrow$$

$$H_2S$$

（2）氧化还原反应　对于溶度积很小的硫化物如 CuS 不溶于盐酸，但可溶于硝酸中。因为硝酸是一种强氧化剂，可将溶液中的 S^{2-} 氧化为 S，使 S^{2-} 的浓度降低，使 $[Cu^{2+}][S^{2-}] < K_{sp,CuS}$，导致硫化铜溶解。反应如下：

$$3CuS + 8HNO_3 = 3Cu(NO_3)_2 + 3S\downarrow + 2NO\uparrow + 4H_2O$$

（3）配位反应　向沉淀体系中加入适当的配位剂与某一离子形成稳定的配合物，减少其离子浓度，使沉淀溶解。

$$AgCl(s) + 2NH_3 \rightleftharpoons [Ag(NH_3)_2]^+ + Cl^-$$

4. 沉淀的转化

向盛有白色 $BaCO_3$ 粉末的试管中加入浅黄色 K_2CrO_4 溶液并搅拌，观察到溶液变为无色，沉淀变为淡黄色的 $BaCrO_4$。这种由一种沉淀转化为另一种沉淀的过程称为沉淀的转化。此过程可表示为：

$$BaCO_3 + CrO_4^{2-} \rightleftharpoons BaCrO_4 + CO_3^{2-}$$

反应能进行的原因是 $BaCrO_4$ 的 $K_{sp}(1.17\times10^{-10})$ 小于 $BaCO_3$ 的 $K_{sp}(2.58\times10^{-9})$。在 $BaCO_3$ 的饱和溶液中加入 K_2CrO_4 时，Ba^{2+} 与 CrO_4^{2-} 生成 $BaCrO_4$ 沉淀，使溶液中 $[Ba^{2+}]$ 降低，发生沉淀的转化。

可见由一种难溶电解质转化为另一种更难溶的物质是比较容易的。反过来，由一种溶解度较小的物质转化为溶解度较大的物质是困难的，甚至不容易转化。

知识拓展

羟基磷灰石

羟基磷灰石（HAP）又称羟磷灰石，碱式磷酸钙，是钙磷灰石[$Ca_5(PO_4)_3OH$]的自然矿物化，可以写成[$Ca_{10}(PO_4)_6(OH)_2$]的形式以突出它是由两部分组成的：羟基与磷灰石。OH^-能被氟化物、氯化物和碳酸根离子代替，生成氟基磷灰石或氯基磷灰石，其中的钙离子可以被多种金属离子通过发生离子交换反应代替，形成对应金属离子的M磷灰石（M代表取代钙离子的金属离子）。HAP是脊椎动物骨骼和牙齿的主要无机组成成分，人的牙釉质中羟基磷灰石的含量约96Wt.%，骨骼中也约占到69Wt.%。羟基磷灰石具有优良的生物相容性和生物活性，并可作为一种骨骼或牙齿的诱导因子，在口腔保健领域对牙齿具有较好的再矿化、脱敏以及美白作用。实验证明HAP粒子与牙釉质生物相容性好，亲和性高，其矿化液能够有效形成再矿化沉积，阻止钙离子流失，解决牙釉质脱矿问题，从根本上预防龋齿病。含有HAP材料的牙膏对唾液蛋白、葡聚糖具有强吸附作用，能减少患者口腔的牙菌斑，促进牙龈炎愈合，对龋齿病、牙周病有较好的防治作用。

第二节 沉淀滴定法

沉淀滴定法是以沉淀反应为基础的一种滴定分析方法。虽然能形成沉淀的反应很多，但并不是所有的沉淀反应都能用于滴定，只有具备下列条件的沉淀反应才可用于滴定分析。

① 沉淀反应能迅速、定量地进行，生成的沉淀溶解度很小。

② 必须有合适的指示剂或其他方法指示终点。

③ 沉淀的吸附现象应不妨碍终点的确定。

目前主要是利用生成难溶性银盐的反应来进行滴定分析。例如

$$Ag^+ + Cl^- \rightleftharpoons AgCl\downarrow$$

$$Ag^+ + SCN^- \rightleftharpoons AgSCN\downarrow$$

以这类反应为基础的沉淀滴定法称为银量法。用银量法可以测定Cl^-、Br^-、I^-、Ag^+、SCN^-及一些含氯的有机化合物，多数生物碱的氢卤酸盐等。银量法按所用的指示剂不同而分为铬酸钾指示剂法、铁铵矾指示剂法以及吸附指示剂法。

一、铬酸钾指示剂法

1. 基本原理

铬酸钾指示剂法（莫尔法）是以铬酸钾为指示剂，硝酸银为标准溶液，在中性或弱碱性溶液中，测定氯化物或溴化物含量的滴定分析方法。例如在含有Cl^-的中性溶液中，以K_2CrO_4作指示剂，用$AgNO_3$标准溶液滴定，由于AgCl的溶解度比Ag_2CrO_4小，根据分步沉淀的原理，溶液中先析出AgCl沉淀。当AgCl沉淀完全后，过量一滴$AgNO_3$标准溶液即与CrO_4^{2-}反应生成砖红色的Ag_2CrO_4沉淀，指示终点到达。

滴定反应：$Ag^+ + Cl^- \rightleftharpoons AgCl$(白色)　　$K_{sp,AgCl} = 1.77\times10^{-10}$

终点指示反应：$2Ag^+ + CrO_4^{2-} \rightleftharpoons Ag_2CrO_4$(砖红色)　　$K_{sp,Ag_2CrO_4} = 1.12\times10^{-12}$

2. 滴定条件

铬酸钾指示剂法中指示剂的用量和溶液的酸度是两个主要的问题。

(1) 指示剂的用量　指示剂 $[CrO_4^{2-}]$ 必须合适，若 $[CrO_4^{2-}]$ 太大，Cl^- 还未沉淀完全，即有砖红色的 Ag_2CrO_4 沉淀生成，终点提前。若浓度太小，滴定至化学计量点稍过量仍未能出现 Ag_2CrO_4 沉淀，终点推迟。

由理论计算可知，在化学计量点时只要控制被测溶液中 $[CrO_4^{2-}]$ 为 6.33×10^{-3} mol/L 即可。在实际工作中，由于 K_2CrO_4 的黄色较深，若 K_2CrO_4 的浓度太高会妨碍对砖红色 Ag_2CrO_4 沉淀的观察，影响终点的判断。因此，实际用量比理论量要少一些，一般 $[CrO_4^{2-}]$ 为 5.0×10^{-3}mol/L，即每 50～100mL 滴定液中加入 5%（g/mL）K_2CrO_4 溶液 1mL。

(2) 溶液的酸度　铬酸钾指示剂法应在中性和弱碱性溶液中（pH＝6.5～10.5）进行，不能在酸性条件下进行。因为在酸性溶液中 CrO_4^{2-} 转化为 $Cr_2O_7^{2-}$，使 CrO_4^{2-} 的浓度降低，以致在化学计量点时不能形成 Ag_2CrO_4 沉淀，终点推迟。

$$2H^+ + 2CrO_4^{2-} \rightleftharpoons 2HCrO_4^- \rightleftharpoons Cr_2O_7^{2-} + H_2O$$

如果溶液碱性太强，则 Ag^+ 将形成 Ag_2O 沉淀析出：

$$2Ag^+ + 2OH^- \rightleftharpoons 2AgOH \longrightarrow Ag_2O\downarrow + H_2O$$

当溶液中有铵盐时，要求将溶液的 pH 范围控制在 6.5～7.2，因为溶液 pH 过高，会有相当数量的 NH_3 生成，使 AgCl 和 Ag_2CrO_4 溶解生成 $[Ag(NH_3)_2]^+$，影响滴定的准确度。

(3) 预先分离干扰离子　凡与 Ag^+ 能生成沉淀的阴离子如 PO_4^{3-}、AsO_4^{3-}、CO_3^{2-}、CrO_4^{2-} 和 S^{2-} 等，与 CrO_4^{2-} 能生成沉淀的阳离子如 Ba^{2+}、Pb^{2+}、Bi^{3+} 等，大量的 Cu^{2+}、Co^{2+}、Ni^{2+} 等有色离子以及在中性或弱碱性溶液中易发生水解的离子如 Al^{3+}、Fe^{3+}、Bi^{3+} 等，应预先分离。

3. 应用范围

铬酸钾指示剂法可直接滴定 Cl^- 或 Br^-，但不适于滴定 I^- 和 SCN^-。因为 AgI 和 AgSCN 对 I^- 和 SCN^- 吸附很牢，剧烈振摇也不能完全释放 I^- 和 SCN^-，导致终点变色不明显，影响分析结果。也不适用于 NaCl 标准溶液直接滴定 Ag^+，因为在 Ag^+ 溶液中加入指示剂 K_2CrO_4 后，立即有 Ag_2CrO_4 沉淀。在滴定过程中 Ag_2CrO_4 沉淀转化为 AgCl 沉淀的速度极慢，使终点推迟。

二、铁铵矾指示剂法

1. 测定原理

用铁铵矾 $[NH_4Fe(SO_4)_2 \cdot 12H_2O]$ 作指示剂，测定银盐和卤素化合物的方法，称为铁铵矾指示剂法（佛尔哈德法），可分为直接滴定法和返滴定法两种。

(1) 直接滴定法　在含有 Ag^+ 的酸性溶液中，以铁铵矾作指示剂，用 NH_4SCN（或 KSCN）标准溶液滴定。滴定过程中 SCN^- 与 Ag^+ 先生成白色的 AgSCN 沉淀，滴定到达化学计量点时，过量一滴 NH_4SCN 溶液即与铁铵矾中的 Fe^{3+} 反应生成红色的配合物，即到达终点。其反应为：

终点前　$Ag^+ + SCN^- \rightleftharpoons AgSCN\downarrow$（白）

终点时　$Fe^{3+} + SCN^- \rightleftharpoons [FeSCN]^{2+}$（红色）

(2) 返滴定法　此法用于测定卤化物。先用过量的 $AgNO_3$ 标准溶液将卤化物全部沉淀，再以 Fe^{3+} 作指示剂，以 NH_4SCN 标准溶液返滴剩余的 Ag^+，当 Ag^+ 与 SCN^- 反应完全后，过量一滴 NH_4SCN 溶液便与铁铵矾中的 Fe^{3+} 反应，生成红色的配合物 $[FeSCN]^{2+}$

指示终点的到达。例如测定 Cl^- 时的反应为：

$$\text{终点前}\quad \underset{(\text{过量、定量})}{Ag^+} + Cl^- \rightleftharpoons AgCl\downarrow(\text{白色})$$

$$\underset{(\text{剩余})}{Ag^+} + SCN^- \rightleftharpoons AgSCN\downarrow(\text{白})$$

$$\text{终点时}\quad Fe^{3+} + SCN^- \rightleftharpoons [FeSCN]^{2+}(\text{红色})$$

这里需要指出，在测定氯化物时，当滴定到达终点，溶液中存在 AgCl 和 AgSCN 两种难溶性银盐的沉淀溶解平衡，而 AgSCN 的溶解度小于 AgCl 的溶解度，若用力振摇，将使 AgCl 沉淀转化为 AgSCN 沉淀，其转化反应为：

$$AgCl\downarrow + SCN^- \rightleftharpoons AgSCN\downarrow + Cl^-$$

由于转化反应使溶液中 SCN^- 浓度降低，促使已生成的 $[FeSCN]^{2+}$ 又分解，使红色褪去。在化学计量点时，为了得到持久的红色 $[FeSCN]^{2+}$，必须多消耗 NH_4SCN 标准溶液，造成较大的滴定误差。

为了避免上述沉淀的转化，通常可采取下列措施：

① 试液中加入过量、定量的 $AgNO_3$ 标准溶液后，将生成的 AgCl 沉淀滤去，再用 NH_4SCN 标准溶液滴定滤液中过量的 Ag^+。但这一方法需要过滤、洗涤，操作烦琐。

② 在用 NH_4SCN 标准溶液返滴前，向待测溶液中加入一定量的硝基苯等有机溶剂，并剧烈振摇，使 AgCl 沉淀表面覆盖上一层有机溶剂，减少 AgCl 沉淀与溶液接触，防止转化。

2. 滴定条件

① 为了防止 Fe^{3+} 水解，应在酸性溶液 0.1～1mol/L HNO_3 中进行滴定，还可以消除某些离子（如 Zn^{2+}、Ba^{2+}、Pb^{2+}、PO_4^{3-}、AsO_4^{3-}、CO_3^{2-} 及 S^{2-} 等）干扰测定，因此本方法的选择性好。

② 滴定最好在 25℃以下进行（红色配合物易褪色），指示剂用量要稍大，每 100mL 滴定液加 2～5mL 指示剂。

③ 直接滴定法中，在终点前要一直用力振摇，避免沉淀吸附 Ag^+ 过早到达终点，使测定结果偏低。但在用返滴定法测 Cl^- 时，未加保护措施，近终点时，为了减少 AgCl 与 SCN^- 接触，要轻轻振摇，因为 AgCl 与 SCN^- 之间的转化反应较慢，可以避免沉淀的转化。

④ 必须注意在测定 I^- 时，应在加入过量的硝酸银标准溶液后，再加入指示剂，否则 I^- 将与 Fe^{3+} 作用而析出游离的碘，影响分析结果的准确度。

$$2Fe^{3+} + 2I^- \rightleftharpoons 2Fe^{2+} + I_2$$

3. 应用范围

本法可用于测定 Cl^-、Br^-、I^-、SCN^- 及 Ag^+。在测定 Br^- 或 I^- 时，由于 AgBr 和 AgI 的溶解度都小于 AgSCN，不会发生沉淀的转化反应，所以不必将沉淀过滤除去或加有机溶剂。但有一些强氧化剂、氮的低价氧化物以及铜盐、汞盐等能与 SCN^- 起作用干扰测定，必须预先除去。

三、吸附指示剂法

1. 滴定原理

吸附指示剂法（法扬司法）是用硝酸银为标准溶液，用吸附指示剂确定滴定终点，测定卤化物和硫氰酸盐含量的方法。

吸附指示剂是一种有机染料，吸附在沉淀表面后，使结构发生变化，颜色发生明显变化，从而指示滴定终点的到达。例如，用 $AgNO_3$ 标准溶液滴定 Cl^- 时，可用荧光黄作指示剂。荧光黄是一种有机弱酸，用 HFIn 表示，在溶液中存在如下解离平衡：

$$HFIn \rightleftharpoons FIn^-(黄绿色) + H^+ \qquad pK_a = 7$$

在化学计量点前，溶液中 Cl^- 过量，AgCl 沉淀吸附 Cl^- 而带负电荷，FIn^- 不被吸附，溶液呈现 FIn^- 的黄绿色。在化学计量点后，溶液中 Ag^+ 过剩，这时 AgCl 沉淀吸附 Ag^+ 使沉淀带上正电荷，将强烈地吸附 FIn^-。荧光黄阴离子被吸附后，因结构发生变化而呈粉红色，指示终点到达。

终点前 Cl^- 过量 $\qquad AgCl \cdot Cl^- + FIn^-$(黄绿色)(不吸附)

终点后 Ag^+ 过量 $\qquad AgCl \cdot Ag^+ + FIn^-$(黄绿色) $\xrightleftharpoons{吸附}$ $AgCl \cdot Ag^+ \cdot FIn^-$(粉红色)

2. 滴定条件

① 由于颜色变化发生在沉淀的表面，因此应尽可能使沉淀的表面积大一些，沉淀的颗粒小一些。可以加入糊精、淀粉等保护 AgCl 胶体，有利于吸附，使终点易于观察。

② 选用吸附指示剂时，胶体沉淀对指示剂离子的吸附力略小于对被测离子的吸附力。若胶体沉淀对指示剂离子的吸附力大于对被测离子的吸附力，则化学计量点前会吸附指示剂离子而变色。但胶体沉淀对指示剂离子的吸附力也不能太小，否则到化学计量点时不能立即变色，终点推迟。卤化银胶体沉淀对卤素离子和几种常用吸附指示剂的吸附能力大小顺序如下：

I^- ＞二甲基二碘荧光黄＞ Br^- ＞ 曙红＞ Cl^- ＞二氯荧光黄＞荧光黄

因此，测定 Cl^- 时，只能用荧光黄而不能用曙红；测定 Br^- 时，只能用曙红，而不能用二甲基二碘荧光黄；测定 I^- 时，则用二甲基二碘荧光黄或曙红。

③ 溶液的 pH 值应适当。常用的吸附指示剂多为有机弱酸，而起指示剂作用的是吸附指示剂的阴离子，为了使指示剂主要以阴离子形式存在，必须控制溶液的酸度在一定的范围，有利于指示剂的解离。对于 K_a 值较大的吸附指示剂，溶液的酸度要低些；对于 K_a 值较小的吸附指示剂，溶液的酸度可适当高些。

④ 滴定应避免在强光下进行，因为卤化银胶体沉淀见光易分解为黑色金属银，溶液很快变为黑色或灰色，影响终点的观察。

3. 应用范围

吸附指示剂法可用于 Cl^-、Br^-、I^-、SCN^-、SO_4^{2-} 及 Ag^+ 等离子的测定。常用的吸附指示剂及其适用范围和条件列于表 5-1 中。

表 5-1 常用的吸附指示剂及其适用范围和条件

指示剂名称	待测离子	滴定剂	适用的 pH 范围
荧光黄	Cl^-	Ag^+	pH 7～10
二氯荧光黄	Cl^-	Ag^+	pH 4～10
曙红	Br^-、I^-、SCN^-	Ag^+	pH 2～10
二甲基二碘荧光黄	I^-	Ag^+	中性

四、标准溶液的配制与标定

银量法的标准溶液为 $AgNO_3$ 和 NH_4SCN 溶液。若 $AgNO_3$ 为市售的一级纯硝酸银，可直接配成标准溶液。在实际工作中常用分析纯硝酸银先配成近似浓度的溶液，再用基准 NaCl 标定。以荧光黄为指示剂，也可用铬酸钾指示剂法标定。标定方法最好与样品测定法相同，以消除方法误差。硝酸银标准溶液见光易分解，应在棕色瓶中避光保存。但存放一段时间后，还应重新标定。

NH_4SCN（或 KSCN）标准溶液可用已标定好的 $AgNO_3$ 标准溶液，按铁铵矾指示剂法进行标定。

五、应用与示例

银量法可以测定无机卤化物、难溶性银盐、硫氰酸盐、有机碱的氢卤酸盐、巴比妥类药物等物质的含量。

例 5-6 碘化钾的含量测定（吸附指示剂法）。

操作步骤：精密称取碘化钾样品 0.3g，置于锥形瓶中，加蒸馏水 30mL 使其溶解，加稀醋酸 10mL，曙红指示剂 10 滴，用 0.1mol/L $AgNO_3$ 标准溶液滴定至沉淀变成深红色为终点。按下式计算 KI 的含量：

$$\omega_{KI}=\frac{(cV)_{AgNO_3}M_{KI}\times 10^{-3}}{m_s}$$

铬酸钾指示剂法、铁铵矾指示剂法、吸附指示剂法除可以测定无机卤化物的含量外，还可以测定有机卤化物的含量。但有机卤化物常要先经过 NaOH 水解法、Na_2CO_3 熔融法及氧瓶燃烧法使有机卤素转变为卤素离子后再用银量法测定。

第三节 重量分析法

重量分析法是称取一定质量的供试品，用适当的方法将被测组分与试样中其他组分分离，称定其质量，根据被测组分和样品的质量计算组分含量的定量方法。重量分析法的过程实质上包括了分离和称量两个过程。根据分离的方法不同，重量分析法可分为挥发法、萃取法和沉淀法等。

重量分析法使用分析天平称量而获得分析结果，不需要与标准试样或基准物质进行反应，也没有容量器皿引起的误差，因此准确度比较高。但是该法需经过溶解、沉淀、过滤、洗涤、干燥（或灼烧）和称量等步骤，操作烦琐，需时较长，对低含量组分的测定误差较大。

一、挥发法

挥发法是利用物质的挥发性，通过加热或其他方法使之与试样分离，然后进行称量，再根据称量结果计算被测组分的含量。根据称量的对象不同，挥发法分为直接法和间接法。直接法是利用吸收剂将逸出的被测组分吸收，根据吸收剂的增重求得被测组分的含量。《中国药典》中炽灼残渣的测定属于直接法，称取一定量被测药品，经过高温炽灼除去有机质及挥发性物质，称量剩下的不挥发性无机物，称为炽灼残渣。间接法是利用被测组分与其他组分分离后，通过称量其他组分，测定样品减少的质量来求得被测组分的含量。如《中国药典》规定对药品“干燥失重法”的测定。

二、萃取法

萃取法是利用被测组分在两种互不相溶的溶剂中溶解能力的不同，将被测组分用萃取剂萃取使之与其他组分分离，再将萃取剂蒸干，称出干燥萃取物的质量，根据萃取物的质量来确定被测组分含量。如巴比妥药物中“中性或碱性物质”的检查采用萃取法。将样品溶解于氢氧化钠溶液，用乙醚提取出杂质，药物在此条件下溶于水不会被提出，除去乙醚，在 105℃干燥 1h，称量遗留的残渣，不得超过规定值。

三、沉淀法

沉淀法是利用沉淀反应，将被测组分转化成难溶物，以沉淀形式从溶液中分离出来，然后经过滤、洗涤、干燥或灼烧，得到可供称量的物质，进行称量，根据称量的质量求算样品中被测组分的含量。

1. 沉淀形式和称量形式

沉淀法中，在试液中加入适当的沉淀剂，使被测组分沉淀下来，这样获得的沉淀称为沉淀形式，沉淀形式经过滤、洗涤、干燥或灼烧后，用于最后称量物质的化学形式称为称量形式。沉淀形式和称量形式可以相同，也可以不相同。例如，用沉淀法测定 SO_4^{2-}，加 $BaCl_2$ 为沉淀剂，沉淀形式和称量形式都是 $BaSO_4$；在 Ca^{2+} 的测定中，以 $(NH_4)_2C_2O_4$ 为沉淀剂，沉淀形式是 $CaC_2O_4 \cdot H_2O$，灼烧后得到的称量形式是 CaO，两者不同，原因是 $CaC_2O_4 \cdot H_2O$ 沉淀经灼烧后发生如下反应：

$$CaC_2O_4 \cdot H_2O \xrightarrow{灼烧} CaO + CO_2\uparrow + H_2O\uparrow + CO\uparrow$$

重量分析法对沉淀形式和称量形式的要求是：

（1）对沉淀形式的要求　①沉淀的溶解度要小，保证被测组分沉淀完全。②沉淀纯度高，沉淀便于过滤和洗涤。③最理想的沉淀反应应制成粗大的晶形沉淀，若非晶形沉淀也应注意掌握好反应条件，以便沉淀过滤和洗涤。

（2）对称量形式的要求　①称量形式必须有确定的化学组成。②称量形式必须稳定，不受空气中水分、CO_2 和 O_2 等的影响。③称量形式的摩尔质量要大，而被测组分在称量形式中占的百分比要小，这样可以减少称量的相对误差，提高分析结果的准确度。称量形式的质量必须通过恒重来确定。重量分析中的恒重系指样品连续两次干燥或灼烧后称得的质量差小于 0.3mg。

2. 沉淀的形成及其影响纯度的因素

（1）沉淀的形成　沉淀按其物理性质不同粗略分为晶形沉淀和无定形沉淀（非晶形沉淀）。$BaSO_4$ 是典型的晶形沉淀，颗粒较大，内部排列较规则，结构紧密，所占体积比较小，易过滤洗涤。无定形沉淀（如 $Fe_2O_3 \cdot nH_2O$）是由许多疏松聚集在一起的微小沉淀颗粒（直径小于 0.02μm）形成的絮状沉淀，体积较大，不易过滤洗涤。

沉淀的形成要经过晶核的形成和晶核的成长两个过程。

① 晶核的形成有两种情况。一种是均相成核作用，在过饱和溶液中，组成沉淀物的构晶离子通过相互间静电作用缔合而成晶核。另一种是异相成核作用，在进行沉淀的溶剂、试剂及容器中存在着肉眼看不到的固体颗粒起着晶种作用，诱导沉淀形成。

② 晶核的成长是晶核在溶液中形成之后，溶液中的构晶离子向晶核表面扩散，并沉到晶核上，晶核逐渐长大成沉淀颗粒的过程。这种由离子聚集成晶核后进一步堆积成沉淀颗粒的速度称为聚集速度。在聚集的同时，构晶离子又能按一定顺序排列于晶格内，这种定向排列的速度称为定向速度。沉淀颗粒的形态和大小主要由聚集速度和定向速度大小所决定。如果聚集速度大于定向速度，得到无定形沉淀；反之，如果定向速度大于聚集速度，则得到的是晶形沉淀。

聚集速度与沉淀的溶解度有关，$BaSO_4$ 的溶解度较大，其聚集速度较小；$Fe(OH)_3 \cdot xH_2O$ 的溶解度很小，聚集速度较大。定向速度主要与物质的本性有关，极性强的盐类，如 $BaSO_4$ 等具有较大的定向速度，而氢氧化物沉淀的定向速度较小。聚集速度还与沉淀的条件有关，溶液中沉淀物的过饱和程度越大，聚集速度越大。

（2）影响沉淀纯度的因素　沉淀法中要求沉淀必须纯净，否则会影响分析结果的准确度。影响沉淀纯度的主要因素是共沉淀。共沉淀是指在沉淀反应进行时，沉淀从溶液中析出，溶液中某些可溶性杂质同时沉淀下来的现象。产生共沉淀的原因主要有以下几种：

① 表面吸附。沉淀表面吸附杂质的多少取决于下列因素：a. 沉淀的总表面积越大，吸附的杂质越多。无定形沉淀比晶形沉淀吸附的杂质多。b. 由于吸附过程是一个放热过程，溶液的温度较高，吸附杂质较少。c. 杂质浓度越大，价数越高，越容易被吸附，所以应在稀溶液中进行沉淀。

② 形成混晶。每种晶形沉淀都有一定的晶体结构。如果杂质离子与构晶离子半径相近、晶体结构相似时，则杂质离子可以进入晶格形成混晶共沉淀。例如 Pb^{2+} 与 Ba^{2+} 半径相近，$BaSO_4$ 与 $PbSO_4$ 的晶体结构相似，Pb^{2+} 就有可能混入 $BaSO_4$ 的晶格中，与 $BaSO_4$ 形成混晶而被共沉淀。减少或消除混晶生成的最好办法是将这些杂质预先分离除去。

③ 吸留（包埋）。沉淀内部产生吸留的原因是由于沉淀生成过快，沉淀表面吸附的杂质来不及离开并被后来沉积的沉淀所掩盖并陷入沉淀内部。为避免吸留可以采用改变沉淀条件，比如陈化或重结晶等方法。

3. 沉淀条件

在沉淀法中，常加入适当过量的沉淀剂，利用同离子效应来降低沉淀的溶解度，使沉淀完全。沉淀剂用量一般情况下是过量 50%～100%；若沉淀剂不易挥发，在干燥或灼烧时不易除去，则过量 20%～30%。如果过量太多，可能引起盐效应、酸效应及配位效应。

（1）晶形沉淀的沉淀条件

① 在适当稀的溶液中进行。使溶液中沉淀物的过饱和度不会太大，生成的晶核不会太多。但溶液过稀会因沉淀溶解损失而加大误差。

② 在不断搅拌下，缓缓加入沉淀剂。这样可以避免局部试剂浓度过大，防止形成大量的晶核，使形成沉淀颗粒大、吸附杂质少。

③ 在热溶液中进行沉淀。温度高，沉淀吸附杂质作用减少，生成颗粒较大。

④ 进行陈化。陈化是将沉淀和溶液一起放置一段时间，使细小结晶溶解，并在结晶表面重新析出，使结晶长大，吸附杂质减少。陈化的目的是使小晶粒消失，大晶粒不断长大。

（2）无定形沉淀的沉淀条件

① 在较浓溶液和热溶液中沉淀，加沉淀剂的速度要快且需不断搅拌，使生成的沉淀结构比较紧密。

② 加入适当的电解质以破坏胶体，使沉淀凝聚，一般使用易挥发的电解质，如盐酸、硝酸及其铵盐等，以便在干燥灼烧时挥发除去。

③ 沉淀制备后一般不需陈化处理，立即过滤洗涤，否则无定形沉淀会因放置使已吸附的杂质难以除去。

4. 沉淀的结果计算

沉淀析出后，经过滤、洗涤、干燥或灼烧制成称量形式，最后称定质量，分析计算结果。

$$\text{被测组分}\% = \frac{\text{称量形式质量}\times\text{换算因数}}{\text{试样质量}}\times 100\%$$

换算因数也叫化学因数，表示被测组分的摩尔质量与称量组分的摩尔质量之比，常用 F 表示。

$$\text{换算因数}(F) = \frac{a\times\text{被测组分的摩尔质量}}{b\times\text{称量组分的摩尔质量}} \tag{5-2}$$

式中，a 和 b 是为了使分子分母中所含被测组分的原子数或分子数相等而乘以的系数。

【本章小结】

① 溶度积和溶解度均可表示难溶电解质在水中的溶解能力大小。溶度积是一定温度下难溶电解质饱和溶液中离子浓度幂的乘积；溶解度是指在一定温度、压力下，1L 难溶电解质的饱和溶液中难溶电解质溶解的量，用 s 表示，单位为 mol/L。

② 溶度积规则可以判断沉淀、溶解反应进行的方向。

a. 当 $Q=K_{sp}$ 是饱和溶液，无沉淀析出即平衡状态；

b. 当 $Q<K_{sp}$ 是不饱和溶液，反应向沉淀溶解的方向进行；

c. 当 $Q>K_{sp}$ 是过饱和溶液，反应向生成沉淀的方向移动。

③ 莫尔法是以铬酸钾为指示剂，在中性或弱碱性介质中，用硝酸银标准溶液测定卤素化合物（含 Cl^- 或 Br^-）含量。

④ 佛尔哈德法是以铁铵矾 [$NH_4Fe(SO_4)_2 \cdot 12H_2O$] 为指示剂，在 HNO_3 酸性条件下，用 KSCN 或 NH_4SCN 作滴定剂，以形成红色的 [$Fe(SCN)$]$^{2+}$ 指示终点的方法。包括直接滴定法和返滴定法两种。

⑤ 法扬司法是以 $AgNO_3$ 为标准溶液，用吸附指示剂指示终点的方法。吸附指示剂是一类有色的有机染料，被沉淀表面所吸附，使分子结构发生变化而引起颜色改变，以指示滴定终点。在滴定过程中，常加入糊精、淀粉等保护卤化银胶体，有利于吸附。溶液的酸度要适当，有利于指示剂的显色离子存在。法扬司法用于测定 Cl^-、Br^-、I^-、SCN^-、SO_4^{2-} 及 Ag^+ 等离子。

【目标检测】

一、选择题

1. CaF_2 饱和溶液的浓度是 2×10^{-4} mol/L，则其溶度积常数为（　　）。

A. 2.6×10^{-9}　　B. 4×10^{-8}　　C. 3.2×10^{-11}　　D. 8×10^{-12}

2. 法扬司法所用指示剂的作用原理为（　　）。

A. 利用指示剂氧化态与还原态的颜色不同

B. 吸附态与游离态颜色不同

C. 其酸式结构与碱式结构的颜色不同

D. 生成特殊颜色的沉淀

3. 铬酸钾指示剂法（Mohr 法）测定 Cl^- 含量时，要求介质的 pH 值控制在 6.5～10.5 范围内，若酸度过高，则（　　）。

A. AgCl 沉淀不完全　　B. Ag_2CrO_4 沉淀不易形成

C. AgCl 沉淀吸附 Cl^- 增强　　D. 形成 Ag_2O 沉淀

4. 佛尔哈德法测定 Ag^+，所用标准溶液、pH 条件和应选用的指示剂为（　　）。

A. NH_4SCN、碱性、K_2CrO_4　　B. NH_4SCN、酸性、$NH_4Fe(SO_4)_2$

C. NH_4SCN、碱性、$NH_4Fe(SO_4)_2$　　D. NaCl、酸性、荧光黄

5. 吸附指示剂荧光黄 $K_a=1.0\times10^{-7}$，将此指示剂用于沉淀滴定中，要求溶液的 pH 条件为（　　）。

A. pH<7.0　　B. pH>7.0　　C. 7.0<pH<10.0　　D. pH>10.0

6. 莫尔法测定氯的含量时，其滴定反应的 pH 条件是（　　）。

A. 强酸性　　B. 弱酸性　　C. 强碱性　　D. 弱碱性或近中性

二、简答题

1. 比较银量法几种指示终点的方法（标准溶液、指示剂、反应原理、滴定条件和应用范围）。

2. 下列试样：①NH_4Cl，②$BaCl_2$，③KSCN，④Na_2CO_3＋NaCl，⑤NaBr，⑥KI，如果用银量法滴定其含量可用何种指示剂确定终点？为什么？

3. 说明以下测定中，分析结果偏高、偏低，还是没有影响？为什么？

（1）在 pH=4 或 pH=11 时，以铬酸钾指示剂法测定 Cl^-；

（2）用铁铵矾指示剂法测定 Cl^- 或 Br^-，未加硝基苯；

（3）以吸附指示剂法测定 Cl^-，选用曙红为指示剂。

三、计算题

1. 在 298.15K 时，根据 AgI 的溶度积，计算：（1）AgI 在纯水中的溶解度；（2）在 0.010mol/L KI 中的 AgI 溶解度；（3）在 0.10mol/L $AgNO_3$ 中的 AgI 溶解度。

2. 称取 NaCl 基准试剂 0.1173g，溶解后加入 30.00mL $AgNO_3$ 标准溶液，过量的 Ag^+ 需要 3.20mL NH_4SCN 标准溶液滴定至终点。已知 20.00mL $AgNO_3$ 标准溶液与 21.00mL NH_4SCN 标准溶液能完全作用，计算 $AgNO_3$ 和 NH_4SCN 溶液的浓度各为多少。

3. 用移液管吸取生理盐水 10.00mL，加入 K_2CrO_4 指示剂 1.0mL，用 0.1045mol/L $AgNO_3$ 标准溶液滴定至终点，用去 14.72mL，计算生理盐水的质量浓度（$M_{NaCl}=58.5g/mol$）。

第六章

氧化还原反应与电化学

学习目标

1. 掌握氧化还原反应的基本概念，以及几种典型的氧化还原滴定分析方法。
2. 熟悉用离子-电子法配平氧化还原反应；熟悉电极电势的概念，用能斯特方程进行有关的计算；熟悉电化学分析法的基本原理。
3. 了解元素电势图及其应用，以及电位分析法和永停滴定法。

第一节　氧化数和氧化还原反应的配平

一、氧化数

为了描述氧化还原反应中所发生的变化，先介绍氧化数。1970 年，IUPAC（国际纯粹与应用化学联合会）严格定义了氧化数的概念：氧化数是指某元素一个原子的电荷数，这个电荷数可由假设把每个键中的电子指定给电负性更大的原子而求得。确定氧化数的规则如下：

① 在单质中，元素的氧化数为零。

② 在中性分子中各元素的氧化数代数和为零；在单原子离子中元素的氧化数等于离子所带电荷数；在复杂离子中各元素的氧化数代数和等于离子的电荷数。

③ 某些元素在化合物中的氧化数：在化合物中通常规定氢的氧化数为+1（但在离子型金属氢化物，如 LiH 中是−1）；通常规定氧的氧化数为−2（但在过氧化物，如 H_2O_2 和 Na_2O_2 中则为−1；氟氧化物，如 O_2F_2 中是+1，OF_2 中是+2）。

例 6-1　计算 $K_2Cr_2O_7$ 中 Cr 的氧化数。

解：设 Cr 的氧化数为 x，根据中性化合物中各元素原子的氧化数代数和等于零的规则，可得：

$$2\times(+1)+2x+(-2)\times7=0$$

$$x=+6$$

故 $K_2Cr_2O_7$ 中 Cr 的氧化数为+6。

例 6-2　计算 $S_4O_6^{2-}$ 中硫的氧化数。

解：设 $S_4O_6^{2-}$ 中硫的氧化数为 x，则根据氧化数的规则求得：

$$4x+(-2)\times6=-2$$

$$x=+\frac{5}{2}$$

故 $S_4O_6^{2-}$ 中硫的氧化数为 $+\frac{5}{2}$ 或+2.5。

氧化数的概念是经验性的。氧化数可以是整数、分数或小数。而化合价只能为整数。

二、氧化与还原

根据氧化数的概念，凡化学反应中，反应前后元素的氧化数发生变化的反应均称为氧化还原反应。元素氧化数升高的过程称为氧化，元素氧化数降低的过程称为还原。氧化过程和还原过程必然同时发生，且氧化数升高的总数与氧化数降低的总数相等。得到电子氧化数降低的物质是氧化剂（被还原），失去电子氧化数升高的物质是还原剂（被氧化）。

三、氧化还原反应方程式的配平

氧化还原反应方程式的配平方法有很多，在此处只介绍氧化数法和离子-电子法。

1. 氧化数法

基本原则是：在化学反应过程中，反应前后各原子数目必须相等；氧化剂氧化数降低总数必须等于还原剂氧化数升高总数。

配平步骤如下（举例）：

① 写出未配平的方程式。

$$KMnO_4 + Na_2SO_3 + H_2SO_4 \longrightarrow MnSO_4 + Na_2SO_4 + K_2SO_4 + H_2O$$

② 找出还原剂氧化数升高数与氧化剂氧化数降低数。

Mn的氧化数降低5

$$K\overset{+7}{Mn}O_4 + Na_2\overset{+4}{S}O_3 \longrightarrow \overset{+2}{Mn}SO_4 + Na_2\overset{+6}{S}O_4$$

S的氧化数升高2

③ 按最小公倍数原则，确定基本系数，使氧化数的升高数与氧化数的降低数相等。

$$2KMnO_4 + 5Na_2SO_3 + H_2SO_4 \longrightarrow 2MnSO_4 + 5Na_2SO_4 + K_2SO_4 + H_2O$$

④ 用观察法将所有元素的原子数目配平，必要时可加上适当数目的酸、碱及水分子。

$$2KMnO_4 + 5Na_2SO_3 + 3H_2SO_4 = 2MnSO_4 + 5Na_2SO_4 + K_2SO_4 + 3H_2O$$

2. 离子-电子法

基本原则是：氧化剂所得到的电子总数与还原剂所失去的电子总数相等，反应前后各元素的原子总数相等。

配平步骤如下（举例）：

① 写出未配平的离子方程式。

$$MnO_4^- + C_2O_4^{2-} \longrightarrow Mn^{2+} + CO_2$$

② 将反应分成两个半反应。

氧化反应　　$C_2O_4^{2-} \longrightarrow CO_2$

还原反应　　$MnO_4^- \longrightarrow Mn^{2+}$

③ 配平两个半反应的原子数和电荷数。

$$C_2O_4^{2-} \longrightarrow 2CO_2 + 2e^-$$

$$MnO_4^- + 8H^+ + 5e^- \longrightarrow Mn^{2+} + 4H_2O$$

④ 根据氧化剂获得的电子数和还原剂失去的电子数必须相等的原则，确定氧化剂和还原剂化学式前的系数，合并两个半反应，得到配平的离子方程式。

$$2MnO_4^- + 5C_2O_4^{2-} + 16H^+ = 2Mn^{2+} + 10CO_2 + 8H_2O$$

配平半反应式时，如果氧化剂或还原剂与其产物内所含的氧原子数目不同，可以根据介质的酸碱性，分别在半反应式中加 H^+、OH^- 和 H_2O，使两边的氢原子和氧原子数目相等。

不同介质条件下配平氧原子数的经验规则见表 6-1。

表 6-1　不同介质条件下配平氧原子数的经验规则

介质条件	反应方程式左边添加物	
	反应式左边氧原子多于右边时	反应式右边氧原子多于左边时
酸性	H^+	H_2O
碱性	H_2O	OH^-
中性	H_2O	H_2O

需要注意的是：若反应在酸性介质中进行，则生成物中不得有 OH^-；反应在碱性介质中进行，则生成物中不得有 H^+。

第二节　原电池和电极电势

一、原电池

电化学（electrochemistry）是研究电能与化学能相互转换规律的科学。电化学反应均伴随着电子的得失，属于氧化还原反应。完成电能与化学能相互转换的装置有原电池和电解池。电解池将电能转换为化学能，原电池则将化学能转换为电能。以下重点介绍原电池。

将 Zn 片放入 $CuSO_4$ 溶液中，发生如下氧化还原反应：

$$Zn + Cu^{2+} \longrightarrow Zn^{2+} + Cu$$

在此过程中，Zn 片逐渐变小，$CuSO_4$ 溶液的蓝色逐渐变浅，有红棕色疏松的金属铜沉积在锌表面上。上述反应虽然发生了电子从 Zn 转移到 Cu^{2+} 的过程，但没有形成有序的电子流，反应的化学能变为热能释放出来，导致溶液温度升高。

若想利用氧化还原反应来产生电流，则氧化剂与还原剂不直接接触，氧化反应和还原反应同时在两个不同的区域内进行，并让反应中转移的电子通过金属导线定向移动，原电池即是符合这种要求的装置。以铜锌原电池为例（图 6-1），它由两个半电池组成，Zn 片和 $ZnSO_4$ 溶液、Cu 片和 $CuSO_4$ 溶液，分别放在两个容器内。两溶液以盐桥（由充满饱和 KCl 溶液的琼脂置于倒置的 U 形管中制成，作用是沟通两个半电池，消除液接电势，并保持溶液的电荷平衡）连接，金属片之间以导线相连，中间串联一个检流计。线路接通后，检流计指针立刻发生偏转，说明导线中有电流通过。由检流计指针偏转方向可知电子从 Zn 片流向 Cu 片，即 Zn 为负极，Cu 为正极。同时可观察到，Zn 片开始溶解，Cu 片上有金属铜析出。显然，在两极上分别发生了氧化反应和还原反应，称为半电池反应。原电池中输出电子的电极称为负极，发生氧化反应；接受电子的电极称为正极，发生还原反应，两个电极反应之和为电池反应。

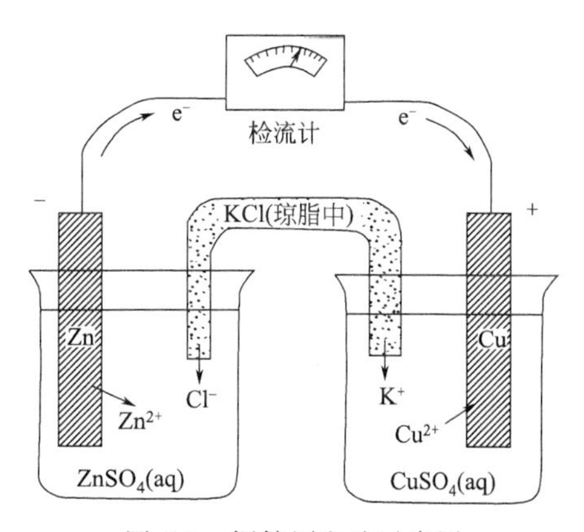

图 6-1　铜锌原电池示意图

在铜锌原电池中发生的两个半电池反应为：

$$负极\ (Zn)：Zn - 2e^- \longrightarrow Zn^{2+}$$

$$
\begin{array}{l}
\text{正极}\quad (\mathrm{Cu}):\ \mathrm{Cu^{2+}} + 2\mathrm{e^-} \longrightarrow \mathrm{Cu} \\
\hline
\text{电池反应}:\ \mathrm{Zn} + \mathrm{Cu^{2+}} \rightleftharpoons \mathrm{Zn^{2+}} + \mathrm{Cu}
\end{array}
$$

为了应用方便，通常用电池符号来表示原电池的组成。如铜锌原电池可表示为：(－) $Zn(s)|ZnSO_4(c_1) \| CuSO_4(c_2)|Cu(+)$。

电池符号的书写规则如下：

① 左负右正。即一般将负极写在左边，正极写在右边。负极氧化数升高，发生氧化反应；正极氧化数降低，发生还原反应。

② 用“|”表示物质间有一个界面；用“‖”表示盐桥。

③ 用化学式表示电池的物质组成，并注明物质的状态，气体需注明分压，液体需注明浓度。若不注明，则一般指 1mol/L 或 1.00×10^5 Pa。

④ 气体及溶液电极须用一个惰性金属电极材料作为电子的载体，如铂或石墨等。

理论上讲，任何氧化还原反应都可以用原电池来表示。

如氧化还原反应：

$$Zn + 2H^+ \rightleftharpoons Zn^{2+} + H_2\uparrow$$

该原电池的符号即为：

$$(-)Zn(s) \mid Zn^{2+}(c_1) \parallel H^+(c_2) \mid H_2(p_{H_2}) \mid Pt(+)$$

二、电极电势及标准电极电势

1. 电极电势的产生

用导线将铜锌原电池的两个电极连接起来，即有电流产生。这表明两个电极之间存在着电势差，如同水的流动是由于存在水位差一样。下面以金属及其盐溶液组成的电极为例，说明为什么两个电极的电势差不等，以及电极电势差产生的原因。

金属是由金属原子、金属离子和自由移动的电子以金属键构成。将金属放入该金属离子的盐溶液中时，在金属与其盐溶液的接触面上即会发生两个相反的过程。一方面是金属表面的离子由于自身的热运动及溶剂的吸引，会脱离金属表面，以水合离子的形式进入溶液，电子则留在金属表面上；另一方面，溶液中的金属水合离子受金属表面自由电子的吸引，重新得到电子，沉积在金属表面上。这两种对立的倾向可达到动态平衡：

$$M(s) \underset{\text{沉积}}{\overset{\text{溶解}}{\rightleftharpoons}} M^{n+}(aq) + ne^-$$

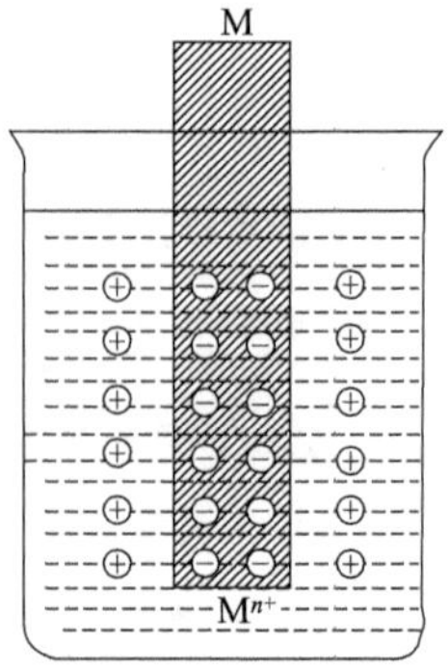

图 6-2　双电层结构示意图

若金属溶解的趋势大于离子沉积的趋势，则达到平衡时，金属和其盐溶液的界面上会形成金属带负电荷、溶液带正电荷的双电层结构，如图 6-2 所示。相反，若离子沉积的趋势大于金属溶解的趋势，达到平衡时，金属和溶液界面将会形成金属带正电荷、溶液带负电荷的双电层结构。正是由于双电层的存在，使金属与溶液之间产生了电势差，这种电势差称为金属的电极电势。电极电势的大小主要取决于电极材料的本身，同时还与溶液的浓度、温度以及介质等因素有关。一般金属越活泼、对应盐溶液浓度越小，电极电势越低；反之，则电极电势越高。

2. 标准电极电势

电极电势的大小反映了金属得失电子能力的大小。但单个电极电势的绝对数值是无法测得的，只能采取比较的方法获得电极电势的相对值。IUPAC 规定，统一采用标准氢电极作为比较电极电势高低的标准。

(1) 标准氢电极　常用的标准氢电极如图 6-3 所示，其表达式为：

$$Pt \mid H_2(p_{H_2}=100kPa) \mid H^+(\alpha_{H^+}=1)$$

将镀有铂黑的铂片插入 H^+ 浓度为 1mol/L 的盐酸溶液中，在 298.15K 时不断通入压力为 100kPa 的纯氢气流，使铂黑吸附氢气达到饱和，这时溶液中的 H^+ 与被铂黑所吸附的 H_2 构成如下平衡：

$$2H^+ + 2e^- \rightleftharpoons H_2(g)$$

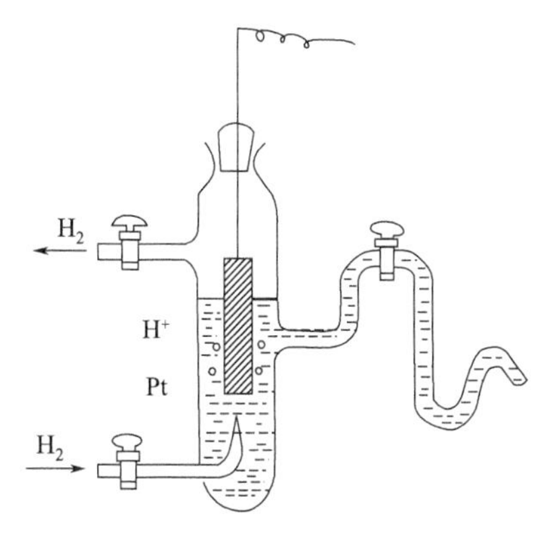

图 6-3　标准氢电极构造简图

此时被铂黑所吸附的 H_2 与溶液中的 H^+ 建立了一个 H^+/H_2 电对，在此种条件下电对中的物质均处于标准状态，因此称为标准氢电极。规定：298.15K 时，标准氢电极的电极电势为零，表示为 $\varphi^{\ominus}_{(H^+/H_2)}=0.0000V$。

(2) 标准电极电势　用标准状态下待测电极与标准氢电极组成原电池，测定原电池的电动势，就可以确定待测电极的标准电极电势，用符号 $\varphi^{\ominus}$ 表示。所谓标准态是指组成电极的离子其浓度为 1mol/L，气体的分压为 100kPa，液体和固体都是纯净物质。温度可以任意指定，但通常为 298.15K。

待测电极‖标准氢电极

$$E^{\ominus}=\varphi^{\ominus}_{+}-\varphi^{\ominus}_{-}$$

从电表的指针偏转方向得知电流的方向，从而确定待测电极为正极或负极，因为规定 $\varphi^{\ominus}_{(H^+/H_2)}=0.0000V$，因此可以确定待测电极的标准电极电势。

例如，用标准锌电极与标准氢电极组成原电池：

$$Zn \mid Zn^{2+}(1mol/L) \parallel H^+(1mol/L) \mid H_2(p^{\ominus}) \mid Pt$$

由电表测知电流从氢电极流向锌电极，因此氢电极为正极，测得 $E^{\ominus}=0.7618V$，所以 $\varphi^{\ominus}_{(Zn^{2+}/Zn)}=-0.7618V$。

用标准铜电极与标准氢电极组成原电池：

$$Pt \mid H_2(p^{\ominus}) \mid H^+(1mol/L) \parallel Cu^{2+}(1mol/L) \mid Cu$$

同样可测得 $E^{\ominus}=0.345V$，铜电极为正极，氢电极为负极，所以 $\varphi^{\ominus}_{(Cu^{2+}/Cu)}=0.345V$。

用同样方法在理论上可测得各种电极的标准电极电势。常见电极的标准电极电势列于附录 7。标准电极电势表为研究氧化还原反应带来了很大的方便，在使用此表时应注意以下几点：

① 此表所列的电极电势均为还原电极，电极反应一律用还原过程 $M^{n+}+ne^- \rightleftharpoons M$ 表示。标准电极电势数值越大（越正），说明氧化态物质的氧化能力（获得电子的本领）越强；反之，标准电极电势数值越小（越负），说明还原态物质的还原能力（失去电子的本领）越强。

② 电极电势的数值与电极反应的方向无关，无论发生 $Zn^{2+}+2e^- \rightleftharpoons Zn$ 还是发生 $Zn \rightleftharpoons Zn^{2+}+2e^-$，标准电极电势都是 $-0.7618V$。

③ 电极电势是强度性质，其数值与电极反应的计量系数无关。

④ 标准电极电势分为酸表和碱表，若电极反应在酸性或中性溶液中进行，则查酸表；若在碱性溶液中进行则查碱表。

第三节 影响电极电势的因素

电极电势主要取决于电极本身的特性，并受温度、溶液中离子的浓度、气体分压等因素的影响，能斯特方程式表达了其间的定量关系。

一、电极反应的能斯特方程式

德国化学家能斯特（W. Nernst）根据热力学原理将影响电极电势大小的诸因素概括为一个公式，称为能斯特（Nernst）方程式。

对任意给定电极（均假设作正极），电极反应的通式为：

$$a\ 氧化态 + ne^- \rightleftharpoons b\ 还原态$$

$$\varphi = \varphi^{\ominus} + \frac{RT}{nF}\ln\frac{[氧化态]^a}{[还原态]^b} \tag{6-1}$$

此关系式即为电极反应的能斯特方程式。

式中，a、b 分别表示电极反应中氧化态、还原态物质的计量系数；φ 为电极在某一浓度条件下的电极电势；$\varphi^{\ominus}$ 为标准电极电势；[氧化态]、[还原态] 分别表示电极反应中氧化态、还原态各物质平衡浓度；F 为法拉第常数（$F=96500$C/mol）；R 为摩尔气体常数 [$R=8.314$J/（mol·K）]；T 为热力学温度；n 为电极反应中电子的得失数。

当温度为 298.15K 时，代入 R、T、F 数值，并将自然对数改为常用对数表示，式(6-1) 可简化为：

$$\varphi = \varphi^{\ominus} + \frac{0.0592}{n}\lg\frac{[氧化态]^a}{[还原态]^b} \tag{6-2}$$

应用 Nernst 方程式时应注意以下几点：

① 电极反应式中的氧化态、还原态物质除氧化数发生变化的物质外，还包括 H^+、OH^- 等。

② 电极反应的某一物质为固体、纯液体或水溶液中的 H_2O，它们的浓度视为 1mol/L；若为气体则用相对分压（$p_B/p^{\ominus}$）表示。

二、各种因素对电极电势的影响

1. 浓度对电极电势的影响

由电极反应的 Nernst 方程式可知，增大氧化态物质的浓度或减小还原态物质的浓度都可使电极电势增大；反之，则减小。利用 Nernst 方程式可以计算电对在各种浓度下的电极电势。

例 6-3 已知电极反应 $Fe^{3+}(aq) + e^- \rightleftharpoons Fe^{2+}(aq)$；当 $c_{Fe^{3+}} = 1.0\times10^{-2}$mol/L，$c_{Fe^{2+}} = 0.10$mol/L 时，计算 298.15K 时，$\varphi_{(Fe^{3+}/Fe^{2+})}$ 为多少？

解：根据电极反应 $Fe^{3+}(aq) + e^- \rightleftharpoons Fe^{2+}(aq)$，

由 Nernst 方程式，$\varphi_{(Fe^{3+}/Fe^{2+})} = \varphi^{\ominus}_{(Fe^{3+}/Fe^{2+})} + \frac{0.0592}{n}\lg\frac{c_{Fe^{3+}}}{c_{Fe^{2+}}}$

$$= 0.771 + 0.0592\lg\frac{1.0\times10^{-2}}{0.10}$$

$$= 0.7118(\text{V})$$

例 6-4 已知 298.15K 时，电极反应 $Co^3 + e^- \rightleftharpoons Co^{2+}$，

(1) 计算 $c_{Co^{2+}}=1.0mol/L$，$c_{Co^{3+}}=0.10mol/L$ 时，$\varphi_{(Co^{3+}/Co^{2+})}$ 的值；

(2) 计算 $c_{Co^{2+}}=0.010mol/L$，$c_{Co^{3+}}=1.0mol/L$ 时，$\varphi_{(Co^{3+}/Co^{2+})}$ 的值。

解：电极反应 $Co^{3}+e^{-} \rightleftharpoons Co^{2+}$，

由 Nernst 方程式，

$$\varphi_{(Co^{3+}/Co^{2+})}=\varphi^{\ominus}_{(Co^{3+}/Co^{2+})}+\frac{0.0592}{1}\lg\frac{c_{Co^{3+}}}{c_{Co^{2+}}}$$

$$(1)\varphi_{(Co^{3+}/Co^{2+})}=\left(1.80+0.0592\lg\frac{0.10}{1.0}\right)=1.74(V)$$

$$(2)\varphi_{(Co^{3+}/Co^{2+})}=\left(1.80+0.0592\lg\frac{1.0}{0.010}\right)=1.92(V)$$

由以上例题可以看出，离子浓度对电极电势虽有影响，但影响一般不大。

2. 酸度对电极电势的影响

若 H^{+}、OH^{-} 参加电极反应，则酸度的变化将对电极电势 φ 有影响。

例 6-5 下列电池反应：$Cr_2O_7^{2-}+14H^{+}+6e^{-} \rightleftharpoons 2Cr^{3+}+7H_2O$

$\varphi^{\ominus}_{(Cr_2O_7^{2-}/Cr^{3+})}=1.33V$。求 25℃ 时，$c_{Cr_2O_7^{2-}}=c_{Cr^{3+}}=1.0mol/L$，$c_{H^{+}}=0.010mol/L$ 时，$\varphi_{(Cr_2O_7^{2-}/Cr^{3+})}$ 的值。

解：Nernst 方程式为

$$\varphi_{(Cr_2O_7^{2-}/Cr^{3+})}=\varphi^{\ominus}_{(Cr_2O_7^{2-}/Cr^{3+})}+\frac{0.0592}{6}\lg\frac{c_{Cr_2O_7^{2-}}c^{14}_{H^{+}}}{c^{2}_{Cr^{3+}}}$$

$$=1.33+\frac{0.0592}{6}\lg\frac{1.0\times(0.010)^{14}}{(1.0)^{2}}=1.05(V)$$

结果表明，当 $c_{H^{+}}=0.010mol/L$ 时，$\varphi_{(Cr_2O_7^{2-}/Cr^{3+})}$ 比 $\varphi^{\ominus}_{(Cr_2O_7^{2-}/Cr^{3+})}$ 减小了 0.28V。故含氧酸盐在酸性介质中有较强的氧化性。

3. 沉淀的生成对电极电势的影响

电极电对的氧化态或还原态物质生成沉淀时，会使物质的浓度减小，从而导致电极电势发生变化。

例 6-6 在含有电对 Ag^{+}/Ag 的体系中，电极反应为：$Ag^{+}+e^{-} \rightleftharpoons Ag$，$\varphi^{\ominus}_{(Ag^{+}/Ag)}=0.7996V$，若加入 NaCl 至溶液中，维持 $c_{Cl^{-}}=1.00mol/L$ 时，计算 $\varphi_{(Ag^{+}/Ag)}$ 的值。

解：当加入 NaCl 溶液时

$$Ag^{+}+Cl^{-} \longrightarrow AgCl\downarrow$$

此时，$c_{Ag^{+}}=\dfrac{K_{sp,AgCl}}{c_{Cl^{-}}}$

当 $c_{Cl^{-}}=1.00mol/L$ 时，$c_{Ag^{+}}=\dfrac{1.77\times10^{-10}}{1.00}=1.77\times10^{-10}mol/L$

将 $c_{Ag^{+}}$ 值代入电极反应的 Nernst 方程式：

$$\varphi_{(Ag^{+}/Ag)}=\varphi^{\ominus}_{(Ag^{+}/Ag)}+\frac{0.0592}{1}\lg c_{Ag^{+}}$$

$$=0.7996+0.0592\lg(1.77\times10^{-10})=0.22(V)$$

由于 AgCl 沉淀的生成，Ag^{+} 平衡浓度减小，电对的电极电势下降了 0.58V，使 Ag^{+} 氧化能力降低。

配离子的生成也会改变中心离子的氧化还原能力，具体讨论见第七章。

第四节 电极电势的应用

电极电势数值是电化学中很重要的数据，除用以判断原电池的正、负极，计算原电池的电动势外，还可以比较氧化剂和还原剂的相对强弱，判断氧化还原反应进行的方向和程度等。现分述如下。

一、判断原电池的正、负极，计算原电池的电动势

两电对构成原电池时，φ 值较小的为负极，φ 值较大的为正极。电池的电动势按下式计算：$E=\varphi_{+}-\varphi_{-}$。

例 6-7 根据氧化还原反应 $Cu+Cl_2 \rightleftharpoons Cu^{2+}+2Cl^-$ 组成原电池。已知 $p_{Cl_2}=100kPa$，$c_{Cu^{2+}}=0.10mol/L$，$c_{Cl^-}=0.10mol/L$。试写出此原电池符号并计算其电动势。

解：由附录 7 查得，$\varphi^{\ominus}_{(Cu^{2+}/Cu)}=0.34V$，$\varphi^{\ominus}_{(Cl^-/Cl_2)}=1.36V$，

由 Nernst 方程式，

$$\varphi_{(Cu^{2+}/Cu)}=\varphi^{\ominus}_{(Cu^{2+}/Cu)}+\frac{0.0592}{2}\lg c_{Cu^{2+}}$$

$$=0.34+\frac{0.0592}{2}\lg 0.10=+0.31(V)$$

$$\varphi_{(Cl^-/Cl_2)}=\varphi^{\ominus}_{(Cl^-/Cl_2)}+\frac{0.0592}{2}\lg\frac{p_{Cl_2}/p^{\theta}_{Cl_2}}{c^2_{Cl^-}}$$

$$=1.36+\frac{0.0592}{2}\lg\frac{(100\times10^5)/(100\times10^5)}{(0.10)^2}=+1.42(V)$$

比较：$\varphi_{(Cu^{2+}/Cu)}<\varphi_{(Cl^-/Cl_2)}$，所以 Cu^{2+}/Cu 作负极；原电池符号为：$(-)Cu|Cu^{2+}(0.10mol/L)\|Cl^-(0.10mol/L)|Cl_2(p^{\ominus})|Pt(+)$

电池电动势：$E=\varphi_{+}-\varphi_{-}=+1.42-0.31=+1.11(V)$

二、比较氧化剂和还原剂的相对强弱

电极电势 φ 的大小反映了电对中物质氧化还原能力的相对强弱。φ 值小，则电对中还原态物质是较强的还原剂，对应的氧化态物质是较弱的氧化剂；φ 值大，则电对中氧化态物质是较强的氧化剂，对应的还原态物质是较弱的还原剂。

例 6-8 在下列电对 Ag^+/Ag、Fe^{3+}/Fe^{2+}、MnO_4^-/Mn^{2+}、Cl_2/Cl^- 中找出最强的氧化剂和最强的还原剂，并列出各氧化态物质的氧化能力及还原态物质的还原能力的强弱顺序。

解：查附录 7 可得

$\varphi^{\ominus}_{(Ag^+/Ag)}=0.7996V$，$\varphi^{\ominus}_{(Fe^{3+}/Fe^{2+})}=0.771V$，$\varphi^{\ominus}_{(MnO_4^-/Mn^{2+})}=1.51V$，$\varphi^{\ominus}_{(Cl_2/Cl^-)}=1.36V$

比较各电对的 $\varphi^{\ominus}$ 大小可知：四个电对中 MnO_4^-/Mn^{2+} 的 $\varphi^{\ominus}$ 值最大，其氧化态物质 MnO_4^- 是最强的氧化剂；电对 Fe^{3+}/Fe^{2+} 的 $\varphi^{\ominus}$ 值最小，其还原态物质 Fe^{2+} 是最强的还原剂。

各氧化态物质氧化能力由强到弱的顺序为：$MnO_4^->Cl_2>Ag^+>Fe^{3+}$；

各还原态物质还原能力由强到弱的顺序为：$Fe^{2+}>Ag>Cl^->Mn^{2+}$。

三、判断氧化还原反应进行的方向

任何一个氧化还原反应，原则上都可以设计成原电池。利用原电池的电动势可以判断氧化还原反应进行的方向。由氧化还原反应组成的原电池，如果 $E>0$，电池反应自发进行；$E<0$，电池反应不能自发进行。

例 6-9 判断反应：$Pb^{2+}+Sn \rightleftharpoons Pb+Sn^{2+}$ 在标准态时及 $c_{Pb^{2+}}=0.1mol/L$、$c_{Sn^{2+}}=2mol/L$ 时的反应方向。

解：查表得 $\varphi^{\ominus}_{(Pb^{2+}/Pb)}=-0.13V$，$\varphi^{\ominus}_{(Sn^{2+}/Sn)}=-0.14V$

(1)在标准态时，

$$E^{\ominus}=\varphi^{\ominus}_{(Pb^{2+}/Pb)}-\varphi^{\ominus}_{(Sn^{2+}/Sn)}=(-0.13)-(-0.14)=0.01V>0,$$

反应可以正向自发进行，但不很完全。

(2) 当 $c_{Pb^{2+}}=0.1mol/L$、$c_{Sn^{2+}}=2mol/L$ 时，

由 Nernst 方程式：

$$\varphi_{(Pb^{2+}/Pb)}=\varphi^{\ominus}_{(Pb^{2+}/Pb)}+\frac{0.0592}{2}\lg c_{Pb^{2+}}=-0.13+\frac{0.0592}{2}\lg 0.1=-0.16V$$

$$\varphi_{(Sn^{2+}/Sn)}=\varphi^{\ominus}_{(Sn^{2+}/Sn)}+\frac{0.0592}{2}\lg c_{Sn^{2+}}=-0.14+\frac{0.0592}{2}\lg 2=-0.13V$$

则 $E=\varphi_{+}-\varphi_{-}=(-0.16)-(-0.13)=-0.03V<0$

即反应正向不能自发进行，逆反应可自发进行。即 $Pb+Sn^{2+}\longrightarrow Pb^{2+}+Sn$。

四、判断氧化还原反应的限度

氧化还原反应进行的程度（即限度）可由反应的化学平衡常数 K 来表示。若反应处于标准态，则可用 $K^{\ominus}$ 表示。

$$\ln K^{\ominus}=\frac{nFE^{\ominus}}{RT} \tag{6-3}$$

式中，$K^{\ominus}$ 为反应的标准平衡常数；n 为反应中的电子得失数；F 为法拉第常数；R 为通用气体常数；$E^{\ominus}$ 为标准电池电动势；T 为热力学温度。

在 298.15K 时，代入相应 R、F 值并转用常用对数表示，式(6-3) 可简化为：

$$\lg K^{\ominus}=\frac{nE^{\ominus}}{0.0592} \tag{6-4}$$

两个电对的电极电势相差越大，则组成原电池的氧化还原反应平衡常数越大，反应进行得越彻底。

例 6-10 计算 298.15K 时反应

$Cr_2O_7^{2-}+6Fe^{2+}+14H^{+} \rightleftharpoons 2Cr^{3+}+6Fe^{3+}+7H_2O$ 的标准平衡常数。

解：由附录 7 查得，$\varphi^{\ominus}_{(Cr_2O_7^{2-}/Cr^{3+})}=+1.33V$，$\varphi^{\ominus}_{(Fe^{3+}/Fe^{2+})}=+0.771V$。

则 $$E^{\ominus}=\varphi^{\ominus}_{+}-\varphi^{\ominus}_{-}=1.33-0.771=0.559(V)$$

由反应式知：$n=6$，代入式(6-3)，得

$$K^{\ominus}=\exp\left(\frac{6\times96500\times0.559}{8.314\times298.15}\right)=4.57\times10^{56}$$

$K^{\ominus}$ 很大，说明反应进行得很完全。

五、元素标准电极电势图

把不同氧化态间的标准电极电势按照氧化数依次降低的顺序排列成图解方式称为元素电

势图。在元素电势图中，各种不同氧化态物质之间用直线连接，在直线上标明两种不同氧化态所组成电对的标准电极电势。

例如，锰在酸性（A）、碱性（B）介质中的标准电极电势图为：

$$\varphi^{\ominus}_{A/V}\ MnO_4^- \xrightarrow{+0.56} MnO_4^{2-} \xrightarrow{+2.26} MnO_2 \xrightarrow{+0.95} Mn^{3+} \xrightarrow{+1.51} Mn^{2+} \xrightarrow{-1.18} Mn$$

（MnO_4^{2-}—MnO_2：1.695；MnO_2—Mn^{2+}：+1.23）

$$\varphi^{\ominus}_{B/V}\ MnO_4^- \xrightarrow{+0.56} MnO_4^{2-} \xrightarrow{+0.60} MnO_2 \xrightarrow{+0.20} Mn(OH)_3 \xrightarrow{+0.10} Mn(OH)_2 \xrightarrow{-1.55} Mn$$

（MnO_4^{-}—MnO_2：+0.59；MnO_2—$Mn(OH)_2$：−0.05）

元素的标准电极电势图有着重要的应用：

1. 判断氧化还原性的强弱

从锰元素的标准电极电势图可以看出：在酸性介质中 MnO_4^-、MnO_4^{2-}、MnO_2、Mn^{3+} 都是强的氧化剂，因为作为氧化态的物质，其 $\varphi^{\ominus}$ 值都很大；但在碱性介质中，它们的 $\varphi^{\ominus}$ 值都很小，表明在碱性介质中氧化性都较弱。而 Mn 无论在酸性还是碱性介质中都是强还原剂。

2. 判断能否发生歧化反应

歧化反应是一种物质自身的氧化还原反应，反应中该物质既是氧化剂又是还原剂。由某元素不同氧化态的三种物质所组成的两个电对，按其氧化数由高到低排列如下：

$$A \xrightarrow{\varphi^{\ominus}_{左}} B \xrightarrow{\varphi^{\ominus}_{右}} C$$

若 $\varphi^{\ominus}_{右} > \varphi^{\ominus}_{左}$ 则 B 能发生歧化反应；若 $\varphi^{\ominus}_{右} < \varphi^{\ominus}_{左}$ 则 B 不能发生歧化反应。从锰元素的标准电极电势图可判断，在酸性介质中 MnO_4^{2-} 会发生歧化反应：

$$3MnO_4^{2-} + 4H^+ = 2MnO_4^- + MnO_2 + 2H_2O$$

第五节　氧化还原滴定法

一、概述

氧化还原滴定法是以氧化还原反应为基础的一种滴定分析方法。利用氧化还原滴定法可以直接或间接测定具有氧化性或还原性的许多物质，甚至某些非变价元素（如 Ca^{2+} 等）也可用氧化还原滴定法间接测定，其用途非常广泛。

1. 氧化还原滴定法的特点

氧化还原滴定法与酸碱滴定、配位滴定、沉淀滴定有所不同。其他三种滴定分析是基于离子或分子相互结合的反应，较简单，一般可在瞬间完成（一些配位反应除外）；而氧化还原反应是涉及电子转移的反应，较复杂，反应往往分步进行且时间较长。因此，在判断氧化还原滴定反应的可行性时，应考虑反应机理、反应速度、反应条件及滴定条件等问题。

2. 氧化还原滴定法应具备的条件

① 反应必须能够进行完全。

② 反应必须按一定的化学计量关系进行。

③ 反应速度要快，不能有副反应。

④ 必须有合适的方法指示滴定终点的到达。

3. 氧化还原滴定法的速度

由于氧化还原反应的速度一般较慢，通常采用增大反应物的浓度或减小生成物的浓度，升高温度，或加催化剂等方法来加快反应速度。

4. 指示剂

在氧化还原滴定中，除用电位法确定终点外，也常用指示剂来确定终点。氧化还原滴定中所使用的指示剂有三种：①自身指示剂，即利用标准溶液或样品溶液本身颜色的变化来指示终点。②专属指示剂，物质本身无氧化还原性，但能与氧化剂或还原剂作用，以产生颜色变化来指示终点。如：碘量法中的淀粉指示剂能与 I_2（I_3^-）生成深蓝色吸附化合物。③氧化还原指示剂，本身是弱氧化剂或弱还原剂，其氧化态和还原态具有明显不同的颜色，在滴定过程中，指示剂被氧化或还原而发生颜色变化以指示终点。如用 $KMnO_4$ 滴定 Fe^{2+} 时，常用二苯胺磺酸钠作指示剂。二苯胺磺酸钠的氧化态呈红紫色，还原态是无色。酸性介质中以还原态存在。当 $KMnO_4$ 滴定 Fe^{2+} 到化学计量点时，稍过量的 $KMnO_4$ 将二苯胺磺酸钠由无色的还原态氧化为红紫色的氧化态，指示终点到达。氧化还原指示剂的选择原则与酸碱指示剂的类似，即必须使指示剂变色的电势范围全部或部分落在滴定曲线突跃范围内。

二、常见氧化还原滴定法

习惯上将氧化还原滴定法按所用氧化剂的不同分为高锰酸钾法、碘量法、亚硝酸钠法、铈量法、重铬酸钾法等，本节仅介绍前三种方法。

1. 高锰酸钾法

（1）概述　利用高锰酸钾作氧化剂来进行滴定的方法称高锰酸钾法。高锰酸钾是一种强氧化剂，其氧化能力与溶液的酸度有关。高锰酸钾滴定通常在强酸性溶液中进行，其半反应如下：

$$MnO_4^- + 8H^+ + 5e^- \rightleftharpoons Mn^{2+} + 4H_2O \qquad \varphi^{\ominus}_{MnO_4^-/Mn^{2+}} = 1.51V$$

高锰酸钾法一般选用 H_2SO_4 调节酸度，酸度控制在 1～2mol/L 为宜。酸度过高，会使 $KMnO_4$ 分解；酸度过低，会产生 MnO_2 沉淀。

高锰酸钾标准溶液本身呈紫红色，可作为自身指示剂。若浓度较低（<0.002mol/L），可选用氧化还原指示剂。

使用高锰酸钾法时，根据待测组分的性质，采用不同的滴定方式：

① 直接滴定法。适用于 Fe^{2+}、Sb^{2+}、$C_2O_4^{2-}$、H_2O_2、NO_2^- 等还原性物质的测定。

② 返滴定法。适用于 MnO_2、PbO_2、CrO_4^{2-}、ClO_3^-、BrO_3^-、IO_3^- 等氧化性物质的测定。在酸性溶液中，先加入过量的 $Na_2C_2O_4$ 标准溶液，再用 $KMnO_4$ 标准溶液返滴剩余的 $Na_2C_2O_4$ 标准溶液。

③ 间接滴定法。适用于一些非氧化还原性物质如 Ca^{2+} 等的测定，使之先成为 CaC_2O_4 沉淀，再把沉淀溶于稀 H_2SO_4 中，用 $KMnO_4$ 标准溶液滴定 $C_2O_4^{2-}$，由此求出 Ca^{2+} 的含量。

（2）高锰酸钾溶液的配制和标定

① $KMnO_4$ 标准溶液的配制。市售的 $KMnO_4$ 常含有少量的 MnO_2 和其他杂质，水中含有微量的还原性物质也会造成 $KMnO_4$ 浓度的变化，因此不能用直接滴定法来配制标准溶液。通常先配成近似浓度的溶液，配好后加热至沸，然后放置 2～3d（为使溶液中可能存在的还原性物质完全氧化），用垂熔玻璃漏斗过滤除去 MnO_2 沉淀，并保存在棕色瓶中，存放在阴暗处，待标定。

② $KMnO_4$ 标准溶液的标定。$KMnO_4$ 标准溶液可用还原性基准物质进行标定，常用的基准物质有 $H_2C_2O_4 \cdot 2H_2O$、$Na_2C_2O_4$、$FeSO_4 \cdot (NH_4)_2SO_4 \cdot 6H_2O$、$As_2O_3$ 及纯铁丝等。其中，$Na_2C_2O_4$ 不含结晶水，容易提纯，是最常用的基准物质。

在硫酸溶液中，MnO_4^- 与 $C_2O_4^{2-}$ 的反应为：

$$2MnO_4^- + 5C_2O_4^{2-} + 16H^+ \rightleftharpoons 2Mn^{2+} + 10CO_2\uparrow + 8H_2O$$

标定时应注意：a. 温度，将溶液加热至 75～85℃，温度过低，反应速度慢；温度过高，

$Na_2C_2O_4$ 分解。b. 酸度，一般滴定开始最适宜酸度约为 1mol/L。c. 滴定速度，开始应慢，随着反应产物 Mn^{2+} 的自动催化作用使反应加速，滴定速度可随之加快。d. 终点判断，$KMnO_4$ 可作为自身指示剂，滴定至化学计量点时，$KMnO_4$ 微过量就可使溶液呈粉红色，若 30s 不褪色即可认为已到滴定终点。

经久置的 $KMnO_4$ 溶液在使用时应重新标定其浓度。

(3) 应用与示例

例 6-11 H_2O_2 溶液的含量测定（直接滴定法）。

在稀 H_2SO_4 溶液中，过氧化氢能定量地被 $KMnO_4$ 氧化生成氧气和水。

$$2KMnO_4+5H_2O_2+3H_2SO_4 \rightleftharpoons 2MnSO_4+K_2SO_4+8H_2O+5O_2\uparrow$$

因此，可用高锰酸钾直接测定双氧水中过氧化氢的含量。反应在室温下进行。开始滴定时，反应速率较慢；随着反应的进行，由于生成 Mn^{2+} 的自动催化作用，反应速率可逐渐加快。

由反应式可知计量关系为：

$$2KMnO_4—5H_2O_2$$

$$n_{H_2O_2}=\frac{5}{2}n_{KMnO_4}$$

$$H_2O_2\%=\frac{\frac{5}{2}(cV)_{KMnO_4}\times 10^{-3}M_{H_2O_2}}{V_{样}}\times 100\%$$

例 6-12 钙含量的测定（间接滴定法）。

先将 Ca^{2+} 沉淀为 CaC_2O_4，将沉淀取出洗净，再用稀 H_2SO_4 将其溶解，然后用 $KMnO_4$ 标准溶液滴定溶液中的 $C_2O_4^{2-}$，间接求得 Ca^{2+} 的含量。

反应方程式：$2MnO_4^-+5C_2O_4^{2-}+16H^+ \rightleftharpoons 2Mn^{2+}+10CO_2\uparrow+8H_2O$

由反应式可知计量关系为：

$$2MnO_4^-—5C_2O_4^{2-}—5Ca^{2+}$$

$$n_{Ca^{2+}}=\frac{5}{2}n_{MnO_4^-}$$

$$Ca^{2+}\%=\frac{\frac{5}{2}(cV)_{KMnO_4}\times 10^{-3}M_{Ca^{2+}}}{m_s}\times 100\%$$

例 6-13 MnO_2 的测定（返滴定法）。

测定时先在待测试样中加入过量、定量的 $Na_2C_2O_4$ 或 $H_2C_2O_4\cdot 2H_2O$，在 H_2SO_4 介质中使 MnO_2 等全部被定量还原，然后再用 $KMnO_4$ 标准溶液滴定剩余的 $C_2O_4^{2-}$。

其反应方程式为：

$$MnO_2+C_2O_4^{2-}+4H^+ \rightleftharpoons Mn^{2+}+2CO_2\uparrow+2H_2O$$

$$2MnO_4^-+5C_2O_4^{2-}+16H^+ \rightleftharpoons 2Mn^{2+}+10CO_2\uparrow+8H_2O$$

由反应式可知计量关系为：

$$2MnO_4^-—5C_2O_4^{2-}—5MnO_2$$

$$n_{MnO_2}=n_{C_2O_4^{2-}}=\frac{5}{2}n_{MnO_4^-}$$

$$MnO_2\%=\frac{\left[\frac{m_{Na_2C_2O_4}}{M_{Na_2C_2O_4}}-\frac{5}{2}(cV)_{KMnO_4}\times 10^{-3}\right]\times M_{MnO_2}}{m_s}\times 100\%$$

2. 碘量法

(1) 概述　碘量法是利用 I_2 的氧化性与 I^- 的还原性进行滴定分析的方法。其基本反应为：

$$I_2 + 2e^- \rightleftharpoons 2I^- \qquad \varphi^{\ominus}_{I_2/I^-} = 0.53V$$

由于固体 I_2 在水中溶解度小且易挥发，通常将 I_2 溶于 KI 溶液中以增加其溶解度，I_2 在溶液中以 I_3^- 形式存在。

由标准电极电势可知，I_2 是较弱的氧化剂，只能滴定较强的还原剂；而 I^- 是中等强度的还原剂，可以间接测定多种氧化剂。因此，碘量法分直接碘量法与间接碘量法两种。

① 直接碘量法。直接碘量法又称碘滴定法，是利用 I_2 标准溶液直接滴定电极电势比 $\varphi^{\ominus}_{I_2/I^-}$ 低的还原性物质，如 $S_2O_3^{2-}$、SO_3^{2-}、Sn^{2+}、维生素 C 等物质。

直接碘量法应在中性、酸性及弱碱性条件下进行。如果溶液碱性过强（pH>9）会发生如下副反应：

$$3I_2 + 6OH^- \rightleftharpoons 5I^- + IO_3^- + 3H_2O$$

② 间接碘量法。间接碘量法又称滴定碘法，是利用 I^- 作还原剂，在一定条件下与电极电势高于 $\varphi^{\ominus}_{I_2/I^-}$ 的氧化性物质（如漂白粉、枸橼酸铁铵、葡萄糖酸锑钠等）作用，定量地析出 I_2，然后用 $Na_2S_2O_3$ 标准溶液滴定 I_2（置换碘量法）；或者用过量的 I_2 液与电极电势比 $\varphi^{\ominus}_{I_2/I^-}$ 低的还原性物质（如亚硫酸钠、咖啡因和葡萄糖等）作用，待反应完全后，再用 $Na_2S_2O_3$ 返滴剩余的 I_2（剩余碘量法），从而间接地测定氧化性物质的含量。

间接碘量法只能在中性或弱酸性条件下进行。因为 I_2 和 $Na_2S_2O_3$ 的反应需在中性或弱酸性溶液中进行：

$$2S_2O_3^{2-} + I_2 \rightleftharpoons S_4O_6^{2-} + 2I^-$$

酸性太强，$Na_2S_2O_3$ 会分解，且 I^- 易被空气中的 O_2 氧化：

$$S_2O_3^{2-} + 2H^+ \rightleftharpoons S\downarrow + SO_2\uparrow + H_2O$$

$$4I^- + 4H^+ + O_2 \rightleftharpoons 2I_2 + 2H_2O$$

在碱性溶液中：$S_2O_3^{2-} + 4I_2 + 10OH^- \rightleftharpoons 2SO_4^{2-} + 8I^- + 5H_2O$

③ 碘量法产生误差的来源及减免方法。碘量法可能产生误差的主要来源有：a. I_2 具有挥发性，容易挥发损失；b. I^- 在酸性溶液中易被空气中 O_2 所氧化。为了防止 I_2 的挥发，往往加入比理论量大 2～3 倍的 KI，增大 I_2 的溶解度。间接碘量法中析出 I_2 在反应完毕后立即滴定，滴定最好在碘量瓶中进行。为防止 I^- 被氧化，应在低温（<25℃）、避光下进行反应。滴定时不应过度摇荡。滴定速度宜稍快，以减少 I^- 与空气接触。

④ 淀粉指示剂。碘量法常用淀粉指示剂来确定终点。淀粉指示剂应用新鲜配制的，若放置时间过久，则与 I_2 形成的加合物呈紫色或红色。在用 $Na_2S_2O_3$ 滴定时褪色慢，终点不敏锐。用直接碘量法时，淀粉指示剂可在滴定前加入；而用间接碘量法时，淀粉指示剂应在近终点时加入，以防止大量的 I_2 被淀粉吸附，终点时蓝色不易褪去而使终点滞后。

(2) 标准溶液的配制和标定　碘量法中常用 $Na_2S_2O_3$ 和 I_2 两种标准溶液。

① $Na_2S_2O_3$ 标准溶液的配制和标定。硫代硫酸钠（$Na_2S_2O_3 \cdot 5H_2O$）易风化潮解，且含有少量的 S、S^{2-}、SO_3^{2-} 等杂质，所以不能直接配制准确浓度的溶液，只能先配成近似浓度的溶液，然后再进行标定。

配好的 $Na_2S_2O_3$ 溶液不稳定，是因为 $Na_2S_2O_3$ 本身易被酸分解，又易与空气中的 O_2 和水中存在的 CO_2 作用以及被细菌分解。因此，配制时应用新煮沸并冷却的蒸馏水，以杀死细菌并除去水中的 CO_2 和 O_2。通常加入少量的 Na_2CO_3，使溶液成碱性（pH 9～10），防止 $Na_2S_2O_3$ 分解。为避免 $Na_2S_2O_3$ 分解，溶液应保存在棕色瓶中，置于暗处，经 8～14d 后再标定。长时间保存的溶液，使用前应重新标定，若发现溶液浑浊，则应弃去重配。

通常用 $K_2Cr_2O_7$、$KBrO_3$、KIO_3 等基准物质用间接滴定法标定 $Na_2S_2O_3$ 溶液。有关反应式和计算公式如下：

$$Cr_2O_7^{2-} + 6I^- + 14H^+ \rightleftharpoons 2Cr^{3+} + 3I_2 + 7H_2O$$

$$I_2 + 2S_2O_3^{2-} \rightleftharpoons 2I^- + S_4O_6^{2-}$$

$$c_{Na_2S_2O_3} = \frac{6m_{K_2Cr_2O_7}}{M_{K_2Cr_2O_7}V_{Na_2S_2O_3} \times 10^{-3}}$$

标定时应注意：a. 控制溶液的酸度，一般以 0.8～1mol/L 为宜。b. 加入过量 KI 与 $K_2Cr_2O_7$ 作用，在暗处放置一定时间（5min），待反应完全后，再以 $Na_2S_2O_3$ 溶液滴定（若用 KIO_3 标定，因与 KI 反应快，不需放置）。c. 近终点时加指示剂并正确判断回蓝现象（滴定至终点经 5min 后回蓝，是由于空气氧化 I^- 所引起，不影响标定结果）。

② I_2 标准溶液的配制和标定。用升华法制得的纯碘，可直接配制成标准溶液。但由于 I_2 易挥发且具腐蚀性，难于准确称量，所以一般仍用间接法配制。

配制时，将 I_2 溶于 KI 溶液，置棕色瓶暗处保存。

I_2 溶液常用 As_2O_3 作为基准物质进行标定。As_2O_3 难溶于水，但易溶于 NaOH 溶液中：

$$As_2O_3 + 6NaOH \rightleftharpoons 2Na_3AsO_3 + 3H_2O$$

滴定中存在着如下平衡：

$$AsO_3^{3-} + I_2 + H_2O \rightleftharpoons AsO_4^{3-} + 2I^- + 2H^+$$

随着滴定反应的进行，溶液的酸度将增加，有利于逆向反应，使反应不能完全进行。所以常在溶液中加入 $NaHCO_3$，使溶液的 pH=8。

根据 As_2O_3 的质量及 I_2 溶液消耗的体积，即可计算出 I_2 滴定液的准确浓度。

$$c_{I_2} = \frac{2m_{As_2O_3}}{M_{As_2O_3}V_{I_2} \times 10^{-3}}$$

（3）应用与示例

例 6-14 维生素 C 含量的测定（直接碘量法）。

维生素 C（$C_6H_8O_6$）又名抗坏血酸，其分子结构中含有烯二醇基，具有较强的还原性，能被碘定量氧化成二酮基，其反应如下：

```
          ┌───O────┐   H                         ┌───O────┐   H
          │        │   │                         │        │   │
I₂ +      C─C═C─C──C─CH₂OH   ⇌                   C─C──C──C──C─CH₂OH + 2HI
          ‖ │ │ │  │                             ‖ ‖  ‖  │  │
          O OHOHH  OH                            O O  O  H  OH
```

例 6-15 葡萄糖含量的测定（间接碘量法）。

葡萄糖分子中的醛基能在碱性条件下被过量 I_2 氧化，其反应如下：

$$I_2 + 2NaOH \rightleftharpoons NaIO + NaI + H_2O$$

NaIO 在碱性溶液中将葡萄糖氧化成葡萄糖酸盐：

$$CH_2OH(CHOH)_4CHO + NaIO + NaOH \rightleftharpoons CH_2OH(CHOH)_4COONa + NaI + H_2O$$

剩余的 NaIO 在碱性溶液中发生歧化反应：

$$3NaIO \xrightarrow{OH^-} NaIO_3 + 2NaI$$

当溶液酸化后又析出 I_2：

$$NaIO_3 + 5NaI + 3H_2SO_4 \rightleftharpoons 3I_2 + 3Na_2SO_4 + 3H_2O$$

最后以 $Na_2S_2O_3$ 标准溶液滴定析出的 I_2。

应用间接碘量法时，一般都在条件相同的情况下做一空白滴定，既可免除一些仪器误差，又可以空白滴定与回滴的差值求出被测物质的含量，而无需知道 I_2 滴定液的浓度。

由各相关步骤列出计量关系为：

$$C_6H_{12}O_6 \cdot H_2O—NaIO_3—I_2—2Na_2S_2O_3$$

$$C_6H_{12}O_6 \cdot H_2O\% = \frac{\frac{1}{2}c_{Na_2S_2O_3}[V_{Na_2S_2O_3(空白)} - V_{Na_2S_2O_3(样)}] \times 10^{-3} M_{C_6H_{12}O_6 \cdot H_2O}}{m_s} \times 100\%$$

例 6-16 漂白粉中有效氯的测定（置换滴定法）。

原理：漂白粉的有效成分［$CaCl_2 + Ca(ClO)_2$］在酸性条件下具氧化性，可定量地将 KI 氧化成 I_2，再用 $Na_2S_2O_3$ 标准溶液滴定生成的 I_2。注：操作处理中须加入过量的 KI，以保证有效成分完全反应。

有关反应如下：

$$Cl^- + ClO^- + 2H^+ \rightleftharpoons HClO + HCl$$

$$HClO + HCl \rightleftharpoons Cl_2 + H_2O$$

$$Cl_2 + 2KI \rightleftharpoons I_2 + 2KCl$$

$$I_2 + 2S_2O_3^{2-} \rightleftharpoons 2I^- + S_4O_6^{2-}$$

计算公式如下：

$$Cl\% = \frac{(cV)_{Na_2S_2O_3} \times 10^{-3} M_{Cl^-}}{m_s} \times 100\%$$

3. 亚硝酸钠法

（1）概述　亚硝酸钠法是利用亚硝酸与有机胺类的氨基发生重氮化反应或亚硝化反应来测定物质含量的方法。由于 HNO_2 不稳定、易分解，通常将 $NaNO_2$ 配成标准溶液，在酸性条件下使用。

亚硝酸钠法在药物分析中的主要应用是测定芳伯胺、芳仲胺类药物的含量，因为芳伯胺的重氮化反应速度较快，所以在亚硝酸钠滴定法中应用得最多。

反应方程式如下：

$$C_6H_5-NH_2 + NaNO_2 + 2HCl \longrightarrow [C_6H_5-\overset{+}{N}\equiv N]Cl^- + NaCl + 2H_2O \quad（重氮化反应）$$

芳伯胺

$$C_6H_5-NH-R + NaNO_2 + HCl \longrightarrow C_6H_5-N(NO)-R + NaCl + H_2O \quad（亚硝化反应）$$

芳仲胺

滴定条件：

① 亚硝酸钠法的滴定速度与酸的种类有关，在 HBr 中速度较快，在 HCl 中次之。但 HBr 价格较贵，一般常选用 HCl，并保持酸度为 1mol/L。酸度应控制在强酸性条件下，因为若酸度不足，重氮盐会与尚未反应的芳伯胺生成偶氮化合物，造成结果偏低；但也不能过大，否则易引起 HNO_2 分解，影响重氮化反应的速度。

② 滴定速度不宜过快，这是因为重氮化反应是分子间反应，速度较慢。一般需慢慢滴加，并不断搅拌，尤其在临近终点时需一滴一滴地加入并搅拌数分钟才能确定终点。通过“快速滴定法”可加快滴定速度，方法是：在 30℃以下，将滴定管尖端插入液面以下约 2/3

处，将大部分 $NaNO_2$ 溶液在不断搅拌下一次滴入，近终点时将管尖提离液面，再缓缓滴定，可大大缩短滴定时间，结果也较准确。

③ 温度不宜过高，目的是防止 HNO_2 分解，减少挥发损失，通常温度在15℃以下测定结果较准确。如果采用“快速滴定法”，温度则可在30℃以下。

④ 芳胺对位取代基的影响：若对位为亲电子基团可加快反应速度，如—NO_2、—SO_3H、—COOH、—X等；若对位为斥电子基团则可减慢反应速度，如—CH_3、—OH、—OR等。

例如：磺胺类药物（$H_2N-C_6H_4-SO_2-$）重氮化反应较快；而非那西丁的水解产物（$H_2N-C_6H_4-OC_2H_5$）则重氮化反应较慢，常加入KBr以加快反应速度。

（2）$NaNO_2$ 标准溶液的配制和标定　亚硝酸钠溶液在 pH＝10 左右时最稳定（三个月内浓度稳定）。所以配制时常加入少量碳酸钠作稳定剂。标定最常用对氨基苯磺酸作基准物质。对氨基苯磺酸需先用氨水溶解，再加盐酸成为对氨基苯磺酸盐酸盐后再进行滴定。

亚硝酸钠溶液见光易分解，应贮存在带玻璃塞的棕色瓶中，密封保存。

（3）终点的指示方法　亚硝酸钠法指示终点的方法目前多用永停滴定法（见第六节电化学分析法），但也采用外指示剂法和内指示剂法。

外指示剂法常采用淀粉KI指示液或淀粉KI试纸，当滴定达到终点后，稍过量的 HNO_2 可将KI氧化成 I_2，被淀粉吸附显蓝色。反应方程式为：

$$2NO_2^- + 2I^- + 4H^+ \rightleftharpoons I_2 + 2NO + 2H_2O$$

此指示剂只能在临近终点时，用细玻璃棒蘸出少许滴定液，在外面与指示剂接触来判断是否达到终点。外指示剂使用手续烦琐，显色常不够明显。

内指示剂法常用带二苯胺结构的偶氮染料及醌胺类染料。使用内指示剂虽操作方便，但存在突跃不够明显、变色不够敏锐等问题。

（4）应用与示例

例 6-17　盐酸普鲁卡因的百分含量测定。

精密称取一定量盐酸普鲁卡因试样，在20℃下，用一定浓度的 $NaNO_2$ 标准溶液滴定，以KI淀粉试纸为外指示剂来确定终点，计算试样中盐酸普鲁卡因的百分含量。

有关反应如下：

$$NH_2-C_6H_4-COOCH_2CH_2N-(C_2H_5)_2 \cdot HCl + NaNO_2 + HCl$$

$$\rightleftharpoons Cl^-\left[N\equiv N^+-C_6H_4-COOCH_2CH_2N-(C_2H_5)_2\right] + NaCl + 2H_2O$$

按计量关系计算，得

$$C_{13}H_{20}O_2N_2 \cdot HCl\% = \frac{(cV)_{NaNO_2} \times \frac{M_{C_{13}H_{20}O_2N_2 \cdot HCl}}{1000}}{m_s} \times 100\%$$

第六节　电化学分析法

电化学分析法是应用电化学原理和技术，研究在化学原电池或电解池内发生的某些现象，利用物质的组成及含量与其电化学性质的关系而建立起来的一类分析方法。该方法是测量溶液的某些电化学参数（如电导、电位、电流、电量等），或根据这些参数的变化来进行定量或定性分析。根据测量参数的不同，电化学分析法可分为电位分析法、电流法、电导法、电解法、库仑和极谱分析法等。

电化学分析法具有简便、快速、灵敏、易于自动化等优点，在药物分析、食品检验、临床化验、科学研究、环境分析与监测等方面均有较广泛的应用。本节仅重点介绍电位分析法和永停滴定法。

一、电位分析法的基本原理

电位分析法（potentiometric method）是通过测定原电池的电动势来测定样品溶液中被测组分含量的一种电化学分析方法。电位分析法分为直接电位法和电位滴定法两类。电位分析法的关键是如何准确测定电极电势，测量依据是 Nernst 方程式：

$$E=\varphi_{(+)}-\varphi_{(-)}$$

$$\varphi_{M^{n+}/M}=\varphi^{\ominus}_{M^{n+}/M}+\frac{RT}{nF}\ln c_{M^{n+}}$$

为测定待测离子的浓度，在电位分析中需要一支电极电势随待测离子浓度变化而变化的电极（称为指示电极）与一支电极电势值恒定的电极（称为参比电极）和待测溶液组成工作电池：

$$M \mid M^{n+} \parallel \text{参比电极}$$

因此，应用电位分析法先要选择合适的参比电极和指示电极。

1. 参比电极

参比电极要求电极电势恒定，重现性好。通常将标准氢电极作为参比电极的一级标准，但标准氢电极制作麻烦、操作条件难以控制、使用不便，所以常用甘汞电极、银-氯化银电极等作为参比电极。

甘汞电极由金属汞、Hg_2Cl_2（甘汞）以及 KCl 溶液组成，构造如图 6-4(a) 所示，其电极反应为：

$$Hg_2Cl_2(s)+2e^- \rightleftharpoons 2Hg(l)+2Cl^-$$

电极组成：$Hg|Hg_2Cl_2(s)|KCl(c)$

25℃时其电极电势为：

$$\varphi_{Hg_2Cl_2/Hg}=\varphi^{\ominus}_{Hg_2Cl_2/Hg}-0.0592\lg c_{Cl^-}$$

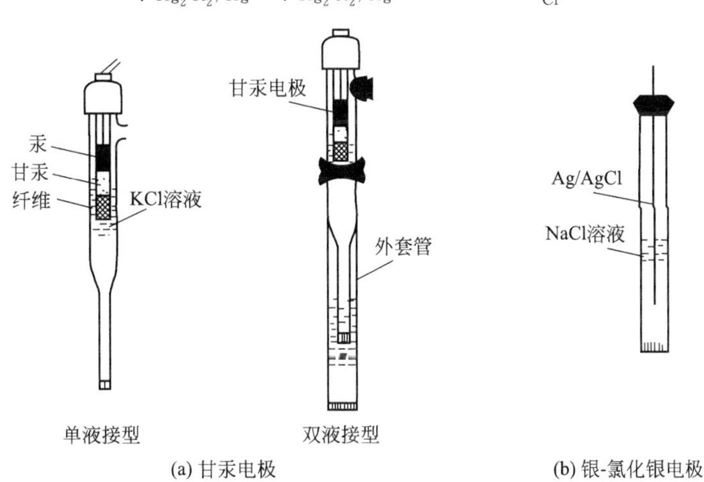

(a) 甘汞电极　　(b) 银-氯化银电极

图 6-4　常用参比电极

由此可见，甘汞电极电势随不同浓度的 KCl 溶液有不同的恒定值。在 25℃时，三种不同浓度 KCl 溶液的甘汞电极电势为：

KCl 溶液浓度	0.1mol/L	1.0mol/L	饱和
电极电势/V	0.3337	0.2801	0.2412

银-氯化银电极的构造如图 6-4(b) 所示，其电极反应为：

$$AgCl(s) + e^- \rightleftharpoons Ag(s) + Cl^-$$

电极组成为：Ag|AgCl(s)|KCl(c)

2. 指示电极

作为指示电极要求其电极电势与有关离子浓度应符合 Nernst 方程式，并且要响应快、重现性好。常用的指示电极有：金属电极、金属-难溶盐电极、惰性金属电极以及膜电极等，其中最常用的是膜电极。膜电极是以固体膜和液体膜为传感器以指示溶液中某种离子浓度的电极，由敏感膜以及电极帽、电极杆、内参比溶液和内参比电极等部分组成。膜电极电势的产生机理与其他电极不同，膜电极电势的产生是基于离子交换和扩散，没有电子迁移。各种离子选择性电极和 pH 玻璃电极均属此类。

离子选择性电极的种类有很多，常用的有：玻璃膜电极、晶体膜电极、液膜电极、气敏电极和酶电极等。下面仅对 pH 玻璃电极做简要介绍。

pH 玻璃电极是玻璃电极（glass electrode，GE）的一种，仅对 H^+ 响应。结构如图 6-5 所示。其关键部分是玻璃电极下端由 Na_2O、CaO 和 SiO_2 制成的球形薄膜，厚度约为 0.1mm，膜内充 0.1mol/L HCl 溶液作为内参比溶液，内参比电极是 Ag | AgCl，浸入内参比溶液中，玻璃膜的外壁与待测溶液接触（见图 6-6）。内参比电极电势是恒定的，因此玻璃电极测量溶液的 pH 值是基于产生了玻璃膜的电势差。而玻璃膜内部的内参比溶液浓度一定，所以玻璃电极的电极电势为：

$$\varphi_{玻} = K - \frac{2.303RT}{F}\text{pH} \tag{6-5}$$

25℃时，$\varphi_{玻} = K - 0.0592\text{pH}$

式中，K 是由玻璃电极本性决定的常数。由此式可见玻璃电极对 H^+ 有选择性响应。

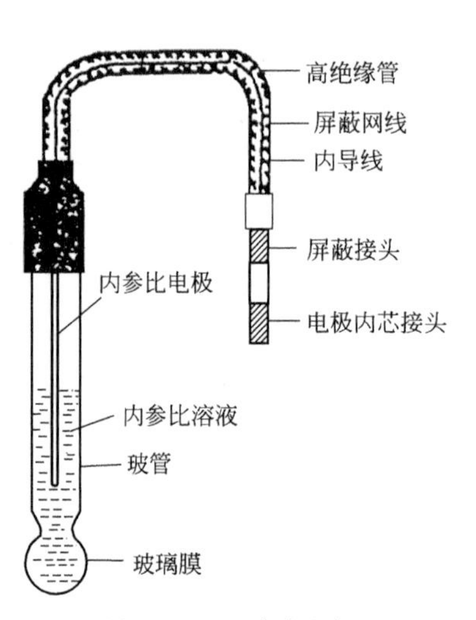

图 6-5 pH 玻璃电极

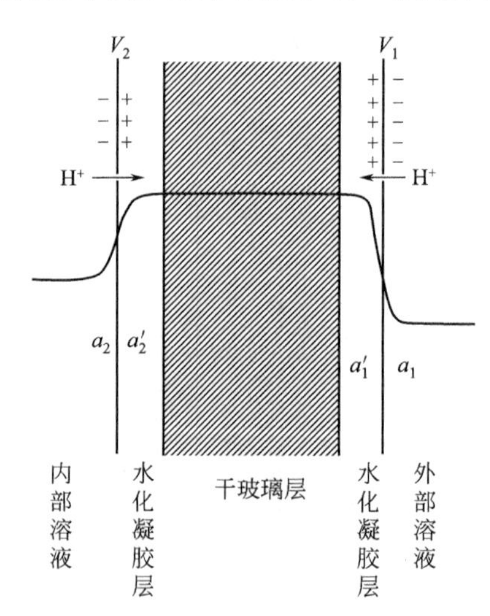

图 6-6 玻璃电极膜电势示意图

二、直接电位法

直接电位法是将一支指示电极与一支参比电极浸入被测溶液组成电池，通过测定该电池的电动势而求出被测离子的浓度。每种离子的测定都需要专用的电极，最典型的是利用玻璃

电极测定溶液的 H^+ 浓度。

1. 溶液 pH 值的测定

测定溶液的 pH 值常采用玻璃电极作指示电极，饱和甘汞电极（saturated calomel electrode，SCE）作参比电极，与待测溶液组成工作电池，此电池可表示为：

$$(-)\text{GE}|\text{待测 pH 溶液}\|\text{SCE}(+)$$

$$E=\varphi_{\text{SCE}}-\varphi_{\text{GE}}=0.2412-\left(K-\frac{2.303RT}{F}\right)$$

$$E=K'+\frac{2.303RT}{F}\text{pH} \tag{6-6}$$

因此，此工作电池的电动势 E 仅与被测溶液的 pH 值呈线性关系。

298.15K 时，代入相关数值，上式得：

$$E=K'+0.0592\text{pH} \tag{6-7}$$

因为常数 K 值受电极不同、溶液组成不同等诸多因素影响，不易准确测量。通常采用“两次测量法”将 K'互相抵消。测定时先将玻璃电极和饱和甘汞电极浸入已知 pH 值的标准缓冲溶液组成原电池，测量得到电动势：

$$E_s=K'_s+\frac{2.303RT}{F}\text{pH}_s$$

再将同一对电极浸入待测溶液组成原电池，测量得到电动势：

$$E_x=K'_x+\frac{2.303RT}{F}\text{pH}_x$$

若测量条件相同，则两式中的 $K'_x=K'_s$；将上面两式相减，可得：

$$\text{pH}_x=\text{pH}_s+\frac{E_x-E_s}{2.303RT/F} \tag{6-8}$$

由此式可见，以标准缓冲液为基准，通过测量 E_x 与 E_s 值即可求得 pH_x。pH 酸度计即根据这一原理设计。

使用 pH 玻璃电极测量溶液 pH 值时，应注意：①普通 pH 玻璃电极适用 pH 值范围为 1～9，pH＞9 的溶液测定应使用高碱玻璃电极。②玻璃电极在使用前应在蒸馏水中浸泡 24h 以上。③玻璃电极浸入溶液后应轻轻摇动溶液，促使电极反应尽快达到平衡。④所选标准缓冲溶液的 pH_s 应尽量与待测溶液的 pH_x 值接近，一般不相差 3 个 pH 单位。⑤可用于有色液、浑浊液、胶体溶液的 pH 值测定，但不宜测量 F^- 含量高的溶液。

目前，一种复合 pH 电极取代了常规的玻璃电极。它是由两个同心玻璃套管构成，其结构如图 6-7 所示。由于复合 pH 电极是由玻璃电极与参比电极组装起来的单一电极体，具有体积小、使用方便以及被测试液用量少等优点。

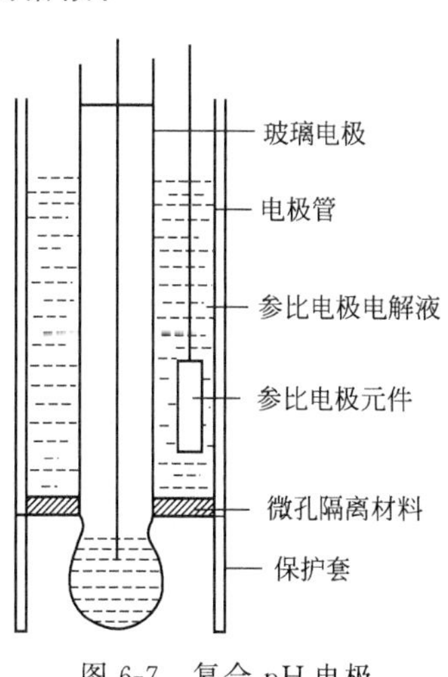

图 6-7　复合 pH 电极

在药物分析方面，以直接电位法测定水溶液 pH 值广泛地应用于注射液、大输液、眼药水等制剂的 pH 值检查和原料药酸碱度的检查等。

2. 其他离子浓度的测定

与用玻璃电极测定溶液的 pH 值相似，用离子选择性电极测定其他离子浓度时，把离子选择性电极浸入待测液，与参比电极组成电池，测量其电动势。由于液接电势、不对称电势的存在以及活度因子（浓度的校正因子）难于计算等原因，故直接电位法一般不采用 Nernst 方程式来直接计算被测离子的浓度，而采用标准比较法、标准加入法、标准曲线法等方法。

用离子选择性电极以直接电位法测定离子浓度具有设备简单、操作方便、测定速度快以及自动化测定等优点。不仅可以测定 Na^+、K^+、Ag^+、NH_4^+、Ca^{2+}、Cu^{2+}、CN^-、NO_3^- 和 S^{2-} 等无机离子，还可用于测定氨基酸、尿素、青霉素等有机物，是一种应用广泛的分析技术。

三、电位滴定法

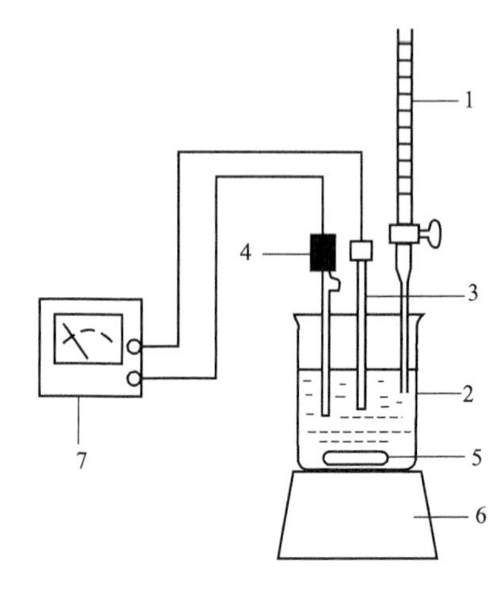

图 6-8　电位滴定的仪器装置

1—滴定管；2—滴定池；3—指示电极；4—参比电极；5—搅拌子；6—磁力搅拌器；7—电位计

电位滴定法是利用滴定过程中指示电极的电极电势变化来指示终点的滴定方法。将指示电极、参比电极与试液组成电池，然后加入滴定剂进行滴定，观察滴定过程中指示电极电势的变化。在化学计量点附近，由于溶液中待测离子的浓度发生突变，导致指示电极的电势产生突跃，引起电池电动势发生突变。因此，通过测量电池电动势的变化可确定终点。电位滴定的仪器装置如图 6-8 所示。

电位滴定法可用于任何类型的滴定反应，与用指示剂确定终点的滴定方法相比具有客观可靠、准确度高，易于自动化，不受溶液有色、浑浊的限制等特点，对那些没有合适指示剂的滴定反应，电位滴定法更显示出其重要性。

确定电位滴定终点的方法有作图法和微商计算法，下面仅介绍作图法。

1. *E*-*V* 曲线法

以滴定剂体积 V 为横坐标，电位计读数值（电池电动势）为纵坐标作图，得到 E-V 曲线，如图 6-9(a) 所示，曲线上的转折点即为滴定终点。若突跃不明显，可绘制一级微商曲线来确定。

2. $\frac{\Delta E}{\Delta V}$-$\overline{V}$ 曲线法（又称为一级微商法或一阶导数法）

以 $\Delta E/\Delta V$ 为纵坐标，相邻两次加入滴定剂体积的算术平均值 $\overline{V}$ 为横坐标作图，得到一条峰状曲线，如图 6-9(b) 所示。曲线的最高点（极大值）所对应的体积就是滴定终点。

3. $\frac{\Delta^2 E}{\Delta V^2}$-$V$ 曲线法（又称为二级微商法或二阶导数法）

以 $\Delta^2 E/\Delta V^2$ 对滴定体积 V 作图，绘制 $\frac{\Delta^2 E}{\Delta V^2}$-$V$ 曲线，得到一条具有两个极值的曲线，如图 6-9(c) 所示。在二级微商 $\Delta^2 E/\Delta V^2=0$ 时，所对应的体积即为滴定终点。

在实际的电位滴定中，自动电位滴定法已逐渐取代了传统的操作方法，该方法能自动判断滴定终点，并能自动绘制 E-V 曲线和 $\frac{\Delta E}{\Delta V}$-$\overline{V}$ 曲线，提高测定的灵敏度和准确度。自动电位滴定装置如图 6-10 所示。

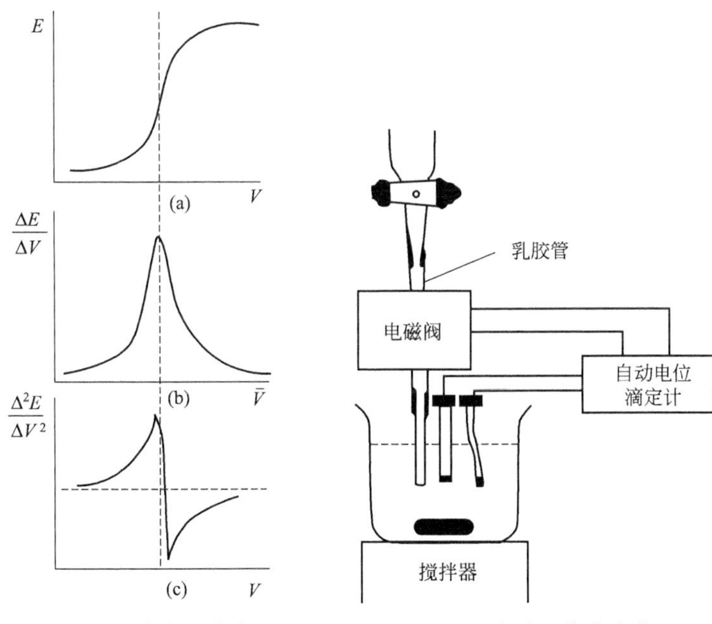

图 6-9 电位滴定曲线　　图 6-10 自动电位滴定装置

四、永停滴定法

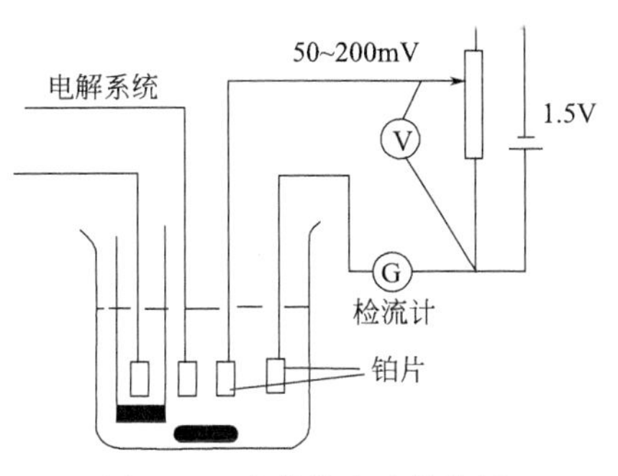

图 6-11 永停滴定法的装置

永停滴定法又称死停滴定法，是根据滴定过程中两个相同的指示电极（通常为铂电极）浸入待滴定溶液中，在两个电极间外加一小电压，观察滴定过程中通过两个电极间的电流变化来确定化学计量点的方法。电流滴定法与电位滴定法不同：电位滴定法是建立在原电池基础上的电化学分析方法，而电流滴定法是建立在电解池基础上的电化学分析方法。

永停滴定法的装置如图 6-11 所示。

永停滴定法装置简单，准确度高，终点容易观察，已成为氧化还原滴定中重氮化滴定及卡氏水分测定等确定终点的重要方法。

例 6-18 用 $NaNO_2$ 标准溶液滴定某芳香胺。

$$R-C_6H_4-NH_2 + NaNO_2 + 2HCl \longrightarrow [R-C_6H_4-\overset{+}{N}\equiv N]Cl^- + 2H_2O + NaCl$$

在化学计量点前溶液中不存在可逆电对，故检流计指针停在 0 位（或接近 0 位）不动。达到化学计量点后，稍有过量的 $NaNO_2$，则溶液中便有 HNO_2 及其分解产物 NO，并组成可逆电对 HNO_2/NO，电极反应如下：

$$\text{阳极}\quad NO + H_2O \rightleftharpoons HNO_2 + H^+ + e^-$$

$$\text{阴极}\quad HNO_2 + H^+ + e^- \rightleftharpoons NO + H_2O$$

此时，电路中有电流通过，检流计指针偏转并不再回到 0 位。

采用永停滴定法确定上述滴定终点，比采用内、外指示剂都更加准确方便。

知识拓展

锂电池

锂电池是一类以锂金属或锂合金为负极材料、使用非水电解质溶液的电池。1912 年锂金属电池最早由 Gilbert N. Lewis 提出并研究。锂电池的研发基础在 1970 年的石油危机期间被构建起来，当时美国科学家斯坦利·惠廷厄姆开发出第一块可工作的锂电池。美国科学家约翰·古迪纳夫经过系统的研究，在 1980 年证明了嵌入锂离子的氧化钴可以产生高达 4V 的电压。日本科学家吉野彰在 1985 年发明了第一个商业上可行的锂离子电池。他没有在阳极使用活性锂，而是使用了一种石油焦的碳材料，像阴极的钴氧化物一样，可以插入锂离子的阴极。2019 年 10 月 9 日，瑞典皇家科学院宣布，将 2019 年诺贝尔化学奖授予约翰·古迪纳夫、斯坦利·惠廷厄姆和吉野彰，以表彰他们在锂离子电池研发领域做出的贡献。

锂电池大致可分为两类：锂金属电池和锂离子电池。

锂金属电池一般是使用二氧化锰为正极材料、金属锂或其合金金属为负极材料、使用非水电解质溶液的电池。放电反应：$Li + MnO_2 = LiMnO_2$

锂离子电池一般是使用锂合金金属氧化物（如钴酸锂或镍钴锰酸锂、锰酸锂、磷酸亚铁锂等等）为正极材料、石墨为负极材料、使用非水电解质溶液的电池。

正极反应：放电时锂离子嵌入，充电时锂离子脱嵌。

充电时：$LiFePO_4 \longrightarrow Li_{1-x}FePO_4 + xLi^+ + xe^-$

放电时：$Li_{1-x}FePO_4 + xLi^+ + xe^- \longrightarrow LiFePO_4$

负极反应：放电时锂离子脱嵌，充电时锂离子嵌入。

充电时：$xLi^+ + xe^- + 6C \longrightarrow Li_xC_6$

放电时：$Li_xC_6 \longrightarrow xLi^+ + xe^- + 6C$

在锂离子的嵌入和脱嵌过程中，同时伴随着与锂离子等当量电子的嵌入和脱嵌（习惯上正极用嵌入或脱嵌表示，而负极用插入或脱插表示）。在充放电过程中，锂离子在正、负极之间往返嵌入/脱嵌和插入/脱插，被形象地称为“摇椅电池”。

当对电池进行充电时，电池的正极上有锂离子生成，生成的锂离子经过电解液运动到负极，而作为负极的碳呈层状结构，有很多微孔，达到负极的锂离子就嵌入到碳层的微孔中，嵌入的锂离子越多，充电容量越高。同样，当对电池进行放电时（即我们使用电池的过程），嵌在负极碳层中的锂离子脱出，又运动回正极。回正极的锂离子越多，放电容量越高。

锂离子电池具有工作电压高、充放电寿命长、体积小、质量轻、能量高、无记忆效应、无污染、自放电小等优点。锂离子电池已经彻底改变了人类的生活，广泛应用在通信电源、电动车辆、军用装备等领域，是 21 世纪发展的理想能源载体。

【本章小结】

① 氧化还原反应的实质是反应物间存在电子的转移或偏移。物质失去电子（或氧化数升高）是还原剂，自身被氧化；物质得到电子（或氧化数降低）是氧化剂，自身被还原。可以借用氧化数的概念定义氧化还原反应。氧化数升高的过程称为氧化，氧化数降低的过程称为还原。氧化反应与还原反应同时进行、相互依存。

② 将化学能转换为电能的装置称为原电池。每一个原电池都由两个电极组成，负极发生氧化反应，正极发生还原反应。电极电势的绝对值无法测得，IUPAC 规定标准氢电极的电势为零，据此可求得其他电极的电极电势。

③ 电极电势主要取决于有关电极电对本身的特性，并受温度、溶液中离子的浓度、气体分压等因素的影响，能斯特方程式表达了其间的定量关系。对任意给定电极（均假设作正

极），电极反应的通式为：a 氧化态$+ne \rightleftharpoons b$ 还原态，电极反应的能斯特方程式为：$\varphi=\varphi^{\ominus}+\frac{RT}{nF}\ln\frac{[\text{氧化态}]^a}{[\text{还原态}]^b}$，当温度为 298.15K 时，代入 R、T、F 数值，并将自然对数改为常用对数表示，可简化为：$\varphi=\varphi^{\ominus}+\frac{0.0592}{n}\lg\frac{[\text{氧化态}]^a}{[\text{还原态}]^b}$。

④ 电极电势数值是电化学中很重要的数据，除用以判断原电池的正、负极，计算原电池的电动势外，还可以比较氧化剂和还原剂的相对强弱，判断氧化还原反应进行的方向和程度等。

⑤ 氧化还原滴定法是以氧化还原反应为基础的一种滴定分析方法。习惯上将氧化还原滴定法按所用氧化剂的不同分为高锰酸钾法、碘量法、亚硝酸钠法、铈量法、重铬酸钾法等。

⑥ 电位分析法是通过测定原电池的电动势来测定样品溶液中被测组分含量的一种电化学分析方法。电位分析法分为直接电位法和电位滴定法两类。电位分析法的关键是如何准确测定电极电势，测量依据是 Nernst 方程式。

⑦ 永停滴定法属于电流滴定法。电流滴定法与电位滴定法不同：电位滴定法是建立在原电池基础上的电化学分析方法，而电流滴定法是建立在电解池基础上的电化学分析方法。

【目标检测】

一、选择题

1. 高锰酸钾法中，调节溶液酸性使用的是（　　）。

A. H_2SO_4　　B. $HClO_4$　　C. HNO_3　　D. HCl

2. 下列有关 Cu-Zn 原电池的叙述中，错误的是（　　）。

A. 盐桥中的电解质可保持两个半电池的电荷平衡

B. 盐桥用于维持氧化还原反应的进行

C. 盐桥中的电解质不能参与电池反应

D. 电子通过盐桥流动

3. 间接碘量法加入淀粉指示剂的最佳时间是（　　）。

A. 滴定开始前　　B. 接近终点时

C. 碘颜色完全褪去时　　D. 任意时间均可

4. 将反应 $Fe^{2+}+Ag^{+}$ ══ $Fe^{3+}+Ag$ 组成原电池，下列哪种表示符号是正确的（　　）。

A. (−)Pt|Fe^{2+},Fe^{3+} ‖ Ag^{+}|Ag(+)

B. (−)Cu|Fe^{2+},Fe^{3+} ‖ Ag^{+}|Ag(+)

C. (−)Ag|Fe^{2+},Fe^{3+} ‖ Ag^{+}|Ag(+)

D. (−)Pt|Fe^{2+},Fe^{3+} ‖ Ag^{+}|Cu(+)

5. 当溶液中 $[H^{+}]$ 增加时，下列氧化剂的氧化能力增强的是（　　）。

A. Cl_2　　B. Fe^{3+}　　C. $Cr_2O_7^{2-}$　　D. Co^{3+}

6. 与电位分析法无关的是（　　）。

A. 电动势　　B. 参比电极　　C. 指示电极　　D. 指示剂

7. 指示电极的电极电势与待测成分的浓度之间（　　）。

A. 符合质量作用定律　　B. 符合阿伦尼乌斯公式

C. 符合 Nernst 方程式　　D. 无定量关系

8. 在亚硝酸钠法中，能用重氮化滴定法测定的物质是（　　）。

A. 芳伯胺　　B. 芳仲胺　　C. 生物碱　　D. 季铵盐

9. 经常用作参比电极的是（　　）。

A. 甘汞电极　　B. pH 玻璃电极　　C. 惰性金属电极　　D. 晶体膜电极

10. 下列关于 pH 玻璃电极的叙述错误的是（　　）。

A. 只可作指示电极　　B. 是一种离子选择性电极

C. 电极电势只与溶液酸度有关　　　　D. 可作参比电极

二、问答题

1. 分别写出下列各物质中指定元素的氧化数。

(1) H_2S、S、SCl_2、SO_2、$Na_2S_4O_6$ 中硫元素的氧化数；

(2) NH_3、N_2O、NO、N_2O_4、HNO_3、N_2H_4 中氮元素的氧化数。

2. 配平下列反应方程式。

(1) $MnO_4^- + SO_3^{2-} \longrightarrow MnO_2 + SO_4^{2-}$ （中性介质）

(2) $Cu_2S + HNO_3 \longrightarrow Cu(NO_3)_2 + H_2SO_4 + NO\uparrow$ （氧化值法）

(3) $S + HNO_3 \longrightarrow SO_2 + NO + H_2O$

(4) $Cr_2O_7^{2-} + H_2S \longrightarrow Cr^{3+} + S$ （酸性介质）

(5) $Cl_2 + OH^- \longrightarrow Cl^- + ClO^-$ （碱性介质）

3. 写出下列电池中各电极上的反应和电池反应。

(1) $Pt|H_2(p_{H_2})|HCl(aq) \| Cl_2(p_{Cl_2})|Pt$

(2) $Ag|AgCl(s) \| CuCl_2(aq)|Cu(s)$

(3) $Pt|Fe^{3+}(c_1), Fe^{2+}(c_2) \| Ag^+(c_{Ag^+})|Ag(s)$

4. 将下述化学反应设计成电池。

(1) $H_2 + I_2(s) \rightleftharpoons 2HI(aq)$

(2) $AgCl(s) \rightleftharpoons Ag^+(aq) + Cl^-(aq)$

(3) $H_2 + HgO(s) \rightleftharpoons Hg(l) + H_2O$

5. 判断反应 $Pb^{2+} + Sn \rightleftharpoons Pb + Sn^{2+}$ 在标准态时及 $c_{Pb^{2+}} = 0.1mol/L$、$c_{Sn^{2+}} = 1mol/L$ 时的反应方向。

6. 指出下列物质哪些可以作还原剂，哪些可以作氧化剂，并根据标准电极电势排出它们还原能力和氧化能力大小的顺序，指出最强的氧化剂和还原剂。

$$Fe^{2+},\ MnO_4^-,\ S_2O_3^{2-},\ Cu^{2+},\ Cl^-,\ Fe^{3+},\ Sn^{2+},\ Zn$$

7. 说明碘量法中可能产生误差的原因？为防止碘的挥发应注意什么问题？

8. 为什么不能用直接法配制 $KMnO_4$ 标准溶液？配制和保存 $KMnO_4$ 标准溶液时应注意什么问题？

9. $KMnO_4$ 滴定 $H_2C_2O_4$ 溶液时，为什么第一滴 $KMnO_4$ 溶液滴入后，紫红色褪色很慢？为什么随着滴定的进行，反应越来越快？

三、计算题

1. 计算原电池 $(-)Cu|Cu^{2+}(1.0mol/L) \| Ag^+(1.0mol/L)|Ag(+)$ 在下述情况下电动势改变值：

(1) Cu^{2+} 浓度降至 $1.0 \times 10^{-3}mol/L$；

(2) 加入足够量的 Cl^- 使 AgCl 沉淀，设 Cl^- 浓度为 1.56mol/L。

2. 用基准 KIO_3 标定 $Na_2S_2O_3$ 溶液，称取 KIO_3 0.8856g，溶解后，转移到 250mL 容量瓶中，稀释至刻度，用移液管取出 25.00mL，在酸性溶液中与过量 KI 反应，析出的碘用 $Na_2S_2O_3$ 溶液滴定，用去 24.32mL $Na_2S_2O_3$ 溶液，求 $Na_2S_2O_3$ 溶液的浓度。有关反应如下：

$$IO_3^- + 5I^- + 6H^+ \rightleftharpoons 3I_2 + 3H_2O$$

$$2S_2O_3^{2-} + I_2 \rightleftharpoons S_4O_6^{2-} + 2I^-$$

3. 基准试剂草酸钠 0.1126g，在酸性溶液中用 $KMnO_4$ 滴定液滴定，已知用去 $KMnO_4$ 滴定液 20.77mL，计算滴定液浓度。如用该滴定液测定 $FeSO_4$ 含量，计算 $KMnO_4$ 对 Fe^{2+} 的滴定度（$M_{Na_2C_2O_4} = 134.0g/mol$）。

4. 精密称取漂白粉试样 2.702g 加水溶解，加过量 KI，用 H_2SO_4（1mol/L）酸化。析出 I_2 后立即用 0.1208mol/L $Na_2S_2O_3$ 标准溶液滴定，用去 34.38mL 到达终点，计算试样中有效氯的含量。

5. 测定血液中的钙时，常将钙以 CaC_2O_4 完全沉淀，过滤洗涤，溶于硫酸中，然后用 0.002000mol/L 的 $KMnO_4$ 标准溶液滴定。现将 2.00mL 血液稀释至 50.00mL，取此溶液 20.00mL 进行上述处理，用该 $KMnO_4$ 溶液滴定至终点，用去 2.45mL，求血液中钙的浓度。

6. 精密吸取双氧水溶液 1.00mL，加一定量水，并加 H_2SO_4 酸化，用 0.02022mol/L $KMnO_4$ 滴定液滴定至终点，消耗 $KMnO_4$ 滴定液 17.26mL。计算此样品中 H_2O_2 的质量分数。

第七章

配位平衡和配位滴定法

学习目标

1. 掌握 EDTA 的滴定原理和滴定条件的选择及有关计算。
2. 熟悉配位化合物的组成及其有关基本概念和命名。
3. 熟悉配位化合物的稳定常数及影响配位平衡的因素。
4. 了解金属指示剂的选择、滴定液的配制与标定，以及配位化合物在药学中的应用。

数字资源7-1　配位化合物的定义和组成视频
数字资源7-2　配位化合物的命名视频

第一节　配位化合物的基本概念

配位化合物是一类组成复杂、应用广泛的化合物，与生物体和医学的关系十分密切。生物体内许多必需金属元素都是以配合物的形式存在。许多药物本身就是配合物，或者通过与体内生物大分子结合形成配合物而发挥其预防或治疗疾病的目的。

一、配位化合物的定义

实验室常见的 HCl、NH_3、$CuSO_4$ 等化合物都是元素原子间以共价键或离子键结合而成的简单化合物，可以用经典的化合价理论来解释其形成和结构。但许多化合物并不是如此简单。例如，向 $CuSO_4$ 稀溶液中逐滴加入 6mol/L 的氨水，边加边振荡，开始时有蓝色的沉淀生成，继续滴加氨水时，沉淀逐渐消失，生成深蓝色的溶液。向该溶液中再加入 NaOH 溶液，没有蓝色的 $Cu(OH)_2$ 沉淀生成，而滴入少量 $BaCl_2$ 试剂时，有白色沉淀，说明溶液中含有游离的 SO_4^{2-}，却没有明显游离的 Cu^{2+} 存在。若向这种深蓝色溶液中加入适量的乙醇，则有深蓝色晶体析出。经 X 射线结构分析，该晶体的化学组成是 $[Cu(NH_3)_4]SO_4$，这种复杂离子无论在晶体或溶液中都很稳定，基本上不呈现 Cu^{2+} 和 NH_3 的性质。根据现代结构理论可知，这一类组成复杂的化合物都是靠配位键结合起来的，故称为配合物。

根据配合物的特点，可以将其定义为：配位化合物（简称配合物）是由可以给出孤对电子的一定数目的离子或分子（称为配体）和具有接受孤对电子的空轨道的原子或离子（统称中心原子）按一定的组成和空间构型所形成的化合物。如 $[Cu(NH_3)_4]SO_4$、$[Ag(NH_3)_2]Cl$、$K_2[HgI_4]$ 等都是配合物。实际工作中配离子一般也称为配合物。由中心原子和配体以配位键结合形成的分子如 $[Ni(CO)_4]$ 等也称为配合物。

二、配合物的组成

配位化合物由内界和外界两部分组成。中心原子和配体通过配位键结合，成为配合物特征部分，是配合物的内界，写在方括号内。通常内界是配离子，与配离子带相反电荷的其他离子为外界，又称外界离子，内界与外界之间以离子键结合，在溶液中可完全解离。以 $[Cu(NH_3)_4]SO_4$ 为例，其组成可表示为：

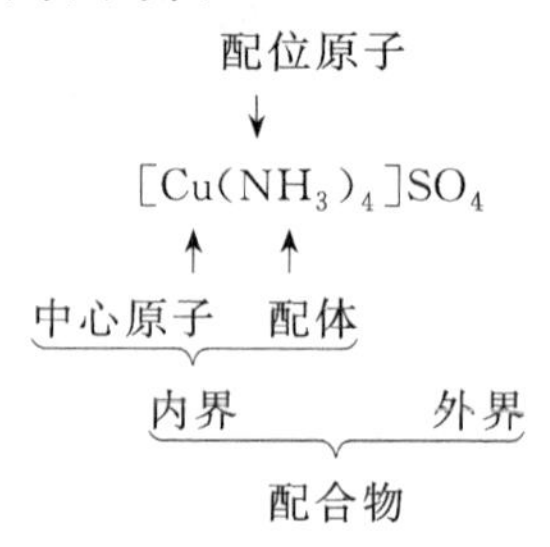

1. 中心原子

在配离子（或配位分子）中，接受孤对电子的阳离子或原子统称为中心原子。中心原子位于配离子的中心位置，是配离子的核心部分，一般是过渡元素金属离子，如 $[Cu(NH_3)_4]^{2+}$ 中的 Cu^{2+}，以及某些副族元素的原子和高氧化值非金属元素的原子，如 $[Ni(CO)_4]$ 中的 Ni 原子、$[SiF_6]^{2-}$ 中的 Si(Ⅳ)。

2. 配体

在配合物中与中心原子以配位键结合的阴离子或中性分子称为配位体，简称配体。如 $[Cu(NH_3)_4]^{2+}$、$[Ni(CO)_4]$ 和 $[SiF_6]^{2-}$ 中的 NH_3、CO、F^- 都是配体。配体中直接向中心原子提供孤对电子形成配位键的原子称为配位原子，如 NH_3 中的 N、CO 中的 C，F^- 中的 F 等。配位原子的最外电子层都有孤对电子，常见的是周期表中电负性较大的原子，如 N、O、C、S、F、Cl、Br、I 等。

根据配体中配位原子的个数可分为单齿配体和多齿配体。单齿配体只含有一个配位原子，如 Cl^-、Br^-、I^-、CN^-、SCN^-、NO_2^-、NH_3、H_2O、CO（羰基）等。多齿配体含有两个或两个以上的配位原子，它们与中心原子可以形成多个配位键，例如常见的有乙二胺 $H_2N—CH_2—CH_2—NH_2$（en），其中两个氮原子和同一个中心原子配位；乙二胺四乙酸（EDTA），其中 2 个氨基氮原子、4 个羧基氧原子都可作为配位原子。有少数配体虽有两个配位原子，但由于两个配位原子靠得太近，只能选择其中一个与中心原子成键，仍属单齿配体，如：硝基 NO_2^-（N 是配位原子）、亚硝酸根 ONO^-（O 是配位原子）、硫氰酸根 SCN^-（S 是配位原子）、异硫氰酸根 NCS^-（N 是配位原子）。

3. 配位数

配位化合物中配位键的数目或者直接同中心原子（或离子）配位的配位原子数目称为中心原子的配位数。一般中心原子的配位数为 2、4、6、8。若配体是单齿的，配位数与配体数相同。例如，$[Cu(NH_3)_4]SO_4$ 中配位数是 4，$K_3[Fe(SCN)_6]$ 中配位数是 6。若配体是多齿的，配位数＝配体数×每个配体的配位原子数。例如 $[Cu(en)_2]^{2+}$ 中 Cu^{2+} 的配位数是 4（因为每个 en 中有两个配位原子）。

4. 配离子的电荷

配离子的电荷数等于中心原子和配体总电荷的代数和。由于配合物是电中性的，外界离子的电荷总数和配离子的电荷总数相等、符号相反，因此可根据外界离子的电荷推断出配离子的电荷及中心原子的氧化数。例如 $K_3[Fe(CN)_6]$ 和 $K_4[Fe(CN)_6]$ 中，配离子的电荷分别为－3 和－4。

见数字资源 7-1　配位化合物的定义和组成视频。

三、配位化合物的命名

① 配位化合物的系统命名与一般无机化合物的命名原则相同，阴离子名称在前，阳离子名称在后，称为“某化某”、“某酸某”或“氢氧化某”等。若配离子为阳离子，阴离子是简单的酸根或OH^-时，称为“某化某”或“氢氧化某”。若外界酸根是一个复杂阴离子（如SO_4^{2-}），称为“某酸某”。若配离子为阴离子，外界是金属离子则在内界和外界之间加“酸”字；外界是H^+时，则在最后加“酸”字。

② 配合物的特征部分——内界的命名原则：将配体名称列在中心原子之前，配体的数目用汉字“一、二、三”表示，写在配体名称前面，在配体和中心原子之间加“合”字。复杂的配体名称写在圆括号中，不同配体之间以中圆点“·”分开，中心原子后以加括号的罗马数字表示其氧化数。即：

配体数-配体名称-“合”-中心原子名称(氧化数)

③ 配体命名顺序

a. 配离子及配位分子中若既有无机配体又有有机配体，则无机配体在前，有机配体在后。

b. 若同是无机配体或有机配体，先列出阴离子，后列出中性分子。

c. 在同类配体中（同为阴离子或同为中性分子），按配位原子元素符号的英文字母顺序排列。

下面列举一些命名实例：

$[Ag(NH_3)_2]OH$	氢氧化二氨合银(Ⅰ)
$[Co(NH_3)_5H_2O]^{3+}$	五氨·一水合钴(Ⅲ)配离子
$[Cu(H_2O)_4]SO_4$	硫酸四水合铜(Ⅱ)
$K_3[Fe(CN)_6]$	六氰合铁(Ⅲ)酸钾
$H_2[PtCl_6]$	六氯合铂(Ⅳ)酸
$[Co(NH_3)_2(en)_2]Cl_3$	三氯化二氨·二(乙二胺)合钴(Ⅲ)
$[Fe(CO)_5]$	五羰基合铁(0)
$[Co(NH_3)_5(H_2O)]Cl_3$	三氯化五氨·一水合钴(Ⅲ)

见数字资源7-2　配位化合物的命名视频。

四、螯合物

由中心原子与多齿配体所形成的具有环状结构的配合物称为螯合物，能与中心原子形成螯合物的多齿配体叫螯合剂，螯合剂应具备以下两个条件：

① 具有2个或2个以上的配位原子，配位原子主要是O、N、S等。

② 每2个配位原子间一般有2～3个其他原子，以利于形成五元环或六元环。

螯合物与具有相同配位原子的非螯合配合物相比，具有特殊的稳定性。这种稳定性是由于形成螯合结构而产生的，称为螯合效应。螯合物的稳定性与形成环的大小及数目有关。一般含有五原子环和六原子环的螯合物是稳定的，此时环空间张力最小；另外，组成和结构相似的多齿配体与同一中心原子所形成的螯合环越多，螯合物越稳定（见图7-1）。

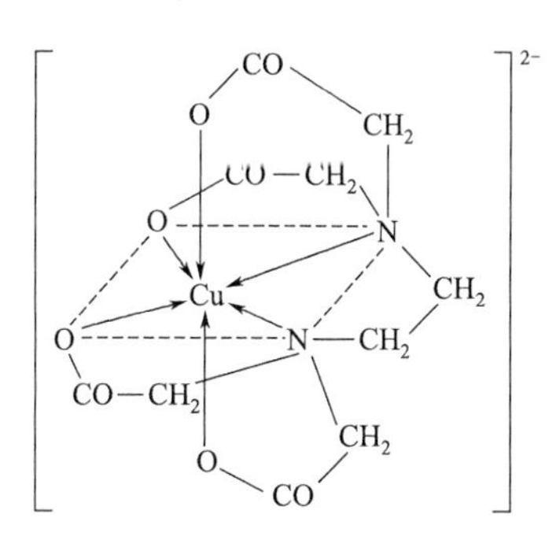

图7-1　EDTA-Cu配合物的结构

第二节 配位化合物的稳定性

配合物在水中的稳定性是指配离子在水溶液中的解离情况。解离程度越低，表明配合物的稳定性越大。

一、配位平衡常数

配离子或中性配合物的稳定性是相对的。若在 $CuSO_4$ 溶液中加入过量氨水，会生成深蓝色的 $[Cu(NH_3)_4]^{2+}$ 配离子；若向该溶液中加入少量 Na_2S 溶液，就会有黑色的 CuS 沉淀生成，加热溶液有氨味气体放出，说明溶液中存在 Cu^{2+}、NH_3 等微粒，存在下列平衡关系：

$$Cu^{2+} + 4NH_3 \underset{解离}{\overset{配位}{\rightleftharpoons}} [Cu(NH_3)_4]^{2+}$$

根据化学平衡原理，其平衡常数表达式为：

$$K_{稳} = \frac{[Cu(NH_3)_4^{2+}]}{[Cu^{2+}][NH_3]^4}$$

此平衡常数 $K_{稳}$ 称为 $[Cu(NH_3)_4]^{2+}$ 的稳定常数。该常数越大，说明生成配离子的倾向越大，解离的倾向越小，即该配离子越稳定。

例 7-1 比较 0.10mol/L $[Ag(NH_3)_2]^+$ 溶液中含有 0.10mol/L 的氨水和在 0.10mol/L $[Ag(CN)_2]^-$ 溶液中含有 0.10mol/L 的 CN^- 时，溶液中的 Ag^+ 浓度（已知 $K_{稳,[Ag(NH_3)_2]^+} = 2.5\times10^7$，$K_{稳,[Ag(CN)_2]^-} = 1.3\times10^{21}$）。

解：设 $[Ag(NH_3)_2]^+$ 和氨水的混合溶液中的 $[Ag^+] = x$ mol/L，

$$Ag^+ + 2NH_3 \rightleftharpoons [Ag(NH_3)_2]^+$$

平衡浓度/(mol/L)　　x　　$0.10+2x$　　$0.10-x$

NH_3 过量时解离受到抑制，此时 $0.10-x\approx0.10$，$0.10+2x\approx0.10$

$$\frac{[Ag(NH_3)_2^+]}{[Ag^+][NH_3]^2} = \frac{0.10}{x\times(0.10)^2} = \frac{1}{0.1x} = 2.5\times10^7$$

$\therefore x = [Ag^+] = 4.0\times10^{-7}$ (mol/L)

设 $[Ag(CN)_2]^-$ 和 CN^- 混合溶液中的 $[Ag^+] = y$ mol/L，

$$Ag^+ + 2CN^- \rightleftharpoons [Ag(CN)_2]^-$$

平衡浓度/(mol/L)　　y　　$0.10+2y$　　$0.10-y$

$$0.10+2y\approx0.10, 0.10-y\approx0.10$$

$$\frac{[Ag(CN)_2^-]}{[Ag^+][CN^-]^2} = \frac{0.10}{y\times(0.10)^2} = \frac{1}{0.1y} = 1.3\times10^{21}$$

$\therefore y = [Ag^+] = 7.7\times10^{-21}$ (mol/L)

计算结果表明，在水溶液中 $[Ag(CN)_2]^-$ 比 $[Ag(NH_3)_2]^+$ 更难解离，即 $[Ag(CN)_2]^-$ 更稳定。但在用 $K_{稳}$ 比较配离子的稳定性时，配离子的类型必须相同才能比较。对于不同类型的配离子如 $[CuY]^{2-}$ 和 $[Cu(en)_2]^{2+}$ 只能通过计算来比较它们的稳定性。

二、配位平衡的移动

配位平衡与其他化学平衡一样，也是相对的、有条件的动态平衡。这种平衡受外界因素的影响，外界条件变化，则平衡就会发生移动。配位平衡同溶液的酸度、沉淀反应、氧化还原反应等有着密切的关系，下面将分别加以讨论。

1. 溶液酸度的影响

根据酸碱质子理论，配体如 F^-、CN^-、SCN^-、OH^-、NH_3 等都是碱，可接受质子，生成难解离的共轭弱酸，降低溶液中配体的浓度，使配位平衡向解离方向移动。如：

$$[Cu(NH_3)_4]^{2+} \rightleftharpoons Cu^{2+} + 4NH_3$$

平衡移动方向

$$4NH_3 + 4H^+ \rightleftharpoons 4NH_4^+$$

这种因溶液酸度增大而导致配离子解离的作用称为酸效应。溶液的酸度越强，配离子越不稳定。另外，配离子的中心原子大多是过渡金属离子，在水溶液中往往发生水解，导致中心原子浓度降低，配位反应向解离方向移动。溶液的碱性越大，越有利于中心原子的水解反应进行。如

$$[FeF_6]^{3-} + 3OH^- \rightleftharpoons Fe(OH)_3 + 6F^-$$

因此，如要保证配离子在溶液中稳定存在，必须使溶液维持合适的酸度。一般在不发生水解的前提下，提高溶液的 pH 值有利于增加配合物的稳定性。

2. 沉淀反应的影响

金属离子既能与某种配位剂形成配离子，又能与某种沉淀剂生成难溶性物质，至于是形成配离子还是产生沉淀，取决于两个因素：配离子的稳定性（$K_{稳}$）和难溶物的溶解度。配离子的稳定性越高，难溶物的溶解能力越大，则平衡向配位方向移动生成配离子；反之，配离子的稳定性越低，难溶物的溶解能力越小，则平衡向生成沉淀方向移动。

如在 $[Ag(NH_3)_2]^+$ 溶液中加入 NaBr 试剂，有 AgBr 沉淀生成：

$$[Ag(NH_3)_2]^+ \rightleftharpoons Ag^+ + 2NH_3$$

平衡移动方向

$$Ag^+ + Br^- \rightleftharpoons AgBr\downarrow$$

相反若在沉淀中加入合适的配位剂可使沉淀溶解，生成更稳定的配离子。如在 AgBr 沉淀中加入 $Na_2S_2O_3$ 试剂，会有 $[Ag(S_2O_3)_2]^{3-}$ 生成而使 AgBr 沉淀溶解。

$$AgBr \rightleftharpoons Ag^+ + Br^-$$

平衡移动方向

$$Ag^+ + 2S_2O_3^{2-} \rightleftharpoons [Ag(S_2O_3)_2]^{3-}$$

3. 氧化还原反应的影响

在配位平衡体系中加入能与中心原子发生反应的氧化剂或还原剂，也可使配位平衡移动。

$$[FeCl_4]^- \rightleftharpoons Fe^{3+} + 4Cl^-$$

平衡移动方向

$$Fe^{3+} + I^- \rightleftharpoons Fe^{2+} + \frac{1}{2}I_2$$

第三节 配位滴定法

配位滴定法是以配位反应为基础的滴定分析法，只有具备下列条件的配位反应才能用于滴定分析：

① 配位反应必须完全，生成的配合物相当稳定。

② 反应必须按一定的反应式定量地进行。

③ 配位反应速度要快。

④ 要有合适的方法确定滴定终点。

⑤ 滴定过程中生成的配合物是可溶的。

配位剂包括无机配位剂和有机配位剂。许多无机配位剂与金属离子形成的配合物稳定性不高，同时还存在逐级配合现象，各级稳定常数很接近，因此大多数无机配位剂不能用于滴定分析。

有机配位剂特别是含有$—N(CH_2COOH)_2$基团的氨羧配位剂，配位能力强，分子中含有两个以上的配位原子，能与很多金属离子形成一定组成且稳定的配合物。这类配位剂中应用最广的是乙二胺四乙酸。

一、乙二胺四乙酸的性质及其配合物

1. 乙二胺四乙酸的结构和性质

乙二胺四乙酸的结构式为：

```
HOOCH2C                    CH2COOH
       \                  /
        N—CH2—CH2—N
       /                  \
HOOCH2C                    CH2COOH
```

乙二胺四乙酸简写为EDTA，其有四个可解离的H^+，通常用Y代表乙二胺四乙酸的阴离子，故乙二胺四乙酸可用H_4Y表示。

乙二胺四乙酸为白色粉末状结晶，微溶于水，室温时，每100mL水中只能溶解0.02g，水溶液呈酸性（pH=2.3）。能溶于碱性和氨性溶液，难溶于酸性和一般的有机溶剂，不宜作配位滴定中的滴定剂。分析化学中用其二钠盐作滴定剂。

乙二胺四乙酸二钠盐用$Na_2H_2Y \cdot H_2O$表示，也称为EDTA，为白色结晶状粉末。在水中溶解度比较大，室温时，每100mL水中能溶解11.1g，其饱和水溶液的浓度约为0.3mol/L，水溶液呈弱酸性，pH值为4.7。若pH值偏低，可用NaOH溶液中和至pH值为5左右，以免乙二胺四乙酸析出。

2. 乙二胺四乙酸在水溶液中的解离平衡

乙二胺四乙酸中两个羧基上的H^+可以转移到两个N原子上，形成双偶极离子，其结构式如下：

```
HOOCH2C                    CH2COO⁻
       \                  /
        +                +
        N—CH2—CH2—N
       /H                H\
⁻OOCH2C                    CH2COOH
```

在酸度较高的溶液中，EDTA的两个羧基可再接受两个H^+，形成H_6Y^{2+}，则相当于六元酸，在水溶液中有六级解离平衡：

$H_6Y^{2+} \rightleftharpoons H^+ + H_5Y^+$　　　　$pK_1=0.90$

$H_5Y^+ \rightleftharpoons H^+ + H_4Y$　　　　$pK_2=1.60$

$$H_4Y \rightleftharpoons H^+ + H_3Y^- \qquad pK_3 = 2.00$$

$$H_3Y^- \rightleftharpoons H^+ + H_2Y^{2-} \qquad pK_4 = 2.67$$

$$H_2Y^{2-} \rightleftharpoons H^+ + HY^{3-} \qquad pK_5 = 6.16$$

$$HY^{3-} \rightleftharpoons H^+ + Y^{4-} \qquad pK_6 = 10.26$$

在任何水溶液中，EDTA 总是以 H_6Y^{2+}、H_5Y^+、H_4Y、H_3Y^-、H_2Y^{2-}、HY^{3-}、Y^{4-} 等 7 种形式存在。在不同的 pH 值时，EDTA 主要存在型体不同，见表 7-1。

表 7-1　不同 pH 值时 EDTA 的主要存在型体

pH 值范围	<1	1～1.6	1.6～2.0	2.0～2.67	2.67～6.16	6.16～10.26	>10.26
EDTA 的型体	H_6Y^{2+}	H_5Y^+	H_4Y	H_3Y^-	H_2Y^{2-}	HY^{3-}	Y^{4-}

在以上 7 种型体中，只有 Y^{4-} 才能与金属离子直接配合。溶液的酸度越低，Y^{4-} 的浓度越大。因此，EDTA 在碱性溶液中配位能力最强。

3. 金属-EDTA 配合物的特点

① EDTA 与金属离子形成稳定的配合物。EDTA 分子中有 2 个氨基氮和 4 个羧基氧，有 6 个配位原子，与金属离子（碱金属除外）配合时形成多个五元环的螯合物。凡能形成五元环和六元环的配合物很稳定，因此金属-EDTA 配合物稳定性好。

② 配位比简单，EDTA 与金属离子配位时大都形成配位比为 1∶1 的配合物，与金属离子的价态无关。

③ 由于 EDTA 与金属离子形成的配合物大多带电荷，故一般水溶性较好。

④ EDTA 与无色的金属离子形成无色的配合物，与有色的金属离子形成颜色更深的配合物，如：

AlY^-	NiY^{2-}	CuY^{2-}	CoY^{2-}	MnY^{2-}	CrY^-	FeY^-
无色	蓝绿色	深蓝色	紫红色	紫红色	深紫色	黄色

知识拓展

EDTA

EDTA 是一种良好的食品抗氧化剂，与食品中经水解或降解反应释放的铁、铜、镁和钙等多价态金属离子螯合成稳定的水溶性配合物，其配合作用可以有效防止因金属导致的变色、氧化、酸败及维生素 C 氧化损失等变化，起到护色和抗氧化的作用。因此，在食品工业中常作为抗氧化剂、稳定剂、防腐剂，广泛应用于果酱、蔬菜罐头和果脯等食品中。

EDTA 能与血液中钙离子形成螯合物使钙离子失去凝血作用，可用于血液抗凝剂。临床上可用于治疗镉、铅、汞及放射性元素（铀、钍）中毒等。生化研究中 EDTA 用作钙螯合剂，消除微量重金属导致的酶催化反应中的抑制作用。由于多数核酸酶类和有些蛋白酶类的作用需要 Mg^{2+}，故常用作核酸酶、蛋白酶的抑制剂。

日用化学工业中 EDTA 可作为化妆品的防腐添加剂，因为 EDTA 会与水或溶液中的重金属离子结合，降低金属离子对油脂的催化氧化作用，而且不影响皮肤吸收其他成分。在合成洗涤剂中加入 EDTA 能增加表面活性剂和生成泡沫的稳定性，增强洗涤剂的洗净力和起泡力。

EDTA 还在化学分析、电镀、造纸、锅炉清洗、照相冲洗以及农业等方面有广泛的应用。

二、金属-EDTA 配合物在溶液中的解离平衡

1. 金属-EDTA 配合物的稳定常数

金属-EDTA 配合物与其他配合物一样，在溶液中存在解离平衡，其平衡常数用稳定常数 K_{MY} 表示。

金属离子与 EDTA 的反应通式为：

$$M+Y \rightleftharpoons MY（为简化省去电荷）$$

反应的平衡常数表达式为：

$$K_{MY}=\frac{[MY]}{[M][Y]} \tag{7-1}$$

K_{MY} 越大，配合物越稳定。而配合物的稳定性主要取决于金属离子和配合剂的性质。EDTA 与不同金属离子形成的配合物的稳定性是不同的。常见的金属-EDTA 配合物稳定常数 K_{MY} 的对数值见表 7-2。

表 7-2　金属-EDTA 配合物的 $\lg K_{MY}$（298.15K）

金属离子	$\lg K_{MY}$	金属离子	$\lg K_{MY}$	金属离子	$\lg K_{MY}$
Na^{+}	1.43	Fe^{2+}	14.19	Cu^{2+}	18.83
Li^{+}	2.43	Al^{3+}	16.30	Hg^{2+}	22.02
Ba^{2+}	7.86	Cd^{2+}	16.46	Bi^{3+}	27.80
Mg^{2+}	8.70	Zn^{2+}	16.50	Cr^{3+}	12.80
Ca^{2+}	10.69	Pb^{2+}	18.50	Fe^{3+}	25.42
Mn^{2+}	14.05	Ni^{2+}	18.66	Co^{3+}	41.10

由表 7-2 可见 Fe^{3+}、Co^{3+} 和 Hg^{2+} EDTA 配合物的 $\lg K_{MY}>20$；二价过渡金属离子和 Al^{3+} EDTA 配合物的 $\lg K_{MY}$ 在 14～19 之间；碱土金属离子与 EDTA 形成的配合物 $\lg K_{MY}$ 在 8～11 之间。这些配合物稳定性的差别，主要取决于金属离子本身的离子电荷、离子半径和电子层结构。这是金属离子方面影响配合物稳定性大小的本质因素。另外，溶液的酸度、温度和其他配合剂的存在等外界条件的变化也影响配合物的稳定性。

2. 配位反应的副反应和副反应系数

在配位滴定体系中，有被测金属离子 M、滴定剂 Y、其他金属离子、缓冲剂和掩蔽剂等。除了被测金属离子 M 与滴定剂 Y 之间发生的主反应外，还存在不少副反应，其化学平衡复杂，可表示如下：

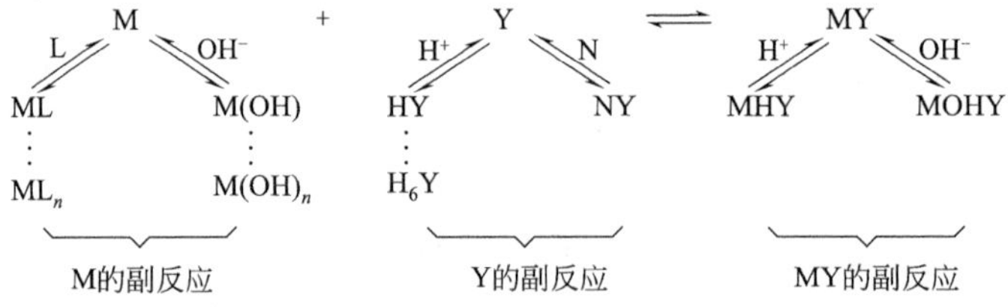

这些副反应主要可归纳为：一是金属离子与其他配位剂产生的配位效应以及水解效应；二是 EDTA 在溶液中的酸效应以及与其他非被测离子的配位效应；三是生成的酸式配合物及碱式配合物的副反应。其中前两种相当于主反应的逆反应，对滴定不利，而第三种虽然对滴定有利，但反应的程度较小，一般可忽略不计。

为了定量地表示副反应对主反应的影响程度，引入副反应系数 α。下面分别讨论主要的两种副反应系数。

（1）酸效应和酸效应系数　由于 H^{+} 的存在使 H^{+} 与 Y 之间发生副反应，使游离 Y 的

浓度降低，使 Y 参加主反应能力降低的现象称为酸效应。酸效应系数可以衡量由于 H^+ 的存在引起的酸效应程度，用 $\alpha_{Y(H)}$ 表示。

$$\alpha_{Y(H)}=\frac{[Y']}{[Y]}$$

式中，[Y′] 表示 EDTA 未与金属离子配位的各种型体的总浓度；[Y] 表示能与金属离子配位的游离 Y^{4-} 的浓度（为书写方便，其各种型体均略去电荷），则：

$$[Y']=[Y]+[HY]+[H_2Y]+[H_3Y]+[H_4Y]+[H_5Y]+[H_6Y]$$

$\alpha_{Y(H)}$ 表示在一定酸度下未参加配合反应 EDTA 的总浓度 [Y′] 是游离的 EDTA（Y^{4-}）浓度 [Y] 的多少倍。

$\alpha_{Y(H)}$ 越大表示 EDTA 与 H^+ 发生的副反应越严重，能与金属离子配位的 [Y] 越小。$\alpha_{Y(H)}$ 随溶液的酸度增大而增大，故称酸效应系数。当 $\alpha_{Y(H)}=1$、$[Y']=[Y]$，表示 EDTA 与 H^+ 未发生副反应，全部以 Y^{4-} 型体存在，此时，EDTA 的配位能力最强。EDTA 在各种 pH 时的酸效应系数见表 7-3。

表 7-3　EDTA 在各种 pH 时的酸效应系数

pH	$\lg\alpha_Y$	pH	$\lg\alpha_Y$	pH	$\lg\alpha_Y$
0.0	23.64	4.5	7.50	8.5	1.77
0.8	19.08	5.0	6.45	9.0	1.29
1.0	17.13	5.4	5.69	9.5	0.83
1.5	15.55	5.5	5.51	10.0	0.45
2.0	13.79	6.0	4.65	10.5	0.20
2.5	11.11	6.4	4.06	11.0	0.07
3.0	10.63	6.5	3.92	11.5	0.02
3.4	9.71	7.0	3.32	12.0	0.01
3.5	9.48	7.5	2.78	13.0	0.0008
4.0	8.44	8.0	2.26		

(2) 金属离子的配位效应和配位效应系数　当溶液中有其他配位剂存在时，金属离子不仅与 Y 生成配合物 MY，还与其他配位剂 L 生成其他配合物，使 [M] 的浓度下降，导致主反应受到影响，降低 MY 的稳定性。这种由于其他配位剂与 M 发生副反应而使金属离子 M 与配位剂 Y 之间发生主反应能力降低的现象称为配位效应，配位效应系数可以衡量由于其他配位剂的存在使金属离子进行主反应能力降低的程度，用 α_M 表示。

$$\alpha_M=\frac{[M']}{[M]}=\frac{[M]+[ML]+[ML_2]+\cdots+[ML_n]}{[M]}$$

式中，α_M 表示未与 Y 配位的金属离子各种型体的总浓度 [M′] 是游离金属离子 [M] 的多少倍。

α_M 的大小与溶液中其他配位剂 L 的浓度及其配位能力有关。若配位剂 L 的配位能力越强，浓度越大，则 α_M 越大，游离的金属离子浓度 [M] 越小，即配位效应引起的副反应程度越严重。

(3) 配合物的条件稳定常数　在没有副反应发生时，金属离子 M 与配位剂 EDTA 反应的进行程度可用 K_{MY} 表示。在实际滴定条件下，由于受到副反应的影响，K_{MY} 不能完全反映主反应进行的程度。因此，引入条件稳定常数 K'_{MY} 表示配合物反应进行的实际程度：

$$K'_{MY}=\frac{[MY]}{[M'][Y']} \tag{7-2}$$

K'_{MY} 也称作表观稳定常数或有效稳定常数。条件稳定常数 K'_{MY} 是反映了配合物在一定

条件下的实际稳定常数。由副反应系数定义可知

$$[M']=\alpha_M[M];[Y']=\alpha_{Y(H)}[Y]$$

代入公式(7-2)，则得

$$K'_{MY}=\frac{[MY]}{\alpha_M[M]\alpha_{Y(H)}[Y]}=\frac{K_{MY}}{\alpha_M\alpha_{Y(H)}}$$

在一定条件下，α_M、$\alpha_{Y(H)}$ 均为定值，因此 K'_{MY} 在一定条件下是常数，一旦条件发生变化，K'_{MY} 也随之发生变化，故称为条件稳定常数。当有副反应发生时，α_M、$\alpha_{Y(H)}$ 总是大于 1（只有无副反应发生时，它们才等于 1）。运用 K'_{MY} 能正确判断配合物 MY 的稳定性及主反应进行的程度。

将上式取对数，可得

$$\lg K'_{MY}=\lg K_{MY}-\lg\alpha_M-\lg\alpha_{Y(H)} \tag{7-3}$$

这是计算配合物条件稳定常数的重要公式。如果不考虑其他副反应，只考虑酸效应的影响，则

$$\lg K'_{MY}=\lg K_{MY}-\lg\alpha_{Y(H)} \tag{7-4}$$

例 7-2 计算 pH=2.0 和 pH=5.0 时 ZnY 的 $\lg K'_{ZnY}$ 值。

解：查表 7-2 可知 $\lg K_{ZnY}=16.50$

（1）pH=2.0 时，查表 7-3 可得 $\lg\alpha_{Y(H)}=13.79$

则 $\lg K'_{ZnY}=\lg K_{ZnY}-\lg\alpha_{Y(H)}=16.50-13.79=2.71$

（2）pH=5.0 时，查表 7-3 可得 $\lg\alpha_{Y(H)}=6.45$

则 $\lg K'_{ZnY}=\lg K_{ZnY}-\lg\alpha_{Y(H)}=16.50-6.45=10.05$

由上例可知，在 pH=2.0 时滴定 Zn^{2+}，由于酸效应严重，$\lg K'_{ZnY}$ 为 2.71，ZnY 配合物在此条件下很不稳定。而在 pH=5.0 时滴定 Zn^{2+}，酸效应影响程度明显下降，$\lg K'_{ZnY}$ 为 10.05，表明 ZnY 配合物在此条件下相当稳定，配位反应完全。

三、滴定条件的选择

EDTA 的配位能力虽很强，但在 EDTA 滴定中产生副反应的因素很多，因此如何提高配位滴定的选择性，是配位滴定中需要解决的重要问题。以下从两个方面加以讨论。

1. 酸度的选择

在配位滴定中，如果不考虑溶液中其他副反应，被滴定的金属离子 K'_{MY} 主要取决于溶液酸度。酸度过高，由于酸效应的存在，$\alpha_{Y(H)}$ 较大，K'_{MY} 较小，配位反应不完全，不能准确滴定。当酸度较低时，$\alpha_{Y(H)}$ 较小，但金属离子易发生水解生成氢氧化物沉淀，也不利于滴定。因此，酸度的选择和控制很重要。

（1）最高酸度（最低 pH） 根据滴定分析的一般要求，滴定误差≤±0.1%，当被测金属离子浓度为 0.01mol/L 时，金属离子能被准确滴定的条件是 $K'_{MY}\geqslant 10^8$。若只考虑 EDTA 的酸效应而忽略其他的副反应，则

$$\lg K'_{MY}=\lg K_{MY}-\lg\alpha_{Y(H)}\geqslant 8 \tag{7-5}$$

因此，溶液的酸度应有一个最高限度，超过这一限度将使 K'_{MY} 小于 10^8，金属离子就不能被准确滴定，此时溶液最高允许酸度称为“最高酸度”（或最低 pH）。

$$\lg\alpha_{Y(H)}\leqslant\lg K_{MY}-8 \tag{7-6}$$

在滴定某种金属离子时，可先从表 7-2 查出该金属离子的 $\lg K_{MY}$，代入式(7-6) 求出 $\lg\alpha_{Y(H)}$，再从表 7-3 查得该值对应的 pH 值，即为该离子的最低 pH（最高酸度）。

例 7-3 用浓度为 0.01000mol/L 的 EDTA 滴定同浓度的 Zn^{2+}，试计算其最高酸度。

解：由表 7-2 查得 $\lg K_{ZnY}=16.5$，

$\therefore \lg\alpha_{Y(H)}=16.5-8=8.5$

由表 7-3 查得，对应 $\lg\alpha_{Y(H)}=8.5$ 的 pH 值为 4，故最高酸度的 pH=4。

用上述方法可计算出用 EDTA 滴定各种金属离子时的最高酸度（最低 pH），见表 7-4。

表 7-4　EDTA 滴定各种金属离子时的最低 pH 值

金属离子	最低 pH 值	金属离子	最低 pH 值	金属离子	最低 pH 值
Mg^{2+}	9.7	Co^{2+}	4.0	Cu^{2+}	2.9
Ca^{2+}	7.5	Cd^{2+}	3.9	Hg^{2+}	1.9
Mn^{2+}	5.2	Zn^{2+}	4.0	Sn^{2+}	1.7
Fe^{2+}	5.0	Pb^{2+}	3.2	Fe^{3+}	1.0
Al^{3+}	4.2	Ni^{2+}	3.0	Bi^{3+}	0.6

（2）最低酸度（最高 pH）　当溶液中酸度控制在最高酸度以下，随着 pH 增大，酸效应逐渐减小，有利于滴定，为保证反应完全，要控制 pH 适当高于最低 pH。但酸度太低，金属离子会发生水解生成氢氧化物沉淀而影响滴定。滴定反应的酸度要控制在最低酸度（最高 pH）之内。

最低酸度可以从 $M(OH)_n$ 溶度积求得。如 $M(OH)_n$ 的溶度积为 K_{sp}，为防止沉淀的生成，必须使 $[OH^-]\leqslant\sqrt[n]{\dfrac{K_{sp}}{c_M}}$，计算出 $[OH^-]$ 后，再由 pH+pOH=14 求出相应的 pH 值，即滴定所要求的“最低酸度”。所以配位滴定只能在最低 pH 和最高 pH 之间范围内进行，通常将此范围称为配位滴定的适宜 pH 范围。

必须注意，配位滴定不仅在滴定前要调节好溶液的酸度，而且整个滴定过程中都应控制在一定的酸度范围内进行。因为 EDTA 和金属离子在进行配位的过程中不断有 H^+ 释放出来，使溶液的酸度增加。例如：

$$Mg^{2+}+H_2Y^{2-}\rightleftharpoons MgY^{2-}+2H^+$$

因此，在配位滴定中常加入一定量的缓冲溶液来控制滴定体系的酸度基本不变。

2. 掩蔽剂的使用

当样品溶液中有其他金属离子 N 时，由于 N 与 Y 发生副反应，降低了条件稳定常数 K'_{MY}，给 M 离子的滴定带来误差，而且 N 离子可能会与指示剂结合很牢，产生封闭作用。此时可加入掩蔽剂降低 N 离子的浓度使其不能与 Y 发生配位反应，消除 N 离子的干扰。

掩蔽方法根据反应类型不同可分为配位掩蔽法、沉淀掩蔽法及氧化还原掩蔽法。

（1）配位掩蔽法　利用配位掩蔽剂使干扰离子 N 形成稳定的配合物以消除干扰的方法。在测定水中 Ca^{2+}、Mg^{2+} 含量时，消除 Fe^{3+}、Al^{3+} 的干扰可加入三乙醇胺，使 Fe^{3+}、Al^{3+} 形成稳定配合物而被掩蔽。在实际应用中以配位掩蔽法使用最广。

（2）沉淀掩蔽法　在溶液中加入沉淀剂使干扰离子 N 生成难溶性物质的方法。如在含有 Ca^{2+}、Mg^{2+} 两种离子的溶液中滴定 Ca^{2+}，可加入 NaOH 使溶液的 pH≥12，Mg^{2+} 生成 $Mg(OH)_2$ 沉淀而不干扰 Ca^{2+} 的测定。

（3）氧化还原掩蔽法　利用氧化还原反应改变干扰离子的价态以消除干扰的方法。例如，若有 Fe^{3+} 干扰，可加入还原剂抗坏血酸使 Fe^{3+} 转变成 Fe^{2+} 达到掩蔽的目的。

四、金属指示剂

在配位滴定中，通常利用一种能与金属离子生成有色配合物的显色剂来指示滴定过程中金属离子浓度的变化，这种显色剂称为金属离子指示剂，简称金属指示剂。

1. 金属指示剂的变色原理

金属指示剂通常是一些有机染料，本身具有一定颜色，在一定 pH 下，能与金属离子 M 形成有色配合物，其颜色与游离的指示剂颜色不同。

$$\underset{}{M} + \underset{(颜色Ⅰ)}{In} \rightleftharpoons \underset{(颜色Ⅱ)}{MIn}$$

以铬黑 T 为例说明金属指示剂的变色原理：

铬黑 T 在 pH 6.3～11.6 时呈蓝色，可以用 HIn^{2-} 表示，与 Mg^{2+} 配位后生成红色配合物。

滴定前：

$$Mg^{2+} + \underset{蓝色}{HIn^{2-}} \rightleftharpoons \underset{红色}{MgIn^{-}} + H^{+}$$

滴定开始至化学计量点前： $Mg^{2+} + H_2Y^{2-} \rightleftharpoons MgY^{2-} + 2H^{+}$

终点：

$$\underset{红色}{MgIn^{-}} + H_2Y^{2-} \rightleftharpoons MgY^{2-} + \underset{蓝色}{HIn^{2-}} + H^{+}$$

滴定开始前，溶液中有大量的 Mg^{2+}，加入少量的铬黑 T 指示剂与游离的 Mg^{2+} 形成红色配合物。滴定开始，EDTA 先与游离的 Mg^{2+} 配位，溶液仍为红色。当游离的金属离子几乎完全被配位后，继续滴加 EDTA 时，由于 Mg-铬黑 T 的稳定性小于 MgY，因此 EDTA 夺取 $MgIn^{-}$ 配合物中的 Mg^{2+}，而使铬黑 T 游离出来，溶液由红色变为蓝色指示滴定终点的到达。

2. 金属指示剂应具备的条件

① 指示剂与金属离子形成配合物（MIn）的颜色与指示剂（In）本身的颜色有明显区别。现以铬黑 T 为例进行介绍。

铬黑 T（用 NaH_2In 表示）是一个具有弱酸性酚羟基的有色配合剂，在不同的酸度下有不同的颜色。它在水溶液中存在下列解离平衡：

$$\underset{\substack{红色 \\ pH<6.3}}{H_2In^{-}} \underset{+H^{+}}{\overset{-H^{+}}{\rightleftharpoons}} \underset{\substack{蓝色 \\ pH=6.3\sim11.6}}{HIn^{2-}} \underset{+H^{+}}{\overset{-H^{+}}{\rightleftharpoons}} \underset{\substack{橙色 \\ pH>11.6}}{In^{3-}}$$

在 pH<6.3 或 pH>11.6 时，游离的指示剂与形成金属离子配合物的颜色没有明显区别，在 pH=6.3～11.6 的溶液里指示剂显蓝色，而与金属离子生成的配合物为红色，颜色有明显的差别。所以用铬黑 T 作指示剂时，pH 值应控制在 6.3～11.6 的范围内，最适宜的 pH 值为 9～10.5。

② 金属指示剂与金属离子形成的配合物要有适当的稳定性。一般要求 $K'_{MIn} \geqslant 10^4$，稳定性太低，配合物易解离，会使终点提前出现，并且要求金属指示剂配合物 MIn 的稳定性要小于 MY 的稳定性，即 $K'_{MY}/K'_{MIn} \geqslant 10^2$。否则 MIn 稳定性太高，稍过终点时，EDTA 仍不能夺取 MIn 中的金属离子，无法指示终点，使终点推迟。

③ 指示剂与金属离子的配位反应要灵敏、迅速，并且 MIn 要易溶于水。

金属指示剂的使用还应注意以下问题：

(1) 指示剂的封闭现象　有的指示剂与某些金属离子生成极稳定的配合物，如铬黑 T 与 Fe^{3+}、Cu^{2+}、Al^{3+}、Ni^{2+}、Co^{2+} 生成的配合物非常稳定。当用 EDTA 滴定这些离子时，即使用量较多的 EDTA 也不能把铬黑 T 从 M-铬黑 T 配合物中置换出来，不能达到滴定终点，这种现象称为指示剂的封闭现象。为了消除封闭现象，可加入掩蔽剂，使封闭离子不再与指示剂配合来消除干扰。

(2) 指示剂的僵化现象　如果指示剂与金属离子形成的配合物为胶体溶液或沉淀，使化学计量点时 EDTA 与指示剂的置换缓慢，终点推迟，这种现象称为指示剂的僵化现象。可通过加入有机溶剂或加热，以增大有关物质的溶解度，同时放慢滴定速度来加以消除。

3. 常用金属指示剂

配位滴定中常用金属指示剂的应用范围以及封闭离子和掩蔽剂选择情况见表 7-5。

表 7-5 常用金属指示剂

金属指示剂	pH 使用范围	颜色变化 In MIn	直接滴定离子	封闭离子	掩蔽剂
铬黑 T	7～10	蓝 红	Mg^{2+},Zn^{2+},Cd^{2+},Pb^{2+},Mn^{2+},稀土	Al^{3+},Fe^{3+},Cu^{2+},Co^{2+},Ni^{2+}	三乙醇胺 NH_4F
二甲酚橙	<6	亮黄 红紫	pH <1 ZrO^{2+} pH 1～3 Bi^{3+},Th^{4+} pH 5～6 Zn^{2+},Cd^{2+} Pb^{2+},Hg^{2+},稀土	Fe^{3+} Al^{3+} Cu^{2+},Co^{2+},Ni^{2+}	NH_4F 返滴法 邻二氮菲
PAN	2～12	黄 红	pH 2～3 Bi^{3+},Th^{4+} pH 4～5 Cu^{2+},Ni^{2+}		
钙指示剂	10～13	纯蓝 酒红	Ca^{2+}	与铬黑 T 相似	

常用金属指示剂配制方法如下所述。

(1) 铬黑 T 的配制　铬黑 T 的固体稳定，它的水溶液不稳定，易发生分子聚合而变质，聚合后不再与金属离子显色，加入三乙醇胺可以防止聚合。在碱性溶液中铬黑 T 能被空气中的氧气氧化而褪色，可加入盐酸羟胺或抗坏血酸等防止氧化，常用配方如下：

① 铬黑 T 与干燥的 NaCl 以 1∶100 的比例混合磨细后，存于干燥器中，用时取少许即可，但用量不易掌握。

② 称取铬黑 T 0.2g 溶于 15mL 三乙醇胺，溶解后，加入 15mL 无水乙醇。此溶液可保存数月。

(2) 二甲酚橙的配制　二甲酚橙是紫红色粉末，易溶于水，常配成 0.2%或 0.5%的水溶液，可稳定保存几个月。

(3) 钙指示剂的配制　纯的钙指示剂为紫黑色粉末，水溶液或乙醇溶液均不稳定，一般与 NaCl 固体研匀配成固体混合物使用。

五、标准溶液的配制与标定

1. EDTA 标准溶液 (0.05mol/L) 的配制

由于 EDTA 在水中溶解度小，所以常用 EDTA 二钠盐配制标准溶液，也称 EDTA 溶液。配制时称取 EDTA 二钠盐 19g，溶于约 300mL 温蒸馏水中，冷却后稀释至 1L，摇匀即得。贮存于硬质玻璃瓶或聚乙烯塑料瓶中，待准确标定。

2. EDTA 标准溶液 (0.05mol/L) 的标定

标定 EDTA 常用的基准物质为 ZnO 或金属 Zn。操作步骤为：取在 800℃灼烧至恒重的基准氧化锌 0.45g，精密称定，加稀盐酸 10mL 使溶解，置于 100mL 容量瓶中，精密吸取 20.00mL 置于锥形瓶，加 0.025%甲基红的乙醇溶液 1 滴，滴加氨试液至溶液显微黄色，加水 25mL 与氨-氯化铵缓冲溶液 (pH=10.0) 10mL，再加铬黑 T 指示剂少量，用 EDTA 溶液滴定至溶液由紫红色变为纯蓝色，即为终点。

六、应用与示例

配位滴定可采用多种滴定方式测定许多金属离子，扩大配位滴定的应用范围。常用的有以下几种：

1. 直接滴定法

直接滴定法是将试样处理成溶液后，调节至所需要的酸度，加入必要的其他试剂和指示剂，直接用 EDTA 滴定。绝大多数金属离子与 EDTA 的配位反应能满足滴定的要求，可采用直接滴定法测定，如钙盐、镁盐、锌盐、铁盐和铜盐等。

例 7-4 水的硬度测定（即钙、镁含量测定）。

所谓硬水是指含钙、镁盐较多的水。测定水的硬度实际上是测定水中钙、镁离子的总量，把测得的钙、镁离子折算成 $CaCO_3$ 质量来计算硬度。水的硬度以每升水中含 $CaCO_3$ 的质量（mg）来表示。我国规定饮用水的硬度以 $CaCO_3$ 计不得超过 450mg/L。

操作步骤为：取水样 100mL，加 $NH_3 \cdot H_2O\text{-}NH_4Cl$ 缓冲溶液 10mL，铬黑 T 指示剂少许，用 EDTA 液（0.01000mol/L）滴定至溶液由酒红色变为纯蓝色即为终点。硬度计算公式如下：

$$\text{硬度}(CaCO_3)=\frac{(cV)_{EDTA}M_{CaCO_3}\times 10^3}{V_{\text{水样}}}$$

钙、镁盐经常共存，有时需要分别测定两者的含量。钙、镁的测定用 EDTA 直接滴定的方法。方法是先在 pH＝10 的氨性溶液中，以铬黑 T 为指示剂，用 EDTA 滴定，测得 Ca^{2+}、Mg^{2+} 总量。另取同量试液，加入 NaOH 至 pH＞12，此时镁以 $Mg(OH)_2$ 沉淀形式掩蔽，选用钙指示剂，用 EDTA 滴定 Ca^{2+}，前后两次测定之差即为镁含量。

2. 返滴定法

返滴定法是在试液中先加入已知量、过量的 EDTA 标准溶液，使 EDTA 与被测金属离子完全配位，用另一种金属离子标准溶液滴定过量的 EDTA，根据两种标准溶液的浓度和用量可求得被测金属离子的含量。返滴定法主要适用于被测金属离子对指示剂有封闭作用而找不到合适的指示剂；或被测金属离子与 EDTA 配位反应速度很慢；或被测金属离子在滴定酸度条件下发生水解等情况的测定。

例 7-5 铝盐的含量测定。

常用的铝盐药物有氢氧化铝、复方氢氧化铝、氢氧化铝凝胶等。这些药物大都采用配位滴定法测定含量。但铝盐不能用 EDTA 直接滴定，因为 Al^{3+} 对指示剂有封闭作用，在酸度不高时 Al^{3+} 又易水解，因此要采用返滴定法。通常在铝盐试液中先加入过量而定量的 EDTA，加热煮沸几分钟，待配位反应完全后，再用 Zn^{2+} 标准溶液返滴定剩余的 EDTA。例如氢氧化铝凝胶的含量测定。

方法：取本品 8g 精密称定，加盐酸与蒸馏水各 10mL，煮沸 10min 使其溶解，放冷至室温，过滤，滤液置 250mL 容量瓶中，滤器用蒸馏水洗涤，洗液并入容量瓶中，用蒸馏水稀释至刻度，摇匀。精密量取 25mL，加氨水中和至析出沉淀，再滴加稀盐酸至沉淀恰好溶解为止，加醋酸-醋酸铵缓冲液（pH 6.0）10mL，再精密加 EDTA 标准溶液（0.05mol/L）25mL，煮沸 3～5min，放冷至室温，加二甲酚橙指示液 1mL，用锌标准溶液（0.05mol/L）滴定，至溶液由黄色变为淡紫红色，并将滴定结果用空白试验校正。依下式计算 Al_2O_3 的含量。

$$Al_2O_3\%=\frac{[(cV)_{EDTA}-(cV)_{Zn}]\times\frac{101.96}{2000}}{\text{样品重}\times\frac{25.00}{250.0}}\times 100\%$$

《中华人民共和国药典》（2020 年版）收载的用 EDTA 滴定法测定含量的原料药和制剂有乳酸钙，葡萄糖酸钙口服溶液、片剂及其注射液，复方铝酸铋片，氧化锌及其软膏，氯化钙及其注射剂，碳酸钙，磷酸氢钙及其片剂等。

第四节　配合物在医药上的应用

配位化合物具有特殊的结构和性质，配位化学无论在基础理论研究或实际应用方面都具有非常重要的意义，并渗透到其他学科领域，如生物化学、环境化学、药物化学、催化、冶金等，其应用范围非常广泛。这里扼要介绍配合物在医药方面的应用。

① 人体中许多生物酶本身就是金属离子的配合物，它们需要少量某种金属离子（如Fe、Zn、Cu的离子等）的存在才能起催化作用，这些金属是人体中不可缺少的有益元素。但有些元素如Pb、Cd、As、Be等的积累，它们能抑制酶的作用，这些元素就是有毒元素。对于体内有毒的金属离子，一般可选择合适的配体（或螯合剂）与其结合而排出体外。这种方法称为螯合疗法，所用的螯合剂称为解毒剂。如Pb中毒，可在肌肉中直接注射一定量的EDTA溶液。EDTA也是排除人体内U、Th、Pu等放射性元素的高效解毒剂。

② 多数抗微生物的药物属于配体，和金属配位后往往能增加其活性。如丙基异烟肼与一些金属生成的配合物的抗结核杆菌能力比纯配体强。β-羟基喹啉和铁单独存在均无抗菌活性，但形成的配合物却有很强的抗菌作用，且以1∶3的中性配合物透过细胞膜能力最强。某些配合物有抗病毒的活性，病毒的核酸和蛋白质均为配体，能和配阳离子作用，生成生物金属配合物。配阳离子或和细胞外病毒作用，或占据细胞表面防止病毒的吸附，或防止病毒在细胞内的再生，阻止病毒的增殖。

③ 许多药物本身就是配合物。如治疗血吸虫病的没食子酸锑、治疗糖尿病的胰岛素（锌的螯合物）、抗恶性贫血的维生素B_{12}（钴的螯合物）等。20世纪60年代顺铂*cis*-[$Pt(NH_3)_2Cl_2$]抗肿瘤活性的发现是现代药物无机化学作为一个研究领域的标志。直至今日，含铂药物（包括第二代产品卡铂）联合化疗还是治疗恶性肿瘤（尤其是睾丸癌、子宫癌和小叶肺癌）的主要手段。

【本章小结】

① 配合物是由一定数目的配体与中心原子按一定组成和空间构型所形成的化合物。

② 配合物的命名服从一般无机化合物的命名原则。配合物的内界命名原则如下：配体数—配体名称（不同配体之间以“·”分开）—合—中心原子名称（氧化数用罗马数字表示）。

③ 配位滴定法是利用配位反应的滴定分析方法。EDTA是应用最广泛的配位剂，能与金属离子形成配合物，具有配位比简单、易溶于水，以及稳定的数个五元环结构的特点。

④ 配合物的稳定性取决于金属离子本性、酸度及其他配位剂的存在等外界因素的影响。在伴有副反应的条件下，金属离子与EDTA所形成配合物的实际稳定性用条件稳定常数K'_{MY}表示。$\lg K'_{MY}=\lg K_{MY}-\lg\alpha_M-\lg\alpha_{Y(H)}$。如果不考虑其他副反应，只考虑酸效应的影响，则$\lg K'_{MY}=\lg K_{MY}-\lg\alpha_{Y(H)}$。

⑤ 当被测金属离子浓度为0.01mol/L，金属离子能被准确滴定时$K'_{MY}\geqslant 10^8$。若只考虑EDTA的酸效应而其他副反应忽略不计，则$\lg\alpha_{Y(H)}=\lg K_{MY}-8$，从表7-3查得该值对应的pH值，即为该离子的最低pH（最高酸度）。

【目标检测】

一、选择题

1. 配位化合物中一定含有（　　）。

A. 金属键　　B. 离子键　　C. 配位键　　D. 氢键

2. 下列说法正确的是（　　）。

A. 配位数就是配位体的数目

B. 只有金属离子才能作中心原子

C. 配离子电荷数等于中心原子的电荷数

D. 配合物中配位键的数目称为配位数

3. $K_4[Fe(CN)_6]$ 中配离子电荷数和中心原子的氧化数分别为（　　）。

A. −2，+4　　B. −4，+2　　C. +3，−3　　D. −3，+3

4. EDTA 各型体中，直接与金属离子配位的是（　　）。

A. Y^{4-}　　B. H_6Y^{2+}　　C. H_4Y　　D. H_3Y^-

5. 下列物质中，配位数为 6 的配合物是（　　）。

A. $[Ni(CN)_4]^{2-}$　　B. $[FeF_6]^{3-}$　　C. $[Ag(CN)_2]^-$　　D. $[Zn(NH_3)_4]^{2+}$

6. 用 EDTA 滴定 Ca^{2+}、Mg^{2+} 混合液中的 Ca^{2+}，要消除 Mg^{2+} 的干扰宜采用（　　）。

A. 控制酸度法　　B. 沉淀掩蔽法　　C. 配位掩蔽法　　D. 氧化还原掩蔽法

7. 铝盐药物的测定常用配位滴定法。加入过量 EDTA，加热煮沸片刻后，再用标准锌溶液滴定。该滴定方式是（　　）。

A. 直接滴定法　　B. 置换滴定法　　C. 返滴定法　　D. 间接滴定法

8. 配位滴定中，指示剂的封闭现象是由（　　）引起的。

A. 指示剂与金属离子生成的配合物不稳定

B. 被测溶液的酸度过高

C. 指示剂与金属离子生成的配合物的稳定性小于 MY 的稳定性

D. 指示剂与金属离子生成的配合物的稳定性大于 MY 的稳定性

二、问答题

1. 指出下列配合物和配离子的中心离子或（原子）、配位体、配位数、配离子电荷数并命名。

(1) $(NH_4)_3[SbCl_6]$；(2) $[Co(en)_3]Cl_3$；(3) $[Co(NO_2)_6]^{3-}$；

(4) $[Co(NH_3)_2(en)_2]Cl_3$；(5) $[Fe(CO)_5]$。

2. 根据下列配合物的名称写出其化学式（注：括号中为中心原子的氧化数）。

(1) 四羰基合镍（0）

(2) 氢氧化六氨合钴（Ⅲ）

(3) 氯化二氯·四水合钴（Ⅲ）

(4) 三氯化二氨·二（乙二胺）合钴（Ⅲ）

(5) 六氯合铂（Ⅳ）酸钾

(6) 氢氧化二氨合银（Ⅰ）

3. EDTA 与金属离子配位有何特点？

4. 为什么配位滴定中要维持一定的酸度？

5. 叙述金属指示剂的变色原理。金属指示剂有哪些特点？

6. pH=5 时，能否用 EDTA 滴定 Ca^{2+}？在 pH=10.0 时情况又是如何？

三、计算题

1. 称取干燥的 $Al(OH)_3$ 凝胶 0.3968g，溶解后转入 250mL 容量瓶中，稀释至刻度，混匀。用移液管移取此液 25.00mL，加入 0.02090mol/L 的 EDTA 标准溶液 25.00mL，过量的 EDTA 用 0.02015mol/L 的锌标准溶液回滴，用去 14.80mL，求样品中 Al_2O_3 及 Al 的百分含量？

2. 称取葡萄糖酸钙样品 0.5416g，溶解后，在 pH=10 的 NH_3-NH_4Cl 缓冲溶液中，用 0.05002mol/L 的 EDTA 滴定液滴定，用去 24.01mL，求样品中葡萄糖酸钙的含量（$C_{12}H_{22}O_{14}Ca \cdot H_2O$ 分子量为 448.4）。

3. 取 100.0mL 水样，用氨-氯化铵溶液调节 pH=10，以铬黑 T 为指示剂，用 EDTA 标准溶液（0.01882mol/L）滴定至终点，其消耗 22.58 mL，计算水样的总硬度。如果再取上述水样 100.0mL，用 NaOH 溶液调节 pH=12.5，加入钙指示剂，用上述 EDTA 标准溶液滴定至终点，消耗 10.11mL，分别求水样中的 Ca^{2+}、Mg^{2+} 的含量。

模块二　仪器分析

第八章　光谱分析法

学习目标

1. 掌握透射比和吸光度，朗伯-比尔定律，吸收系数和紫外-可见分光光度法的定量分析方法。
2. 熟悉紫外-可见吸收光谱、紫外-可见分光光度计主要组成部件与类型及偏离朗伯-比尔定律的因素。
3. 熟悉红外分光光度法的基本原理，常见基团的特征吸收频率与吸收峰之间的关系。
4. 了解光谱分析的基本概念和紫外-可见分光光度法的定性方法。
5. 了解红外光谱法的定性分析方法，能利用基团特征频率与分子结构的关系进行简单的图谱解析。

第一节　光谱分析法概论

一、光学分析法

凡是涉及电磁辐射与物质相互作用的仪器分析法都称为光学分析法。根据物质与辐射能作用性质的不同，光学分析法又可分为光谱法和非光谱法两类。

如果物质在辐射能作用下（或在外界能量的作用下）发生内部能级跃迁，而测量的是由此所产生的发射、吸收或散射光谱的波长和强度，这类方法就是光谱法，如紫外-可见光吸收光谱法和红外吸收光谱法等。如果电磁辐射与物质作用时，不包含能级之间的跃迁，电磁辐射只是改变了传播方向、速度或其他物理性质，如折射、反射、散射、干涉、衍射和偏振等，这类方法就称为非光谱法，如折射分析法、旋光分析法、X射线衍射法等。

二、电磁辐射与波粒二象性

电磁辐射是一种以极大速度在空间传播的交变电磁场。电磁辐射也可称为电磁波（有时也将部分谱域的电磁波泛称为光），它在空间的传播遵循波动方程，反射、折射、干涉、衍射、偏振等是电磁辐射波动性的表现。描述电磁辐射波动性的主要物理参数有：速度（c）、频率（υ）、波长（λ）或波数（σ）等（见图 8-1）。

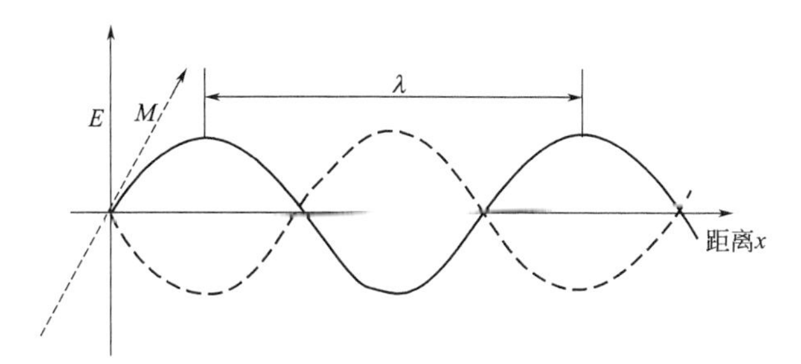

图 8-1　电磁波的电场矢量 E 和磁场矢量 M 及波长的定义

波长是指波在一个振动周期内传播的距离。波数是指波在其传播方向上单位长度内波长的数目，亦即 λ 的倒数（$1/\lambda$）；有时也以 $2\pi/\lambda$ 作为波数。频率是指每秒钟内波振动的次数，单位是 Hz。

电磁波在真空中的传播速度（c）称光速，它与波长和频率满足以下关系：

$$\upsilon=\frac{c}{\lambda} \tag{8-1}$$

电磁波同样具有微粒性，即电磁波是由光子所组成的光子流。电磁波与物质相互作用，如光电效应等现象是其微粒性的表现。描述电磁波微粒性的主要物理参数有：光子能量（E）和光子动量（p）等。光是以电磁波形式传播的光子流。电磁波能量大小与波长和频率有关。

$$E=h\upsilon=h\frac{c}{\lambda} \tag{8-2}$$

式中，c 为 3.0×10^{8} m/s；h 为普朗克常数，$h=6.626\times10^{-34}$ J·s。

显然，光的频率越高或波长越短，其光子的能量越大。

按波长顺序排列的电磁辐射称为电磁波谱（electromagnetic spectrum）。表 8-1 表示各种电磁辐射的波长范围以及引起物质运动的各种类型。

表 8-1 电磁波谱

光谱区	波长范围	原子或分子的运动形式
X 射线	0.1～10nm	原子内层电子的跃迁
远紫外光	10～200nm	分子中原子外层电子的跃迁
近紫外光	200～400nm	分子中原子外层电子的跃迁
可见光	400～760nm	分子中原子外层电子的跃迁
近红外光	760nm～2.5μm	分子中涉及氢原子的振动
中红外光	2.5～50μm	分子中原子的振动及分子转动
远红外光	50～300μm	分子的转动
微波	0.3mm～1m	电子自旋
射频	1～1000m	核磁共振

三、光谱分析法的分类及应用

电磁波谱中各区段的波长范围不同，其电磁辐射的能量也不同，与物质相互作用时可引起不同类型的物质内部能级跃迁，建立不同的光谱分析方法。气态原子、离子受热（电）激发或吸收光源时，外层电子在不同能级间跃迁所产生的光谱称为原子光谱。在辐射能的作用下，分子内能级间的跃迁产生的光谱称为分子光谱。根据测量信号的特征性质，光谱分析常分为如下两类。

1. 吸收光谱法

当辐射能通过某些吸光性物质时，物质的原子或分子吸收与其能级跃迁相当的能量，由低能态（基态）跃迁到高能态（激发态），该物质对辐射能的选择性吸收而得到的原子或分子光谱称为吸收光谱。常见的吸收光谱有：原子吸收光谱、紫外-可见吸收光谱等。

① 原子吸收光谱法　根据基态原子吸收了光源特征的辐射，使吸光度增加来进行定量分析的方法。

② 紫外-可见吸收光谱法　利用物质吸收紫外光及可见光区辐射引起分子中价电子跃迁，产生分子吸收光谱（电子光谱）来进行分析的方法。该方法广泛用于无机物质和有机物质的定性和定量分析。

③ 红外吸收光谱法　物质吸收红外区辐射，引起分子中振动和转动能级的跃迁，产生

振动-转动光谱的方法。

2. 发射光谱法

物质的原子、分子或离子在辐射能的作用下，由低能态跃迁到高能态，再由高能态跃迁至低能态而产生的光谱称为发射光谱，包括原子发射光谱、原子荧光光谱、分子荧光光谱等。如原子发射光谱法是根据气态原子或离子受热（或电）能激发所产生的特征谱线及强度进行定性、半定量和定量分析的方法。

本章着重讨论紫外-可见分光光度法和红外吸收光谱法，并且以物质的成分分析（包括定性分析和定量分析）为主要内容，对红外光谱结构分析仅做简要介绍。

第二节　紫外-可见分光光度法的基本原理

在光谱分析法中，紫外-可见吸收光谱法（UV-VIS）是应用最广泛的一种方法。通过测量被测物质对紫外及可见光（波长为200～760nm范围的电磁波）的吸收，可以测定该被测组分的含量，以及从物质的吸收光谱中了解物质的结构信息。紫外-可见吸收光谱法具有以下特点：

① 灵敏度高，紫外-可见吸收光谱法适用于测定微量物质，一般可以测量每毫升溶液中含有10^{-7}g的物质。

② 精密度和准确度较好，相对误差通常为1%～5%，适用于微量组分的测定。

③ 仪器设备简单，费用少，分析速度快，易于掌握和推广。

④ 选择性较好，一般可在多种组分共存的溶液中，对某一物质进行测定。

⑤ 应用范围广，几乎所有的无机离子和许多有机化合物均可直接或间接地用紫外-可见吸收光谱法测定。因此，在医药、化工、环保等领域中应用广泛。

一、吸收光谱

1. 物质对光的选择性吸收

单一波长的光称为单色光，由不同波长组成的光称为复合光。白光（日光、白炽灯光）是由红、橙、黄、绿、青、蓝、紫等颜色的光按一定强度比例混合而成，是一种复合光。两种适当颜色的单色光按一定强度比例混合可成为白光，这两种单色光称为互补色光。如图8-2中由直线相连的两种色光彼此混合可成为白光。

图8-2　光的互补色示意图

物质对不同波长的光的吸收是有选择性的。当一束白光照射某溶液时，如果该溶液对各种波长的可见光均不吸收，则入射光会全部通过，溶液呈现透明无色。如果溶液选择性地吸收了可见光中的某一波段的光，而让其他波段的光通过，则溶液会呈现出其互补色光的颜色。所以人看到的溶液的颜色，只是被溶液吸收光的互补光颜色，其余部分的光两两互补成白光透过溶液。例如当入射光（白光）通过$KMnO_4$溶液时，该溶液选择性吸收绿色波长的光而呈现紫色。

2. 吸收曲线

紫外-可见吸收光谱是一种分子吸收光谱，是由于分子中价电子的跃迁而产生的。在不同波长下测定物质对光吸收的程度（吸光度），以波长为横坐标，吸光度为纵坐标所绘制的曲线，称为吸收曲线，又称吸收光谱。因为测定的波长范围在紫外-可见光区，称紫外-可见光谱，如图8-3所示。

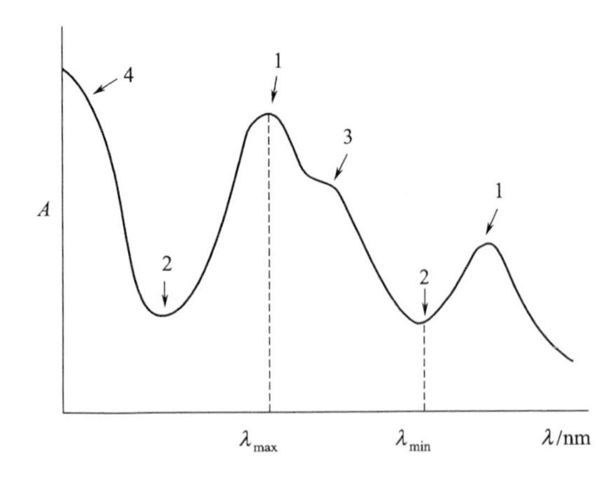

图 8-3 物质的紫外-可见吸收光谱示意图

1—吸收峰；2—吸收谷；3—肩峰；4—末端吸收

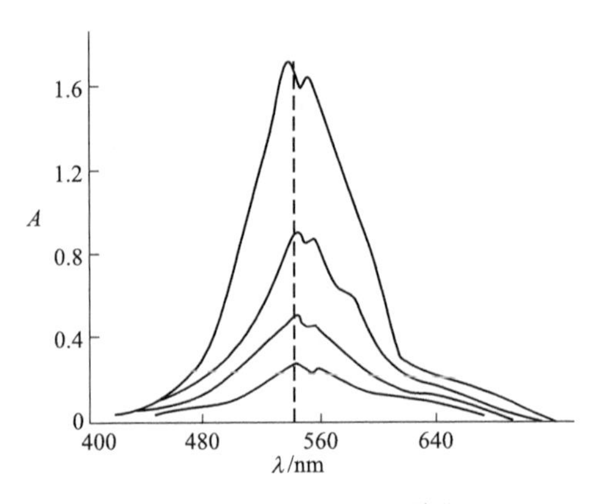

图 8-4 $KMnO_4$ 的吸收光谱曲线图

吸收曲线的峰称为吸收峰，吸收峰对应的波长称为最大吸收波长，常用 λ_{max} 表示；峰与峰之间吸光度最小的部位叫吸收谷，吸收谷对应的波长称为最小吸收波长，常用 λ_{min} 表示；在吸收峰旁形状似肩的小曲折叫作肩峰，对应的波长用 λ_{sh} 表示；吸收曲线上波长最短的一端，呈现较强吸收但不成峰形的部分称为末端吸收。不同的物质有不同的吸收峰。因此，吸收光谱上的 λ_{max}、λ_{min}、λ_{sh} 及整个吸收光谱的形状取决于物质的分子结构。通常情况下，选用几种不同浓度的同一溶液所测得的吸收光谱曲线图形是完全相似的，λ_{max} 值也是固定不变的。图 8-4 中，四条曲线是四种不同浓度的 $KMnO_4$ 溶液的吸收光谱曲线。从图中可以看出，四条曲线的图形完全相似，λ_{max} 值相同，这说明物质吸收不同波长光的特性只与溶液中物质的结构有关，而与浓度无关。不同浓度的同一物质的溶液，在一定波长下其吸光度 A 不同。分子结构不同的物质，则吸收光谱也不相同。因此，在吸收光谱法中可以将吸收光谱曲线作为定性和定量的依据。

二、光吸收的基本定律（朗伯-比尔定律）

1. 百分透光率（T）和吸光度（A）

当一束平行单色光照射到某一均匀、无散射的溶液时，光的一部分将被溶液吸收，一部分透过溶液，还有一部分被器皿表面所反射。在分析测定中，由于试液和空白溶液使用的是同样材料和厚度的吸收池，因而对光的反射强度基本相同，可以抵消影响，即

$$I_0 = I_a + I_t \tag{8-3}$$

式中，I_0 表示入射光强度；I_t 表示透过光强度，I_a 表示溶液吸收光的强度。

透过光强度 I_t 与入射光强度 I_0 之比称为透光率或百分透光率，符号为 T，常用百分数表示，即

$$T = \frac{I_t}{I_0} \times 100\% \tag{8-4}$$

溶液的透光率越大，表示它对光的吸收越弱；反之，透光率越小，则对光的吸收越强。透光率 T 的负对数反映了物质对光的吸收程度，用吸光度 A 表示，其定义为：

$$A = \lg \frac{1}{T} = -\lg T \tag{8-5}$$

2. 朗伯-比尔定律（Lambert-Beer 定律）

当一束平行单色光照射被测溶液时，光被吸收的程度（吸光度）除了与入射光的波长有关外，还与溶液的厚度和溶液的浓度有关。光的吸收定律即朗伯-比尔定律揭示了这一关系。

比尔定律说明吸光度与浓度的关系，朗伯定律说明吸光度与厚度的关系。朗伯-比尔定律同时考虑了溶液的浓度和液层的厚度，它表述为：当一束平行的单色光通过某一均匀、无散射的吸光物质溶液时，在入射光的波长、强度以及溶液的温度保持不变的条件下，该溶液的吸光度与溶液的浓度及溶液液层厚度的乘积成正比。

其数学表达式为：

$$A=Kbc \tag{8-6}$$

式中，K 表示吸收系数；b 表示液层厚度；c 表示溶液浓度。

朗伯-比尔定律是吸收光谱法（包括紫外-可见吸收光谱法、红外吸收光谱法、原子吸收光谱法）的定量基础。它不仅适用于可见光区，也适用于紫外和红外光区；不仅适用于溶液，也适用于气态或固态的均匀非散射的吸光物质。

3. 吸收系数

吸收系数 K 的物理意义是吸光物质在单位浓度、单位液层厚度时的吸光度。在给定单色光、溶剂和温度等条件下，吸收系数是与 b 和 c 无关的一个物质特性常数。不同的吸光物质对同一波长的入射光有不同的吸收系数。同一物质对不同波长的单色光也有不同的吸收系数。吸收系数越大，表明该物质的吸光能力越强，灵敏度越高。

一般采用物质在最大吸收波长（λ_{max}）时的吸收系数，作为一定条件下衡量反应灵敏度的特征常数。如果溶液的浓度单位不同，吸收系数的意义和表示方法也不同，常用摩尔吸收系数和百分吸收系数等表示。

（1）摩尔吸收系数（ε）　摩尔吸收系数是指在一定波长下，溶液浓度为 1mol/L、厚度为 1cm 时的吸光度，用 ε 表示。此时朗伯-比尔定律表示为：

$$A=\varepsilon bc \tag{8-7}$$

摩尔吸收系数 ε 的值是通过实验测定的，如果溶液浓度过高，一般采用将溶液稀释显色后，测得其吸光度，再计算 ε 值。一般认为，$\varepsilon<10^2$，则反应灵敏度很低；ε 在 $10^4\sim10^5$，属中等灵敏度；$\varepsilon>10^5$ 属高灵敏度。若 $\varepsilon>2\times10^5$，溶液的颜色较深，属超高灵敏度。ε 表示物质对某一特定波长光的吸收能力，若 ε 大，则吸收能力强，比色测定灵敏度高。

（2）百分吸收系数 $E_{1cm}^{1\%}$　百分吸收系数是指在一定波长下，溶液浓度为 1%（W/V）、厚度为 1cm 时的吸光度，用 $E_{1cm}^{1\%}$ 表示。此时朗伯-比尔定律表示为：

$$A=E_{1cm}^{1\%}bc \tag{8-8}$$

注意：用百分吸收系数计算的浓度为百分浓度（g/100mL）。

（3）两种吸收系数之间的关系　在同物质、同一测定波长条件下，两吸收系数间可以按下式换算：

$$E_{1cm}^{1\%}=\frac{\varepsilon\times10}{M} \tag{8-9}$$

式中，M 表示吸光物质的摩尔质量。

当朗伯-比尔定律应用于多组分体系时，如果各组分吸光物质之间没有相互作用，则体系的总吸光度等于各个组分吸光度之和。

$$A_{总}=A_1+A_2+\cdots+A_n=\varepsilon_1bc_1+\varepsilon_2bc_2+\cdots+\varepsilon_nbc_n \tag{8-10}$$

利用这个关系式可以进行多组分混合物质的分析测定。

例 8-1　以二苯硫腙光度法测定铜：100mL 溶液中含铜 50μg，用 1.00cm 比色皿，在分光光度计 550nm 波长处测得其透光率为 44.3%，计算铜二苯硫腙配合物在此波长处的吸光度、百分吸收系数和摩尔吸收系数。

解：铜的浓度为

$$A=-\lg T=-\lg0.443=0.354$$

$$c=\frac{50\times1000\times10^{-6}}{100\times63.55}=7.87\times10^{-6}(\text{mol/L})$$

$$\varepsilon=\frac{A}{bc}=\frac{0.354}{1.00\times7.87\times10^{-6}}=4.50\times10^{4}$$

$$E_{1\text{cm}}^{1\%}=\frac{\varepsilon\times10}{M}=\frac{4.50\times10^{4}\times10}{63.55}=7.08\times10^{3}$$

4. 偏离朗伯-比尔定律的主要因素

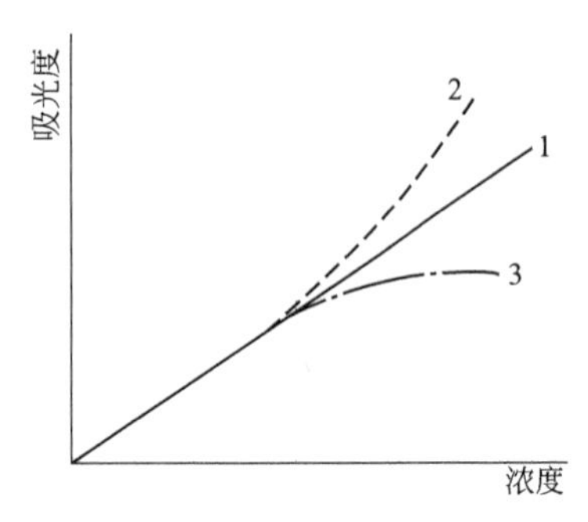

图 8-5 偏离朗伯-比尔定律

1—无偏离；2—正偏离；3—负偏离

在定量分析时，通常液层厚度 b 是相同的，吸收系数 K 为常数。根据式(8-7)，可知浓度 c 与吸光度 A 之间的关系应是一条通过原点的直线。而实际工作中，特别是当溶液浓度较高时，会出现偏离标准曲线的弯曲现象，如图 8-5 所示，将会引起较大的测定误差。若溶液的实际吸光度比理论值大，称正偏离朗伯-比尔定律；若实际吸光度比理论值小，称负偏离朗伯-比尔定律。

这是因为推导朗伯-比尔定律时有两个基本假设：①入射光是单色光；②吸光粒子是独立的，彼此间无相互作用(一般溶液能很好地服从该定律)。导致偏离朗伯-比尔定律的主要原因是由光学因素和化学因素两方面引起。光学因素是由非单色光、非平行光、散射等引起。化学因素主要是溶液中的吸光物质因浓度改变而发生解离、缔合、溶剂化等现象，使吸光物质的存在形式发生改变，影响物质对光的吸收能力。因此，若要准确定量，实验条件必须服从上述两个基本假设。

三、紫外-可见分光光度计

基于朗伯-比尔定律的方法称为光度分析法，包括光电比色法和分光光度法。目前普遍使用的是分光光度法。下面重点介绍紫外-可见分光光度计的原理及装置。

1. 主要组成部件

分光光度计种类和型号繁多，但其基本结构和原理相似，普通紫外-可见分光光度计如图 8-6 所示，主要由光源、单色器、样品池（吸收池）、检测器、记录装置（读出装置）五个部分组成。

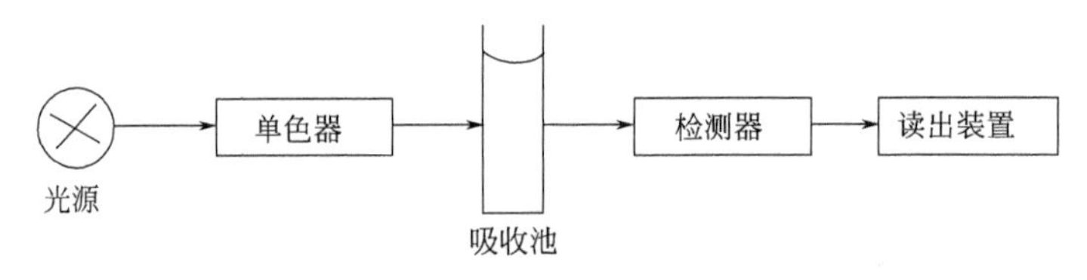

图 8-6 单光束、单波长紫外-可见分光光度计流程图

(1) 光源 光源是提供入射光的装置。分光光度计要求有能发射强度足够而且稳定的、具有连续光谱的光源。

① 钨灯或卤钨灯。钨灯又称白炽灯，是最常用的可见光源，其可用波长范围为 320～2500nm，通常使用 360～800nm 的光。为了使光源稳定，必须严格控制光源电压。碘钨灯比普通钨丝灯的发光效率高，灯泡内含碘的低压蒸气，减少钨原子的蒸发，使用寿命长。目前碘钨灯多作为紫外-可见分光光度计中可见光区光源。

② 氘灯或氢灯。是气体放电发光最为常用的紫外光源，可发射 150～400nm 的紫外连续光谱。氘灯的发光强度和使用寿命是氢灯的 3～5 倍，故现在紫外分光光度计多用氘灯作

为紫外光区的光源。

（2）单色器　单色器是将来自光源的含有各种波长的复色光按波长顺序色散，并从中分离出单色光的光学装置。单色器由狭缝、准直镜及色散元件组成。原理如图 8-7 所示。

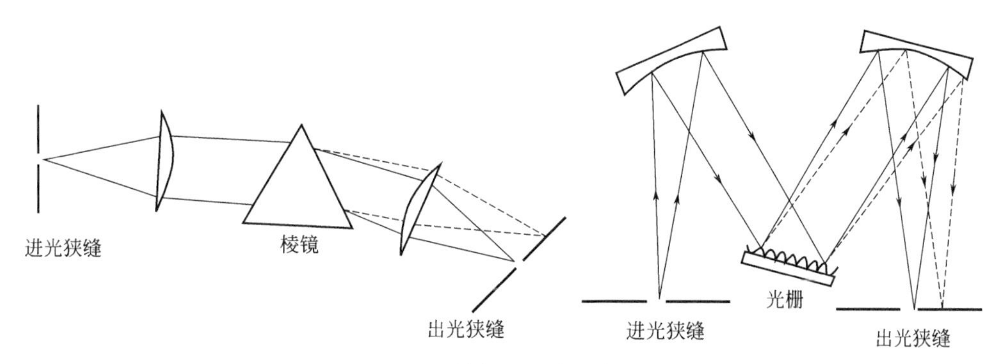

图 8-7　单色器光路示意图

聚集于进光狭缝的光，经准直镜变为平行光，投射于色散元件（作用是使各种不同波长的复合光分散为单色光），再由准直镜将色散后各种不同波长的平行光聚集于出光狭缝面上，形成按波长排列的光谱。转动色散元件的方位，可使所需波长的单色光从出光狭缝分出。

① 色散元件。有棱镜和光栅两种。棱镜的色散作用是由于棱镜对不同波长的光有不同的折射率。棱镜材料有玻璃和石英两种。玻璃对可见光的色散比石英好，但会吸收紫外光；石英对紫外光有很好的色散作用。由于棱镜的色散率与入射光的波长有关，所以用棱镜分光所得的光谱是波长不等距的，长波长区较密，短波长区较疏。光栅是高度抛光的表面上密刻等宽、等距平行条纹的光学元件。照射到各条纹上的复合光经反射后，产生衍射和干涉作用，使不同波长的光有不同的投射方向，从而产生色散作用，产生按波长顺序排列的连续光谱。

② 准直镜。是以狭缝为焦点的聚光镜，作用是将进入单色器的发散光转为平行光，又可将色散后的单色平行光聚于出光狭缝。

③ 狭缝。普通仪器多用固定宽度的狭缝，不能调节。精密的分光光度计狭缝大都可以调节，通过转动色散元件的方位，可调节所需波长的单色光从出光狭缝分出。需注意，测定时狭缝宽度要适当，一般以减小狭缝宽度至溶液的吸光度不再增加为止。若狭缝过宽，会造成单色光不纯；过窄，则光通量过小，使灵敏度降低。

（3）吸收池（比色皿）　用来盛放待测试液的容器。可见光区选用光学玻璃吸收池，紫外光区则选用石英池。测量时盛空白溶液的吸收池与盛试样的吸收池应互相匹配，即有相同的厚度与相同的透光性。吸收池的规格有 0.5cm、1.0cm、2.0cm、3.0cm 等。使用时应保持吸收池的光洁，特别要注意透光面不受磨损。

（4）检测器　是将接收到的光信号转变为电信号的电子元件，常用的检测器为光电管、光电倍增管和光电二极管阵列检测器。一般简易型紫外-可见分光光度计广泛采用光电管作检测器，而精密型的则采用光电倍增管作检测器。光电二极管阵列检测器是一种光学多通道检测器，它是在掺杂的半导体硅上紧密排列一系列光电二极管。

（5）记录装置　将检测器的电信号以透光率 T、吸光度 A 或浓度等形式显示或记录下来。现在高性能的仪器带有数据工作站，能进行仪器校正、测量条件选择、吸收曲线自动扫描、测量数据的分析处理及结果打印等多功能操作。

2. 分光光度计的主要类型

紫外-可见分光光度计主要分为单波长和双波长分光光度计两类。其中单波长分光光度计又有单光束和双光束两种。

(1) 单波长单光束分光光度计　单波长单光束分光光度计是以氘灯或氢灯为紫外光源，钨灯为可见光源，棱镜或光栅为色散元件，光电管或光电倍增管为检测器。其特点是结构简单、价格便宜。如图 8-8 所示。

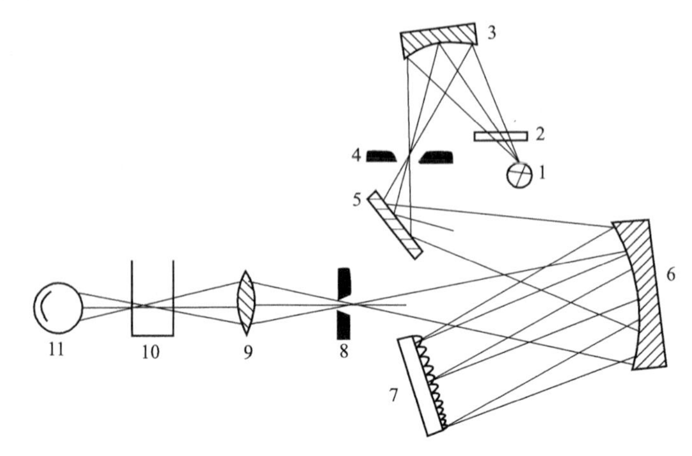

图 8-8　722 型光栅分光光度计光路图

1—钨卤灯；2—滤光片；3—聚光镜；4—进光狭缝；5—反射镜；6—准直镜；7—光栅；8—出光狭缝；9—聚光镜；10—吸收池；11—光电管

(2) 单波长双光束分光光度计　双光束分光光度计是目前发展最快、应用较普遍的一种。从单色器发射出来的单色光，用斩光器将它分成交替的两束单色光，分别通过参比溶液和样品溶液后，再用一同步的扇面镜将两束光交替投射于光电倍增管，使光电倍增管产生一个交变脉冲信号，经比较放大后，由显示器显示出数据透光率、吸光度、浓度或进行波长扫描，记录吸收光谱。由于两束光几乎同时通过参比溶液和样品溶液，可以减免光源强度不稳而引入的误差。如图 8-9 所示。

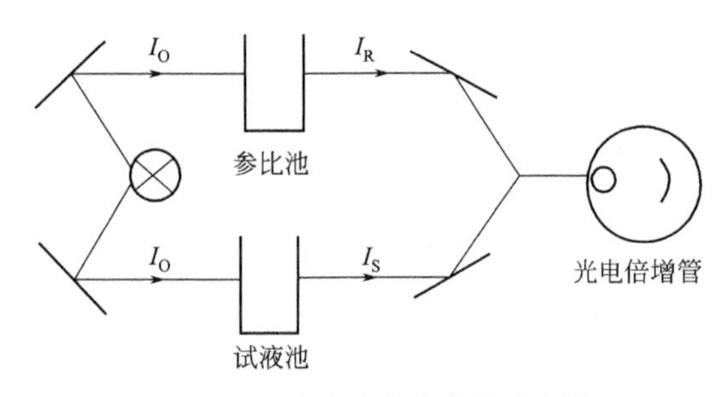

图 8-9　双光束分光光度计示意图

(3) 双波长分光光度计　双波长分光光度计是有两个并列单色器的仪器，光源发出的光分成两束，分别进入两个单色器，产生不同波长的两束光（λ_1 和 λ_2），由切光器并束，交替照射同一样品池，最后得到试液对不同波长的吸光度差值 ΔA（$\Delta A=\Delta A_{\lambda_1}-\Delta A_{\lambda_2}$），利用 ΔA 与浓度的正比关系测定被测组分的含量。双波长分光光度计不需要参比溶液，可以消除参比溶液与样品溶液折射率和吸收池不匹配等带来的误差，可进行高浓度试样、多组分试样、混浊样品的测定及痕量分析。如图 8-10 所示。

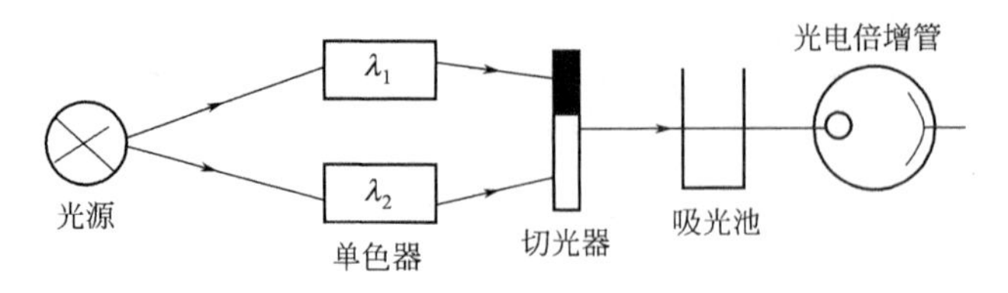

图 8-10　双波长分光光度计示意图

(4) 二极管阵列检测的分光光度计　二极管阵列检测的分光光度计是一种具有全新光路

系统的仪器。由光源发出的光经色差聚光镜聚焦后得到多色光，再通过样品池，聚焦于多色仪的进光狭缝上。透过光经全息光栅表面色散并投射到二极管阵列检测器上。二极管阵列检测器能在0.1s内获取190～1100nm的全波长数据，测量数据重现性极佳，对其维护简单方便。

四、定性和定量方法

紫外-可见分光光度法不仅可以对物质进行定性分析及结构分析，而且还可以进行定量分析及测定某些化合物的物理化学数据等，如分子量、配合物的稳定常数和解离常数等。只要分子中含有能吸收紫外可见光的基团（大多数是具有共轭的不饱和基团），就能显示吸收光谱。在药学领域中可利用紫外-可见分光光度法进行药品与制剂的定量分析、药品的鉴别以及杂质检测，与红外吸收光谱、质谱、核磁共振等一起用于药物分子结构的解析。在《中国药典》中，应用紫外分光光度法作为测定方法的也占多数，特别适合用于制剂质量标准中。

1. 定性分析

利用紫外-可见吸收光谱进行化合物的定性鉴别，一般采用对比法。所谓对比法就是将样品的吸收光谱与标准化合物的吸收光谱或文献记载的标准图谱进行核对。根据二者的一致性，可做初步定性分析。结构完全相同的物质吸收光谱应完全相同，但吸收光谱完全相同的物质却不一定是同一物质，因为不同的化合物可以有相似的吸收光谱，可以考虑有非同一物质的可能性。

（1）标准物质比较法　两个化合物若相同，其吸收光谱应完全一致。在鉴别时，将样品与标准品用同一溶剂配制成相同浓度的溶液，在同一条件下，分别测定它们的吸收光谱，比较光谱图是否一致。如果没有标准品，也可以用标准图谱对照比较。但这种方法要求仪器准确度、精密度好，而且测定条件相同。若光谱曲线有差异，则可发现试样与标准品并非同一物质。

用紫外-可见吸收光谱进行定性分析时，由于曲线的形状变化较少，在成千上万种有机化合物中，不相同的化合物也可以有很相似的吸收光谱，所以在得到相同的吸收光谱时，应考虑并非是同一物质的可能性。

（2）比较吸收光谱的特征性常数　利用紫外-可见吸收光谱对物质进行定性分析时，主要是根据光谱上的一些特征吸收，包括最大吸收波长、吸收光谱形状、吸收峰数目、各吸收峰的波长位置、肩峰、吸收系数及吸光度比值等，这些数据称为物质的特征性常数。其中λ_{max}和峰值吸收系数（$E_{1cm}^{1\%}$或ε_{max}）是最常用于定性鉴别吸收光谱的特征性常数。若一个化合物有几个吸收峰，并存在峰谷和肩峰，应该同时作为鉴定依据，更能显示光谱特征的全面性。

如果两种不同的化合物有相同的发色基团，可有相同的λ_{max}值，但它们的ε_{max}常有明显差异。故ε_{max}常用于分子结构中吸光基团的鉴别。对于分子中含有相同吸光基团的物质，它们的ε_{max}会很接近，但因摩尔质量不同，$E_{1cm}^{1\%}$有较大差别。例如，结构相似的甲睾酮和丙酸睾丸素在无水乙醇中的最大吸收波长λ_{max}是240nm，但在该波长处的$E_{1cm}^{1\%}$数值，前者是540，后者为460，有较大差异。因此，有较大的鉴别意义。

（3）比较吸光度（或吸收系数）比值的一致性　若化合物有两个以上的吸收峰，可用不同吸收峰处的吸光度或吸收系数的比值作为鉴别的依据，因为是同一浓度的溶液和同一厚度的吸收池，其吸光度比值也就是吸收系数的比值，可消除浓度和厚度的影响。

如果被鉴定物的吸收峰和对照品的相同，且吸收峰处的吸光度或吸收系数的比值又在规定范围内，可考虑样品与对照品分子结构相同。

例如，维生素 B_{12} 的吸收光谱有三个吸收峰，分别为 278nm、361nm、550nm。作为鉴别依据，361nm 波长处的吸光度与 278nm 波长处的吸光度比值应为 1.70～1.88；361nm 波长处的吸光度与 550nm 波长处的吸光度比值应为 3.15～3.45。

2. 定量分析方法

紫外-可见分光光度法定量分析的依据是朗伯-比尔定律，即一定范围内，物质在一定波长处的吸光度与浓度呈线性关系。因此，通过测定溶液对一定波长入射光的吸光度，即可求出溶液中物质的浓度和含量。通常选择被测物吸收光谱的吸收峰处，以提高灵敏度并减少测定误差。若被测物有几个吸收峰，则选不为共存物干扰、峰较高的吸收峰波长。

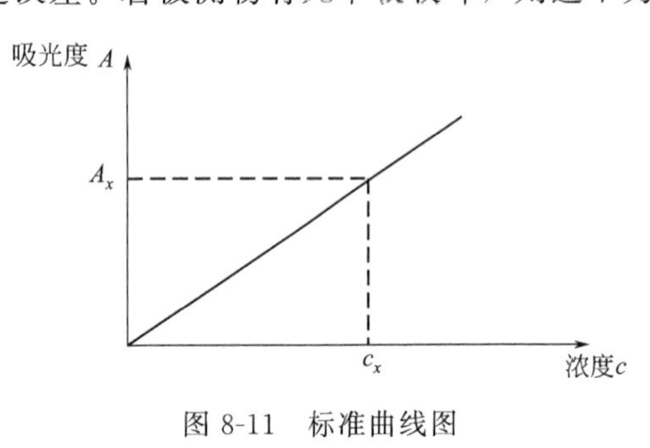

图 8-11　标准曲线图

(1) 单组分测定

① 标准曲线法。适合于大批量样品的定量测定。具体步骤如下：用已知标准样品配制成一系列不同浓度的标准溶液，在一定的实验条件和合适的波长下（一般选最大吸收波长 λ_{max}），分别测定其吸光度，然后以浓度 c 为横坐标、吸光度 A 为纵坐标来描绘曲线，称为标准曲线（也叫工作曲线）。理想的工作曲线应为通过原点的直线。再按照相同的实验条件和操作程序，将待测溶液配制未知试样溶液并测定其吸光度 $A_{样}$，在标准曲线上或从回归方程求得未知试样溶液的浓度 $c_{样}$（见图 8-11）。

通过标准曲线测得的试样浓度结果准确。但是仪器之间存在性能差异，在更换仪器或经维修及重新校正波长后，必须重新绘制标准曲线。

为消除溶剂或其他有色物质对入射光的吸收，消除光在溶液中的散射和比色皿对光的反射等因素的影响，必须采用空白溶液做对照。具体测定方法是将被测溶液和参比溶液分别装入两个相互匹配的吸收池中，将参比溶液吸收池放入光路中，将其透光率调至 100%（$A=0$），再将装有被测溶液的吸收池移入光路中测量，得到被测物质的吸光度。常用的参比溶液有以下三种。

a. 溶剂空白。当显色剂及被测试液的其他试剂均在测定波长无吸收，且溶液中无其他有色物质干扰时，可用溶剂作空白溶液。

b. 试剂空白。若显色剂有色，试样溶液在测定条件下无吸收或吸收很小时，可用试剂空白进行校正。即按显色条件加入各种试剂和溶剂，只是不含有被测物的标准品。

c. 试样空白。如果试样基体溶液在测定波长有吸收，而显色剂不与试样显色时，可按与显色反应相同的条件处理试样，只是不加入显色剂。

标准曲线由于对仪器的要求不高，是分光光度法中简单易行的方法，尤其适用于比色分析。

② 吸收系数法。吸收系数是物质的特性常数，只要测定条件（包括溶液的浓度与酸度、单色光纯度等）未引起朗伯-比尔定律偏离，就可根据测得的吸光度来求得浓度。常用于定量的是百分吸收系数 $E_{1cm}^{1\%}$。据朗伯-比尔定律：

$$A=E_{1cm}^{1\%}bc$$

则有，$c=\dfrac{A}{E_{1cm}^{1\%}b}$。此法应用的前提是可测得或已知物质的 $E_{1cm}^{1\%}$。用本法检测时，注意仪器的校正和检定。

例 8-2　维生素 B_{12} 的水溶液在 361nm 处的百分吸收系数为 207，用 1cm 比色皿，测得维生素 B_{12} 溶液的吸光度是 0.414，求该溶液的浓度。

解：$c=\frac{A}{Eb}=\frac{0.414}{207\times 1}=0.00200$（g/100mL）$=20.0$（μg/mL）

注意：用 $E_{1cm}^{1\%}$ 计算得到的浓度为百分浓度，即 100mL 溶液中所含被测组分的质量(g)。若用紫外分光光度法测定原料药的含量，可按上述方法计算 $c_{测}$，按下式计算百分含量：

$$含量\%=\frac{c_{测}}{c_{配}}\times 100\%=\frac{c_{测}}{样品称重\times 稀释倍数}\times 100\%$$

例 8-3 称取维生素 B_{12} 样品 25.0mg，用水溶液配成 100mL。精密吸取 10.00mL，又置 100mL 容量瓶中，加水至刻度。取此溶液在 1cm 的吸收池中，于 361nm 处测定吸光度为 0.507，求维生素 B_{12} 的百分含量？

$$c_{测}=\frac{0.507}{207\times 1}=2.45\times 10^{-3}(g/100mL)$$

$$c_{配}=\frac{25.0\times 10^{-3}g}{100mL}\times\frac{10mL}{100mL}=2.50\times 10^{-5}(g/mL)=2.50\times 10^{-3}(g/100mL)$$

$$维生素\ B_{12}\%=\frac{c_{测}}{c_{配}}\times 100\%=\frac{2.45\times 10^{-3}}{2.50\times 10^{-3}}\times 100\%=98.0\%$$

③ 对照品比较法。简称对照法，在相同的条件下配制样品溶液和标准品溶液，在所选波长处同时测定它们的吸光度 $A_{样}$ 及 $A_{标}$，

据朗伯-比尔定律有：$A_{标}=E_{标}c_{标}b_{标}$，$A_{样}=E_{样}c_{样}b_{样}$，

因是同种物质、同台仪器、相同厚度及同一波长，故 $E_{标}=E_{样}$，$b_{标}=b_{样}$，则

$$c_{样}=c_{标}\frac{A_{样}}{A_{标}} \tag{8-11}$$

然后再根据样品的称量及稀释情况计算得到样品的百分含量。

为减少误差，在测定的范围内溶液应完全遵守朗伯-比尔定律，并且在 $c_{样}$ 与 $c_{标}$ 相接近时，才能得到较为准确的实验结果。

例 8-4 维生素 B_{12} 注射液的含量测定。

精密称取维生素 B_{12} 注射液 2.5mL，加水稀释至 10mL。另配制维生素 B_{12} 标准液，精密称取维生素 B_{12} 标准品 25mg，加水稀释至 1000mL。在 361nm 处，用 1.00cm 吸收池，分别测得吸光度为 0.508 和 0.518，求维生素 B_{12} 注射液的浓度以及标示量的百分含量（此维生素 B_{12} 注射液的标示量为 100μg/mL；维生素 B_{12} 水溶液在 361nm 处的 $E_{1cm}^{1\%}$ 值为 207）。

解：① 使用对照品比较法计算：$c_{样}=c_{标}\frac{A_{样}}{A_{标}}$

$$c_{样}\times\frac{2.5}{10}=\frac{\frac{25\times 1000}{1000}\times 0.508}{0.518}$$

$$c_{样}=98.1(\mu g/mL)$$

$$维生素\ B_{12}\ 标示量\%=\frac{c_{样}}{标示量}\times 100\%=\frac{98.1}{100}\times 100\%=98.1\%$$

② 使用吸收系数法计算：

$$c=\frac{A}{E_{1cm}^{1\%}b}$$

$$c_{样}\times\frac{2.5}{10}=\frac{0.508}{207\times 1}$$

$$c_{样}=98.1(\mu g/mL)$$

$$维生素\ B_{12}\ 标示量\%=\frac{c_{样}}{标示量}\times100\%=\frac{98.1}{100}\times100\%=98.1\%$$

在具体的测定中，目前《中国药典》中大多数药品用吸收系数法定量，也有部分采用对照品比较法定量。吸收系数法较简单、方便，但仪器型号不同，会对测定结果带来一定的误差。对照品比较法能够排除仪器误差，但必须采用国家有关部门提供的测定所需的标准对照品。

(2) 多组分的测定　根据吸光度的加和性，利用紫外-可见分光光度法也可不经分离测定样品中两种或多种组分的含量。测定时要求被测组分彼此不发生反应，同时每一组分都应在某一波长范围内遵从朗伯-比尔定律。

假定溶液中存在 A、B 两种组分，在一定条件下将其转化为有色物质，分别绘出吸收曲线，会有以下三种情况，如图 8-12 所示。

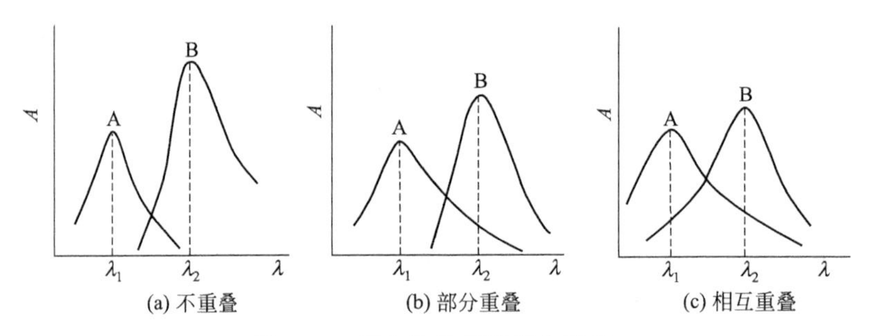

图 8-12　混合物的紫外吸收光谱

①若两组分的吸收曲线不重叠，如图 8-12(a) 所示，在组分 A 的 λ_{max}^{A} 处，B 组分没有吸收，在组分 B 的 λ_{max}^{B} 处，A 组分没有吸收，因此可分别在 λ_{max}^{A} 及 λ_{max}^{B} 处分别测定 A、B 组分的吸光度，从而求出各自的浓度。

②若两组分的吸收曲线部分重叠，如图 8-12(b) 所示，则 A、B 组分彼此会互相干扰，此时可在 λ_{max}^{A} 及 λ_{max}^{B} 处分别测定 A、B 两组分的总吸光度 $A_{\lambda_{max}^{A}}^{A+B}$（简记作 A_1）和 $A_{\lambda_{max}^{B}}^{A+B}$（简记作 A_2），然后再根据吸光度的加和性联立方程，求得各组分的浓度。

$$\begin{cases}A_1=\varepsilon_1^{A}bc_A+\varepsilon_1^{B}bc_B\\A_2=\varepsilon_2^{A}bc_A+\varepsilon_2^{B}bc_B\end{cases}\tag{8-12}$$

式中，ε_1^{A}、ε_1^{B}、ε_2^{A}、ε_2^{B} 分别为组分 A 和 B 在波长 λ_{max}^{A} 及 λ_{max}^{B} 处的摩尔吸收系数，其值可由已知准确浓度的纯组分 A 和纯组分 B 在两个波长处测得，求解联立方程，即可得到 A、B 组分的浓度 c_A 与 c_B。对于更多组分的复杂体系，可用计算机处理测定结果。

③若两组分的吸收曲线相互重叠，如图 8-12 (c) 所示，往往使用双波长测定法。

第三节　红外吸收光谱法简介

一、概述

当以一束具有连续波长的红外线为光源照射样品时，样品会吸收某些波长的红外光，并将光能转变为分子的振动能或转动能。记录样品对红外光的吸收曲线而进行定性、定量分析的方法称为红外分光光度法。以波长 λ（或波数 σ）为横坐标，其相应的百分透光率（$T\%$）

为纵坐标作图，所测得的吸收曲线称红外光谱（infrared spectra）。

介于可见光与微波之间的电磁波称为红外线（0.76～1000μm），红外线常用波长或波数来度量。在红外光谱中，波长的单位用 μm，波数的单位用 cm^{-1}。

习惯上将红外线分为三个区域，见表 8-2。大多数红外吸收光谱仪在中红外区应用。

表 8-2　红外光谱分区表

区域	波长(λ_{max})/μm	波数/cm^{-1}	能级跃迁类型
近红外区(泛频区)	0.76～2.5	13158～4000	OH、NH、CH 键的倍频吸收区
中红外区(基本振动区)	2.5～50	4000～200	振动，转动
远红外区(转动区)	50～500(或 1000)	200～20	骨架振动，转动

二、红外吸收光谱与紫外吸收光谱的区别

1. 起源

紫外吸收光谱与红外吸收光谱都属于分子吸收光谱，但起源不同。紫外线波长短、频率高、光子能量大，可以引起分子的外层电子能级跃迁（伴随着振动及转动能级跃迁），属电子光谱。而中红外线波长长、频率低、光子能量低，只能引起分子的振动能级并伴随转动能级的跃迁，属振动-转动光谱。其光谱最突出特点是具有高度的特征性。

2. 应用范围

紫外光谱只适用于研究不饱和化合物，特别是分子中具有共轭体系的化合物。而红外光谱则不受此限制，凡是在各种振动类型中伴随有偶极矩变化的化合物，在中红外区都可测得其吸收光谱。因此，红外光谱研究对象的范围更广泛。紫外光谱法测定对象的物态为溶液及少数物质的蒸气，而红外光谱可以测定气、液及固体样品，但以固体样品最为方便。在分析中，紫外光谱常用于定量分析，而红外光谱常用于定性鉴别和结构分析。

三、基本原理

红外分光光度法主要研究分子结构与红外吸收曲线之间的关系。一条红外吸收曲线，可由吸收峰的位置（峰位）、吸收峰形状（峰形）和吸收峰的强度（峰强）来描述。

1. 红外吸收光谱产生的条件

当分子的振动频率与进光的红外线振动频率相同时，分子对红外线就会产生吸收。分子吸收了红外线的能量后，由原来的基态能级跃迁到较高的振动能级，同时也伴随着转动能级的跃迁（因振动能级大于转动能级），通常观察到的光谱实际上是振动-转动光谱。但是分子不是任意吸收某一频率的电磁辐射即可产生振动-转动能级的跃迁，因此分子吸收红外光而形成红外吸收光谱时，必须满足两个条件：

① 红外辐射的能量应刚好等于分子振动、转动跃迁所需的能量，即红外光的频率要与分子振动、转动频率匹配。

② 分子在振动过程中必须有偶极矩的变化。在振动过程中，只有偶极矩发生瞬间改变的基本振动，在红外光谱上才能观察到吸收峰，该振动称为红外活性振动。偶极矩为零的振动没有吸收峰，称为红外非活性振动。一个多原子分子在红外区可能有多少个吸收峰取决于它有多少个红外活性振动。

2. 分子振动方式和红外吸收

分子是由原子通过化学键相互连接起来的。以双原子分子为例，若把两原子间相连的化

学键看成为质量可忽略不计的弹簧，把两个原子看成两个小球，当通过化学键相互连接的两个原子沿其平衡位置做伸缩振动时，则类似于力学中连接两个小球的弹簧的简谐振动，如图8-13所示。因此，把双原子分子近似地看作谐振子，则分子振动频率（以波数表示）可由Hooke定律导出的基本振动频率公式来进行计算：

$$\sigma(cm^{-1})=\frac{1}{2\pi c}\sqrt{\frac{\kappa}{\mu}} \tag{8-13}$$

式中，κ 是化学键的力常数；μ 是两个成键原子的折合原子量，$\mu=\frac{M_1M_2}{M_1+M_2}$；$c$ 为光速。

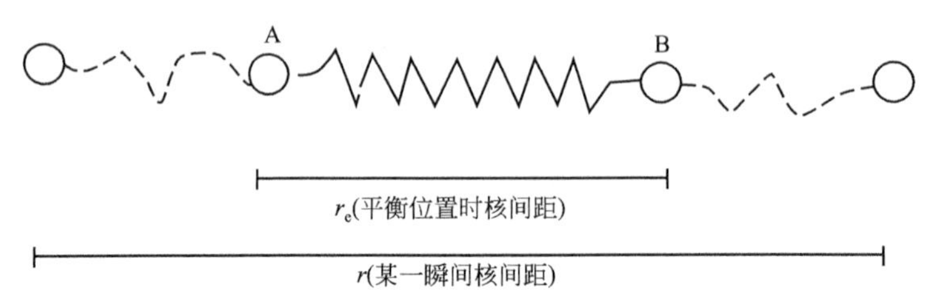

图 8-13 双原子分子伸缩振动示意图

因此，分子振动频率大小取决于化学键的强度和原子量，化学键越牢固，原子量越小，振动频率越高。不同的物质，分子结构不同，化学键的力常数和原子量各不相同，分子振动频率各不相同，振动吸收的红外辐射频率也不相同，因此不同物质分子将形成各有其特征的红外光谱。

双原子分子的振动形式只有一种，即沿着键轴方向做相对的伸缩振动。有机化合物大多是多原子分子，振动形式比上述的双原子分子复杂得多。在多原子分子的红外光谱中，基本振动形式可分为两类：一类是伸缩振动；另一类是弯曲振动（或称为变形振动），如图8-14所示。

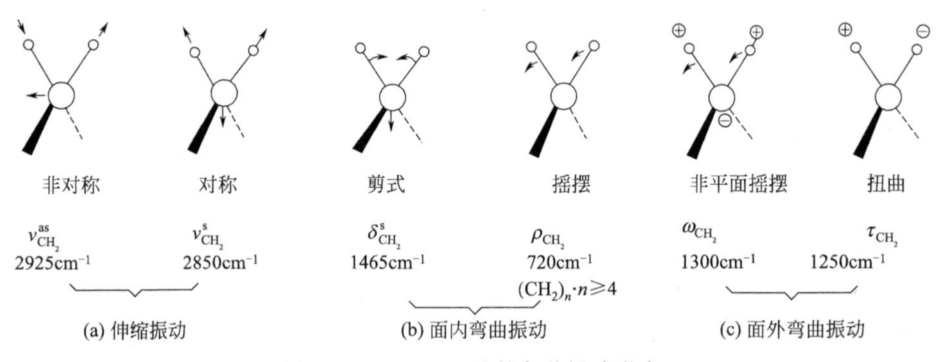

图 8-14 —CH_2—基的各种振动形式

3. 基频峰与泛频峰

分子吸收一定频率的红外线，振动能级由基态（$V=0$）跃迁至第一振动激发态（$V=1$）时，所产生的吸收峰称为基频峰。因为基频峰的强度一般都较大，因而基频峰是红外光谱上最主要的一类吸收峰。

振动能级由基态（$V=0$）跃迁至第二振动激发态（$V=2$）或第三振动激发态（$V=3$）等所产生的吸收峰称倍频峰。由两个或多个振动类型组合而成的组合频的吸收峰出现在两个或多个基频之和或差的附近，称组合频峰。倍频峰与组合频峰合称为泛频峰。泛频峰使光谱变得复杂，但也增加了光谱的特征性。

4. 吸收峰与相关峰

可用于鉴别官能团存在并有较高强度的吸收峰，称为特征吸收峰，简称吸收峰。如羰基的伸缩振动吸收峰是红外光谱中的最强峰，其吸收频率在 $1650 \sim 1850\text{cm}^{-1}$ 之间。由一个官能团所产生的一组相互依存的特征峰，称为相关吸收峰，简称相关峰。在进行官能团鉴别时，必须找到主要的相关峰才能确定某个官能团的存在。

5. 吸收峰的强度与位置

（1）吸收峰的强度　吸收峰的强度是指一条吸收曲线上吸收峰的相对强度。在红外光谱法中，一般按摩尔吸收系数 ε 的大小来划分吸收峰的强弱等级。具体划分如下。

极强峰	强峰	中强峰	弱峰	极弱峰
$\varepsilon > 100$	$\varepsilon = 20 \sim 100$	$\varepsilon = 10 \sim 20$	$\varepsilon = 1 \sim 10$	$\varepsilon < 1$

振动能级的跃迁概率和振动过程中偶极矩的变化是影响谱峰强弱的两个重要因素。一般基频吸收带强于倍频吸收带；电负性相差大的原子形成的化学键（如 C—N、C—O、 C≡N ）的吸收峰比一般的（C—H、C—C、C═C）键要强得多。

（2）特征区和指纹区　在红外光谱的整个范围可分为官能团特征区和指纹区两个区域。

① 特征区（$4000 \sim 1250\text{cm}^{-1}$）。此区的吸收峰较疏，易辨认。主要包括：含有氢原子的单键、各种三键及双键的伸缩振动基频峰，还包括部分含氢单键的面内弯曲振动的基频峰。主要解决以下问题：化合物具有哪些基团以及确定化合物是芳香族、脂肪族饱和与不饱和化合物。

a. υ_{CH} 出现在 $3300 \sim 2800\text{cm}^{-1}$，一般以 3000cm^{-1} 为界。$\upsilon_{CH} > 3000\text{cm}^{-1}$ 为不饱和碳氢伸缩振动；$\upsilon_{CH} < 3000\text{cm}^{-1}$ 为饱和碳氢伸缩振动。

b. 根据芳环骨架振动 $\upsilon_{C=C}$、υ_{ArH} 的出现与否，判断是否含有苯环。一般 $\upsilon_{C=C}$ 出现在 $1600\ \text{cm}^{-1}$ 及 $1500\ \text{cm}^{-1}$ 处。若有取代基与芳环共轭，在 1580cm^{-1} 处往往会出现第 3 个峰，同时增强 $1600\ \text{cm}^{-1}$ 及 $1500\ \text{cm}^{-1}$ 的吸收峰。

c. 此区中羰基峰很少与其他峰重叠，且谱带强度很大，是最易识别的吸收峰。由于有机物中含羰基的化合物较多，羰基是最受重视的吸收峰之一。

② 指纹区（$1250 \sim 400\ \text{cm}^{-1}$）。此区域红外线的能量较特征区低，出现的吸收峰主要是 A—X（A 为 C、N、O）等单键的伸缩振动以及多数基团的弯曲振动。区内谱带一般较密集。犹如任何两个人的指纹不可能完全相同一样，两个化合物的红外光谱指纹区也不会雷同。两个结构相近的化合物只要其化学元素结构上存在微小差别，在指纹区就会有明显的不同。

（3）光谱的九个重要区段　具体见表 8-3。

表 8-3　光谱的九个重要区段

波数/cm^{-1}	波长/μm	振动类型
3750～3000	2.7～3.3	υ_{OH}，υ_{NH}
3300～3000	3.0～3.4	$\upsilon_{\equiv CH} > \upsilon_{=CH-H} \approx \upsilon_{ArH}$
3000～2700	3.3～3.7	υ_{CH}（$-CH_3$、$-CH_2-$、$-\overset{\vert}{\underset{\vert}{C}}H$、$-CHO$）
2400～2100	4.2～4.9	$\upsilon_{C\equiv C}$、$\upsilon_{C\equiv N}$
1900～1650	5.3～6.1	$\upsilon_{C=O}$（酸酐、酰氯、酯、醛、酮、羧酸、酰胺）
1675～1500	5.9～6.2	$\upsilon_{C=C}$、$\upsilon_{C=N}$
1475～1300	6.8～7.7	δ_{CH}
1300～1000	7.7～10.0	υ_{C-O}、υ_{C-N}、υ_{C-O-C}（醇，胺，醚）
1000～650	10.0～15.4	$\gamma_{=CH}$（烯氢、芳氢）

四、红外分光光度计

目前国内外生产和使用的红外分光光度计主要有两大类：色散型红外分光光度计和干涉分光型（傅里叶变换）红外分光光度计（FT-IR）。下面仅主要介绍目前使用广泛的色散型红外分光光度计。

1. 基本结构

如图 8-15 所示。

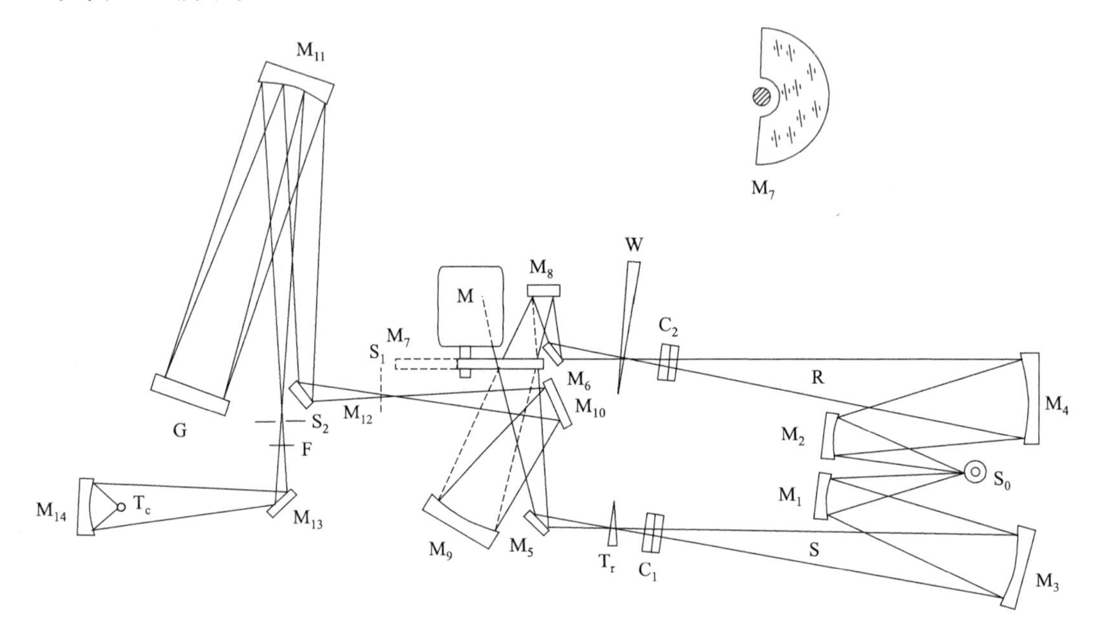

图 8-15　典型光栅红外分光光度计光路图

S_0—光源；M_1～M_4，M_9—球面镜；R—参考光束；S—样品光束；C_1—样品池；C_2—空白池；

T_r—小光楔（100%调节钮）；W—大光楔（梳状光栏）；M_5，M_6，M_8，M_{10}，M_{12}，M_{13}—反光镜；

M_7—斩光器（扇面镜）；M_{11}—准直镜；M_{14}—椭圆镜；S_1—进光狭缝；

S_2—出光狭缝；G—光栅；F—滤光片；T_c—热电偶

2. 主要部件

色散型红外分光光度计是由光源、吸收池、单色器、检测器和放大记录系统等几个部分组成。

（1）光源　光源的作用是产生高强度、连续的红外光。常用的光源有硅碳棒和 Nernst 灯两种。当温度加热到 1300～1500K 以上时发射出红外线，光线分成两束能量相同的光，分别照射在样品池及参比池上。

（2）吸收池　有气体池和液体池两种。气体池主要用于测量气体及沸点较低的样品，液体池用于分析常温下不易挥发的液体样品和气体样品。

（3）单色器　单色器是由狭缝、准直镜和色散元件通过一定的排列方式组合而成。目前的色散元件多用反射光栅。

（4）检测器　检测器是测量红外光的强度并将其转变为电信号的装置，主要有真空热电偶和高莱槽（golay cell）等。常用的检测器为真空热电偶。

五、红外光谱在药物分析中的应用

红外分光光度法的用途可概括为定性鉴别、定量分析及结构分析等。可提供化合物具有的官能团、化合物类别（芳香族、脂肪族）、结构异构、氢键及某些化合物的键长等信息，是分子结构研究的主要手段之一。

1. 已知化合物的鉴定

红外光谱特征性强，用于鉴别组分单一、结构明确的原料药，是一种首选的方法，尤其用于用其他方法不易区分的同类药物，如磺胺类、甾体激素类和半合成抗生素药品。各国《药典》均将红外光谱法列为药物的常用鉴别方法并对晶型和异构体提供有用信息。

药物的红外鉴别方式常用两种：

（1）与标准图谱对比法　与标准图谱一致的测定条件下记录样品的红外吸收光谱。如果两张图谱各吸收峰的位置和形状完全相同，峰的相对强度一样，其他一些理化数据（如熔点、沸点、比旋度等）、元素分析结果数值亦完全相同，就可确证是同一物质。《中国药典》（2020 年版）中药物的红外光谱鉴别大多采用此方法，标准图谱为与药典配套出版的《药品红外光谱》。

（2）与对照品比较法　将供试品与相应的对照品在同样条件下绘制红外光谱，直接对比是否一致。如不一致，应按该药品光谱图中备注的方法进行预处理后再行录制。

2. 未知化合物的研究

红外光谱可提供物质分子中官能团、化学键及空间立体结构的信息，以及对未知化合物的结构推测。图谱解析的过程如下：

（1）收集样品的有关资料和数据　在解析图谱前，必须了解样品的纯度、外观、来源、样品的元素分析结果及样品的物理常数（分子量、沸点、熔点、折射率、旋光度等）。

（2）确定未知物的不饱和度　化合物的不饱和度 U（即表示有机分子中碳原子的饱和程度）可以用来估计分子结构中是否含有双键、三键或芳香烃等，可初步判断有机化合物的类型，并可验证图谱解析结果是否合理。计算不饱和度公式如下：

$$U=1+n_4+\frac{n_3-n_1}{2} \tag{8-14}$$

式中，n_4 为四价原子数目，例如碳；n_3 为三价原子数目，例如氮；n_1 为一价原子数目，例如氢、卤素等。当 $U=0$ 时，表示分子是饱和的；$U=1$ 时，表示分子中有一个双键或一个环烷烃；$U=2$ 时，表示分子中有一三键，或者为 $U=1$ 时所表示情况的 2 倍；一个苯环的 $U=4$，结构中若含有苯环，则 $U\geqslant 4$。应该指出，二价原子如氧、硫等不参加计算。

例 8-5　计算甲酰胺 CH_3CONH_2 的不饱和度。

解：$U=1+2+\frac{1-5}{2}=1$

例 8-6　计算苯甲醛 C_7H_6O 的不饱和度。

解：$U=1+7+\frac{0-6}{2}=5$

（3）图谱解析　一般来说，红外光谱的解析采用先特征（区）、后指纹（区）；先最强（峰）、后次强（峰）；先粗查、后细找；先否定、后肯定的顺序，及由一组相关峰确定一个官能团的原则进行。

例 8-7　某化合物的分子式为 C_7H_6O，试根据其红外光谱图（见图 8-16）推断其结构式。

解：（1）$U=1+7-\frac{6}{2}=5$

不饱和度为 5，说明可能有苯环存在。

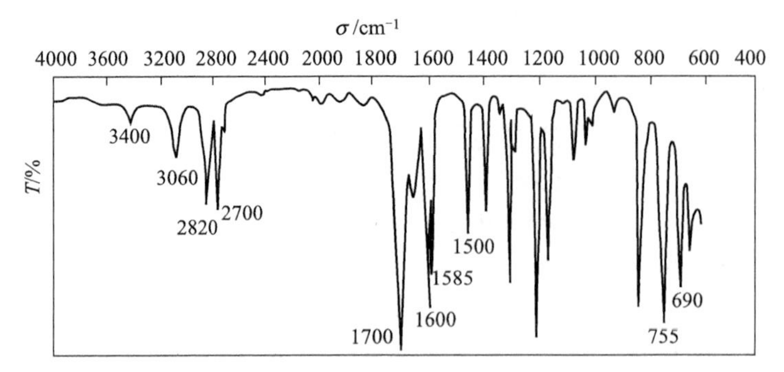

图 8-16　未知物的红外光谱（净液、盐片）

（2）各吸收峰的振动类型和归属如下：

吸收峰/cm^{-1}	振动类型	归属
3060	$\upsilon_{\Phi H}$	
1600,1500,1585	$\upsilon_{C=C}$	
1460	δ_{CH}	
3400	$\upsilon_{C=O}$ 倍频	—C═O
1700	$\upsilon_{C=O}$（与苯环共轭）	
2820 2700	$\upsilon_{CH(O)}$（费米共振峰分裂）	$-\mathrm{C}(=\mathrm{O})\mathrm{H}$
755 690	$\gamma_{\Phi H}$（苯环上单取代）	

（3）综合以上判断，推测此化合物的结构式为：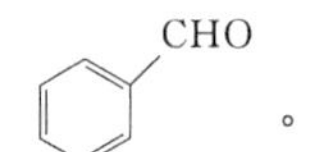。

3. 药品的纯度检查

由于杂质有它自己的吸收峰，常使纯物质红外光谱的吸收峰增多，或在光谱中产生某种干扰出现异峰、肩峰，或使某些吸收峰互相遮盖混淆、不能分清等现象的产生就说明有杂质存在。

知识拓展

近红外光谱简介

近红外光谱（near infrared spectroscopy，NIR）是通过测定被测物质在近红外光谱区的特征光谱并利用合适的化学计量方法提取相关信息后，对被测物质进行定性、定量分析的一种光谱分析技术。近红外光谱区介于可见光（VIS）和中红外（MIR）之间，波长范围为780～2526nm，其频率为12820～3959cm^{-1}，该谱区覆盖了含氢基团（O—H、N—H、C—H）振动的倍频与合频特征信息。通过扫描样品的近红外光谱，可以得到样品中有机分子含氢基团的特征信息。与中红外光谱法相比，近红外光谱法具有对样品无破坏、分析重现性好、可在线分析等特点。该方法可以得到化合物的组成和结构信息，广泛应用于药品的理化分析，包括“离线”供试品的检测和直接对“在线”样品进行检测以及中药的真伪鉴别、判断药材产地、检测有效成分含量等等。

【本章小结】

① 紫外-可见吸收分光光度法是基于分子内电子跃迁产生的吸收光谱进行分析的一种光学分析方法。

② 朗伯-比尔定律是紫外-可见吸收分光光度法定量分析的依据，其表达式为：$A=-\lg T=Kbc$，其适用条件为：a. 稀溶液，b. 单色光。吸收系数有摩尔吸收系数（ε）和百分吸收系数（$E_{1cm}^{1\%}$）两种表示，二者关系为：$E_{1cm}^{1\%}=\frac{\varepsilon\times10}{M}$。

③ 紫外-可见分光光度定性分析法有标准物质比较法、比较吸收光谱的特征性常数以及比较吸光度（或吸收系数）比值的一致性等。对单组分定量分析方法有吸收系数法、标准曲线法和对照品法等。

④ 红外光谱产生的条件。红外光谱是由分子振动能级跃迁而产生的，而分子振动能级跃迁具有量子化特征，所以产生红外吸收必须满足以下条件：a. 红外辐射的能量应刚好等于分子振动、转动跃迁所需的能量，即红外光的频率要与分子振动、转动频率匹配。b. 分子在振动过程中必须有偶极矩的变化。

⑤ 解析光谱的原则。遵循用一组相关峰确定一个官能团。解析光谱的顺序：先特征区，再指纹区。

【目标检测】

一、选择题

1. 吸光光度法的定量分析的理论依据是（　　）。

A. 朗伯-比尔定律　　B. 能斯特方程　　C. 塔板理论　　D. 速率方程

2. 现有 A、B 两个不同浓度的 $KMnO_4$ 溶液，在同一波长下测定，若 A 用 1cm 比色皿，B 用 2cm 比色皿，而测得的吸光度相同，则它们的浓度关系为（　　）。

A. $c_A=c_B$　　B. $c_A=2c_B$　　C. $2c_A=c_B$　　D. $c_A=1/3c_B$

3. 用紫外分光光度计测定某有色溶液，若对其进行稀释后测量，其最大吸收峰的波长位置将（　　）。

A. 向长波长方向移动　　B. 不移动，但峰高升高

C. 不移动，但峰高降低　　D. 向短波长方向移动

4. 在紫外-可见分光光度法测定中，使用参比溶液的作用是（　　）。

A. 调节仪器透光率的零点　　B. 吸收入射光中测定所需要的光波

C. 调节入射光的光强度　　D. 消除非测定物质对入射光吸收的影响

5. $C_{10}H_{16}O$ 的不饱和度为（　　）。

A. 1　　B. 2　　C. 3　　D. 4

二、问答题

1. 什么是吸收曲线？理想的标准曲线应该是一条过原点的直线，为什么实际工作中标准曲线有时不过原点？

2. 某化合物的化学式为 $C_8H_9O_2N$，其红外光谱图如下，试推断其结构式。

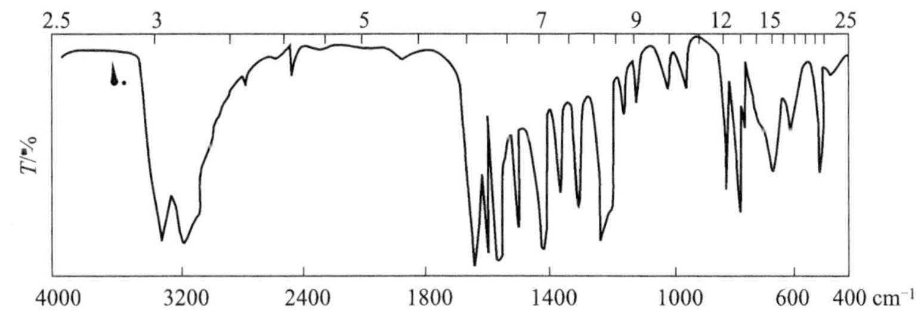

3. 某化合物的化学式为 $C_9H_8O_2$，其红外光谱图如下，试推测其结构式。

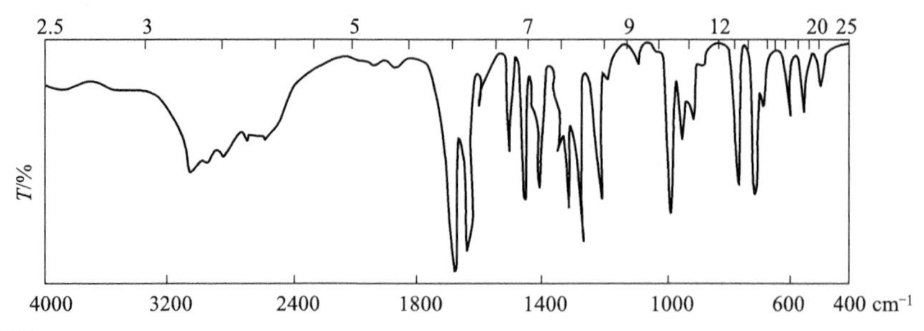

三、计算题

1.卡巴克洛的分子量为236，将其配成浓度为0.4692mg/100mL的溶液，用1cm吸收池，在λ_{max}为355nm处测得A值为0.557，试求卡巴克洛的百分吸收系数$E_{1cm、\lambda_{max}}^{1\%}$及摩尔吸收系数$\varepsilon$的值。

2.某药物浓度为1.0×10^{-4}mol/L，用1.0cm吸收池，于最大吸收波长238nm处测得其透光度$T=20\%$，试计算其ε_{max}。

3.对乙酰氨基酚原料药含量测定：精密称取对乙酰氨基酚0.0411g，置250mL容量瓶中，加0.4%氢氧化钠溶液50mL，加水至刻度，摇匀，精密量取5mL，置100mL容量瓶中，加0.4%氢氧化钠溶液10mL，加水至刻度，摇匀。用1cm的比色皿，在257nm波长处测得该溶液的吸收度为0.582。按$C_8H_9NO_2$的百分吸收系数为719计算对乙酰氨基酚的含量。

4.在100mL某药品溶液中含该药品50mg，用2cm的吸收池，在最大吸收波长500nm处测得透光率T为20%，已知该药品的摩尔吸收系数$\varepsilon+_{max}=760L/(mol\cdot cm^{-1})$，求该药品的分子量。

第九章

色谱法

学习目标

1. 掌握色谱法的基本原理及分类。
2. 掌握气相色谱法和高效液相色谱法的基本原理以及定性定量方法。
3. 熟悉薄层色谱法的基本原理、基本操作步骤及定性定量方法。
4. 熟悉气相色谱仪和高效液相色谱仪。
5. 了解纸色谱的分离原理。

第一节　色谱法概述

色谱法又名层析法，是一类广泛应用的物理化学分离分析方法。色谱法是 1906 年俄国植物学家 Michail Tswett 将植物色素的石油醚浸取液加到装有细粒状碳酸钙的竖直玻璃柱内，然后用石油醚淋洗，结果使不同的色素在柱内得到分离，形成不同颜色的谱带，从而得名。后来随着色谱技术的发展，分离对象不再限于有色物质，但色谱一词一直沿用至今。

色谱法中，将上述起分离作用的柱子称为色谱柱，柱内的填充物（如碳酸钙）称为固定相，沿着柱流动的液体（如石油醚）称为流动相。

一、色谱法分类

1. 按流动相和固定相的物态分类

用液体作为流动相的色谱法称为液相色谱法，用气体作为流动相的称为气相色谱法。根据固定相是固体或液体（载附在惰性固态物质上），液相色谱法又可分为液-固色谱法（LSC）、液-液色谱法（LLC）；气相色谱法又可分为气-固色谱法（GSC）、气-液色谱法（GLC）。

2. 按分离机理分类

色谱法的实质是分离，利用物质在固定相和流动相中的吸附、脱附、溶解、析出或其他亲和力和渗透性的差异，在色谱柱中产生不同的迁移速度而达到分离的目的。

吸附色谱法是以吸附剂作固定相，利用吸附剂表面对不同组分吸附能力的差异来进行分离的方法；分配色谱法是用液体作固定相，利用不同组分在两相中的溶解度差异来进行分离的方法；离子交换色谱法是用离子交换剂作固定相，利用离子交换剂对不同离子交换能力（亲和力）的差异来进行分离的方法；空间排阻色谱法是用凝胶作固定相，利用凝胶对分子大小不同的组分有不同阻滞作用（渗透作用）来进行分离的方法。

3. 按操作形式分类

分离过程在色谱柱内进行的色谱法称柱色谱法。气相色谱法、高效液相色谱法属于柱色谱法。分离过程在由固定相构成的平面状层内进行的色谱法称为平面色谱法，包括纸色谱法和薄层色谱法。

二、色谱过程

吸附色谱法是最早建立的色谱法，它的若干概念对其他类型的色谱法也适用。因此，以液-固吸附色谱柱为例来讨论分离原理。吸附色谱法是利用吸附剂对混合物中各组分吸附能力的差异，各组分在柱上迁移速度不同而达到分离的方法。吸附剂往往是多孔性物质，如硅胶、氧化铝等，表面布满许多吸附位点，能起到吸附作用。图 9-1 以分离 A 组分和 B 组分为例阐述了柱色谱的原理。

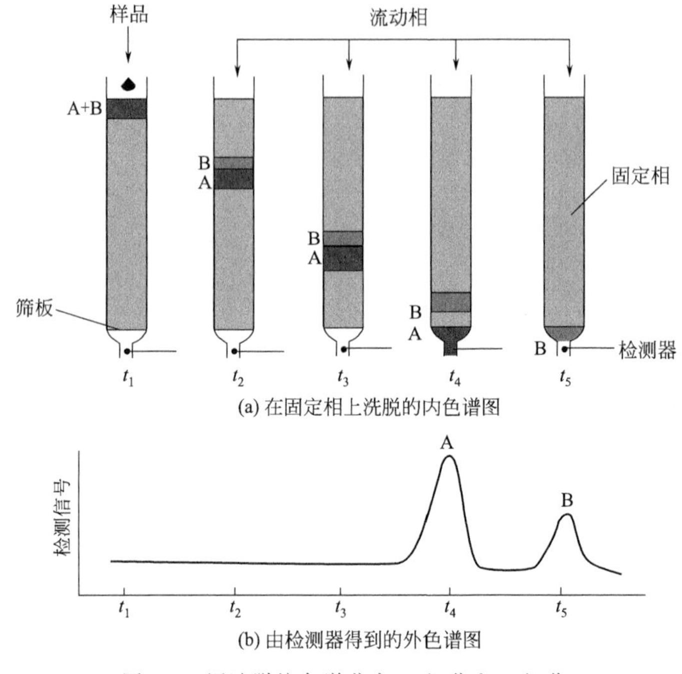

图 9-1　用洗脱柱色谱分离 A 组分和 B 组分

选择合适的溶剂将样品溶解后，从柱顶端加入。开始时 A、B 两组分在同一位置，形成起始谱带。随后用适当的流动相（洗脱剂）冲洗，两组分随流动相向下流动而从吸附柱上洗脱下来（即解吸），当遇到新的吸附剂又被重新吸附，因此在色谱柱上不断地发生吸附、解吸、再吸附、再解吸……而向下移动。A、B 两组分的理化性质存在微小的差异，因而在吸附剂表面的吸附能力也存在微小差异，在柱中随流动相迁移速度也就不同。若 A 组分极性较小，吸附剂对它的吸附力比较弱，而流动相溶解力比较大，容易解吸，在柱中迁移速度较快，先从色谱柱中流出。而 B 组分极性较大，在柱中迁移速度较慢，后从色谱柱中流出。

三、色谱法的基本概念

经色谱分离后的样品通过检测器时所产生的电信号强度随时间而变化的曲线称色谱图（也称为色谱流出曲线）。色谱图纵坐标为检测器的响应信号，单位为 mV；横坐标为流出时间，单位为 min 或 s（也可用流动相体积或距离表示）。它是色谱定性、定量和评价色谱分离情况的基本依据。在色谱图（图 9-2）中：

1. 基线

Ot 线，表示色谱柱中没有样品仅有流动相通过时，检测器响应信号的记录值。实验条件稳定时是一条平行于时间横坐标的直线。基线反映了仪器（主要是检测器）的噪声随时间的变化，发生偏离时常用基线漂移表示，可衡量检测器的稳定状况。

2. 色谱峰

色谱图上的突出部分称为色谱峰。一个组分的色谱峰可以用峰位（用保留值表示）、峰高或峰面积及色谱峰的区域宽度三项参数表示，分别作为定性、定量及衡量柱效的依据。正常色谱峰为对称形正态分布曲线。不正常色谱峰有两种：拖尾峰及前延峰。拖尾峰前沿陡峭，后沿拖尾；前延峰前沿平缓，后沿陡峭。正常色谱峰与不正常色谱峰可用对称因子（f_s）或拖尾因子（T）来衡量，如图 9-3 所示。

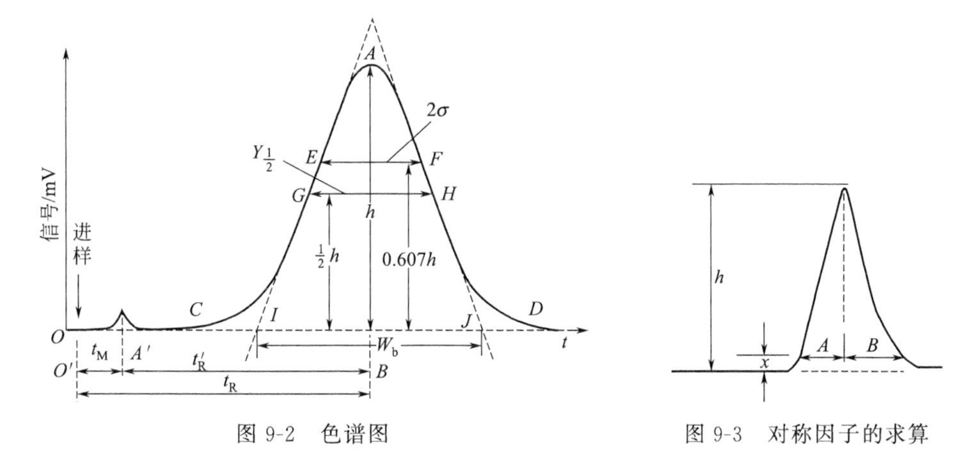

图 9-2　色谱图　　图 9-3　对称因子的求算

$$f_s = \frac{W_{0.05h}}{2A} = \frac{A+B}{2A} \tag{9-1}$$

对称因子在 0.95～1.05 时为正常峰，小于 0.95 为前延峰，大于 1.05 为拖尾峰。

（1）峰高（h）与峰面积（A）　峰高 h 线，峰顶到基线距离；峰面积，峰与峰底之间的面积。

（2）标准偏差（σ）　$\frac{1}{2}EF$，正态分布曲线两侧拐点之间距离的一半，即 0.607 倍峰高处的峰宽度一半。

（3）半峰宽（$W_{1/2}$）　GH，峰高一半处的峰宽。它与标准偏差的关系如下：

$$W_{1/2} = 2\sigma\sqrt{2\ln 2} = 2.355\sigma \tag{9-2}$$

（4）峰宽（W）　IJ，通过色谱峰两侧拐点作切线在基线上的截距。它与标准偏差的关系如下：

$$W = 4\sigma \quad 或 \quad W = 1.699W_{1/2} \tag{9-3}$$

色谱峰的区域宽度可用标准偏差（σ）、半峰宽（$W_{1/2}$）、峰宽（W）三种方法表示，区域宽度越小，色谱柱的柱效越高。

3. 保留值

（1）保留时间（t_R）　$O'B$，组分从进样开始到峰最大值所需的时间。

（2）死时间（t_M）　$O'A'$，指分配系数为 0 的组分（即不被固定相吸附或溶解的组分）通过色谱柱的时间。

（3）调整保留时间（t'_R）　$A'B$，扣除死时间的保留时间，可认为 t'_R 是组分在固定相中的滞留时间。

$$t'_R = t_R - t_M \tag{9-4}$$

在色谱条件（温度、固定相等）一定时，调整保留时间仅取决于组分的性质，是色谱定性的基本参数。

（4）保留体积（V_R）　组分从进样开始到出现峰最大值，流动相流经色谱柱的体积为保留体积。F_c 为流动相流速，则 $V_R = t_R F_c$。流动相流速大，保留时间短，但两者的乘积不变，因此 V_R 与流动相流速无关。

（5）死体积（V_M）　由进样器至检测器的流路中，不被固定相占据的空间称为死体积，

$V_M = t_M F_c$。

（6）调整保留体积（V'_R）　扣除死体积后的保留体积。V'_R 与载气流速无关，也是常用的色谱定性参数之一。

$$V'_R = V_R - V_M = t'_R F_c \tag{9-5}$$

4. 相平衡参数

色谱过程实质上是混合物中各组分不断在相对运动的两相（即固定相不动，流动相携带组分流经固定相）间分配平衡的过程。常用的相平衡参数有分配系数（K）和容量因子（k）。

（1）分配系数　在一定的温度和压力下，组分在两相间分配达到平衡时的浓度比，称为分配系数，用 K 表示。

$$K = \frac{\text{组分在固定相中的浓度}(c_s)}{\text{组分在流动相中的浓度}(c_m)} \tag{9-6}$$

分配系数与温度、组分、固定相和流动相的性质有关，随温度上升而下降。一般分配系数在低浓度时为常数。在一定条件下，分配系数是组分的特征常数。

可推导出分配系数 K 与保留时间 t_R 的关系：

$$t_R = t_M\left(1 + K\frac{V_s}{V_m}\right) \tag{9-7}$$

式中，V_s 与 V_m 分别为固定相和流动相在色谱柱中所占的体积。在色谱条件一定时，V_s 与 V_m 一定；若流速、温度一定，则 t_M 一定，因此 t_R 就取决于 K，K 大的组分 t_R 长，即在柱中的移行速度慢，停留时间长，将后流出色谱柱；K 小的组分在柱中移行速度快，停留时间短，将先流出色谱柱。因此，分配系数 K 值不等是分离的前提，K 值相差越大，各组分越容易彼此分离。

分配系数因不同的色谱机理，其含义不同。在吸附色谱中，K 为吸附平衡常数；在离子交换色谱中，K 为交换系数；在分子排阻色谱中，K 为渗透系数。

（2）容量因子（k）　在一定的温度和压力下，组分在两相间分配达到平衡时分配在固定相和流动相中的质量（m_s，m_m）之比，也称分配比。

$$k = \frac{m_s}{m_m} = \frac{c_s V_s}{c_m V_m} = K\frac{V_s}{V_m} \tag{9-8}$$

容量因子还反映了保留时间与死时间的关系：$k = \dfrac{t'_R}{t_M}$

k 值越大，组分在柱内的保留时间越长。由于 k 值易测量得到，常用它来代替分配系数 K 表征色谱平衡过程。

（3）相对保留值（r_{21}）　相同实验条件下，组分 2 与组分 1 的调整保留值之比，

$$r_{21} = \frac{t'_{R_2}}{t'_{R_1}} = \frac{V'_{R_2}}{V'_{R_1}} \tag{9-9}$$

由式(9-8) 和式(9-9) 可知，

$$r_{21} = \frac{K_2}{K_1} = \frac{k_2}{k_1} \tag{9-10}$$

r_{21} 表示相邻两组分在柱内的分配系数差异，r_{21} 越大，则两组分的 K 和 k 值差异越大，峰间距越大，柱选择性越好，因此 r_{21} 常作为衡量柱选择性的指标。

5. 分离参数

分离度（R），又称分辨率，是色谱的分离参数之一，用于衡量色谱柱的分离效果。

$$R = \frac{t_{R_2} - t_{R_1}}{(W_1 + W_2)/2} = \frac{2(t_{R_2} - t_{R_1})}{W_1 + W_2} \tag{9-11}$$

即相邻两组分色谱峰保留时间之差与两色谱峰峰宽均值的比值。分离度用于评价待测组分与相邻组分或难分离物质之间的分离程度，是衡量色谱系统效能的关键指标。

$R<1$ 时，色谱峰相互重叠，两组分达不到分离；$R=1$ 时，两峰的分离程度只达到 98%；$R=1.5$ 时，分离程度可达 99.7%，一般可认为两峰完全分离。《中国药典》(2020 年版）规定，除另有规定外，色谱系统适用性试验中分离度（R）应大于 1.5。

第二节　平面色谱法

平面色谱法是在平面上进行分离的一种方法，主要包括薄层色谱法和纸色谱法。

一、薄层色谱法

薄层色谱法（TLC）是把固定相均匀地铺在光洁的玻璃板、塑料板或铝箔上形成薄层，然后在薄层上进行分离。它具有设备简单、操作方便、分离速度快、应用范围广等特点。薄层色谱按分离机制可分为吸附、分配、离子交换及凝固色谱法等。下面讨论应用最多的吸附薄层色谱法。

1. 基本原理

若将含 A、B 两组分的混合液点在薄层板的一端，在密闭色谱缸中展开。当流动相（称为展开剂）不断地流过吸附剂时，由于吸附剂对 A、B 组分有不同的吸附力，展开剂也对 A、B 组分有不同的解吸能力，即 A、B 组分的分配系数 K 不同。当 A、B 组分随着展开剂的不断展开，在吸附剂和展开剂之间不断发生着吸附、解吸、再吸附、再解吸过程，因产生差速迁移而分离，在薄层板上形成彼此分离的点，如图 9-4 所示。若 A 组分分配系数大，则在板上移动速度慢；若 B 组分分配系数小，则在板上移动速度快。

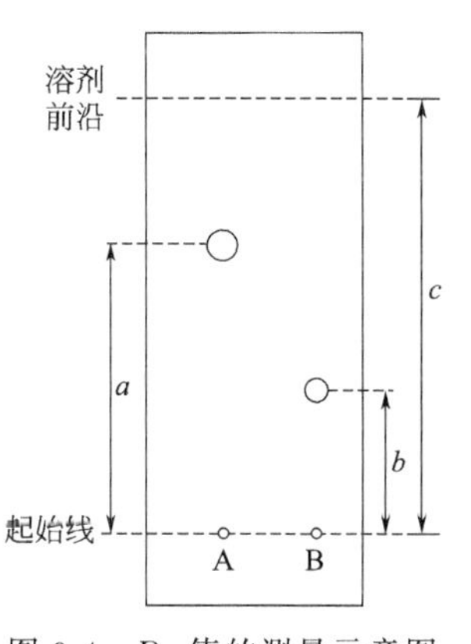

图 9-4　R_f 值的测量示意图

各组分在薄层板上斑点的位置可用比移值 R_f 来表示：

$$R_f=\frac{\text{原点至斑点中心的距离}}{\text{原点至溶剂前沿的距离}} \tag{9-12}$$

如图 9-4 所示，A 组分的 $R_f=a/c$；B 组分的 $R_f=b/c$。若 $R_f=0$，表示斑点在原点不动，吸附剂吸附力太强；$R_f=1$，表示斑点不被吸附剂保留，随展开剂迁移到溶剂前沿。R_f 值在 0～1 之间，可用范围是 0.2～0.8，最佳范围是 0.3～0.5。R_f 值与组分、温度及薄层板和展开剂的性质有关。在完全相同的条件下某组分的 R_f 是定值，因此可以利用 R_f 对物质进行定性鉴定。

由于影响 R_f 值的因素较多，在薄层色谱中很难得到重复的 R_f 值。因此，常用相对比移值 R_{st} 来代替 R_f 值，以消除实验的系统误差。

$$R_{st}=\frac{\text{被测组分的 }R_f\text{ 值}}{\text{对照物的 }R_f\text{ 值}}=\frac{\text{原点到被测组分斑点中心距离}}{\text{原点到对照物斑点中心距离}} \tag{9-13}$$

与 R_f 不同，R_{st} 值可以大于 1 或小于 1。所用的对照物可以是样品中的某一组分，也可以是另加的标准物质。

2. 吸附剂与展开剂的选择

(1) 吸附剂的选择　吸附薄层色谱法常用的吸附剂有硅胶、氧化铝、聚酰胺和纤维素等。

① 硅胶。硅胶是最常见的吸附剂。其粒度范围在 40μm 左右［高效薄层色谱（HPLC）

硅胶的粒度小到 5μm]。硅胶表面带有硅醇羟基呈弱酸性，通过硅醇羟基（吸附中心）与极性基团形成氢键而表现其吸附性能。根据不同的分析条件和要求，可选用硅胶 G（掺有煅石膏的硅胶）、硅胶 H（不含黏合剂的硅胶）、硅胶 HF_{254}（含荧光指示剂的硅胶）、硅胶 GF_{254}（加煅石膏和荧光指示剂的硅胶）、硅胶 CMC（硅胶中加羧甲基纤维素）等。硅胶是弱酸性物质，适用于酸性和中性物质的分离，如有机酸、氨基酸、萜类、甾体等样品。

② 氧化铝。色谱用氧化铝按制备方法不同可分为碱性、中性和酸性三种，以中性氧化铝使用最多。

碱性氧化铝（pH 9～10）适用于分离碱性和中性化合物，如生物碱等。

酸性氧化铝（pH 4～5）适用于分离酸性物质，如某些氨基酸、有机酸等。

中性氧化铝（pH 7.5）适用于分离生物碱、甾体、挥发油以及在酸、碱中不稳定的酯等化合物。中性氧化铝用途广泛，凡是酸性、碱性氧化铝能分离的化合物，中性氧化铝均适用。

吸附剂的吸附能力常用活性来表示。吸附剂的活性与含水量有关，见表 9-1。吸附活性的强弱用活性级别（Ⅰ～Ⅴ）表示。含水量越低，活性级别越小，活性越高，吸附能力越强。在适当的温度下加热，可除去水分使硅胶的吸附能力增强，称为活化；反之，加入一定量水分可使活性降低，称为脱活。

表 9-1　氧化铝、硅胶的含水量与活性的关系

硅胶含水量/%	活性级别	氧化铝含水量/%
0	Ⅰ	0
5	Ⅱ	3
15	Ⅲ	6
25	Ⅳ	10
38	Ⅴ	15

（2）展开剂的选择　展开剂的正确选择是薄层色谱法分离成败的关键。展开剂选择的一般原则是：极性大的组分用极性大的展开剂，极性小的组分用极性小的展开剂。当单一溶剂展开不能很好分离时，可考虑改变溶剂的极性或采用混合溶剂来展开。例如，某物质用苯溶剂展开时，R_f 值较小，靠近原点，则可考虑加入适量极性大的溶剂，如乙醇、丙酮等，并可改变混合溶剂配比来得到满意的分离效果；反之，如果 R_f 值太大，靠近溶剂前沿，可加入适量极性小的溶剂，如石油醚、环己烷等，使 R_f 值符合要求。

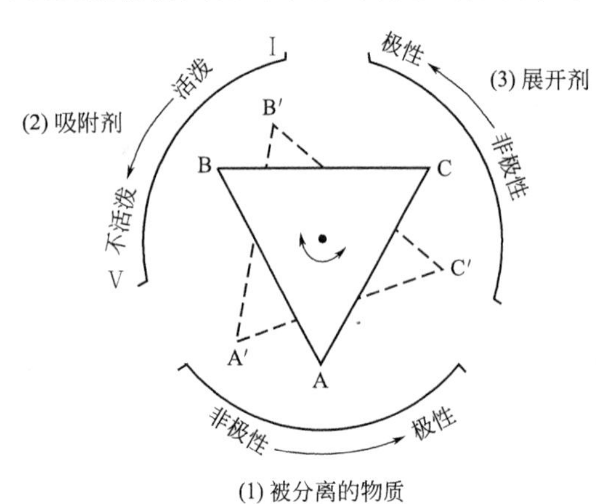

图 9-5　被分离物质的极性、吸附剂活度和展开剂极性间的关系

薄层色谱法中常用溶剂极性由弱到强的顺序是：石油醚、环己烷、二硫化碳、四氯化碳、三氯乙烷、苯、甲苯、二氯甲烷、氯仿、乙醚、乙酸乙酯、丙酮、正丙醇、乙醇、甲醇、水、吡啶、醋酸。

在选择展开剂时，要对被测物质的性质、吸附剂的活度及展开剂的极性三方面因素综合起来考虑。如图 9-5 所示，在进行选择时，可先将被分离组分极性大小在三角形的一个顶角固定，由其他两顶角指向可选定吸附剂的活性和展开剂的极性。

3. 操作方法

薄层色谱法的一般操作程序分为制板、点样、展开和显色四个步骤。

(1) 制板　常用薄板为玻璃板，必须光滑、平整、洁净（洗净后不挂水珠）。玻璃板的大小根据实际要求而定，一般可用 18cm×6cm，较大的有 20cm×20cm。薄板有加黏合剂的硬板和不加黏合剂的软板两种。软板采用干法铺板，制备简单，快速，随铺随用，展开速度快，但薄层不牢固，只能在近水平位置展开，分离效果也较差。硬板的机械强度好，可用铅笔在薄层上做记号。硬板用湿法铺板，方法有倾注法、平铺法和涂铺器法三种。目前广泛应用的是涂铺器法，操作简便，薄板厚度均匀，适合于定量分析。

(2) 点样　点样需先将样品溶于易挥发的有机溶剂（如氯仿、丙酮、乙醇等）中，尽量避免用水，因水不易挥发，易使斑点扩散。然后用微量注射器或管口平整的玻璃毛细管（直径小于 1mm）分次点样，每点一次，用电吹风将溶剂吹干后再点第二滴，点样时间最好不超过 10min，点样量一般以几微升为宜，点样量太多，展开后易出现拖尾现象。原点直径为 2～4mm，点样的位置在距薄层底边 1.5～2cm 处的起始线上，点间相距约 1.0～2.0cm（可用铅笔做记号）。

(3) 展开　展开必须在密闭的色谱缸中进行。色谱缸有长方形展开槽、直立形的单槽色谱缸和双槽色谱缸等多种。展开方式也有多种：上行展开、近水平展开、下行展开、多次展开、双向展开等。上行展开法是将薄板直立于已盛有展开剂的色谱缸中，展开剂借助毛细管作用自下而上缓慢上升。近水平展开法又称倾斜上行法，是将薄板置于长方形展开槽中，板稍呈倾斜角度（约 15°～30°）。该法展开速度快，软板展开只能用此法。下行展开法，展开剂由上而下展开；多次展开法，用同一展开剂或改用一种新的展开剂多次重复展开；双向展开法，经第一次展开后，烘干，将薄板转 90°后，改用另一种展开剂展开。这种方法常用于组分复杂、性质接近的难分离物质的分离。

展开操作应注意的几个问题是：①色谱缸密闭性能要良好，使色谱缸中展开剂蒸气饱和并维持不变。②为防止边缘效应（边缘效应是指同一组分的斑点在薄板上中间出现的 R_f 比两侧边缘部分 R_f 小的现象），在展开前，色谱缸空间应为展开剂蒸气充分饱和，然后将点样过的薄板放入缸中，在不接触展开剂及密闭的情况下，放置 15min，待缸内空间及薄板被展开剂蒸气饱和后，再将薄板下端浸入展开剂中，应注意不能浸到点样线，否则样品将会溶解于展开剂中，不能展开。③吸附色谱展开速度较快，约需 10～30min，受温度影响较小；分配色谱往往需 1～2h，受温度影响较大。

(4) 显色　有色物质经色谱展开后呈明显色斑，易观察定位。对于无色物质展开后可用物理或化学的方法使之显色。

① 物理检出法。具有荧光的物质及少数有紫外吸收的物质，可在紫外灯（254nm 或 365nm）下观察有无暗斑或荧光斑点。若被测物质本身在紫外灯下观察无荧光斑点，则可借助荧光薄板来进行检出。荧光薄板是在吸附剂中掺入一种荧光物质（如硅酸锌锰等）制成的薄板。当紫外灯照射时，整个薄板显黄绿色荧光，被测物质由于吸收了 254nm 或 365nm 的紫外光而显现出暗斑。

② 化学检出法。对无色而又无紫外吸收的物质可采用化学试剂（显色剂）显色。显色剂分为通用型和专属型两种。例如硫酸、碘是有机化合物的通用型显色剂，茚三酮是氨基酸的专用显色剂，三氯化铁-铁氰化钾是含酚羟基化合物的显色剂。各类化合物所用的显色剂可从分析化学手册或色谱专著中查得。显色剂的显色方法可用直接喷雾法或浸渍显色法。直接喷洒时，雾点必须微小、致密和均匀。浸渍显色是将薄板一端浸入显色剂，扩散整个薄层后，取出晾干，便呈现色斑。

4. 定性和定量分析

（1）定性分析　薄层色谱中，定性分析方法是将试样与标准品做对照。常用的方法有：①比较斑点的 R_f 值。将试样与标准品在同一薄板上点样，展开，若测得的 R_f 值完全一样，则可认为是同一物质。为保证定性的可靠性，常在多种不同的展开剂中展开，然后比较 R_f 值与标准品是否一致，来确定是否为同一物质。②斑点的原位扫描。用薄层扫描仪做原位扫描得到该斑点的光谱图，其吸收峰及最大吸收波长应与标准品一致。③与其他方法联用。将薄层分离得到的单一斑点收集、洗脱，再用气相色谱、高效液相色谱、紫外或红外光谱等方法鉴定。

（2）定量分析　薄层色谱法的定量分析可分为两类：

① 洗脱测定法。试样经展开分离后，将该组分的斑点连吸附剂一齐刮下或取下，然后将该组分从吸附剂上洗脱下来，收集洗脱液，进行定量测定，测定的方法一般采用分光光度法或比色法。

② 直接测定法。试样经色谱分离后，在薄板上对斑点进行直接测定。最初用目视法或测面积法。随着分析仪器技术的发展，目前用薄层扫描仪进行定量测定，已成为薄层色谱定量分析的重要方法。薄层扫描仪由光源、单色器、样品台、检测器、记录仪等构成。聚光系统有单光束、双光束和双波长三种。常用的是双波长薄层扫描仪，其原理是从光源（氘灯、钨灯或氙灯）发射的光，通过两个单色器成为两束不同波长的光，一束用来测样品，另一束为对照。这两束光通过斩光器以一定频率交替照射在薄板上，如为反射法测定，则斑点表面的反射光由光电倍增管接受；如用透射法测定，则由光电倍增管接受透射光。检测器测得两波长的吸光度差值。由记录仪描绘出组分斑点吸收曲线（呈峰型）。由于影响薄层扫描结果的因素很多，故应在保证供试品的斑点在一定浓度范围内呈线性的情况下，将供试品与对照品在同一块薄层上展开后扫描，进行比较并计算，以减少误差。而且各种供试品只有在得到分离度和重现性好的薄层色谱，才能获得满意的结果。薄层扫描仪定量测定速度快，准确度高，误差范围一般在±2%～±5%内，但仪器较为复杂，对薄层板要求也较高。薄层扫描法具有实验成本低、流动相的选择与更换方便等优点，但其检测的灵敏度、结果的精密度与准确度比高效液相色谱法要差，通常作为高效液相色谱法或气相色谱法的补充应用。

5. 薄层色谱法的应用与示例

薄层色谱法在医药、临床、农业、食品、化工、生化、环境等各方面得到了广泛应用。在药学方面常应用于天然和合成有机物的分离与鉴定；药物合成中的反应监控，血药浓度测定；药物分析中中草药、中成药的质量控制，合成药原料及制剂的杂质检查及稳定性观察等，有时也用于少量物质的提纯与精制。

例 9-1　丹桂香颗粒中黄连的薄层扫描法含量测定

取本品内容物，研细，取 0.2g 或 0.5g（无蔗糖），精密称定，置具塞锥形瓶中，精密加入水 1mL，充分振摇使溶解分散，再精密加入乙醇 25mL，密塞，称定质量，超声处理（功率 500W，频率 40kHz）30min，放冷，再称定质量，加乙醇补足减失的质量，摇匀，过滤，取滤液作为供试品溶液。另取盐酸小檗碱对照品，加乙醇制成每 1mL 含 20μg 的溶液，作为对照品溶液。照薄层色谱法试验，精密吸取供试品溶液 5μL、对照品溶液 2μL 和 6μL，分别交叉点于同一硅胶 G 薄层板上，以正丁醇-冰醋酸-水（5：1：1）为展开剂，展开，取出，晾干，照薄层色谱法进行荧光扫描，激发波长 λ＝365nm，测量供试品与对照品荧光强度的积分值，计算即得。

本品每袋含黄连以盐酸小檗碱（$C_{20}H_{17}NO_4 \cdot HCl$）计，不得少于 12.0mg。

二、纸色谱法

1. 基本原理

纸色谱法是以纸为载体的色谱法，固定相一般为纸纤维上吸附的水（还可用甲酰胺、缓冲液等），流动相为与水不相溶的有机溶剂（也常用和水相混溶的有机溶剂）。纸纤维只起到一个惰性支持物的作用。被测组分在固定相和流动相之间进行分配，由于各组分分配系数不同而得到分离。因此，纸色谱法属于分配色谱。

2. 影响 R_f 值的因素

与薄层色谱相同，纸色谱常用比移值 R_f 来表示各组分在色谱中的位置，作为定性物质的参数。在纸色谱中影响 R_f 值的因素较多，主要有：

（1）物质的极性　一般来讲，化合物极性大或亲水性强，则分配系数大。在以水为固定相的纸色谱中的 R_f 值小；反之，如极性小或亲脂性强，则分配系数小，R_f 值大。例如同属糖类的葡萄糖、鼠李糖和洋地黄毒糖因分子中含羟基数目不同，极性存在较大差异，因而在同一条件下其 R_f 值不同，具体比较见表 9-2。

表 9-2　物质结构与 R_f 值的关系

项目	葡萄糖	鼠李糖	洋地黄毒糖
分子中羟基数	5	4	3
亲脂性基团	0	$-CH_3$	$-CH_3,-CH_2-$
分子极性	最强	中	弱
R_f 值	小	中	大

（2）展开剂的极性和饱和蒸气度　展开剂的极性直接影响组分的移行速度和距离，对 R_f 值影响很大。如在流动相中增加极性溶剂比例，则亲水性极性溶质的 R_f 值就增大。

在展开槽中，溶剂蒸气的饱和程度对 R_f 值也有较大影响。在展开前，必须使展开槽和色谱纸的展开剂蒸气达到饱和程度，否则易造成斑点扩散和拖尾现象。

（3）pH 值和温度　对弱酸和弱碱，pH 值影响着它们的解离度，解离度的改变致使其在两相中的分配改变，造成 R_f 值的改变。温度的变化会引起物质分配系数的变化，所以也会引起 R_f 值的改变。

3. 实验条件与方法

（1）色谱纸的选择　对色谱纸的要求是：①滤纸质地均匀，有一定的机械强度；②纸纤维松紧适宜；③纸质应纯；④应根据分离对象考虑滤纸型号。对 R_f 值相差较小的宜用慢速滤纸，对 R_f 值相差较大的宜用快速滤纸。

（2）固定相　在纸色谱中，是以吸附在纸纤维上的水为固定相。在分离一些较小极性的物质或酸、碱性物质时，为增加其在固定相中的溶解度，常将滤纸吸留的甲酰胺或二甲基甲酰胺、丙二醇或缓冲溶液作固定相。

（3）展开剂的选择　与吸附薄层色谱不同，纸色谱展开剂的选择应从待测组分在两相中的溶解度和展开剂的极性来考虑。在流动相中溶解度较大的物质，具有较大的 R_f 值。对极性物质，增加展开剂中极性溶剂的比例，可增大 R_f 值；增加展开剂中非极性溶剂的比例，可减小 R_f 值。纸色谱中最常用的展开剂是含水的有机溶剂，如水饱和的正丁醇、正戊醇、酚等。有时为防止弱酸、弱碱的解离，可加入少量的酸或碱，如常用的展开剂正丁醇-醋酸-水（4∶1∶5）等。

纸色谱的操作步骤、定性定量方法与薄层色谱相似。

第三节　气相色谱法

以气体作为流动相的色谱方法称为气相色谱法。气相色谱法是英国生物化学家 A. J. P. Martin 和 R. L. M. Synge 在研究液-液分配色谱的基础上，于 1951 年创立的一种极为有效的分离方法。气相色谱法随着色谱理论的不断成熟以及气相色谱仪的逐渐完善，如今已经成为最受欢迎的仪器分析方法之一，广泛应用于石化、医药、临床、环保、商品检验等方面。

一、气相色谱法的分类及特点

1. 气相色谱法的分类

根据固定相的聚集状态分为气-固色谱和气-液色谱，前者是用固体吸附剂作固定相，而后者是以涂布在载体表面上的固定液作固定相。根据色谱柱的粗细可分为填充柱和毛细管柱，填充柱是将固定相填充在金属或玻璃管柱中；毛细管柱是将固定液直接涂布在毛细管内壁上。按分离原理可分为吸附色谱和分配色谱两大类。气-固色谱属于吸附色谱，利用固体吸附剂对不同组分的吸附性能不同进行分离；气-液色谱属于分配色谱，是利用不同组分在两相中的分配系数不同而达到分离目的。

2. 气相色谱法的特点

气相色谱法具有如下特点：①高选择性。对性质极为相近的物质，如同位素、同分异构体和对映体等原则上都可进行分离分析。②高效能。能分离多个分配系数很接近的组分。如空心毛细管柱，一次可分析含有 200～300 个组分的汽油或柴油。③高灵敏度。目前气相色谱法可分析含量为 10^{-11}g 的物质，因此常用于痕量分析。在医学和生物化学上，可进行药物、氨基酸的分析及血液中含量为几个 10^{-6} 养分的分析。④分析速度快。完成一个分析周期一般只需几分钟或几十分钟。采用快速色谱时，几秒即可完成一个分析。实现自动化操作后则更为方便。⑤应用范围广。对热稳定性良好的气体、液体、固体物质原则上都可用气相色谱法分析。

气相色谱法的不足之处在于：不适用于沸点高于 450℃的难挥发物质和热不稳定物质的分析。

二、气相色谱法的基本理论

从色谱图上分析，试样中的各组分要达到完全分离，峰间必须有足够距离，且峰型较窄。峰间距取决于各组分在两相间的分配情况，可用柱选择性来描述；而峰的宽度取决于组分在色谱柱中的扩散和运动速率。气相色谱法的基本理论包括热力学理论和动力学理论。热力学理论是用相平衡观点来研究分离过程，动力学理论是用动力学观点来研究各种动力学因素对柱效能的影响。

1. 塔板理论

塔板理论是把色谱柱比作一个分馏塔，柱内有许多想象的塔板，组分在每块塔板的气液两相间达成分配平衡，经过多次分配平衡后，分配系数小的组分先流出色谱柱，分配系数大的组分后流出。由于色谱柱的塔板数很多，即使分配系数仅有微小差异的组分也能得到很好的分离。设色谱柱长为 L，塔板间距离（也称理论塔板高度）为 H，则色谱柱的理论塔板数 n 为：

$$n=\frac{L}{H} \tag{9-14}$$

从塔板理论可推导出理论塔板数（n）与保留时间（t_R）、半峰宽（$W_{1/2}$）以及峰宽（W）的关系：

$$n=5.54\times\left(\frac{t_R}{W_{1/2}}\right)^2=16\times\left(\frac{t_R}{W}\right)^2 \tag{9-15}$$

若扣除不参与柱内分配的死时间（t_M），用有效塔板数 $n_{有效}$ 和有效塔板高度 $H_{有效}$ 来衡量柱效能指标：

$$n_{有效}=5.54\times\left(\frac{t'_R}{W_{1/2}}\right)^2=16\times\left(\frac{t'_R}{W}\right)^2 \tag{9-16}$$

$$H_{有效}=\frac{L}{n_{有效}} \tag{9-17}$$

色谱柱有效塔板数越多，组分在柱内达到分配平衡的次数越多，柱效能越高，色谱峰越窄，对组分分离越有利。但组分能否分离取决于该组分在两相间的分配系数差异，不取决于分配次数的多少。因此，$n_{有效}$ 的大小只是在一定条件下柱效能定量的表示指标。另外，有实验表明，同一色谱柱在不同载气流速下柱效能不同。为此，还应找出影响柱效能的其他因素。

2. 速率理论

1956 年，荷兰学者 Van Deemten 在前人研究的基础上提出了色谱过程的动力学理论——速率理论，导出塔板高度（H）与载气线速度（μ）的关系，提出了范第姆特方程：

$$H=A+\frac{B}{\mu}+C\mu \tag{9-18}$$

式中，μ 为载气线速度，m/s；A、B、C 为三常数，分别表示涡流扩散项、纵向扩散系数和传质阻力系数。塔板高度越小，柱效能越高，峰越尖锐；反之则柱效能越低，峰越扩展。下面讨论影响塔板高度的因素。

A：涡流扩散项。载气携带试样组分流经填充物颗粒时，不断改变流动方向，形成不规则的类似“涡流”的运动。若填充物颗粒大小不规则或填充不均匀，就会使同一组分的分子流经途径不同，不能同时流出色谱柱，而引起色谱峰扩散。因此，A 是与填充物颗粒的大小以及填充的均匀性有关的因子。使用适当粒度和颗粒均匀的固定相，尽量填充均匀，可减少涡流扩散，提高柱效能。

B/μ：分子扩散项。此项与载气线速度（μ）成反比。载气流速越大，组分在柱内停留的时间越短。组分进入色谱柱后，由于在柱子前后（纵向）存在浓度差形成浓度梯度，因此组分分子在色谱柱内产生纵向的扩散现象。扩散系数越大，组分在柱内的停留时间越长，则对色谱峰扩张的影响越显著。同时扩散系数还与组分和载气的性质、柱温及柱压有关。分子量大的组分，扩散系数小，扩散系数随柱温升高而增大，与柱压成反比。因此，采用较高的载气流速、分子量大的载气，及降低柱温、加大柱压等方法可使分子扩散项值减小。

$C\mu$：传质阻力项。当组分被载气带入色谱柱后，在两相中进行分配过程（传质过程）中，组分分子与气、液两相分子的相互作用，使分子运动受阻，这种传质过程中的阻力称为传质阻力，其大小可用传质系数描述。传质阻力的存在，使分配平衡不能瞬间完成，有些组分分子来不及进入液相就被载气推向前进，发生超前现象；有些组分分子在液相来不及逸出而推迟回到气相，发生滞后现象。这两种现象的存在导致了色谱峰的扩张。传质阻力的大小主要与固定液的液膜厚度 d_f、组分在液相中的扩散系数 D_L 有关。d_f 越小，D_L 越大，则传质阻力系数越小。因此，常采用降低固定液液膜厚度的方法来减小传质阻力系数，提高柱效能。

综上所述，色谱柱填充均匀度，载体的粒度，载气的种类、流速，固定液液膜厚度，柱温等是影响柱效能的因素，速率理论为色谱分离操作条件的选择提供了理论指导。

三、气相色谱仪的基本组成

一般的气相色谱仪由五个部分组成：①载气系统（包括气源、气体净化、气体流速的控制和测量）；②进样系统（包括进样器、气化室）；③色谱柱；④检测器；⑤记录系统（包括放大器、记录仪、数据处理装置）。气相色谱分析流程如图 9-6 所示。载气由高压钢瓶供给，经减压阀减压，进入净化器，净化脱水后，稳压阀控制载气的压力和流量，由流量计和压力表测定流速和压力。待流量、温度和基线（在操作条件下没有组分流出时的流出曲线）稳定后，即可进样。液态试样由进样器注入，推入气化室，瞬间气化后被载气携带进入色谱柱，在柱中试样各组分因分配系数不同，在柱中的迁移速度不同而分离，依次被载气带入检测器，检测器将各组分浓度（或质量）的变化转变为电信号（电压或电流），经放大后送入记录仪，记录得到信号-时间曲线，称为色谱流出曲线，即色谱图。其中，色谱柱和检测器是色谱仪的关键部件。色谱柱决定试样各组分能否分离，而分离后组分能否灵敏、准确地测量取决于检测器。下面分别予以介绍。

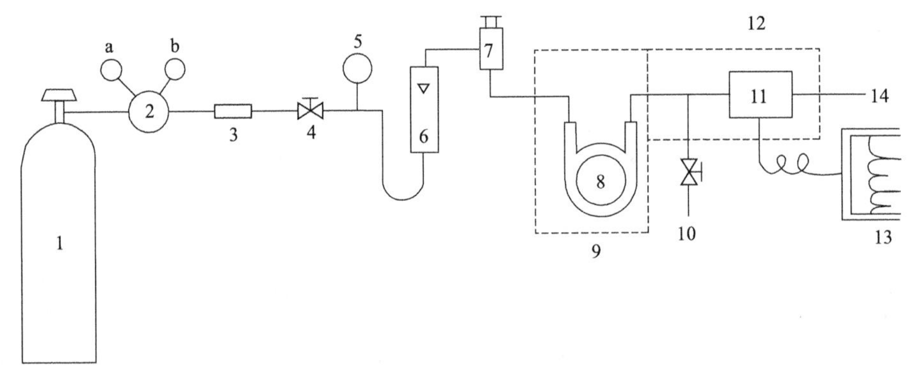

图 9-6　气相色谱分析流程

1—高压钢瓶；2—压力调节器（a. 瓶压，b. 输出压力）；3—净化器；4—稳压阀；5—柱前压力表；6—转子流量计；7—进样器；8—色谱柱；9—色谱柱恒温箱；10—馏分收集口；11—检测器；12—检测器恒温箱；13—记录仪；14—尾气出口

1. 色谱柱

气相色谱分离是在色谱柱内完成的，因此色谱柱是色谱仪的核心部分。色谱柱主要有两类，一类是内装有固定相的填充柱，一般由不锈钢、铜镀镍、玻璃或聚四氟乙烯制成，形状有 U 形或螺旋形，是目前应用最普遍的一类色谱柱。另一类是内壁涂有固定液的毛细管柱，由玻璃或不锈钢拉制成螺旋形，分为空心毛细管柱和填充毛细管柱两种。毛细管柱因分离能力强、分辨率高、分析速度快，近年来得到快速发展。

（1）气固填充色谱柱　气固色谱中的固定相是多孔性的固定吸附剂，常用的有硅胶、氧化铝、石墨化炭黑、分子筛、高分子多孔微球以及化学键合相等。气固色谱分离是基于固体吸附剂对试样中各组分吸附能力不同，经过反复多次吸附与脱附的分配过程，最后彼此分离而随载气流出色谱柱。

（2）气液填充色谱柱　气液色谱的固定相是由担体表面涂固定液组成。

担体（又称载体）是一种化学惰性的多孔性固体微粒，要求表面积大、孔径分布均匀、颗粒大小适度、热稳定性好且有一定的机械强度。它的作用是让固定液能以液膜状态均匀地分布。常用担体有硅藻土型和非硅藻土型两类。

硅藻土型担体是由天然硅藻土煅烧而成，根据处理方法不同，分为红色担体和白色担体。红色担体含有少量氧化铁，使颗粒呈红色。其表面孔穴密集，孔径较小，表面积大，机械强度好，适宜涂非极性固定液，用来分离测定非极性组分。白色担体因在煅烧前加入少量助熔剂碳酸钠，在煅烧时氧化铁转变为无色的铁硅酸钠而呈白色。其表面孔径较大，表面积较小，质地疏松，机械强度差，适宜涂极性固定液，用来分离测定极性组分。硅藻土型担体在使用前需进行预处理，以除去表面的吸附中心，使之“钝化”，处理的方法有酸洗、碱洗、硅烷化处理以及釉化处理等。

固定液一般是高沸点有机物，在气液色谱分析中起分离作用。对固定液的要求为：①挥发性小，热稳定性好，在操作温度下呈液态；②选择性好，对性质相近的各组分有尽可能好的分离能力；③化学稳定性好，不与被测组分发生不可逆的化学反应；④对各组分有适当的溶解能力。

固定液数目繁多，最常见的是按极性大小分类，可分为非极性固定液、中等极性固定液、极性固定液和氢键型固定液。固定液的极性习惯上用相对极性表示，规定 β,β'-氧二丙腈相对极性为 100，角鲨烷的相对极性为 0，其他固定液的相对极性在 0～100 之间，每 20 为一级，用“＋”表示，分成五级。0 或＋1 为非极性固定液；＋2、＋3 为中等极性固定液；＋4、＋5 为极性固定液。常用固定液具体见表 9-3。

表 9-3　气相色谱常用固定液

固定液	极性级别	最高使用温度/℃	应用范围
角鲨烷(SQ)	0	140	标准非极性固定液
阿皮松(APL)	＋1	300	各类高沸点化合物
甲基硅橡胶(SE-30)	＋1	350	非极性化合物
邻苯二甲酸二壬酯(DINP)	＋2	100	中等极性化合物
苯基甲基聚硅氧烷(OV-17)	＋2	350	中等极性化合物
三氟丙基甲基聚硅氧烷(QF-1)	＋2	250	中等极性化合物
氰基硅橡胶(XE-60)	＋3	250	中等极性化合物
聚乙二醇(PEG-20M)	＋4	250	氢键型化合物
丁二酸二乙二醇聚酯(DEGS)	＋4	220	极性化合物(如酯类)
β,β'-氧二丙腈(ODPN)	＋5	100	标准极性固定液

选择固定液的经验方法是“相似相溶原理”，即被分离组分的极性或官能团与固定液相似，则组分在固定液中溶解度大，分配系数也大，保留时间长，使被测组分分离的可能性大。

① 分离非极性组分，一般选用非极性固定液。组分与固定液之间的作用力主要是色散力。试样中各组分基本上按沸点从低到高顺序流出色谱柱。

② 分离中等极性组分，应选用中等极性固定液，组分与固定液间的作用力主要为诱导力和色散力，试样中各组分也基本上按沸点顺序分离。

③ 分离极性组分，应选用极性固定液，组分与固定液之间的作用力主要是取向力。组分一般按极性从小到大顺序流出色谱柱。

④ 对于能形成氢键的组分，选用氢键型固定液，组分按形成氢键能力强弱顺序先后流出色谱柱，形成氢键能力弱的组分先流出色谱柱。

⑤ 对于复杂的难分离组分，采用混合固定液或特殊固定液。例如苯系物分离，使用有机皂土配入适量邻苯二甲酸二壬酯的混合固定液。

固定液的用量应以能均匀覆盖担体表面形成薄的液膜为宜。固定液配比（固定液与担体的质量比）一般在 5%～25%之间。

(3) 毛细管色谱柱　为了提高气相色谱柱的柱效，1958 年 Golay 提出把固定液直接涂在毛细管壁上，发明了空心毛细管柱。1979 年 Dandeneau 等人研制出熔融石英毛细管柱，开创了毛细管色谱柱的新纪元。

毛细管色谱柱与填充柱相比，具有以下特点：①分离效能高，目前毛细管色谱柱的长度为数米到数十米，多由石英拉制而成，内径在 0.1～0.5mm 左右，一根毛细管色谱柱的总理论塔板数可达 10^4～10^6。②柱渗透性好，因为毛细管柱一般为空心柱，阻力小，分析速度快。③因为毛细管柱柱体积小，涂渍的固定液只有几十毫克，固定液液膜薄，所以柱容量小、允许进样量小。对液体样品，一般采用分流进样技术，而且必须配以高灵敏度的检测器，如氢焰检测器。④能实现气相色谱-质谱联用。⑤应用范围广。

毛细管色谱柱所用固定液与气液色谱所用的固定液基本相同。毛细管柱根据制备方法可分为开管型毛细管柱和填充型毛细管柱。开管型毛细管柱按内壁的状态可分为：①壁涂开管柱（WCOT)。将固定液直接涂在毛细管内壁上，它是戈雷最早提出的毛细管柱。②多孔层开管柱（PLOT)。在管壁上涂一层多孔性吸附剂固体颗粒，不再涂固定液，实际上是使用开管柱的气相色谱。③载体涂渍开管柱（SCOT)。为了增大开管柱内固定液的涂渍量，先在毛细管内壁上涂一层很细的（＜2mm）多孔颗粒，然后再在多孔层上涂渍固定液。④化学键合相毛细管柱。将固定相用化学键合方法键合到硅胶涂敷的柱表面或经表面处理的毛细管内壁上。经过化学键合，大大提高了柱的热稳定性。⑤交联毛细管柱。由交联剂将固定相交联到毛细管管壁上。这类柱子具有耐高温、抗溶剂抽提、液膜稳定、柱效高以及柱寿命长等特点。填充型毛细管柱是将载体、吸附剂等松散地装入玻璃原料管内，然后拉制成毛细管。

2. 检测器

检测器的作用是将经色谱柱分离后的各组分按其物理化学特性及含量转换为易测量的电信号 E（如电压、电流等)。检测器要求灵敏度高，检测限低，响应迅速，稳定性好，线性范围宽。为防止色谱柱流出物在检测器中冷凝而污染检测器，检测器温度一般高于柱温20～50℃，或等于气化室温度。

按响应特性检测器可分为浓度型和质量型两类。

(1) 浓度型检测器　浓度型检测器测量的是载气中组分浓度的瞬间变化，其检测器响应值与单位时间内某组分进入检测器的浓度成正比，与组分进入检测器的质量及载气流速无关。

① 热导检测器（TCD)。热导检测器是最常用的浓度型检测器。它是利用热敏元件检测不同组分具有不同的热导系数来确定组分浓度的变化。热导检测器对可挥发的无机物和有机物均有响应，结构简单，稳定性好，线性范围宽，但灵敏度较低。

② 电子捕获检测器（ECD)。电子捕获检测器是一种具高选择性、高灵敏度的浓度型检测器，它只对具电负性的物质（含有卤素、硫、磷、氧的物质）有响应，能测出 10^{-14} g/mL 的强电负性物质。常应用于食品、农副产品农药残留量检测，以及大气和水中污染物的分析。

(2) 质量型检测器　质量型检测器测量的是载气中组分进入检测器的质量流速变化，其响应值与单位时间内进入检测器的组分质量成正比。

① 氢火焰离子化检测器。简称氢焰检测器（FID)。氢焰检测器是利用高温氢焰使有机物试样化学电离，并在电场作用下形成离子流，通过测定离子流强度来检测试样浓度。氢焰检测器操作时应注意控制气体流量及极化电压。常用三种气体：载气（氮气)、燃气（氢气）与助燃气（空气)，流量比通常为 N_2 : H_2 : 空气＝1 : (1～1.5) : 10。极化电压的大小对电流有明显影响，一般为 100～300V。氢焰检测器对大多数有机化合物有很高的灵敏度，能检出 10^{-12}g/mL 的痕量有机物，适用于痕量有机物的分析，且结构简单、响应快、稳定性好。但对在氢焰中不电离的无机化合物，如 H_2O、CO_2、NH_3、SO_2 等不能检测，另外检测时试样被破坏，分离的组分将无法收集。

② 火焰光度检测器（FPD）。火焰光度检测器是对含硫化合物与含磷化合物有高选择性、高灵敏度的一种检测器，试样被火焰高温激发后发射出特征波长（前者为394nm，后者为528nm）的光，经相应滤光片照射到光电倍增管后转变为光电流，再经放大记录形成相应色谱图。

四、定性定量分析方法

1. 定性分析

在色谱图中，每一色谱峰均代表一个组分，一般若没有已知纯物质作标准品对照，就无法确定各色谱峰代表何种组分。因此，气相色谱的定性分析常采用下列方法。

（1）利用保留值定性鉴定

① 已知物对照定性。在色谱分析条件完全相同的情况下，同一物质应具有相同的保留值。因此，待测组分的保留值与在相同条件下测得的纯物质的保留值相同，则初步可认为它们是同一物质。

② 相对保留值定性。在无纯的对照品时，对一些组分较简单的已知范围的混合物，可采用相对保留值（r_{21}）定性，这样可消除某些操作条件差异所带来的影响。先查气相色谱手册，根据手册中规定的实验条件以及所用的标准物进行实验。取所规定的标准物加入待测试样中，求出 r_{21}，再与手册数据对比定性。

（2）加入纯物质增加峰高定性鉴定　当试样组分较复杂，相邻两组分的保留值接近；或操作条件不易控制稳定，保留值很难测定时，可用增加峰高的方法定性，即将已知纯物质加到试样中，如某一组分的峰高增加，则该组分即与加入的纯物质相同。

有时两种不同组分在同一色谱柱上也可能会有相同的保留值，此时应用“双柱定性法”，即再用另一根装有不同极性固定液的色谱柱进行分析，如获得相同的保留值，一般可以认为上述定性结果是正确的。

（3）基团分类测定法　把色谱柱的流出物分别加入官能团分类试剂，观察是否反应（产物颜色或沉淀），来判断该组分所含基团或属于何种化合物。

气相色谱分离效果好，但对试样的定性能力差。气相色谱的定性能力如能与质谱、红外光谱等技术联用，使色谱分析的强分离能力与质谱、红外光谱等的强鉴定能力相结合，则对复杂未知物的定性鉴定会有更好的效果。目前，气相色谱与质谱、红外光谱、核磁共振谱等的联用技术（并联上智能计算机）得到了迅速发展，成为解决复杂分析问题的一个主要手段。

2. 定量分析

气相色谱定量分析的依据是组分进入检测器的量（质量或浓度）与检测器的响应信号（峰面积或峰高）成正比。因此，峰面积测量的准确性将直接影响定量结果。

（1）测量峰面积

① 峰高乘以半峰宽法。此法适用于对称的色谱峰，这样测得的峰面积为实际峰面积的0.94倍，因此实际峰面积为：

$$A=1.065hW_{1/2} \tag{9-19}$$

② 峰高乘以平均峰宽法。适用于不对称峰。平均峰宽指峰高0.15h和0.85h处的峰宽平均值，近似计算公式为：

$$A=1/2h(W_{0.15}+W_{0.85}) \tag{9-20}$$

目前，现代色谱仪都配有计算机或自动积分仪，能准确、迅速地将峰面积测量出来，其准确度、精密度一般可达到0.2%～2%。

（2）定量校正因子　由于同一物质在不同类型的检测器上有不同的响应灵敏度，相同质量的不同物质通过检测器时有不同的响应值，产生不同的峰面积，因此不能直接用峰面积计算组分含量，需引入定量校正因子来校正峰面积以便能真实反映组分含量。因此，色谱定量分析需要：①求出定量校正因子 f_i；②准确测量峰面积；③选择定量方法。

定量校正因子分为绝对校正因子和相对校正因子。绝对校正因子 f'_i，是指单位峰面积所代表 i 组分物质的质量，即：

$$f'_i=\frac{m_i}{A_i} \tag{9-21}$$

绝对校正因子不易准确测定，需要知道准确进样量，主要由仪器灵敏度决定。因此，在定量分析中采用相对校正因子 f_g，即组分 i 与标准物质 s 的绝对校正因子之比：

$$f_g=\frac{f'_i}{f'_s}=\frac{m_i/A_i}{m_s/A_s}=\frac{A_s m_i}{A_i m_s} \tag{9-22}$$

式中，A_i、A_s、m_i、m_s 分别代表组分 i 和对照品 s 的峰面积及质量，f_g 是最常用的相对质量校正因子。当 m_i、m_s 以摩尔为单位时，称摩尔校正因子，用 f_M 表示（习惯上省去“相对”二字）。使用氢焰检测器时，常用正庚烷作为标准物质；使用热导检测器时，用苯作为标准物质。

相对质量校正因子的具体计算方法是：准确称取被测组分物质的质量（m_i）和标准物质的质量（m_s），混匀，在选定的色谱条件下进行分离后，测得待测组分和标准物的峰面积，按式(9-22) 计算出相对质量校正因子。常见化合物的校正因子可以在有关色谱文献中查到，在引用时应尽可能使测定条件保持一致。

（3）定量计算方法

① 归一化法。当试样中所有组分都能流出色谱柱并在色谱图上显示色谱峰时，可采用此法。归一化法计算公式如下：

$$w_i=\frac{m_i}{m}=\frac{A_i f_i}{A_1 f_1+A_2 f_2+\cdots+A_n f_n}=\frac{f_i A_i}{\sum_{i=1}^{n} f_i A_i} \tag{9-23}$$

归一化法简便、准确，对进样量的要求不高，仪器与操作条件略有变化时对结果影响较小。若试样中组分不能全部出峰或者个别组分分离度不好、重叠在一起，会影响峰面积的测量，则不适用归一化法定量。

② 内标法。当试样中有组分不能流出色谱柱或检测器无响应，或只需测定试样中一个或几个组分时，可采用内标法定量。此法的具体操作是：准确称取一定量试样和内标物混匀进样分析，根据内标物和试样的质量以及色谱图上相应的峰面积，计算待测组分含量。设质量为 m 的试样中待测组分 i 的质量为 m_i，加入内标物的质量为 m_s，则

$$\frac{m_i}{m_s}=\frac{f_i A_i}{f_s A_s},m_i=\frac{f_i A_i}{f_s A_s}\times m_s \tag{9-24}$$

所以，待测组分 i 的质量分数为

$$w_i=\frac{m_i}{m}=\frac{f_i A_i m_s}{f_s A_s m} \tag{9-25}$$

内标法对内标物的要求是：a. 内标物应是试样中不存在的组分；b. 内标物加入的量应与待测组分的量接近；c. 内标物的峰位应靠近待测组分，但又必须完全分开；d. 内标物应能完全溶于试样中，且不与待测组分发生化学反应。

内标法定量准确，进样量和操作条件不需严格控制，但每次分析都要准确称取内标物和试样的量，且有时合适内标物不易寻找。

③ 内标对比法。内标对比法是在不知校正因子时内标法的一种应用。先将待测组分的

纯物质配制成标准溶液，加入一定量的内标物，再将相同量的内标物加入同体积样品溶液中。分别进样相同体积，在相同的操作条件下检测，由下式计算样品含量：

$$(c_i\%)_{样品}=\frac{(A_i/A_s)_{样品}(c_i\%)_{标准}}{(A_i/A_s)_{标准}} \tag{9-26}$$

此法是在不知道校正因子时，内标法的一种应用。在药物分析中校正因子多不知，常用此法。

④ 外标法。又称标准曲线法。将待测组分的标准品配成一系列不同浓度标准溶液，在选定的色谱条件下分离，测出峰面积，作峰面积和浓度的标准曲线。然后在相同色谱条件下，取同样量的试样进行分离，测出峰面积，在标准曲线上查出被测组分的含量。

外标法操作和计算都简便，不必用校正因子，但进样量等操作条件要求稳定。外标法适用于大批量试样分析。

五、应用与示例

气相色谱法广泛应用于药物分析中，例如药物的含量测定、杂质检查及微量水分和有机溶剂残留量的测定、中药成分研究、药物中间体的鉴定、制剂分析、治疗药物监测和药物代谢研究等。

例 9-2 无水乙醇中微量水分的测定。

试样配制：准确量取被测无水乙醇 100mL，称重为 79.37g。用减重法加入无水甲醇约 0.25g，精密称定为 0.2572g，混匀。

色谱条件：固定相，401 有机载体（或 GD-203）；柱长，2m；柱温，120℃；气化室温度，160℃；检测器 TCD；载气 N_2，流速 40～50mL/min；内标物为甲醇。色谱图如图 9-7 所示。

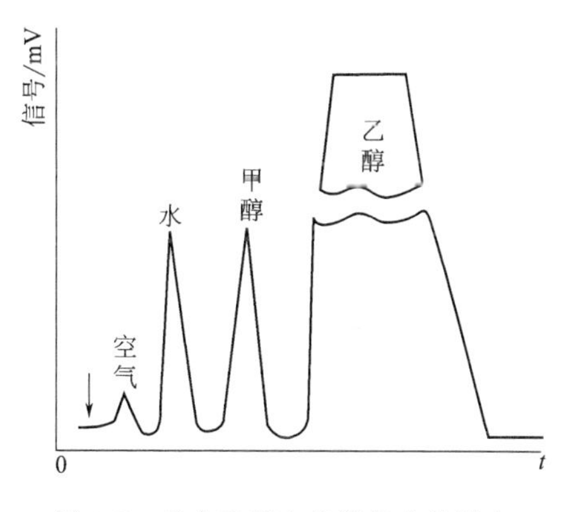

图 9-7 无水乙醇中的微量水分测定

空气 22s；水 59s；甲醇（内标物）92s

测得数据：水，$h=4.60\text{cm}$、$W_{1/2}=0.130\text{cm}$；甲醇，$h=4.30\text{cm}$、$W_{1/2}=0.187\text{cm}$。

计算：

(1) 质量分数 (W/W)

① 用峰面积计算，查得以峰面积表示的相对质量校正因子 $f_{水}=0.55$，$f_{甲醇}=0.58$。

$$H_2O\%=\frac{1.065\times4.60\times0.130\times0.55}{1.065\times4.30\times0.187\times0.58}\times\frac{0.2572}{79.37}\times100\%=0.228\%$$

② 用峰高计算，查得以峰高表示的相对质量校正因子 $f_{水}=0.224$，$f_{甲醇}=0.340$。

$$H_2O\%=\frac{4.60\times0.224}{4.30\times0.340}\times\frac{0.2572}{79.37}\times100\%=0.228\%$$

(2) 体积分数 (W/V)

$$H_2O\%=\frac{4.60\times0.224}{4.30\times0.340}\times\frac{0.2572}{100}\times100\%=0.181\%$$

例 9-3 气相色谱法测定溃可宁贴片中龙脑的含量。

溃可宁贴片是一种新型贴片剂，由冰片等 5 味中药组成，溃可宁贴片的分析条件如下：30m×0.53mm HP-NNOWAX 毛细管柱，固定相为 Crosslinked Polyethylene Glycol（聚乙二醇），涂布厚度为 1.0μm，柱前压 50kPa，柱温 140℃，进样口温度 240℃，检测器温度 280℃，理论塔板数按龙脑峰计算不低于 1900。图中龙脑和异龙脑异构体得到良好的分离。溃可宁贴片成品色谱图如图 9-8 所示。

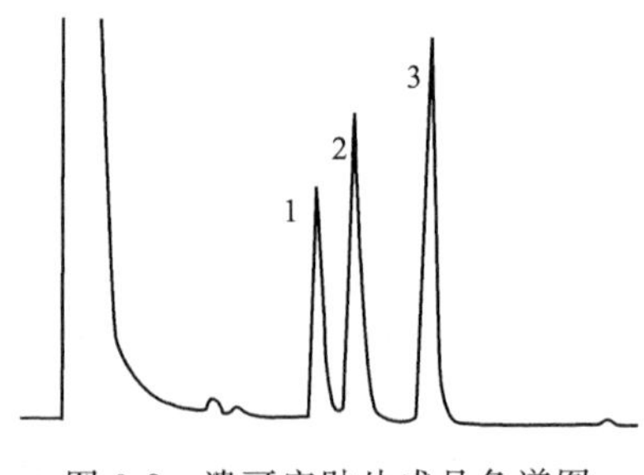

图 9-8 溃可宁贴片成品色谱图

1—异龙脑；2—龙脑；3—内标（萘）

知识拓展

全二维气相色谱

全二维气相色谱（comprehensive two-dimensional gas chromatography，简称 GC×GC）是 20 世纪 90 年代逐渐发展起来的一种多维色谱技术，是由一个调制器将分离机制不同又相互独立的两根色谱柱串联起来，从第一根柱流出的每个组分都经过调制器浓缩聚集后，再以周期性脉冲进样到第二根色谱柱继续分离，可以实现不同沸点和不同极性组分的正交分离。该色谱仪主要由色谱柱、调制器和检测器组成。GC×GC 色谱的柱 1 是涂有非极性固定相的常规高效毛细管色谱柱，柱 2 是使用涂有极性固定相的细内径短柱。调制器的作用是捕集从柱 1 分离出的馏分，再注入柱 2，实际充当柱 2 进样器的作用。分离过程中由于第二根柱的分离必须在脉冲周期内完成，速度非常快，因此要求检测器的响应速度也要快。传统的四极杆质谱扫描速度慢，不能满足分析要求，而飞行时间质谱（TOF-MS）每秒能产生大于 100 帧的全谱图，在高速采集的同时完整地保留了质谱数据，是理想的检测器。全二维气相色谱的优点是分辨率高、峰容量大、灵敏度高、分析时间短，目前在石油石化、农药残留、香精香料、药物分析中对杂质的控制、中药挥发油组分全分析和中药质量的控制等复杂体系分析领域有广泛的应用。

第四节 高效液相色谱法

高效液相色谱法（HPLC）又称高压或高速液相色谱法、高分离度液相色谱法，是 20 世纪 70 年代发展起来的一种高速、高灵敏度、高效能的分离技术。它采用了高效固定相、高压泵输液、高灵敏度检测器，因此具有下列特点：①高效。采用 3～10μm 的均匀微粒填料，使理论塔板数可达 10^4～10^5/m 以上，可分离上百个组分混合物。②高速。采用高压，载液流速快，分离分析一个试样中的几个组分一般只要几分钟到几十分钟。③高灵敏度。采用高灵敏度检测器（如紫外检测器），最低检测量为 10^{-12}～10^{-7}g 数量级，且所需试样量很少，微升数量级试样就可进行全分析。④适用范围广。不受组分是否易挥发及热稳定性的影响，适用于高沸点、极性强、热稳定性差、分子量大的高分子化合物以及离子型化合物的分析，能用于高效液相色谱法分析的物质占有机物总数的 75%～80%。⑤柱后流出组分在检测器内不被破坏，有利于纯化和制备样品。

一、基本原理

高效液相色谱法的基本原理和气相色谱法一致，所不同的是流动相，前者为液体，后者为气体。高效液相色谱法的流动相不仅能运载被分离样品，还能选择性分离样品，因此对色谱分离过程产生明显的影响。其中，最重要的是速率理论中各项动力因素对高效液相色谱峰扩展的影响。

(1) 涡流扩散项　其含义与气相色谱法相同。由于高效液相色谱法的固定相是高效填料，颗粒更小，填充均匀，使此项值变得更小。

(2) 分子扩散项　由于液体的扩散系数仅为气体的 $1\times10^{-5}\sim1\times10^{-4}$，因此在高效液相色谱中，当流动相的线速度 ($\mu$) 略增大时（大于 0.5cm/s)，分子扩散所引起的色谱峰扩散就可忽略不计。

(3) 传质阻力项　该项是指组分分子在固定相和流动相之间的传质过程不能瞬间达到平衡所引起的色谱峰扩展，是影响高效液相色谱中色谱峰扩散的主要原因。在高效液相色谱中，试样从流动相进入固定相传质过程中产生的阻力称固定相传质阻力，其大小与固定液液膜厚度的平方成正比，和组分分子在固定液中的扩散系数成反比。组分在流动相中的传质过程产生的阻力称为流动相传质阻力，它又包括在流动的流动相中的传质阻力和在静态的流动相中的传质阻力。流动的流动相传质阻力与流速、固定相粒度平方成正比，与组分分子在流动相中的扩散系数成反比，还与柱的形状、直径、填料结构等因素有关。静态的流动相传质阻力与固定相微孔的大小、深浅等因素有关，固定相的粒度越小，微孔孔径越大，柱效就越高。

综上所述，由于分子扩散项 (B/μ) 可忽略不计，则高效液相色谱法的速率方程式为：

$$H=A+C\mu \tag{9-27}$$

降低塔板高度 (H)、提高柱效的通常方法是：①减小固定相填料颗粒直径（多采用 3～10μm 的填料)；②采用黏度小的流动相，如甲醇、乙腈等溶剂；③在一定范围内减小流速（常量分析柱多用 1mL/min 的流速)，有利于减小 H 值；④提高装柱技术，能使涡流扩散项 A 减小。

上述都是色谱柱内各种因素引起色谱峰扩展的，因此称柱内展宽。由色谱柱外各种因素引起色谱峰扩展的，则称柱外展宽。影响柱外展宽的因素主要有从进样处到检测器之间（不包括柱本身）的所有死体积，如进样器、连接管、接头和检测器等。因此，必须采用各种技术尽量减小柱外死体积。

二、高效液相色谱法的主要类型

高效液相色谱法按分离机理可分为液-固吸附色谱法、化学键合相色谱法、离子交换色谱法和分子排阻色谱法等许多类型。下面介绍几种常用的高效液相色谱法。

1. 液-固吸附色谱法

液-固吸附色谱法是用吸附剂作固定相，溶剂作流动相，根据各种物质吸附能力的差异而进行分离的方法。

(1) 固定相　常用硅胶、氧化铝、高分子多孔微球及分子筛等。硅胶按结构与形态可分为薄壳微珠型和全多孔微粒型。薄壳微珠型是在直径约为 30～40μm 的玻璃微珠表面附上一层厚度约为 1～2μm 的多孔色谱材料，呈圆球形。由于其表面多孔层微球的孔度浅，故渗透性好、传质速度快，但比表面积小，柱容量低，目前更多地是作为键合相载体使用。全多孔微粒型是颗粒直径约为 5～10μm 的柱色谱填料，根据其特点可分为无定形全多孔硅胶（国内代号 YWG）和球形全多孔硅胶（国内代号 YQG）两类。其优点是柱效能高，分离效果好，柱容量大，但渗透性不如薄壳型填料。堆积硅珠是由二氧化硅溶胶加凝结剂聚结而成（代号也用 YQG)，粒度一般为 3～5μm，理论塔板数在 8×10^4 个/m 以上，传质阻力小，柱效能高，柱容量大。

（2）流动相　常是各种不同极性的溶剂。液相色谱中对作为流动相的溶剂要求是：①与固定相不互溶，不发生化学反应；②对试样要有适宜的溶解度；③纯度要高，黏度要小；④应与检测器相匹配，例如用紫外检测器时，不能对紫外光有吸收；⑤使用前，先用微孔滤膜过滤，除去固体颗粒杂质，并进行脱气。

常用溶剂按其极性从强到弱的顺序排列为：水、甲醇、丙酮、二氧六环、四氢呋喃、乙酸乙酯、乙醚、二氯甲烷、氯仿、苯、四氯化碳、环己烷、正己烷。为获得合适极性的溶剂，常采用二元或多元的混合溶剂。

2. 化学键合相色谱法

通过化学反应，将固定液键合到载体表面，这样制得的固定相称为化学键合相，简称键合相。以化学键合相为固定相的色谱法称为化学键合相色谱法。化学键合相因具有：①固定液不易流失；②化学性能稳定，在 pH 2～8 的溶液中不变质；③热稳定性好（一般在 70℃以下稳定）；④选择性好；⑤利于梯度洗脱等优点，广泛应用于正相和反相色谱法、离子对色谱法、离子抑制色谱法及离子交换色谱法等，在高效液相色谱中占有极为重要的地位。

键合相的形成必须具备两个条件：一是载体表面应有某种活性基团（如硅胶表面的硅醇基）；二是固定液应有能与载体表面发生化学反应的官能团。按固定液的官能团不同，所生成的键合相有不同类型，如应用最为广泛的硅氧烷型（Si—O—Si—C）键合相。按键合后固定液官能团的极性不同可将键合相分为非极性、极性和离子性三种。如非极性的十八烷基硅烷键合硅胶（或称 ODS 或 C_{18}）应用广泛，在化学键合相中约占 80%。

（1）反相色谱（RPC）　反相色谱是用非极性的固定相、中等或强极性的流动相组成的色谱体系。常用的非极性固定相主要是各种烷基键合相，如十八烷基（C_{18}）、辛烷基（C_8）、苯基等键合相。例如十八烷基硅烷键合相是十八烷基氯硅烷试剂与硅胶表面的硅醇基进行硅烷化反应制得≡Si—O—Si—C 键的十八烷基键合相。

$$\text{硅胶表面}\begin{cases}\text{—Si—OH}\\ \text{—Si—OH}\\ \text{—Si—OH}\end{cases} + C_{18}H_{37}SiCl_3 \longrightarrow \text{硅胶表面}\begin{cases}\text{—Si—O}\\ \text{—Si—O—Si—}C_{18}H_{37}\\ \text{—Si—O}\end{cases}$$

流动相则是以水作为基础溶剂，再加入一定量与水互溶的极性调节剂，如甲醇-水或乙腈-水等。反相色谱中是流动相极性大于固定相，试样中极性大的组分先流出，极性小的组分后流出。该法适用于非极性及中等极性的化合物分离。反相色谱的分离机制比较复杂，只简单介绍疏溶剂理论。该理论认为反相键合色谱法中溶质的保留主要不是溶质分子和键合相间的色散力，而是非极性溶质分子或溶质分子中非极性基团与极性溶剂分子之间的排斥力，促使溶质分子从溶剂中被“挤出”，即产生疏溶剂作用，促使溶质分子与键合相中非极性的烷基发生疏水缔合，使溶质分子保留在固定相中。溶质分子的极性越弱，其疏溶剂作用越强，保留时间也越长，后出柱。当溶质分子的极性一定时，增大流动相的极性，溶质分子的疏溶剂作用也增强，其保留时间也变长；反之亦然。键合烷基碳链越长，其疏水性越强，与非极性溶质分子的缔合作用越强，保留时间越长；当碳链长度一定时，硅胶表面键合烷基的浓度越大，保留时间也越长。

（2）正相色谱（NPC）　使用极性固定相和极性小或非极性流动相的色谱称为正相色谱，正相色谱常用的极性固定相主要有氰基（—CN）、氨基（$—NH_2$）和二醇基（DIOL）的键合相。试样在极性键合相上的分离主要是基于极性键合基团与溶质分子间的氢键作用，靠组分的极性差别来实行分离。极性强的组分保留值较大，后流出色谱柱。流动相则是疏水性的非极性或弱极性溶剂，如正戊烷、正己烷、环己烷等。常采用烷烃加适量极性调节剂，如正己烷-甲醇。正相色谱法适用于分离氨基酸类、胺类、酚类、羟基类等中等极性或极性强的化合物。

3. 离子对色谱法

离子对色谱法可分为正相离子对色谱法和反相离子对色谱法，实际工作中多用反相离子对色谱法。反相离子对色谱法采用非极性键合相，在流动相中加入离子对试剂，因为加入的离子对试剂中的反离子可与被分析组分的离子在流动相中生成离子对，增加固定相与溶质之间的相互作用，使保留值增加，分离度提高。分析酸类常用四丁基季铵盐，如以四丁基铵磷酸盐（TAB）为离子对试剂。分析碱类常用的离子对试剂为烷基磺酸盐，如正戊烷磺酸钠（$PICB_5$）等。该法在药物分析中有着广泛应用，如生物碱、有机酸、磺胺类药物等，以及体内药物分析如人体内碱性药物的血药浓度测定等。

4. 离子交换色谱法（IEC）

离子交换色谱法（IEC）是利用离子交换原理和液相色谱技术的结合来测定溶液中阳离子和阴离子的一种分离分析方法。

（1）分离原理　离子交换色谱法利用被分离组分与固定相之间发生离子交换的能力差异来实现分离。以离子交换树脂作为固定相，树脂上具有固定离子基团及可交换的离子基团。当流动相带着组分电离生成的离子通过固定相时，组分离子与树脂上可交换的离子基团进行可逆变换。根据组分离子对树脂亲和力不同而得到分离。亲和力越大，保留时间越长。

阳离子交换：$R—SO_3H+M^+ \rightleftharpoons R—SO_3M+H^+$

阴离子交换：$R—NR_3OH+X^- \rightleftharpoons R—NR_3X+OH^-$

（2）固定相　离子交换色谱的色谱柱填充剂是有机聚合物载体填充剂和无机载体填充剂。有机聚合物载体填充剂的载体一般为苯乙烯-二乙烯基苯共聚物、乙基乙烯基苯-二乙烯基苯共聚物等有机聚合物。这类载体的表面通过化学反应键合了大量阴离子交换功能基（如烷基季铵、烷醇季铵等）或阳离子交换功能基（如磺酸基、羧酸基等），可分别用于阴离子或阳离子的交换分离。有机聚合物载体填充剂在较宽的酸碱范围（pH 0～14）内具有较高的稳定性，并有一定的有机耐受性。无机载体填充剂一般以硅胶为载体，其表面通过键合烷基季铵、烷醇季铵等阴离子交换功能基或磺酸基、羧酸基等阳离子交换功能基，可分别用于阴离子或阳离子的交换分离。硅胶载体填充剂在 pH 2～8 的流动相中稳定。

（3）流动相　离子交换色谱一般是用含盐的水溶液作为流动相。流动相最常使用水缓冲溶液，有时还加入适量与水混溶的有机溶剂，如甲醇、乙醇等。流动相的离子强度、选择性与缓冲离子和其他盐的类型、浓度、pH 值以及加入的有机溶剂的种类都在不同程度上影响样品的保留值。

（4）应用　离子交换色谱主要是用来分离离子或可解离的化合物，在生物医学领域广泛应用在如氨基酸分析，核酸、蛋白质等的分离，也可作为有机和无机混合物的分离。

5. 分子排阻色谱法

分子排阻色谱法也称为凝胶色谱或空间排阻色谱，是利用大小不同的分子在多孔固定相（凝胶）中的选择性渗透来分离。根据所用流动相的不同，凝胶色谱可分为两类：即用水溶剂作流动相是水溶性的凝胶过滤色谱（GFC）和用有机溶剂如四氢呋喃作流动相的凝胶渗透色谱（GPC）。

（1）分离原理　其分离原理为凝胶色谱柱的分子筛机制，适用于分离分子量不同的大分子物质（$M_r>2000$）。凝胶色谱中组分与固定相之间无作用力，只是根据分子量大小来分离。凝胶是有一定孔径分布范围的多孔物质。组分进入柱内后，全向固定相的孔中扩散，保留程度取决于孔和组分分子的大小。样品中小分子物质除了可在凝胶颗粒间隙中扩散外，还可以进入凝胶颗粒的微孔中，即进入凝胶相内，当小分子物质的下移速度落后于大分子物质，在流经柱时，经历的路程最长，即保留时间长。样品中的中等大小分子渗入部分较大的孔隙，而被较小的孔隙排斥，在柱中受到滞留，经历的路程居中。样品中的大分子物质由于直径较大，只能分布于颗粒之间，难进入凝胶颗粒的微孔，所以在洗脱时向下移动的速度较快，经历的路程最短，最先从柱中被流动相洗脱出来，最终实现具有不同分子量大小样品的完全分离。

（2）固定相　凝胶色谱固定相种类很多，分为软性、半刚性和刚性凝胶三类。目前高效液相色谱法常用的主要是刚性凝胶，主要类型有高交联度的聚苯乙烯-二乙烯基苯共聚物，主要用于多种聚合物的凝胶渗透色谱；表面经疏水性基团改性的多孔球形硅胶，用于凝胶渗透色谱；表面经亲水性基团改性的多孔性硅胶可用于蛋白质、核酸、多糖的凝胶过滤色谱，也能用于凝胶渗透色谱。

（3）流动相　常用的流动相有四氢呋喃、甲苯、氯仿、二甲基酸胺和水等。

（4）应用　凝胶色谱主要适用于蛋白质和多肽的分子量测定、高聚物的分子量分级分析以及分子量分布测试。

三、高效液相色谱仪

高效液相色谱仪一般由高压输液系统、进样系统、分离系统、检测系统和色谱数据处理系统等五部分组成，结构如图 9-9 所示。

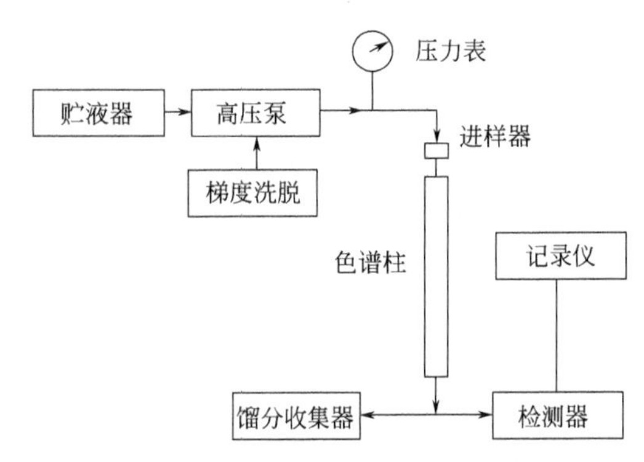

图 9-9　高效液相色谱仪示意图

高压泵将贮液器内的流动相送到色谱柱入口，样品液由进样器注入色谱系统，随流动相进入色谱柱，并在流动相和固定相之间进行色谱分离。经分离后的各组分，依次流过检测器，并将检测信号送入工作站（或记录仪），工作站给出各组分的色谱峰及相关数据。流出检测器的各组分，可依次进行自动收集或废弃。

1. 输液系统

输液系统主要包括贮液瓶、高压泵、过滤器和梯度洗脱装置。

（1）贮液瓶　贮液瓶材料应耐腐蚀、具化学惰性、不与洗脱液发生反应，为玻璃、不锈钢、特种塑料等。贮液瓶放置位置要高于泵体，以便保持一定的输液净压差。使用过程中贮液瓶应密闭，以免溶剂蒸发而影响流动相组成。

（2）高压泵　泵的性能直接影响高效液相色谱仪的质量和分析结果的准确性。高压泵应具备如下性能：①流量稳定，其 RSD 应小于 0.5%；②流量范围宽，一般分析型应在 0.1～10mL/min 范围内（制备型应达到 100mL/min）；③输出压力高，一般柱前压应达到 150～300kgf/cm^2（1kgf/cm^2=98.0665kPa）；④液缸容积小；⑤密封性能好，耐腐蚀。

高压泵按输液性质可分为恒压泵和恒流泵，按工作方式又分为液压隔膜泵、气动放大泵、螺旋注射泵和柱塞往复泵。前两者为恒压泵，后两者为恒流泵。目前高效液相色谱仪一般多用柱塞往复泵。其工作原理如图 9-10 所示。

由电动机带动凸轮转动，驱动柱塞在液缸内往复运动。当柱塞推入液缸时，出口单向阀打开，入口单向阀关闭，流动相从液缸输出，流向色谱柱；当柱塞自液缸内抽出时，流动相自入口单向阀吸入液缸。如此往复运动，将流动相源源不断地输送至色谱柱（图 9-10）。柱塞往复泵因液缸容积小（可至 0.1mL）、易于清洗和更换流动相，特别适宜再循环和梯度洗脱。

在使用时需注意：① 防止任何固体微粒进入泵；②泵的工作压力不能超过规定最高压力；③流动相应先脱气，并且不能含有腐蚀性物质；④泵工作时应防止溶剂瓶内流动相被用完。

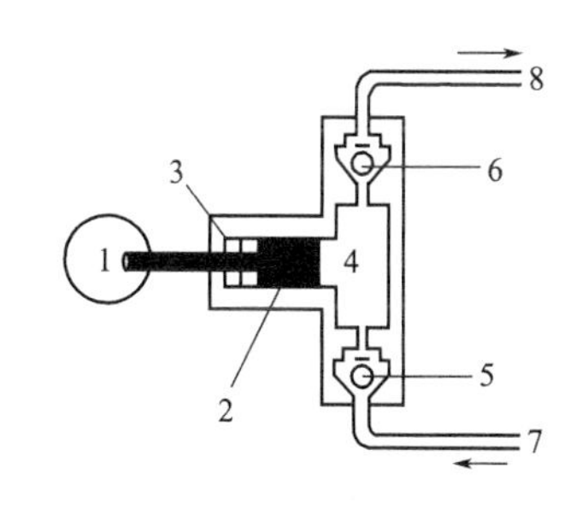

图 9-10 柱塞往复泵示意图

1—转动凸轮；2—柱塞；3—密封垫；4—液缸；5—入口单向阀；6—出口单向阀；7—流动相入口；8—流动相出口

(3) 梯度洗脱 高效液相色谱的洗脱技术分等强度洗脱和梯度洗脱两种。前者是在同一分析周期内流动相组成保持恒定，适用于组分数少、性质相差不大的试样。后者是在一个分析周期内程序控制流动相的组成（如极性、离子强度和 pH 值等），适用于组分数多、性质差异大的复杂试样。

梯度洗脱装置有高压梯度装置和低压梯度装置两种。高压梯度由两台高压泵分别将两种溶剂加压后送入混合室混合后再送入色谱柱。程序控制每台高压泵的输出量而获得各种形式的梯度曲线。低压梯度装置是在常压下通过一梯度比例阀将各种溶剂按程序混合，然后再用一台高压泵送入色谱柱。在进行梯度洗脱时应注意：①溶剂的互溶性，不相混溶的溶剂不能作梯度洗脱的流动相；②溶剂纯度要高。

2. 进样系统

对进样器的要求是：密封性好，死体积小，重复性好，保证中心进样，进样时对色谱过程的压力、流量影响要小。

最常用的进样器是六通阀进样器和自动进样器。

(1) 六通阀进样器 六通阀进样器是高效液相色谱中最理想的进样器。六通阀进样器具有结构简单、使用方便、寿命长、日常无须维修等特点。六通阀进样器的原理如图 9-11 所示，手柄位于上样（load）位置时，样品经微量进样针从进样孔注射进定量环，定量环充满后，多余样品从放空孔排出；将手柄转动至进样（inject）位置时，阀与液相流路接通，由泵输送的流动相冲洗定量环，推动样品进入液相色谱柱进行分析。

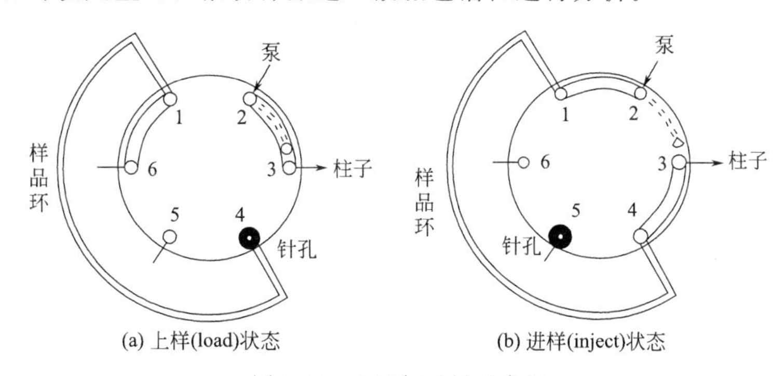

图 9-11 六通阀进样示意图

六通阀进样器具有进样重现性好、耐高压的优点，但使用时要用平头微量注射器，不能用尖头的微量注射器，否则会损坏六通阀的转子密封垫，造成漏液。

(2) 自动进样器 自动进样器由计算机自动控制定量阀，按预先编制注射样品的操作程序工作，自动完成取样、洗针、进样、复位等过程，可连续调节进样量，进样重现性好，可按照设置好的序列完成几十至上百个样品的自动分析，适用于大批量样品分析，实现自动化操作。

3. 分离系统

色谱柱是色谱仪最重要的部件，它由柱管和固定相组成。柱管多由不锈钢制成，一般都是直型的，管内壁要求有很高的光洁度。色谱柱按用途分为分析型和制备型。常规分析型柱内径 2～5mm，柱长 10～30cm；实验室制备型柱内径 20～40nm，柱长 10～30cm。

色谱柱的正确使用和维护十分重要，在操作中应注意：①选择适宜的流动相，以避免破坏固定相；②避免压力、温度剧变和机械振动；③对生物样品、基质复杂样品在注入前应进行预处理；④经常用强溶剂冲洗色谱柱，清除柱内杂质。

4. 检测系统

高效液相色谱仪检测器的作用是将组分的量或浓度转变为电信号。检测器应具有灵敏度高、噪声低、线性范围宽、重现性好、适用性广的性能。按其适用范围检测器分为专属型和通用型两类。专属型只能依据组分的特殊性质进行检测，如紫外检测器、荧光检测器只对紫外吸收或产生荧光的组分有响应；通用型检测器检测一般物质均具有的性质，如蒸发光散射检测器和示差折光检测器。

(1) 紫外检测器（UVD） 紫外检测器的工作原理是朗伯-比耳定律。即组分对紫外光的吸收引起接受元件输出信号的变化，使输出信号与组分浓度成线性关系，从而对组分进行定性定量分析。紫外检测器是 HPLC 应用最普遍的检测器，灵敏度高，噪声低，线性范围宽，对流速和温度波动不灵敏，但只能检测有紫外吸收的物质。紫外检测器又分为可变波长紫外检测器及光电二极管阵列检测器。

① 可变波长检测器一般采用氘灯、氢灯为光源，按需要选择组分的最大吸收波长为检测波长，从而提高灵敏度。其光路系统和紫外分光光度计相似，但吸收池的液体是流动的(故称流通池)，因此检测是动态的。

② 光电二极管阵列检测器（PDA）是一种光学多通道检测器。光源氘灯或钨灯发出的复合光通过流通池时，被流动相中的组分选择性吸收后，再通过狭缝到光栅进行色散分光，将含有吸收信息各波长的光透射到一个由 1024 个二极管组成的二极管阵列上被同时检测，每个二极管各自测量某一波长下的光强，使每个纳米波长的光强度成相应的电信号强度，用计算机技术快速采集数据，可同时获得样品的色谱图（A-t 曲线）及各个组分的光谱图(A-λ 曲线)。经计算机处理，将每个组分的吸收光谱和样品的色谱图结合在一张三维坐标图上获得三维光谱-色谱图，分析完成后可从获得的数据中提取出不同时刻及各色谱峰光谱图，利用色谱保留值规律及光谱图综合进行分析，可根据需要提取出不同波长下的色谱图作色谱定量分析。这种新型检测器可提供色谱分离、定性定量的丰富信息，在体内药物分析和中草药成分分析中都有广泛应用。

(2) 荧光检测器（FD） 适用于能产生荧光的物质和通过荧光衍生化转变成的荧光衍生物的检测。例如许多药物、生物胺、氨基酸、维生素和甾体化合物等。荧光检测器是基于某些物质吸收一定波长的紫外光后发射出荧光，在一定条件下其荧光强度与组分浓度呈线性关系，可直接用于定量分析。它具有高灵敏度（最小检测浓度达 10^{-12}g/mL）和高选择性，也是体内药物分析常用检测器之一。

(3) 示差折光检测器（RID） 示差折光检测器依据不同性质的溶液对光具有不同的折射率来对组分进行检测，测得的折射率值与样品组分浓度成正比。示差折光检测器不破坏样品，但检测灵敏度低，不能用于梯度洗脱。

(4) 蒸发光散射检测器（ELSD） 蒸发光散射检测器的检测原理是将流出色谱柱的流动相及组分用惰性气体（一般为氮气）雾化形成气溶胶，在加热的漂移管中将流动相蒸发，样品颗粒从漂移管出来后进入检测系统。检测系统由激光光源和光电倍增管检测器构成。在散射室中，光被散射，光电倍增管收集被样品颗粒散射的光，从而获得组分的浓度信号（见图 9-12）。散射光的强度（I）和气溶胶中的组分的质量（m）有下述关系：

$$I=km^b \text{ 或 } \lg I=b\lg m+\lg k \tag{9-28}$$

式中，k 和 b 为蒸发室（漂移管）温度、雾化气体压力及流动相性质等实验条件有关的常数。从式(9-28) 可知，散射光的对数响应值与组分质量的对数成线性关系，而与组分的化学组成无关，因此蒸发光散射检测器属于质量型检测器。

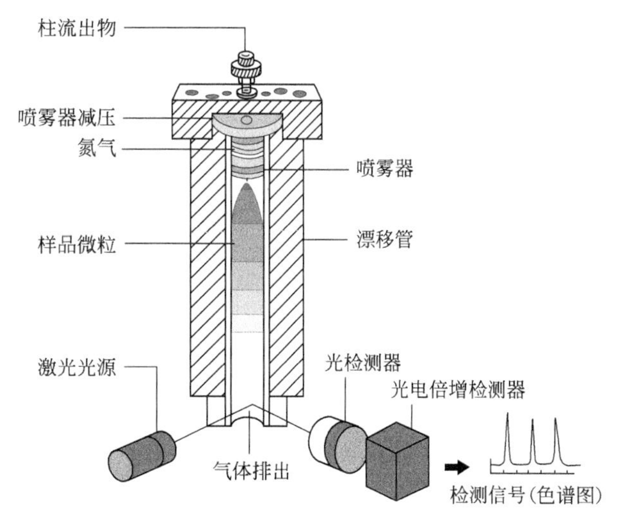

图 9-12　蒸发光散射检测器示意图

蒸发光散射检测器可检测挥发性低于流动相的任何样品，而不需要样品含有发色基团，已被广泛应用于碳水化合物、脂肪酸、磷脂、维生素、氨基酸及甾体等，并在没有标准品和化合物结构参数未知的情况下检测未知物。蒸发光散射检测器的流动相低温雾化和蒸发，对热不稳定和挥发性化合物亦有较高灵敏度，对温度变化不敏感，基线稳定，适合与梯度洗脱液相色谱联用。另外，流动相必须是可挥发的，不得含不挥发性盐等。

（5）液相色谱-质谱联用　液-质联用（HPLC-MS）又叫液相色谱-质谱联用技术，以液相色谱作为分离系统，质谱为检测系统。样品在质谱部分和流动相分离，被离子化后，经质谱的质量分析器将离子碎片按质量数分开，经检测器得到质谱图。液-质联用将色谱对复杂样品的高分离能力与 MS 具有高选择性、高灵敏度及能提供分子量与结构信息的优点相结合。随着联用技术的日趋完善，HPLC-MS 作为已经比较成熟的技术，在药品质量控制、体内药物和药物代谢研究、天然产物分析、保健食品分析和环境分析等领域广泛应用。

HPLC-MS 的优点：①分析范围广：测定的分子量（m/z）可达 50～1000，可以分析气相色谱-质谱所不能分析的强极性、难挥发性、热不稳定性的化合物。②分离能力强，在色谱分离不完全的情况下，可以通过 MS 的特征离子质量色谱图进行快速定性和定量分析。③定性结果可靠，可以同时给出每一个组分的分子量和丰富的结构信息。④检测限低，检测灵敏度高，可实现高通量检测。⑤分析时间快，HPLC-MS 使用的液相色谱柱为窄径柱，可缩短分析时间，提高分离效果。

四、定性定量分析

1. 定性分析方法

高效液相色谱法的定性分析可分为色谱鉴定法和非色谱鉴定法，后者又分为化学鉴定法和两谱联用鉴定法。

（1）色谱鉴定法　此法利用色谱定性参数保留时间（或保留体积）和相对保留值或用已知物对照法对组分进行鉴别分析，与气相色谱法相同。

（2）化学鉴定法　收集色谱馏分，利用专属性化学反应对组分定性。官能团鉴定试剂与气相色谱法相同。

（3）两谱联用鉴定法　当组分分离度足够大时，以制备高效液相色谱获得纯组分，用紫外光谱、红外光谱、质谱或核磁共振谱等分析手段进行定性鉴定。

2. 定量分析方法

高效液相色谱法的定量方法与气相色谱法的定量方法类似，主要有归一化法、外标法和内标法等。

（1）归一化法　归一化法要求所有组分都能分离并有响应，其基本方法与气相色谱中归一化法类似。但是高效液相色谱多用选择性检测器，会对某些组分没有响应，因此高效液相色谱法较少用归一化法。

（2）外标法　外标法是精密称（量）取对照品和待测样品，配制成溶液，分别精密取一定量，注入仪器，记录色谱图，测量对照品溶液和待测样品溶液中待测组分的峰面积或峰高，按下式计算含量：

$$c_x = c_R \frac{A_x}{A_R} \tag{9-29}$$

式中：c_x 表示待测组分的浓度；c_R 表示对照品的浓度；A_x 表示待测组分的峰面积或峰高；A_R 表示对照品的峰面积或峰高。

外标法是高效液相色谱法最常用的定量分析方法，可分为标准曲线法、外标一点法和外标两点法。

（3）内标法　内标法是精密称（量）取对照品和内标物质，分别配制成溶液，各精密称（量）取适量，混合配成校正因子测定用的对照溶液。取一定量进样，记录色谱图。测量对照品和内标物质的峰面积或峰高，按下式计算校正因子：

$$\text{校正因子}(f) = \frac{A_s/c_s}{A_R/c_R} \tag{9-30}$$

式中：A_s 表示内标物的峰面积或峰高；A_R 表示对照品的峰面积或峰高；c_s 表示内标物的浓度；c_R 表示对照品的浓度。

再取一定量含内标物的样品溶液，进样，记录色谱图，测量样品中待测组分和内标物的峰面积或峰高，按下式计算含量：

$$\text{含量}(c_x) = \frac{f \cdot A_x}{A_s'/c_s'} \tag{9-31}$$

式中：f 表示内标法校正因子；A_x 表示样品中待测组分的峰面积或峰高；A_s'表示内标物的峰面积或峰高；c_x 表示待测组分的浓度；c_s'表示内标物的浓度。

所用内标物的要求同气相色谱法。其优点是可抵消仪器稳定性差、进样量不准确等原因引起的定量分析误差。缺点是样品配制麻烦，而且内标物寻找困难。内标法可分为标准曲线法、内标一点法和内标二点法及校正因子法。

五、应用与示例

高效液相色谱法作为一种高效、快速、灵敏的分离分析技术在医药分析领域得到了最广泛的应用。无论是合成药物或天然药物，原料药还是制剂，药物稳定性试验还是体内药物分析，药理研究还是临床检验，高效液相色谱法都是分离、鉴定和含量测定的首选手段。

例 9-4　维生素混合物的分离。

色谱条件：固定相，十八烷基键合相；流动相，MeOH ∶ H_2O（80 ∶ 20）；流速，0.5mL/min；检测波长，254nm。色谱图如图 9-13 所示。

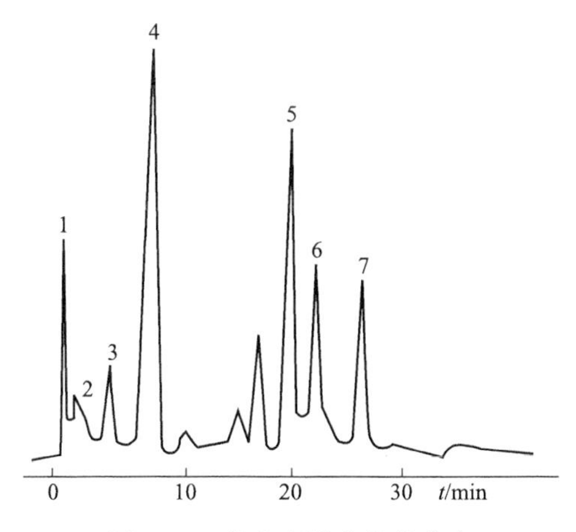

图 9-13 维生素混合物的分离

1—维生素 B_2；2—维生素 B_{12}；3—维生素 K_2；4—维生素 C；5—维生素 D_2；6—维生素 E；7—维生素 A

例 9-5 头孢呋辛钠的含量测定［《中国药典》(2020 年版)］。

色谱条件与系统适用性试验：以辛烷基硅烷键合硅胶为填充剂；以醋酸盐缓冲液（取醋酸钠 0.68g，冰醋酸 5.8g，加水稀释成 1000mL，用冰醋酸调节 pH 值至 3.4)-乙腈（85∶15）为流动相，检测波长为 273nm。取本品适量，加水溶解并稀释制成含量为 0.5mg/mL 的溶液，置 60℃水浴放置 30min，放冷，使头孢呋辛部分转变为去氨甲酰头孢呋辛，作为系统适用性溶液，取 20μL 注入液相色谱仪，记录色谱图，头孢呋辛峰和去氨甲酰头孢呋辛峰的分离度应大于 3.0。头孢呋辛峰与相对保留时间约为 1.1 处杂质峰间的分离度应符合要求。测定法：取本品适量，精密称定，加水溶解并定量稀释制成含量为 0.1mg/mL 的溶液，作为供试品溶液（临用新制或存放于 2～8℃条件下），精密量取 20μL 注入液相色谱仪，记录色谱图；另取头孢呋辛对照品适量，同法测定，按外标法以峰面积计算供试品中 $C_{16}H_{16}N_4O_8S$ 的含量。

知识拓展

超高效液相色谱

超高效液相色谱（ultra performance liquid chromatography，UPLC）是一种采用小粒径（＜2um）、超高压系统（＞100MPa）的新型液相色谱技术。UPLC 采用快速自动进样器，将样品注入不同极性或不同比例的混合溶剂、缓冲液等流动相中，再由具有精确梯度的超高压色谱泵泵入装有小粒径固定相的色谱柱内，在柱内由于被测的不同物质与固定相的相互作用不同被分离，进入检测器检测，实现对样品的分析。UPLC 的理论基础为范第姆特（Van Deemeter）方程：$H=A+B/\mu+C\mu$，式中，A 为涡流扩散项，B/μ 为分子扩散项，$C\mu$ 为传质阻力项。由该方程可得出结论：粒度越小，柱效能越高；不同的颗粒度有各自最佳柱效能的流速。在使用较小粒度的固定相，并达到最佳线速度时，才具有较高的柱效和快速分离的特点。UPLC 系统采用亚 2μm 颗粒，使色谱峰变得更窄，灵敏度得到提高。由于采用超高压输液泵进行高压输液，样品在超高效液相色谱系统中运行速度较快，检测器必须具有高灵敏度，响应速度快。超高效液相色谱增加了样品的通量，可看到更多的样品信息，灵敏度提高，在改进获得信息质量的前提下提高了分析速度，溶剂消耗减少降低了分析成本。因此，UPLC 比传统的 HPLC 具有更高分离能力、灵敏度和分析速度。近年来 UPLC-MS、UPLC-MS-MS 等联用技术广泛应用在食品中农药残留的检测、化妆品中违禁品的检测、药物化学成分分析、药物合成分析、中药快速定性定量分析以及中药指纹图谱研究等。

【本章小结】

① 色谱法概述

a. 色谱法分离原理是根据不同组分在固定相和流动相中吸附、溶解或其他亲和作用的差异，使分配系数不同而实现分离。

b. 一个组分的色谱峰可以用峰位（用保留值表示）、峰高或峰面积及色谱峰的区域宽度三项参数表示，分别作为定性、定量及衡量柱效能的依据。

② 平面色谱

a. 薄层色谱法。薄层色谱法按分离机制可分为吸附、分配、离子交换及凝固色谱法等。各组分在薄层板上斑点的位置可用比移值 R_f 表示，$R_f=\frac{\text{原点至斑点中心的距离}}{\text{原点至溶剂前沿的距离}}$，$R_f$ 值与组分、温度及薄层板和展开剂的性质有关。吸附薄层色谱法常用的吸附剂有硅胶、氧化铝、聚酰胺等。展开剂选择的原则是极性大的组分用极性大的展开剂，极性小的组分用极性小的展开剂。薄层色谱法的一般操作程序分为制板、点样、展开和显色四个步骤。

b. 纸色谱法。纸色谱法是以纸为载体的色谱法，固定相一般为纸纤维上吸附的水（还可用甲酰胺、缓冲液等），流动相为与水不相溶的有机溶剂（也常用和水相混溶的有机溶剂）。被测组分在固定相和流动相之间进行分配，由于各组分分配系数不同而得到分离。纸色谱的操作步骤、定性定量方法与薄层色谱相似。

③ 气相色谱法。气相色谱法的基本理论是塔板理论和速率理论。气相色谱仪的基本结构为：载气系统、进样系统、色谱柱、检测器、记录系统（包括放大器、记录仪、数据处理装置）以及温度控制系统。气相色谱法的定性分析方法有：利用保留值定性鉴定、加入纯物质增加峰高定性鉴定、基团分类测定法等；定量分析方法有：归一化法、内标法、内标对比法、外标法等。

④ 高效液相色谱法。高效液相色谱法的基本概念和基本理论与气相色谱法相似，所不同的是流动相，前者为液体，后者为气体。常见的高效液相色谱法有液-固吸附色谱法和化学键合相色谱法等。液-固吸附色谱法是用吸附剂作固定相，溶剂作流动相，根据各种物质吸附能力的差异而进行分离的方法。化学键合相色谱法是以化学键合相为固定相的色谱法，又分为正相色谱法和反相色谱法。正相色谱法采用极性键合固定相，反相色谱法采用非极性键合固定相。高效液相色谱仪一般由输液系统、进样系统、分离系统、检测系统和色谱数据处理系统等五部分组成。高效液相色谱法定性和定量方法与气相色谱法相似。

【目标检测】

一、选择题

1. 吸附平衡常数 K 值大，则（　　）。

A. 组分被吸附得牢固　　B. 组分被吸附得不牢固

C. 组分移动速率快　　D. 组分吸附得牢固与否与 K 值无关

2. 某样品在薄层色谱中，原点到溶剂前沿的距离为 6.3cm，原点到斑点中心的距离为 4.2cm，其 R_f 值为（　　）。

A. 0.67　　B. 0.54　　C. 0.80　　D. 0.15

3. 关于色谱，下列说法正确的是（　　）。

A. 色谱过程是一个差速迁移的过程

B. 分离极性强的组分用极性强的吸附剂

C. 各组分之间分配系数相差越小，越易分离

D. 纸色谱中滤纸是固定相

4. 薄层色谱中，软板与硬板的主要区别是（　　）。

A. 所用吸附剂不同　　B. 所用玻璃板不同

C. 是否加黏合剂　　D. 所用黏合剂不同

5. 色谱峰高（或峰面积）可用于（　　）。

A. 鉴别　　B. 判定被分离物分子量

C. 含量测定　　D. 判定被分离物组成

6. 属于质量型检测器的是（　　）。

A. 氢焰离子化检测器　　B. 热导检测器

C. 电子捕获检测器　　D. 三种都是

7.《中国药典》规定，除另有规定外，色谱系统适用性试验中分离度（R）应大于（　　）。

A. 1.5　　B. 1　　C. 2　　D. 2.5

8. 衡量柱效能的参数是（　　）。

A. 色谱峰高　　B. 色谱峰宽　　C. 色谱基线　　D. 色谱峰保留时间

二、名词解释

分配系数，比移值，边缘效应，基线，保留时间，死时间，容量因子，化学键合相，正相色谱和反相色谱，梯度洗脱

三、问答题

1. 一个组分的色谱峰可用哪些参数描述？这些参数各有何意义？

2. 以液-固吸附柱色谱法为例，简述色谱法的分离过程。

3. 衡量色谱柱效能的指标是什么？

4. 气相色谱仪主要包括哪几个部分？简述主要部分的作用。

5. 简述高效液相色谱仪的组成与主要部件。

6. 气相色谱定量分析的依据是什么？为什么要引进定量校正因子？常用的定量方法有哪几种？各在何种情况下应用？

四、计算题

1. 已知某混合物中A、B、C三组分的分配系数分别为440、480及520，问三组分在吸附薄层上的R_f值顺序如何？

2. 已知化合物A在薄层板上从样品原点迁移7.6cm，样品原点至溶剂前沿16.2cm，试计算：(1) 化合物A的R_f值；(2) 在相同的薄层板上，展开系统相同时，样品原点至溶剂前沿14.3cm，化合物A的斑点应在此薄层板的何处？

3. 用氢焰离子化检测器对C_8芳烃异构体样品进行气相色谱分析时，得到实验数据如下：

组分	乙苯	对二甲苯	间二甲苯	邻二甲苯
峰面积(A)	120	75	140	105
校正因子(R_f)	0.97	1.00	0.96	0.98

试用归一化法计算各组分的含量。

4. 冰醋酸的含水量测定，内标物为AR甲醇重0.4896g，冰醋酸重52.16g，水峰高16.30cm，半峰宽为0.159cm，甲醇峰高14.40cm，半峰宽为0.239cm。已知，用峰高表示的相对质量校正因子$f_{H_2O}=0.224$、$f_{CH_3OH}=0.340$；用峰面积表示的相对质量校正因子$f_{H_2O}=0.55$，$f_{CH_3OH}=0.58$。用内标法分别以峰高及峰面积表示的相对质量校正因子计算该冰醋酸中的含水量。

模块三　物理化学

第十章　化学热力学基础

学习目标

1. 掌握热力学第一定律及其表示方法；掌握常温下化学反应的标准摩尔焓变的各种计算方法；以及掌握盖斯定律的内容。
2. 掌握化学平衡的特征、平衡常数表达式的方法及化学平衡的计算。
3. 熟悉体系和环境、状态和性质、过程和途径、热力学平衡、焓等热力学常用的基本概念，学会运用这些概念解决一些实际问题。
4. 熟悉化学平衡常数的意义以及浓度、压力、温度等外界因素对化学平衡的影响。
5. 了解热化学方程式的书写方法；了解熵、吉布斯自由能的概念；了解热力学第二定律、第三定律的内容；了解利用物质的标准熵计算化学反应熵变的方法。

第一节　引言

一、化学热力学研究的对象、内容和方法

热力学是研究宏观体系在能量转化过程中所遵循规律的科学。热力学发展的初期，只研究热和功这两种形式能量的转换规律，但随着科学的发展，其他形式的能量也逐渐纳入研究的范围之内。

化学热力学以热力学为基础，用描述物质宏观性质的状态函数来研究：①化学反应中的能量是如何转化的；②化学反应朝着什么方向进行，及其限度如何。它不考虑物质的内部结构，只研究大量分子（或原子）表现的集体行为，这些特点给热力学方法运用的普遍性和可靠性带来了很多好处。如药物合成的可能性及最高产率的确定，药物制剂的制备及有效成分的提取和分离等，都需要应用化学热力学的基本理论和方法。

另外，其也决定了热力学处理问题的局限性，它只能指出在一定条件下某一化学反应的可能性，而不能指出变化需要的时间。例如氢和氧混合在一起，热力学告诉我们，它们化合成水的可能性很大。但是，在常温和常压下，化合成水的速率是极慢的，几百年恐怕还没有一滴水生成，即没有现实性。如果在氢和氧的混合气体中加入催化剂，反应即以极快速度生成水。对于这些现象的发生热力学是无法解释的，需要应用动力学解决。

二、基本概念

1. 体系（或系统）和环境

将一部分物质从其他部分中划分出来，作为研究的对象，这部分物质就称为体系（或系统）。在体系以外与体系密切相关的部分称为环境。体系与环境之间，一定有一个边界，这个边界可以是实在的物理界面，也可以是虚构的界面。

根据体系与环境的相互关系，可以把体系分为三类。

（1）敞开体系　体系和环境之间既有物质交换，也有能量交换。

（2）封闭体系　体系和环境之间没有物质交换，但有能量交换。

（3）孤立体系　体系和环境之间没有物质交换，也没有能量交换。

封闭体系是化学热力学研究中最常见的体系。除非特别说明，本书讨论的体系一般都是封闭体系。

2. 体系性质

一个体系的状态是由描述其自然属性的某些物理量（如体积、压力、温度、黏度、表面张力等）来确定的。例如，一定量纯气体的状态可用温度、体积、压力来描述。这些物理量称为体系的性质。当体系的所有性质都具有确定值时，体系就处于一定的状态。因此，体系的状态是体系一系列性质的综合表现。体系的性质可分为两类。

（1）广度性质（或容量性质）　这类体系性质其数值大小与体系中所含的物质的量成正比，如体积 V、质量 m、内能（热力学能）U 等。在一定条件下广度性质具有加和性，如体系的体积为体系的各部分体积之和。

（2）强度性质　这类体系性质其数值大小与体系中所含的物质的量无关，如温度 T、压力 p、密度 ρ 等。强度性质不具有加和性，体系中各部分的强度性质都是均匀的。如达到热力学平衡态时，体系中的温度处处相等。

一般来说，体系的广度性质与强度性质之间存在如下关系。

$$\frac{\text{广度性质（体积}V\text{）}}{\text{广度性质（物质的量}n\text{）}}=\text{强度性质（摩尔体积}V_{m}\text{）}$$

广度性质（体积 V）×强度性质（密度 ρ）＝广度性质（质量 m）

若体系的性质不随时间而变，则该体系所处的状态为热力学平衡状态。达到热力学平衡态时应同时存在下列平衡。

① 热平衡。体系各部分温度相等。

② 力学平衡。体系中各部分之间没有不平衡的力存在。从宏观上看，体系中的各物质不发生任何相对移动。

③ 相平衡。体系中各相的组成和数量不随时间而变。

④ 化学平衡。体系中发生的化学反应达到平衡，体系的组成不随时间而变化。

3. 状态和状态函数

规定了体系的性质，体系就处于一定的状态。由体系状态确定的体系的各种热力学性质，称为状态函数。状态函数具有如下特征。

① 状态函数是状态的单值函数，状态一经确定，状态函数就有确定的数值。

② 体系的状态发生变化，状态函数随之发生变化，状态函数的改变量只与体系的始态和终态有关，和变化的途径无关。若体系经过一个循环恢复原态，状态函数必定恢复原值，其变化值为 0。

例如，烧杯中的水由 20℃升高到 60℃，温度的变化值为 40℃，至于是先加热到 80℃再冷却至 60℃，还是先冷却至 0℃再加热至 60℃；是用煤气灯加热，还是用水浴加热，温度的变化始终是 40℃，温度变化不会因具体过程而异。温度即为体系的状态函数。

③ 同一状态下体系状态函数的任意组合（或运算）仍为该体系的状态函数。

4. 过程和途径

当体系的状态随时间而发生变化时，这种变化称为过程。完成这个过程的具体步骤则称为途径。体系处在变化前的状态叫始态，处在变化后的状态叫终态。从始态到终态的变化过程，可以通过不同的途径到达，但其状态函数的改变量都是相同的。

热力学经常遇到的过程有以下五种。

（1）等压过程　体系的压力始终保持不变（$\Delta p=0$）。在敞口容器中进行的反应，因体系始终受相同的大气压力，可看作等压过程。

(2) 等容过程　体系的体积始终保持不变（$\Delta V=0$）。在密闭容器中进行的过程，就是等容过程。

(3) 等温过程　体系终态和始态的温度相同（$\Delta T=0$）。在恒温条件下进行的过程可以认为是等温过程。

(4) 绝热过程　如果一体系在状态发生变化的过程中，体系既没有从环境吸热，也没有放热到环境中去，这种过程就叫作绝热过程。

(5) 循环过程　体系从某一状态开始，经过一系列的变化，又恢复到原来状态的过程。

5. 热、功和内能（热力学能）

封闭体系的状态发生变化时，体系与环境间的能量交换可由两种方式进行，一种是热，另一种是功。体系和环境之间因温度差而引起的能量传递形式称为热，用符号 Q 表示；除热以外的能量传递形式统称为功，用符号 W 表示，单位都为 J。

如两个温度不同的物体相接触，高温物体传热给低温物体，最后温度达到平衡，这是以热的形式进行能量交换；又如对盛放在绝热箱中的水进行搅拌，使水温升高，这是环境对体系做功，增加了体系的能量。

功可分为体积功和非体积功，体积功又称膨胀功，在一般情况下，化学反应体系只做体积功。

$$W=p_{外}\Delta V \tag{10-1}$$

式中，$p_{外}$ 为反应体系在过程中所承受的外压；ΔV 为反应过程中体积的变化值。

能量传递是有方向的，热力学规定：

① 体系从环境吸收热量，Q 为正值；体系向环境释放热量，Q 为负值。

② 体系对环境做功，W 为正值；环境对体系做功，W 为负值。

热和功是对具体路径而言，不是体系的状态函数。

内能又称热力学能，是体系内部各种能量的总和，用符号“U”表示。它包括体系内部质点（分子、原子、电子等）之间各种相互作用的能量，如分子间的作用能、原子间的化学键能，以及体系内部质点各种运动的能量，如分子的平动能、转动能、振动能等。体系内能的绝对值无法获得，但这一点对实际问题的解决并无妨碍，因为热力学是通过外界的变化来衡量体系内能的改变值，这可以通过实验来确定。

内能是体系本身的性质，一旦体系状态确定内能也具有一定的数值。体系状态发生变化时，内能也发生变化，其变化与途径无关，只与体系的始态和终态有关，故它是状态函数。

第二节　热力学第一定律

一、热力学第一定律

自然界一切物质都具有能量，能量有各种不同的形式。1842 年，焦耳（Joule）通过实验证明，能量（如功和热量）在互相转化时有一定的当量关系，即 1cal（卡）＝4.184J（焦耳），这就是著名的焦耳热功当量。这证明了能量在转化中是守恒的。将能量转化与守恒应用于热力学宏观体系，也就是热力学第一定律。

其表述如下：

① 能量是不能自生自灭的，但可以从一种形式转变为另一种形式，或从一个物体传递给另一个物体，能量总量保持不变。

② 不供给能量，但能连续不断地做出功的机器，这种永动机是不可能造成的。

其数学表达式为：

$$\Delta U=Q-W \tag{10-2}$$

式中，ΔU 是体系终态和始态间的内能变化量。

若发生了微小变化，则内能的变化 $\mathrm{d}U$ 为：

$$\mathrm{d}U=\delta Q-\delta W \tag{10-3}$$

式(10-3) 的物理意义是在封闭体系中，热力学能的变化值等于体系从环境吸收的热量减去体系对环境所做的功。热力学第一定律适用于封闭体系的任何过程。

例 10-1 某过程中，体系吸热 100J，对环境做功 20J，求体系的内能改变量。

解：由热力学第一定律表达式：

$$\Delta U=Q-W=100-20=80(\mathrm{J})$$

体系的内能增加了 80J。

二、体积功与可逆过程

1. 体积功

因为体系体积变化而引起的体系与环境间的力学相互作用称为体积功。功不是状态函数，而与变化过程有关。现以理想气体在温度一定的条件下对外界环境做功，即所谓恒温膨胀功的过程为例说明。如图 10-1 所示，有一无质量、无摩擦的理想活塞所封闭的气缸，活塞的截面积为 A，气缸内的气压为 p，外压为 p_e，使气体在几种不同情形下自体积 V_1 膨胀到 V_2。

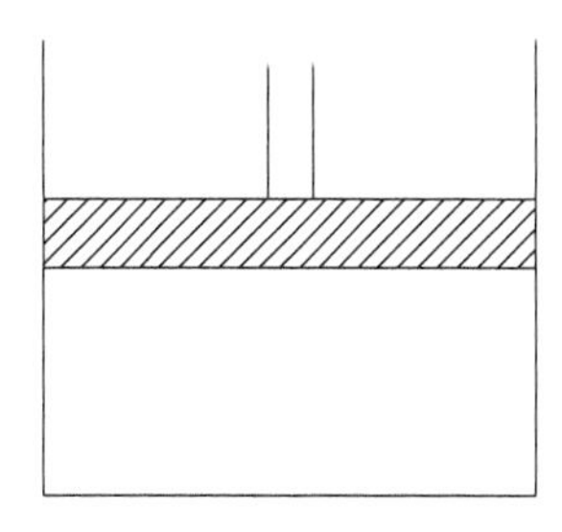

图 10-1 理想气体膨胀功示意图

(1) 真空自由膨胀　当体系向真空膨胀时，因为 $p_e=0$，所以 $W_1=p_e(V_2-V_1)=0$，即体系对环境不做功。

(2) 反抗恒外压膨胀　若外压 p_e 保持不变，体系所做的功为：

$$W_2=p_e(V_2-V_1)$$

W_2 相当于图 10-2(a) 中阴影部分的面积。

(3) 多次反抗恒外压膨胀　设体系从始态膨胀到终态是由两个恒外压膨胀过程组成，第一步外压 p_e'，体积从 V_1 膨胀到 V'，体积变化 $\Delta V_1=(V'-V_1)$；第二步外压 p_e，体积从 V' 膨胀到 V_2，体积变化 $\Delta V_2=(V_2-V')$。整个体系所做的功为：

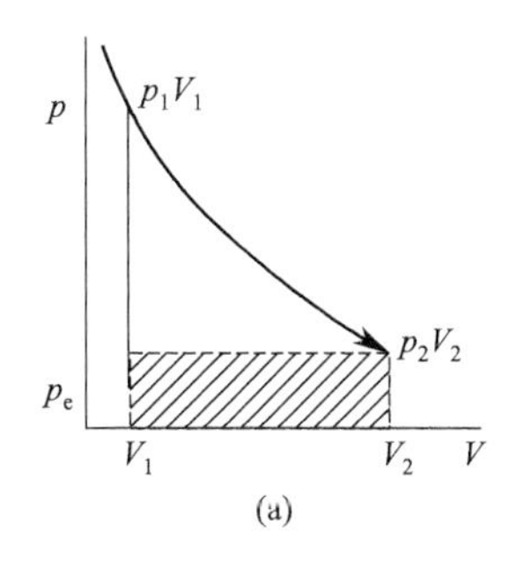

(a)

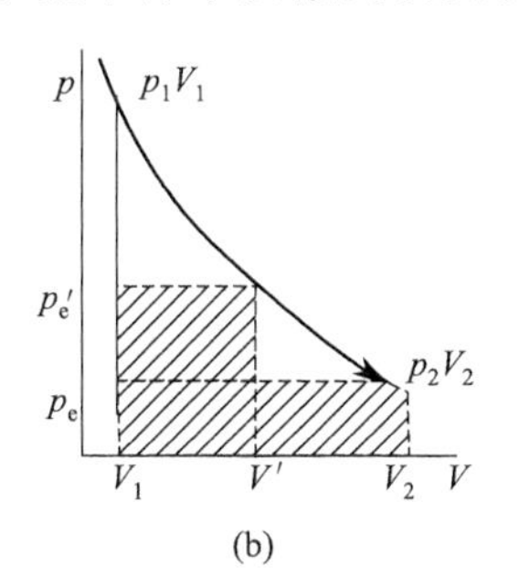

(b)

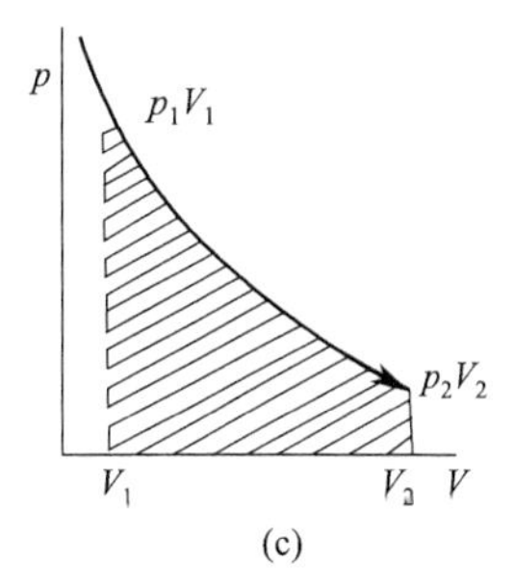

(c)

图 10-2 各种过程的气体膨胀功

(a)、(b)、(c) 中的阴影面积分别代表 W_2、W_3、W_4

$$W_3=p_e'\Delta V_1+p_e\Delta V_2$$

W_3 相当于图 10-2(b) 中阴影部分的面积。显然中间的分步越多，体系对外所做的功越大。

（4）准静态膨胀　所谓准静态膨胀，就是在整个膨胀过程中，始终使外压 p_e 比气缸内的压力 p 小一个无限的差值 dp，即 $p-p_e=dp$，在温度恒定时体系对环境做的功为：

$$W_4=\int_{V_1}^{V_2} p\,dV=\int_{V_1}^{V_2}\frac{nRT}{V}dV=nRT\ln\frac{V_2}{V_1} \tag{10-4}$$

W_4 相当于图 10-2(c) 中阴影部分的面积，显然体系对环境所做的功为最大，达到极限值。从图 10-2 可以看出：

$$W_1<W_2<W_3<W_4$$

以上过程（4）中，体系反抗的是最大外压，所以体系对环境做最大功。若采取过程（2）、（3）和（4）的逆过程，使体系恢复原状，则有以下关系：$|W_4'|<|W_3'|<|W_2'|$，这表明在准静态压缩过程中，环境对体系所做的功（绝对值）最小。

2. 可逆过程

准静态膨胀过程和准静态压缩过程所做的功大小相等，符号相反。这表明当体系恢复到原状时，环境也恢复原状。这种能够通过原来过程的反方向变化而使体系恢复到原来状态，同时在环境中没有留下任何痕迹的过程叫热力学可逆过程。

如果体系发生了某一过程，在使体系恢复到原状的同时，在环境中留下了痕迹（即环境没有恢复到原状），则这种过程称为不可逆过程。

可逆过程具有如下特点。

① 可逆过程是以无限小的变化进行的，整个过程中的每一步都可以看成是非常接近于平衡状态。

② 可逆过程中系统所做的功最大，环境做的功最小，这时效率最高。

③ 体系经过一个过程由始态变到终态，再按此过程的反方向进行，这时体系恢复到原状，环境也恢复到原状，在环境中没有留下任何痕迹。

应当指出，可逆过程是一个理想过程，它在自然界中并不存在，实际过程只能无限接近于它。例如液体在其沸点时的蒸发、固体在其熔点时的熔化等都很接近于可逆过程。在热力学中研究可逆过程有着重大的理论和现实意义，因为可逆过程的效率最高，通过实际过程和它进行比较，可以确定提高实际过程效率的方向。

三、焓

大多数化学反应是在等压条件下进行的，在只做体积功时，热力学第一定律可以写成：

$$\Delta U=Q_p-p_{外}\Delta V$$

$$Q_p=\Delta U+p_{外}\Delta V$$

因为等压过程 $p_{外}=p_1=p_2$，

所以 $Q_p=(U_2+p_2V_2)-(U_1+p_1V_1)$

热力学把 $U+pV$ 定义为焓，用符号 H 表示，它的单位为 kJ/mol。

$$H=U+pV \tag{10-5}$$

因此

$$Q_p=H_2-H_1=\Delta H \tag{10-6}$$

它的物理意义是：对只做体积功的恒压过程，体系焓的增加等于体系所吸收的热量。

根据热力学第一定律 $\Delta U=Q_p-p\Delta V$

可得

$$\Delta H=\Delta U+p\Delta V \tag{10-7}$$

此式表明，对只做体积功的恒压过程，体系的焓变 ΔH 一部分转化为体系内能的增加；另一部分转化为反抗外压所做的膨胀功，即把体系内能的增加和所做的膨胀功概括地用体系的焓变来表示。

热力学对焓变 ΔH 有如下规定：凡吸热反应，体系从环境吸收热量，$\Delta H>0$；凡放热反应，体系向环境释放热量，$\Delta H<0$。

下面对 H 函数进行一些讨论：

① U、p、V 均为体系的状态函数，故焓也是状态函数，用符号 H 表示。它的单位为 kJ/mol。

② 焓是从等压过程引出的状态函数，对于非等压过程也有焓变，式(10-7) 可写成：$\Delta H=\Delta U+\Delta(pV)$。

上式可适用于各种过程。

③ 在等容过程中，$\Delta V=0$，所以 $W=p_{外}\Delta V=0$。根据热力学第一定律：

$$\Delta U=Q_V \tag{10-8}$$

此式的物理意义是：对不做其他功的恒容过程，体系所吸收的热量全部转化为体系内能的增加。

四、热容

1. 热容的定义

当加热一个体系时，体系必须吸收热量，若此时体系不发生相变化和化学变化，则通常是通过测量体系温度的升高来测定体系吸热的多少。温度升高的多少与加入的热量成正比，取比例常数 C 定义为平均热容，表示为：

$$C=\frac{Q}{\Delta T}$$

温度区间不同，平均热容值也不同。因此，欲求在某温度的热容值，必须将温度区间缩至很小，即

$$C=\lim_{\Delta T\to 0}\frac{Q}{\Delta T}=\frac{\delta Q}{\mathrm{d}T} \tag{10-9}$$

式中，C 为热容，J/K。可见热容是一个广度性质的物理量，其值与体系的物质的量有关。若热容除以物质的量，则称为摩尔热容 C_{m}，单位为 J/(K·mol)。在物理化学中，热容一般是指摩尔热容。

2. 恒压热容和恒容热容

由于 Q 的数值随过程而不同，热容也因过程的不同而异。对于组成不变的均相体系，在等容过程中的热容称为等容热容，以 C_V 表示，其定义为：

$$C_V=\frac{\delta Q_V}{\mathrm{d}T} \tag{10-10}$$

在等容过程中 $\Delta U=Q_V$，则：

$$\mathrm{d}U=\delta Q_V=C_V\mathrm{d}T \text{ 或 } \Delta U=Q_V=\int C_V\mathrm{d}T \tag{10-11}$$

在等压过程中的热容称为等压热容，以 C_p 表示，其定义为：

$$C_p-\frac{\delta Q_{\mathrm{p}}}{\mathrm{d}T} \tag{10-12}$$

在等压过程中 $\Delta H=Q_p$，则：

$$\mathrm{d}H=\delta Q_p=C_p\mathrm{d}T \text{ 或 } \Delta H=Q_p=\int C_p\mathrm{d}T \tag{10-13}$$

3. 理想气体热容

对于理想气体在等容过程中，若不做体积功，吸收的热量只是增加了体系的内能，即增加平动能、转动能、振动能。如果知道各种能量随温度 T 的变化，就可以求出 C_V。

所以，对于 1mol 单原子分子，在常温下其摩尔等容热容为：

$$C_V=\frac{3R}{2}=12.47\mathrm{J/(K\cdot mol)}$$

对于 1mol 双原子分子，在常温下其摩尔等容热容为：

$$C_V=\frac{5R}{2}=20.79\mathrm{J/(K\cdot mol)}$$

4. C_p 与 C_V 的关系

根据焓与热容的定义：

$$\mathrm{d}H=\mathrm{d}U+\mathrm{d}(pV) \qquad \mathrm{d}H=C_p\mathrm{d}T \qquad \mathrm{d}U=C_V\mathrm{d}T$$

则
$$C_p\mathrm{d}T-C_V\mathrm{d}T=\mathrm{d}(pV)$$

对于理想气体，其 p、V、T 之间遵从状态方程式

$$pV=nRT$$

故
$$C_p\mathrm{d}T-C_V\mathrm{d}T=nR\mathrm{d}T$$

即
$$C_p-C_V=nR \tag{10-14}$$

对于 1mol 理想气体，则：$C_{p,\mathrm{m}}-C_{V,\mathrm{m}}=R$。

例 10-2 在 293K 有 5mol 的理想气体：(1) 等温下可逆膨胀为原体积的 2 倍；(2) 从 293K 加热到 373K。试求 (1) 和 (2) 过程中的 ΔU、ΔH、Q 及 W。已知该理想气体 $C_{V,\mathrm{m}}=28.28\mathrm{J/(K\cdot mol)}$。

解：(1) 等温下可逆膨胀，则

$$\Delta U=0,\Delta H=0$$

$$Q=W=nRT\ln\frac{V_2}{V_1}=5\times8.314\times293\times\ln2=8443\ (\mathrm{J})$$

(2) $\Delta U=nC_{V,\mathrm{m}}\ (T_2-T_1)\ =5\times28.28\times\ (373-293)\ =11312\ (\mathrm{J})$

$\Delta H=nC_{p,\mathrm{m}}\ (T_2-T_1)\ =5\times\ (28.28+8.314)\ \times\ (373-293)\ =14638\ (\mathrm{J})$

$Q_p=\Delta H=14638\mathrm{J}$

$W=Q_p-\Delta U=14638-11312=3326\ (\mathrm{J})$

例 10-3 将 373K、50663Pa 的水蒸气 100L 等温可逆压缩到 101325Pa，此时仍全部都是水蒸气。再在 101325Pa 下压缩到 10L，此时部分水蒸气凝成水。若凝结成的水其体积可略去不计，而水蒸气是理想气体，已知 373K、101325Pa 下水的汽化热为 40.68kJ/mol。试求此过程中的 ΔU、ΔH、Q 及 W。

解：水蒸气 $\begin{cases}p_1=50663\mathrm{Pa}\\V_1=100\mathrm{L}\end{cases}$ $\xrightarrow{(1)\ 等温可逆过程}$ 水蒸气 $\begin{cases}p_2=101325\mathrm{Pa}\\V_2=p_1V_1/p_2=50\mathrm{L}\end{cases}$

$\xrightarrow[相变过程]{(2)\ 等温、等压可逆}$ 水蒸气 $\begin{cases}p_2=101325\mathrm{Pa}\\V_3=10\mathrm{L}\end{cases}$

$$n_{水}=p_2(V_2-V_3)/RT=1.307\mathrm{mol}$$

过程 (1)

$$\Delta U_1=0,\Delta H_1=0$$

$$W_1=Q_1=nRT\ln\frac{V_2}{V_1}=\frac{p_1V_1}{RT}RT\ln\frac{V_2}{V_1}$$

$$=50663\times100\times10^{-3}\times\ln2=-3512(\mathrm{J})$$

过程 (2)

$$Q_2=Q_p=-1.307\times40.68=-53.17\mathrm{kJ}$$

$$W_2=p_2(V_3-V_2)=-101325\times40\times10^{-3}=-4.053(\text{kJ})$$
$$\Delta U_2=Q_2-W_2=-53.17+4.053=-49.12(\text{kJ})$$
$$\Delta H_2=Q_p=-53.17\text{kJ}$$

对于整个过程

$$Q=Q_1+Q_2=-56.68\text{kJ}$$
$$W=W_1+W_2=-7.565\text{kJ}$$
$$\Delta U=\Delta U_1+\Delta U_2=-49.12\text{kJ}$$
$$\Delta H=\Delta H_1+\Delta H_2=-53.17\text{kJ}$$

第三节 化学反应的热效应

一、反应热

化学反应一般总是伴随着吸热或放热现象。当体系发生化学反应后，若使产物的温度回到反应物的起始温度，这时体系放出或吸收的热量，称为化学反应热效应，简称反应热。若反应过程中放出热量，称反应为放热反应；若是吸收热量，则称反应为吸热反应。

(1) 等容反应热　体系在变化过程中，体积始终保持不变的反应热，称为等容反应热，用 Q_V 表示。因为等容过程，$\Delta V=0$，所以 $W=p_{外}\Delta V=0$。根据热力学第一定律：$\Delta U=Q_V$。

此式的物理意义是：对不做其他功的恒容过程，体系所吸收的热量全部转化为体系内能的增加。

(2) 等压反应热　体系在变化过程中，压力始终保持不变的反应热，称为等压反应热，用 Q_p 表示。根据热力学第一定律，对于等压过程：

$$Q_p=\Delta H$$

其物理意义是：对只做体积功的恒压过程，体系焓的增加等于体系所吸收的热量。

二、热化学方程式

表示化学反应与热效应关系的方程式称为热化学方程式。例如：

$$H_2(g)+\frac{1}{2}O_2(g)=\!=\!=H_2O(g)\qquad \Delta_rH_m^{\ominus}(298.15\text{K})=-241.8\text{kJ/mol}$$

上式表示，在 298.15K、100kPa 条件下，1mol H_2 与 0.5molO_2 反应生成 1mol 气态 H_2O 时，放出 241.8kJ 的热量。符号 $\Delta_rH_m^{\ominus}$ 中，下标“r”表示化学反应，上标“⊖”表示标准态，“m”表示 1mol，$\Delta_rH_m^{\ominus}$ 又称为反应的标准摩尔焓变。

化学热力学中，标准态是指反应体系中各物质压力均在 100kPa 下的纯液体或固体，或在 100kPa 下具有理想气体性质的纯气体，或浓度为 1mol/L 的溶液。标准态规定了压力和物态，温度可为任意的，当温度为 298.15K 时，一般可不标出。

由于反应热与反应方向、反应条件、反应物与生成物的状态及物质的量等有关，因此书写热化学方程式时应注意以下四点。

① 应注明反应的温度和压力。当温度为 298.15K、压力为 100kPa 时，一般可不标出。

② 必须标出物质的聚集状态。通常以 g、l、s 分别表示气、液、固态，固体还应注明晶型。例如：

$$2H_2(g)+O_2(g)=\!=\!=2H_2O(g)\qquad \Delta_rH_m^{\ominus}=-483.6\text{kJ/mol}$$
$$2H_2(g)+O_2(g)=\!=\!=2H_2O(l)\qquad \Delta_rH_m^{\ominus}=-571.6\text{kJ/mol}$$
$$C(石墨)+O_2(g)=\!=\!=CO_2(g)\qquad \Delta_rH_m^{\ominus}=-393.5\text{kJ/mol}$$

③ 同一反应，计量系数不同，$\Delta_r H_m^\ominus$ 值也不同。即焓变要与方程式相对应。如：

$$Cu(s)+\frac{1}{2}O_2(g) = CuO(s) \quad \Delta_r H_m^\ominus=-157kJ/mol$$

$$2Cu(s)+O_2(g) = 2CuO(s) \quad \Delta_r H_m^\ominus=-314kJ/mol$$

④ 正、逆反应的 $\Delta_r H_m^\ominus$ 绝对值相同，符号相反。例如：

$$HgO(s) = Hg(l)+\frac{1}{2}O_2(g) \quad \Delta_r H_m^\ominus=90.83kJ/mol$$

$$Hg(l)+\frac{1}{2}O_2(g) = HgO(s) \quad \Delta_r H_m^\ominus=-90.83kJ/mol$$

三、盖斯定律

在非体积功为零的等压过程或等容过程中，不管化学反应是一步完成，还是分几步完成，其热效应总是相同的，这就是盖斯定律。盖斯定律有着广泛的应用，可以利用已测得反应热的数据，间接计算那些用实验不易直接准确测定或根本不能直接测定的化学反应反应热。

例 10-4 已知 (1) $C(s)+O_2(g) = CO_2(g)$，$\Delta_r H_{m_1}^\ominus=-393.5kJ/mol$；

(2) $CO(g)+\frac{1}{2}O_2(g) = CO_2(g)$，$\Delta_r H_{m_2}^\ominus=-283.0kJ/mol$；

求：(3) $C(s)+\frac{1}{2}O_2(g) = CO(g)$ 的 $\Delta_r H_{m_3}^\ominus$。

解：将此三个反应以图表示：

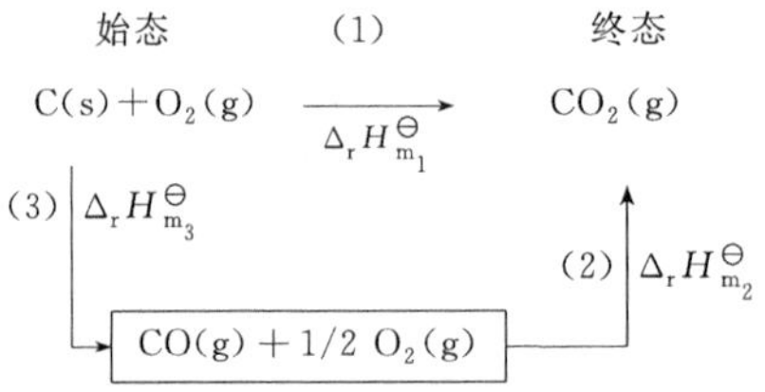

始态 (1) 终态

$C(s)+O_2(g)$ $\xrightarrow[\Delta_r H_{m_1}^\ominus]{}$ $CO_2(g)$

(3) $\Delta_r H_{m_3}^\ominus$ (2) $\Delta_r H_{m_2}^\ominus$

$CO(g)+1/2\ O_2(g)$

按上图所示，从始态到终态有两种途径，为 (1) 和 (2) + (3)，根据盖斯定律：

$$\Delta_r H_{m_1}^\ominus=\Delta_r H_{m_2}^\ominus+\Delta_r H_{m_3}^\ominus$$

所以，$\Delta_r H_{m_3}^\ominus=\Delta_r H_{m_1}^\ominus-\Delta_r H_{m_2}^\ominus=-393.5-(-283.0)=-110.5(kJ/mol)$

例 10-5 已知下列反应在 298.15K 标准态时的热效应：

(1) $CH_3COOH(l)+2O_2(g) = 2CO_2(g)+2H_2O(l)$ $\Delta_r H_{m_1}^\ominus=-871.7kJ/mol$

(2) $C(s)+O_2(g) = CO_2(g)$ $\Delta_r H_{m_2}^\ominus=-393.51kJ/mol$

(3) $H_2(g)+1/2O_2(g) = H_2O(l)$ $\Delta_r H_{m_3}^\ominus=-285.84kJ/mol$

求反应 (4)：$2\ C(s)+2\ H_2(g)+O_2(g) = CH_3COOH(l)$ 的 $\Delta_r H_{m_4}^\ominus$。

解：根据盖斯定律，(4)=(2)×2+(3)×2−(1)

$$\begin{aligned}\Delta_r H_{m_4}^\ominus&=\Delta_r H_{m_2}^\ominus\times2+\Delta_r H_{m_3}^\ominus\times2-\Delta_r H_{m_1}^\ominus\\&=(-393.51)\times2+(-285.84)\times2-(-871.7)\\&=-487(kJ/mol)\end{aligned}$$

四、生成焓

1. 生成焓的定义

热力学定义：指在指定温度和标准压力下，由最稳定单质生成标准状态下 1mol 化合物时反应的等压热效应称为该化合物的标准摩尔生成焓，用符号 $\Delta_f H_m^\ominus$ 表示。下标“f”表示生成，“$\ominus$”表示标准态，“m”为 1mol，单位常用 kJ/mol。

上述定义中，最稳定单质是指在标准压力和指定温度下最稳定形态的物质，如 H_2 (g)、O_2 (g)、Cl_2 (g)、Br_2 (l)、I_2 (s)、C（石墨）、S（正交硫）等。热力学规定，最稳定单质在指定温度和压力为 100kPa 时，其标准摩尔生成焓为 0，即 $\Delta_f H_m^{\ominus}$(最稳定单质) = 0。故由稳定单质生成化合物的热效应就是该化合物的标准摩尔生成焓。各种化合物的标准摩尔生成焓就是以此为标准得到的。

例如，C(石墨) + O_2(g)══ CO_2(g)，$\Delta_r H_m^{\ominus} = -393.5$kJ/mol，则 CO_2(g) 的标准生成焓（$\Delta_f H_m^{\ominus}$）为 −393.5kJ/mol。

附录 8 列出了一些化合物在 298.15K 时的标准摩尔生成焓数据。

2. 标准生成焓的应用

利用化合物的标准摩尔生成焓，可以计算化学反应的热效应。应用盖斯定律可以导出用标准生成焓计算反应热效应的公式：

$$\Delta_r H_m^{\ominus} = \sum_i v_i \Delta_f H_m^{\ominus}(\text{生成物}) - \sum_i v_i \Delta_f H_m^{\ominus}(\text{反应物}) \qquad (10\text{-}15)$$

式中，v_i 为各物质前面的化学计量系数。

式(10-15) 说明，化学反应的标准摩尔焓变等于产物的标准摩尔生成焓之和减去反应物的标准摩尔生成焓之和。

例 10-6 求反应 $C_6H_{12}O_6$(s) + $6O_2$(g)══ $6CO_2$(g) + $6H_2O$(l) 的标准摩尔反应热 $\Delta_r H_m^{\ominus}$。

解：查表可知 $C_6H_{12}O_6$(s) CO_2(g) H_2O(l)

$\Delta_f H_m^{\ominus}$(kJ/mol) −1274.4 −393.5 −285.8

$$\Delta_r H_m^{\ominus} = 6\Delta_f H_{m\,CO_2(g)}^{\ominus} + 6\Delta_f H_{m\,H_2O(l)}^{\ominus} - \Delta_f H_{m\,C_6H_{12}O_6(s)}^{\ominus}$$

$$= 6\times(-393.5) + 6\times(-285.8) - (-1274.4)$$

$$= -2801.4(\text{kJ/mol})$$

五、燃烧焓

1. 定义

指在指定温度和标准压力下，1mol 物质和氧气完全燃烧时的等压热效应称为该物质的标准摩尔燃烧焓，用符号 $\Delta_c H_m^{\ominus}$ 表示。下标“c”表示燃烧，上标“$\ominus$”表示标准态，“m”为 1mol，单位常用 kJ/mol。

所谓完全燃烧（氧化），是指把化合物中的元素变为最稳定的氧化物或单质，如碳变成 CO_2 (g)、氢变成 H_2O (l)、硫变成 SO_2 (g)、氯变成 HCl (aq)。这些物质都不能再燃烧，燃烧焓均为零。大多数有机物不能由稳定的单质直接合成，故其标准摩尔生成焓无法测定，但是有机物容易燃烧，它的燃烧焓可以测定。一些物质在 298.15K 时的标准摩尔燃烧焓见附录 9。从表中数据可以看出，燃烧反应都毫无例外是放热反应。

2. 燃烧焓的应用

利用已知化合物的标准摩尔燃烧焓，可以计算化学反应的热效应。应用盖斯定律可以导出用标准燃烧焓计算反应热效应的公式：

$$\Delta_r H_m^{\ominus} = \sum_i v_i \Delta_c H^{\ominus}(\text{反应物}) - \sum_i v_i \Delta_c H^{\ominus}(\text{生成物}) \qquad (10\text{-}16)$$

式(10-16) 说明，化学反应的标准摩尔焓变等于反应物的标准摩尔燃烧焓之和减去产物的标准摩尔燃烧焓之和。

例 10-7 试用燃烧焓数据计算 298.15K 时乙烷脱氢制乙烯反应的标准摩尔焓变。

$$C_2H_6(g) \longrightarrow C_2H_4(g) + H_2(g)$$

解：查表可知　C_2H_6　C_2H_4　H_2

$\Delta_c H_m^\ominus$(kJ/mol)　−1560　−1411　−286

$$\Delta_r H_m^\ominus = (-1560) - (-1411 - 286) = 137(\text{kJ/mol})$$

计算表明，乙烷脱氢是吸热反应。工业上是在管式炉中加热裂解乙烷制得乙烯。蛋白质、脂肪、淀粉、糖等都可为生物体提供能量，它们的燃烧焓在营养学研究中是重要的数据。

六、溶解热及稀释热

溶解热是指在一定温度及压力下（通常是温度为298.15K，压力为100kPa的标准状态），1mol的溶质溶解在大体积的溶剂时所放出或吸收的热量。在等压状态下，溶解热等同于焓值的变化，因此也被称为溶解焓。

溶质的量为1mol时的溶解热叫作摩尔溶解热。

在纯溶剂或某一浓度的溶液中溶解相同的溶质严格地说其溶解热是不一样的：在保持浓度不变的条件下，大量溶液在溶解1mol溶质时的热效应称为微分溶解热；由某一浓度 c_1 加入1mol溶质使浓度变为 c_2 的热效应称为积分溶解热。

在溶液中加入纯溶剂所引起的热效应称为稀释热。稀释热也可分为积分稀释热和微分稀释热。

七、热效应与温度的关系

同一化学反应在不同温度下进行时，其热效应是不同的。例如，1molC不完全燃烧生成CO的反应，在298.15K时 $\Delta H = -110.50$kJ，1800K时 $\Delta H = -117.10$kJ。由一般热力学手册查到的生成热都是在298.15K时的数据，应用这些数据只能得到298.15K时的反应热。然而，实践中的化学反应常在其他温度下进行，因此需要解决不同温度下热效应的计算问题。

基尔霍夫定律是描述等压、不做非体积功和无相变的化学反应。

热效应与温度的关系：

$$\left[\frac{\partial(\Delta H)}{\partial T}\right]_p = \Delta C_{p,m} \tag{10-17}$$

它的积分式：

$$\Delta H_{m,T_2}^\ominus = \Delta H_{m,T_1}^\ominus + \int_{T_1}^{T_2} \Delta C_{p,m} dT \tag{10-18}$$

① 该定律中的等压条件是指反应在 $T_1 \sim T_2$ 范围内各个气体物质的压力应不变，外压也应相同。

② $T_1 \sim T_2$ 范围内不能有相变，若发生了相变，除有相变热外，C_p 与 T 不是连续函数关系，就不能在 $T_1 \sim T_2$ 范围内连续积分，需根据具体题意设计途径。

③ 此公式亦可近似适用于物质变化时的热效应（汽化热、熔化热）与温度的关系。

第四节　热力学第二定律

热力学第一定律只能说明，在自然界发生的一切过程能量都是守恒的，但它无法解释反应进行的方向和达到的程度，这些需要热力学第二定律来解决。热力学第二定律引进了熵函数（S）和吉布斯自由能（G），并作为在特定条件下预测反应进行的方向和程度的判据。热力学第二定律和热力学第一定律一样，是建立在无数事实基础上的人类经验的总结，它的所有推论与事实完全符合，无一例外，故其正确性毋庸置疑。

一、自发过程

自然界中的一切变化都是具有方向性的，例如水总是由高处流向低处，直至水位相等；热由高温物体传入低温物体，直至两物体的温度相等；气体由压力高处向压力低处扩散，直至各处压力相等；两种气体自动混合，直到混合均匀等。这种不需借助外力而自动发生的过程（反应）称为自发过程（反应）。而它们的逆过程都不能自发发生，如果要它进行，需要付出代价，即自发过程的逆向变化不能自动发生，我们称为非自发过程。

在上述例子中，可以根据经验判断过程自发性的方向，但是对于较为复杂的变化（如化学反应），其方向和限度的判据就不容易确定了。为了解决各种各样自发变化的方向和限度问题，人们希望找出决定一切自发变化方向和限度的共同因素，并以此作为它们的共同判据。

鉴于自然界中的自发反应大多为放热反应，人们曾认为只有放热反应才能自发进行。这种认识考虑了自然界中体系总趋向于最低状态，显然能量越低，体系的状态就越稳定。但是能量的放出不是判断自发性的唯一标准。有些吸热反应在常温下也可以自发进行，下面以KI晶体在水中的溶解过程为例说明。KI晶体中的 K^+ 和 I^- 在晶体中的排列是整齐、有序的。KI晶体投入水中后，形成水合离子（以aq表示）并在水中逐渐扩散到整个溶液中。在KI溶液中，无论是 K^+（aq）、I^-（aq）还是水分子，它们的分布情况比溶解前要混乱得多。

又如 $CaCO_3$ 的分解过程，其分解反应式表明，反应前后不但物质的种类和“物质的量”增多，更重要的是产生了热运动自由度很大的气体，使整个物质体系的混乱程度增大。显然，除了能量因素外，还有一个重要的因素决定着反应能否自发进行，即体系内部质点混乱度的变化。

二、熵与熵变

1. 熵

为了描述体系内部质点混乱度的程度，热力学定义了一个新的函数——熵，符号为 S，热力学定义为：

$$\Delta S=\sum_i \frac{\delta Q}{T} \tag{10-19}$$

对于微小变化，用全微分表示为：

$$\mathrm{d}S=\frac{\delta Q}{T} \tag{10-20}$$

式(10-19) 和式(10-20) 给出了熵函数的定义式，它表示体系的熵变等于体系在可逆过程中所吸收的热量与体系自身热力学温度之比。但热温商 $\frac{Q}{T}$ 不是熵，它只是反应过程中熵函数变化值的度量，其单位为J/K。

熵与物质的量有关，因此是具广度性质的状态函数，过程的熵变 ΔS 只取决于体系的始态和终态，而与途径无关。对于等温可逆过程 ΔS 的计算公式为：

$$\Delta S=\frac{Q}{T}$$

只有可逆过程热温商 $\frac{Q}{T}$ 之和才等于体系的熵变，对于不可逆过程则有：

$$\Delta S>\frac{Q}{T}$$

一定条件下处于一定状态的物质及整个体系都有其各自确定的熵值。因此，熵是描述体系混乱度大小的物理量。物质（或体系）的混乱度越大，对应的熵值就越大。冰的融化、碳酸钙的分解等过程都是体系内部质点由有序、混乱度较小转变到无序、混乱度较大的自发过程。可以推断，体系熵的增大是化学反应自发进行的又一动力。

2. 热力学第二定律

热力学第二定律就是关于自发过程的方向和限度的规律。针对不同的自发过程，它有许多表述方式，主要有：

① 热量由低温物体传给高温物体而不引起其他变化是不可能的。

② 从单一热源取出热使之完全变为功，而不发生其他变化是不可能的。

③ 不可逆热力学过程中熵的微增量总是大于零。即在孤立体系的任何自发过程中，体系的熵总是增加的。这就是熵增加原理。

熵增加原理用于孤立系统，可判断过程的方向性。在实际过程中，系统与环境间总是存在能量交换，所以将体系与密切相关的环境联系在一起，构成一个孤立系统。则有，$\Delta S_{孤立}=\Delta S_{体系}+\Delta S_{环境}$。

热力学第二定律提供了一个有普遍意义判断变化的依据：孤立系统，$\Delta S_{孤立}\geqslant 0$，反应可以自发进行。

3. 熵变的计算

（1）环境熵变的计算　环境一般为无限大，所以体系和环境间有限的热交换对于环境而言均是可逆热。于是：

$$\Delta S_{环境}=\frac{Q_{实际}}{T_{环境}}$$

（2）理想气体恒温过程的熵变　对于理想气体恒温过程，无论过程是否可逆，温度不变，$\Delta U=0$。

$$Q_R=W=nRT\ln\frac{V_2}{V_1}=nRT\ln\frac{p_1}{p_2}$$

$$\Delta S=\int\frac{dQ}{T}=nR\ln\frac{V_2}{V_1}=nR\ln\frac{p_1}{p_2} \tag{10-21}$$

例 10-8　0℃时，1mol 某理想气体在体积增大 10 倍的过程中吸热 5000J，求体系的熵变。

解：若过程是可逆过程，则吸收的热应为：

$$Q_R=W=nRT\ln\frac{V_2}{V_1}=8.314\times273.15\times\ln10=5229\text{J}\neq Q_{实际}$$

所以该等温过程是不可逆过程，体系的熵变应按照与不可逆过程始态、终态相同的可逆途径来计算：

$$\Delta S_{体系}=\frac{Q_R}{T}=\frac{5229}{273.15}=19.1(\text{J/K})$$

环境的熵变：

$$\Delta S_{环境}=\frac{-Q_{实际}}{T}=\frac{-5000}{273.15}=-18.3(\text{J/K})$$

总熵变：$\Delta S_{总}=\Delta S_{环境}+\Delta S_{体系}=0.80\text{J/K}$

（3）相变过程中熵变的计算　对于可逆相变，由于相变热是可逆热，所以

$$\Delta S=\frac{\Delta H}{T} \tag{10-22}$$

若不可逆相变的始态、终态和可逆相变的始态、终态相同，则式(10-22) 仍然可用。

例 10-9 1mol 液态水由 100℃、101325Pa 的始态，在恒温恒压下可逆蒸发变成同温度、同压力的水蒸气，试分别计算：$\Delta S_{体系}$、$\Delta S_{环境}$和 $\Delta S_{总}$。已知 $\Delta_{vap}H_m^{\ominus}=40.63kJ/mol$。

解：恒温恒压下可逆蒸发，则蒸发热就是可逆热，所以

$$\Delta S_{体系}=\frac{\Delta_{vap}H_m^{\ominus}}{T}=\frac{40630}{373}=108.93(J/K)$$

$$\Delta S_{环境}=\frac{-\Delta_{vap}H_m^{\ominus}}{T}=\frac{-40630}{373}=-108.93(J/K)$$

$$\Delta S_{总}=\Delta S_{环境}+\Delta S_{体系}=0$$

三、热力学第三定律

20 世纪初，人们根据大量的低温实验结果和科学推导，得出热力学第三定律：基于在 0K 时，一个完整无损的纯净晶体，其组分粒子（原子、分子或离子）都处于完全有序的排列状态，即在绝对零度（0K）时，任何纯物质完整晶体的熵值为零（$S_0=0$，下标“0”表示在 0K）。

有了热力学第三定律，就可求得任何纯物质在其他温度下的熵的绝对值（S_T）。例如，将一种纯晶体物质从 0K 升温到任一温度（T），由于熵是状态函数，此过程的熵变量（ΔS）为：

$$\Delta S=S_T-S_0$$

式中，S_T 为该纯物质在 T 温度时的熵，则有：

$$\Delta S=S_T$$

由此规定：在标准态下，1mol 纯物质的熵值称为该物质的标准摩尔熵，简称标准熵，用符号 $S_m^{\ominus}$ 表示，单位为 J/(mol·K)。298.15K 时一些物质的标准熵见附录 8。对于熵应该注意：

① 同一物质，气态熵大于液态熵，液态熵大于固态熵。

② 相同原子组成的分子中，分子中原子数目越多，熵值越大。

③ 相同元素的原子组成的分子中，分子量越大，熵值越大。

④ 同一类物质，摩尔质量越大，结构越复杂，熵值越大。

⑤ 固体或液体溶于水时，熵值增大；气体溶于水时，熵值减少。

熵与焓一样，也是一种状态函数，故化学反应的熵变（$\Delta_r S_m$）与焓变（$\Delta_r H_m$）的计算原则相同，利用标准熵可计算在 298.15K、标准态时化学反应的熵变：

$$\Delta_r S_m^{\ominus}=\sum(S_m^{\ominus})_{生成物}-\sum(S_m^{\ominus})_{反应物} \tag{10-23}$$

例 10-10 计算在 298.15K、标准态时碳酸钙分解反应的熵变 $\Delta_r S_m^{\ominus}$。

$$CaCO_3(s) = CaO(s) + CO_2(g)$$

解：由附录 8 查出

	$CaCO_3(s)$	$CaO(s)$	$CO_2(g)$
$S_m^{\ominus}$[J/(mol·K)]	92.9	39.75	213.74

$$\begin{aligned}\Delta_r S_m^{\ominus}&=S_{m\,CaO(s)}^{\ominus}+S_{m\,CO_2(g)}^{\ominus}-S_{m\,CaCO_3(s)}^{\ominus}\\&=39.75+213.74-92.9\\&=160.59[J/(mol\cdot K)]\end{aligned}$$

四、吉布斯自由能与亥姆霍兹能

根据前面所述，对孤立体系可用体系的熵变 ΔS 来判断过程的方向。但化学反应很难是

孤立体系。有相当部分的化学反应是在等温、等压条件下进行的，能否在已有的热力学函数的基础上，找到一个在等温、等压条件下判断化学反应方向的状态函数呢？结合热力学第一定律和热力学第二定律，提出了两个新的函数——吉布斯自由能（G）和亥姆霍兹能（A）。

1. 吉布斯自由能

对于封闭体系，根据热力学第一定律：

$$\Delta U=Q-W$$

在等温等压、只做体积功的条件下，$\Delta U=Q-W=Q-p\Delta V$

根据热力学第二定律，对于不可逆的自发过程，则有：$\Delta S>\dfrac{Q}{T}$

在等温等压、只做体积功的条件下，$T\Delta S>Q$

将这两个定律联立起来，则得到：

$$\Delta U+p\Delta V-T\Delta S<0$$

即

$$(U_2-U_1)+p(V_2-V_1)-T(S_2-S_1)<0$$

$$(U_2+pV_2-TS_2)-(U_1+pV_1-TS_1)<0 \tag{10-24}$$

热力学定义：

$$G=U+pV-TS=H-TS \tag{10-25}$$

其中 H、T、S 都是状态函数，故它们的组合也是状态函数。

则式(10-24) 变成

$$G_2-G_1=\Delta G<0$$

上式的重要性在于它指明，可以用体系的热力学性质作为过程方向性的判据。由上述的推导可知，在温度和压力一定的条件下，如果体系除做体积功外不做其他功，则可用体系的吉布斯自由能变化值来判断过程进行的方向。

$\Delta G<0$　反应正向自发进行；

$\Delta G>0$　反应正向非自发（逆向自发）进行；

$\Delta G=0$　反应达平衡状态。

由于一般的化学反应是在恒温和恒压下进行，因此从实用的观点看，吉布斯自由能 G 远比熵更实用，关于吉布斯自由能下面三点是很重要的。

① G 是状态函数，任意过程发生后，体系的吉布斯自由能变化值 ΔG 只由体系的始态和终态决定，与变化的途径无关，这可从定义式 $G=H-TS$ 看出，式中的 H、T 和 S 都是状态函数，故 G 必定是状态函数。

② 只有在恒温恒压和非体积功为零的条件下才能用吉布斯自由能变化 ΔG 来判断过程的方向；如果不在上述条件下，尽管过程有吉布斯自由能的变化，甚至可能小于零（$\Delta G<0$），但也不能据此判断过程的方向。

③ 吉布斯自由能的含义及其计算是针对化学反应一般是在恒温恒压下且只做体积功条件下进行这个特点，找到了用于判断化学反应进行方向和限度的吉布斯自由能状态函数。因此，不能离开特定条件去阐述吉布斯自由能的含义及其计算方法。

2. 亥姆霍兹能

如果过程是在恒温恒容下进行的，则根据热力学第一定律，当体系既不做体积功亦不做其他功时，对于封闭体系，有：

$$\Delta U=Q$$

根据热力学第二定律，对于自发过程，则有：$T\Delta S\geqslant Q$

即$-(\Delta U-T\Delta S)\geqslant 0$

对于微小变化有：

$$-\mathrm{d}(U-TS)\geqslant 0 \tag{10-26}$$

其中U、T、S都是状态函数，故它们的组合也是状态函数，定义$A=U-TS$，A称为亥姆霍兹能，由于U的物理意义不明确，因此A也没有明确的物理意义。

引入辅助状态函数A后，式(10-26)可写为：

$$(\mathrm{d}A)_{T,V,W'=0}\leqslant 0$$

上式表示在恒温恒容条件下，体系自动发生亥姆霍兹能减少的过程。根据上面的讨论有：

$\Delta A<0$　反应正向自发进行；

$\Delta A>0$　反应正向非自发（逆向自发）进行；

$\Delta A=0$　反应达平衡状态。

3. 过程的自发性判据

判断自发过程进行的方向和限度是热力学的核心，现可通过S、G、A这几个函数来达到这个目的。现将其归纳如表10-1所示。

表 10-1　过程的自发性判据

判据名称	适用体系	过程性质	自发过程的方向	数学表达式
熵判据	孤立体系	任何过程	熵增加	$\Delta S_{孤立}\geqslant 0$
吉布斯自由能	封闭体系	恒温恒压,只做体积功	反应正向自发进行	$\Delta G<0$
亥姆霍兹能	封闭体系	恒温恒容,只做体积功	反应正向自发进行	$\Delta A<0$

从表中可以看出ΔG作为自发性过程的判据适用的范围更大，如何计算反应的ΔG就显得尤为重要。

五、热力学函数间的关系

前面讨论了热力学函数U、H、S、A、G及其它们之间的关系：$H=U+pV$，$A=U-TS$，$G=H-TS$，这些热力学函数是随状态变数p、T、V而改变的，因此需要了解它们之间的关系。

对于只做体积功的封闭体系，热力学第一定律的表达式为

$$\mathrm{d}U=\delta Q-p\,\mathrm{d}V$$

若发生的是可逆过程，则根据热力学第二定律$\delta Q=T\mathrm{d}S$，代入上式得

$$\mathrm{d}U=T\mathrm{d}S-p\,\mathrm{d}V \tag{10-27}$$

由$H=U+pV$微分得：$\mathrm{d}H=\mathrm{d}U+p\,\mathrm{d}V+V\mathrm{d}p$，将式(10-27)代入得

$$\mathrm{d}H=T\mathrm{d}S+V\mathrm{d}p \tag{10-28}$$

由$A=U-TS$微分得：$\mathrm{d}A=\mathrm{d}U-T\mathrm{d}S-S\mathrm{d}T$，将式(10-27)代入得

$$\mathrm{d}A=-S\mathrm{d}T-p\,\mathrm{d}V \tag{10-29}$$

由$G=H-TS$微分得：$\mathrm{d}G=\mathrm{d}H-T\mathrm{d}S-S\mathrm{d}T$，将式(10-28)代入得

$$\mathrm{d}G=-S\mathrm{d}T+V\mathrm{d}p \tag{10-30}$$

上面四式称为热力学的基本关系式，又称为热力学第一和第二定律的联合公式。从推导过程可以看出，这些方程适用于只做体积功的封闭体系，而且限定发生的必须是可逆过程。

六、ΔG的计算

1. 理想气体等温过程ΔG的计算

根据热力学的基本关系式

$$dG = -SdT + Vdp$$

对等温过程　　　　$dT = 0$　　　　$dG = Vdp$

$$\Delta G = \int_{p_1}^{p_2} V dp$$

对 n mol 理想气体，

$$\Delta G = \int_{p_1}^{p_2} V dp = \int_{p_1}^{p_2} \frac{nRT}{p} dp = nRT \ln \frac{p_2}{p_1} \tag{10-31}$$

例 10-11　27℃时，1mol 理想气体由 1013.25kPa 等温膨胀至 101.325kPa，试计算此过程中的 ΔU、ΔH、ΔS、ΔG 和 ΔA。

解：对于理想气体，等温过程 $\Delta U = 0$、$\Delta H = 0$，

$$\Delta S_m = nR \ln \frac{p_1}{p_2} = 1 \times 8.314 \times \ln 10 = 19.14 [\text{J/(K} \cdot \text{mol)}]$$

$$\Delta G_m = nRT \ln \frac{p_2}{p_1} = 1 \times 8.314 \times 300.15 \times \ln \frac{1}{10} = -5746.0 (\text{J/mol})$$

$$\Delta A_m = \Delta G_m = -5746.0 \text{J/mol}$$

2. 相变过程 ΔG 的计算

① 若始态、终态的温度、压力相同，是成平衡的两相，则为可逆相变过程，根据 $dG = -SdT + Vdp$，可得 $\Delta G = 0$。

② 若始态、终态的两相是不平衡的，则为不可逆相变过程，应当设计可逆过程来计算 ΔG。

例 10-12　1mol 苯在其沸点 80.2℃ 蒸发成气体，若苯蒸气是理想气体，蒸发热是 394.9kJ/kg，试计算此过程中的 W、ΔU、ΔH、ΔS、ΔG 和 ΔA。

解：$Q = 394.9 \times 0.07808 = 30.834$ (kJ)

$$W = p\Delta V = p(V_g - V_l) = RT = 8.314 \times 353.35 = 2937.75 \text{ (J)}$$

$$\Delta U = Q - W = 27896 \text{ J}$$

$$\Delta H = Q = 30.834 \text{kJ}$$

$$\Delta S = \frac{Q}{T} = 87.26 \text{J/K}$$

$$\Delta G = 0$$

$$\Delta A = \Delta U - T\Delta S = -2937 \text{J}$$

3. 化学变化 ΔG 的计算

G 是状态函数，体系的吉布斯自由能变化值 ΔG 只由体系的始态和终态决定。对于一个化学反应，只要知道反应物和产物的吉布斯自由能就可以计算反应的 ΔG。但是 G 与 H 一样，其绝对值无法求出，因此热力学定义了一个标准生成吉布斯自由能（$\Delta_f G_m^{\ominus}$），并用它来计算化学反应的吉布斯自由能变。

(1) 利用 $\Delta_f G_m^{\ominus}$ 计算 $\Delta_r G_m^{\ominus}$　热力学规定：在指定温度和标准态下，由最稳定单质生成 1mol 化合物时的吉布斯自由能变，称为该物质的标准生成吉布斯自由能，简称生成自由能，用符号 $\Delta_f G_m^{\ominus}$ 表示。单位为 kJ/mol。附录 8 列出了一些化合物在 298.15K 时的标准生成吉布斯自由能数据。这样，可以通过下式计算化学反应的标准吉布斯自由能变（$\Delta_r G_m^{\ominus}$）：

$$\Delta_r G_m^{\ominus} = \sum (\Delta_f G_m^{\ominus})_{\text{生成物}} - \sum (\Delta_f G_m^{\ominus})_{\text{反应物}} \tag{10-32}$$

例 10-13　在 298.15K、标准压力下，碳酸钙能否分解为氧化钙和二氧化碳？

$$CaCO_3(s) \longrightarrow CaO(s) + CO_2(g)$$

解：由附录 8 查得　　$CaCO_3(s)$　　$CaO(s)$　　$CO_2(g)$

$\Delta_f G_m^\ominus$/（kJ/mol）　　-1128.8　　-604.03　　-394.4

根据公式(10-32) 可得：$\Delta_r G_m^\ominus = -394.4 + (-604.03) - (-1128.8)$

$= 130.37$（kJ/mol）

由于 $\Delta_r G_m^\ominus$（298.15K）>0，故在 298.15K、标准态下碳酸钙不能自发分解。

例 10-14　计算葡萄糖发酵反应在 298.15K 时的 $\Delta_r G_m^\ominus$。

$$C_6H_{12}O_6(g) = 2C_2H_5OH(l) + 2CO_2(g)$$

解：由附录 8 查得　$C_6H_{12}O_6(g)$　　$C_2H_5OH(l)$　　$CO_2(g)$

$\Delta_f G_m^\ominus$/(kJ/mol)　　-910.52　　-174.76　　-394.36

根据公式(10-32) 可得：$\Delta_r G_m^\ominus = 2\Delta_f G_{m\,乙醇}^\ominus + 2\Delta_f G_{m\,CO_2}^\ominus - \Delta_f G_{m\,葡萄糖}^\ominus$

$= 2\times(-174.76) + 2\times(-394.36) - (-910.52)$

$= -227.72$(kJ/mol)

由于 $\Delta_r G_m^\ominus$（298.15K）<0，故在 298.15K、标准态下反应可以自发进行。

（2）利用吉布斯-亥姆霍兹方程式计算 $\Delta_r G_m^\ominus$ 化学反应的标准吉布斯自由能变，还可应用吉布斯-亥姆霍兹方程式计算。

$$\Delta_r G_m^\ominus = \Delta_r H_m^\ominus - T\Delta_r S_m^\ominus \qquad (10\text{-}33)$$

例 10-15　查阅热力学数据表中的标准生成热和标准熵判断反应在 298.15K 时能不能进行。反应为：$Fe_3O_4(s) + 4CO(g) = 3Fe(s) + 4CO_2(g)$。

解：由附录 8 查得

	$Fe_3O_4(s)$	$CO(g)$	$Fe(s)$	$CO_2(g)$
$\Delta_f H_m^\ominus$（kJ/mol）	-1118.4	-110.525	0	-393.509
$S_m^\ominus$ [J/(mol·K)]	146.4	197.674	27.28	213.74

$\Delta_r H_m^\ominus = 4\Delta_f H_{m\,CO_2(g)}^\ominus + 3\Delta_f H_{m\,Fe(s)}^\ominus - \Delta_f H_{m\,Fe_3O_4(s)}^\ominus - 4\Delta_f H_{m\,CO(g)}^\ominus$

$= 4\times(-393.509) + 3\times 0 - (-1118.4) - 4\times(-110.525)$

$= -13.536$(kJ/mol)

$\Delta_r S_m^\ominus = 4S_{m\,CO_2(g)}^\ominus + 3S_{m\,Fe(s)}^\ominus - S_{m\,Fe_3O_4(s)}^\ominus - 4S_{m\,CO(g)}^\ominus$

$= 4\times 213.74 + 3\times 27.28 - 146.4 - 4\times 197.674$

$= -0.296$[J/(mol·K)]

$\Delta_r G_m^\ominus = \Delta_r H_m^\ominus - T\Delta_r S_m^\ominus = -13.536 - 298.15\times(-0.296)\times 10^{-3}$

$= -13.448$(kJ/mol)

以上计算使用的焓变和熵变数据都是在常温（298.15K）下，但由于 $\Delta_r H_m^\ominus$ 和 $\Delta_r S_m^\ominus$ 随温度的改变变化不大，因此在反应温度不太高的一定范围内，可把 $\Delta_r H_m^\ominus$ 和 $\Delta_r S_m^\ominus$ 近似视为常数。这样就可用式(10-34) 近似计算任意温度（T）时的 $\Delta_r G_m^\ominus$。

$$\Delta_r G_{m\,T}^\ominus = \Delta_r H_{m\,298.15}^\ominus - T\Delta_r S_{m\,298.15}^\ominus \qquad (10\text{-}34)$$

例 10-16　应用标准生成热和标准熵计算下列反应：

$$CaCO_3(s) = CaO(s) + CO_2(g)$$

① 在 298.15K 时的 $\Delta_r G_m^\ominus$，并判断反应能否自发进行？

② 反应自发进行的最低温度？

解：查附录 8 得下列数据

	$CaCO_3(s)$	$CaO(s)$	$CO_2(g)$
$\Delta_f H_m^\ominus$（kJ/mol）	-1206.92	-635.09	-393.509
$S_m^\ominus$ [J/(mol·K)]	92.9	39.75	213.74

① $\Delta_r H^{\ominus}_{m\,298.15} = \Delta_f H^{\ominus}_{m\,CaO(s)} + \Delta_f H^{\ominus}_{m\,CO_2(g)} - \Delta_f H^{\ominus}_{m\,CaCO_3(s)}$

$= -635.09 + (-393.509) - (-1206.92)$

$= 178.32(kJ/mol) > 0$（吸热）

$\Delta_r S^{\ominus}_{m\,298.15} = S^{\ominus}_{m\,CaO(s)} + S^{\ominus}_{m\,CO_2(g)} - S^{\ominus}_{m\,CaCO_3(s)}$

$= (39.75 + 213.74) - 92.9$

$= 160.59[J/(K \cdot mol)] > 0$（熵增大）

$\Delta_r G^{\ominus}_{m\,298.15} = \Delta_r H^{\ominus}_{m\,298.15} - T\Delta_r S^{\ominus}_{m\,298.15}$

$= 178.32 - 298.15 \times 160.59 \times 10^{-3}$

$= 130.44(kJ/mol)$

② 欲使反应自发进行

$$\Delta_r G^{\ominus}_m = \Delta_r H^{\ominus}_m - T\Delta_r S^{\ominus}_m < 0$$

$$T > \Delta_r H^{\ominus}_m / \Delta_r S^{\ominus}_m = 178.32 \times 10^3 / 160.59 = 1110K(837℃)$$

即当温度高于1110K（837℃）时，碳酸钙在标准态下发生分解，这一临界温度称为热力学分解温度。

吉布斯-亥姆霍兹公式的重要意义还在于能分析化学反应的自发性与温度的关系。表10-2列出了 $\Delta_r H^{\ominus}_m$、$\Delta_r S^{\ominus}_m$ 和反应温度 T 对 $\Delta_r G^{\ominus}_m$ 影响的四类情况。

表10-2　等压条件下温度对反应自发性的影响

$\Delta_r H^{\ominus}_{m\,(298.15K)}$	$\Delta_r S^{\ominus}_{m\,(298.15K)}$	$\Delta_r G^{\ominus}_{m\,(T)}$	反应自发性与温度的关系	举例
(−)(放热)	(+)(熵增大)	(−)	任何温度下正向自发	$H_2(g) + F_2(g) = 2HF(g)$
(+)(吸热)	(−)(熵减小)	(+)	任何温度下逆向自发	$CO(g) = C(s) + 1/2O_2(g)$
(−)(放热)	(−)(熵减小)	(−)	低温下正向自发	$HCl(g) + NH_3(g) = NH_4Cl(s)$
		(+)	高温下逆向自发	
(+)(吸热)	(+)(熵增大)	(−)	高温下正向自发	$CaCO_3(s) = CaO(s) + CO_2(g)$
		(+)	低温下逆向自发	

第五节　化学平衡

一、化学平衡和平衡常数

1. 可逆反应与化学平衡

在同一条件下同时可向正、逆两个方向进行的反应称为可逆反应。如：

$$2SO_2(g) + O_2(g) \rightleftharpoons 2SO_3(g)$$

迄今所知，像放射性元素的蜕变及 $KClO_3$ 的分解等在一定条件下几乎完全进行到底的反应很少。这类反应物几乎全部转变为生成物的反应，称为不可逆反应。绝大多数的反应为可逆反应。

反应的可逆性和不彻底性是一般化学反应的普遍特征。因此，研究化学反应进行的限度，了解特定反应在指定反应条件下，消耗一定量的反应物，理论上最多能获得多少生成物，在理论和实践上都有重要意义。

对于在一定条件下于密闭容器内进行的可逆反应，如：

$$2SO_2(g) + O_2(g) \underset{v_{逆}}{\overset{v_{正}}{\rightleftharpoons}} 2SO_3(g)$$

当反应开始时，SO_2 和 O_2 的浓度较大，而 SO_3 的浓度为零，因此正反应速率较大，而

SO_3 分解为 SO_2 和 O_2 的逆反应速率为零。随着反应的进行，反应物 SO_2 和 O_2 的浓度逐渐减小，$v_{正}$减小；同时，生成物 SO_3 的浓度逐渐增大，$v_{逆}$增大。当反应进行到一定程度后，$v_{正}=v_{逆}$，此时反应物和生成物的浓度不再发生变化，反应达到了该反应条件下的极限。我们将这种一定条件下密闭容器中，当可逆反应的正反应速率和逆反应速率相等时，该反应体系所处的状态称为化学平衡状态。

化学平衡状态具有以下特征：

① 化学平衡建立的前提是化学反应在恒温条件下于封闭体系中进行。

② 化学平衡状态最主要的特征是可逆反应的正、逆反应速率相等（$v_{正}=v_{逆}$）。因此，可逆反应达平衡状态是反应进行的最大限度，只要外界条件不变，反应体系中各物质的量将不随时间而变。

③ 化学平衡是一种动态平衡。在反应体系达平衡后，反应似乎是“停顿”了，但实际上正反应和逆反应始终都在以相同的速率进行着。化学平衡和相平衡都是动态平衡。

④ 化学平衡是有条件的。化学平衡只能在一定的外界条件下才能保持，当外界条件改变时，原平衡就会被破坏，并在新的条件下建立起新的平衡。

2. 化学平衡常数及其计算

（1）经验平衡常数　对一般的可逆反应 $aA+bB \rightleftharpoons cC+dD$，当反应达平衡时，反应物和生成物的浓度将不再改变，在一定温度下都能建立如下的关系式。

$$\frac{c_C^c c_D^d}{c_A^a c_B^b}=K_c \tag{10-35}$$

式中，K_c 称为浓度经验平衡常数。由式(10-35) 可见，K_c 值越大，表明反应在平衡时生成物浓度的乘积越大，反应物浓度的乘积越小，所以反应进行的程度越大；反之，则越小。

对气体反应，在平衡常数表达式中常用气体的分压代替浓度。上述可逆反应，其平衡常数表达式可写成

$$\frac{p_C^c p_D^d}{p_A^a p_B^b}=K_p \tag{10-36}$$

K_p 称为压力经验平衡常数。K_c 与 K_p 可通过实验测出平衡状态时各物质的浓度和分压而求得。

（2）标准平衡常数　平衡常数还可用热力学方法计算求得，这样求得的平衡常数称为标准平衡常数或热力学平衡常数，用 $K^{\ominus}$ 表示。

对于气相反应：

$$K_p^{\ominus}=\frac{(p_C/p^{\ominus})^c(p_D/p^{\ominus})^d}{(p_A/p^{\ominus})^a(p_B/p^{\ominus})^b} \tag{10-37}$$

对于液相反应

$$K_c^{\ominus}=\frac{(c_C/c^{\ominus})^c(c_D/c^{\ominus})^d}{(c_A/c^{\ominus})^a(c_B/c^{\ominus})^b} \tag{10-38}$$

以上两式中，$p^{\ominus}$ 为标准压力（100kPa）；$c^{\ominus}$ 为标准浓度（1mol/L）。对于复相反应（反应体系中存在着两个以上相的反应），如反应：

$$CaCO_3(s)+2H^+(aq) = Ca^{2+}(aq)+CO_2(g)+H_2O(l)$$

由于固相和纯液相的标准态是其本身的纯物质，故固相和纯液相均为单位浓度，所以在平衡常数表达式中可不必列入。则上述反应的标准平衡常数表达式为：

$$K^{\ominus}=\frac{(c_{Ca^{2+}}/c^{\ominus})(p_{CO_2}/p^{\ominus})}{(c_{H^+}/c^{\ominus})^2}$$

有关平衡常数的三点说明：

① 虽然标准平衡常数和经验平衡常数都反映了在到达平衡时反应进行的程度，但两者有所区别：标准平衡常数是量纲为 1 的量，而经验平衡常数若 $a+b\neq c+d$，则 K_c 与 K_p 的量纲不为 1；由于 $K^{\ominus}$ 可由热力学函数计算得到，所以在化学平衡的计算中，多采用 $K^{\ominus}$。但在滴定分析中，按分析化学的习惯，常用经验平衡常数，如解离常数 K_a、K_b。

② 平衡常数表达式和数值与反应式的书写有关。如：

$$H_2(g)+I_2(g)\rightleftharpoons 2HI(g) \qquad K_1^{\ominus}=\frac{(p_{HI}/p^{\ominus})^2}{(p_{H_2}/p^{\ominus})(p_{I_2}/p^{\ominus})}$$

$$\frac{1}{2}H_2(g)+\frac{1}{2}I_2(g)\rightleftharpoons HI(g) \qquad K_2^{\ominus}=\frac{p_{HI}/p^{\ominus}}{(p_{H_2}/p^{\ominus})^{\frac{1}{2}}(p_{I_2}/p^{\ominus})^{\frac{1}{2}}}$$

$$2HI(g)\rightleftharpoons H_2(g)+I_2(g) \qquad K_3^{\ominus}=\frac{(p_{H_2}/p^{\ominus})(p_{I_2}/p^{\ominus})}{(p_{HI}/p^{\ominus})^2}$$

显然，它们之间的关系是：

$$K_1^{\ominus}=(K_2^{\ominus})^2=\frac{1}{K_3^{\ominus}}$$

③ 有关平衡常数的计算。利用平衡常数可进行一些有关化学平衡的计算。

例 10-17 设在一密闭容器中进行下列反应：

$$CO_2(g)\rightleftharpoons CO(g)+\frac{1}{2}O_2(g)$$

25℃时，该反应平衡常数 $K_c=1.72\times10^{-46}$ mol/L，假设 CO_2 的起始浓度为 1.00mol/L，求 CO 的平衡浓度。

解：设 CO 的平衡浓度为 x mol/L，则：

$$CO_2(g)\rightleftharpoons CO(g)+\frac{1}{2}O_2(g)$$

	$CO_2(g)$	$CO(g)$	$\frac{1}{2}O_2(g)$
起始浓度/(mol/L)	1.00	0	0
浓度变化/(mol/L)	$-x$	$+x$	$+\frac{1}{2}x$
平衡浓度/(mol/L)	$1.00-x$	x	$\frac{1}{2}x$

$$K_c=\frac{[CO][O_2]^{1/2}}{[CO_2]}=\frac{x\left(\frac{1}{2}x\right)^{1/2}}{1.00-x}=1.72\times10^{-46}\text{ mol/L}$$

$$1.00-x\approx1.00$$

解得 $$x=3.90\times10^{-31}$$

故 CO 的平衡浓度 $[CO]=3.90\times10^{-31}$ mol/L

例 10-18 已知反应：

$$CO(g)+H_2O(g)\rightleftharpoons CO_2(g)+H_2(g)$$

在 1123K 时 $K^{\ominus}=1.0$，现将 2.0molCO 和 3.0molH_2O（g）混合，并在该温度下达到平衡，试计算 CO 的转化率。

解：设达平衡时 H_2 为 x mol，则

$$CO(g)+H_2O(g)\rightleftharpoons CO_2(g)+H_2(g)$$

起始时物质的量/ mol	2.0	3.0	0	0
平衡时物质的量/ mol	$2.0-x$	$3.0-x$	x	x

设反应的体积为 V，利用公式 $p=\frac{nRT}{V}$，将平衡时各物质的分压代入 $K^{\ominus}$ 表达式：

$$K^{\ominus}=\frac{\left(\frac{n_{CO_2}RT}{V}\right)\times\left(\frac{n_{H_2}RT}{V}\right)}{\left(\frac{n_{CO}RT}{V}\right)\times\left(\frac{n_{H_2O}RT}{V}\right)}\times\left(\frac{1}{p^{\ominus}}\right)^{\sum e}$$

$$1.0=\frac{x^2}{(2.0-x)(3.0-x)}$$

解方程得 $x=1.2\text{mol}$

某物质的转化率（ε）是指该物质在到达平衡时已转化了的量与反应前该物质的总量之比。

$$\varepsilon_{co}=\frac{1.2}{2.0}\times100\%=60\%$$

二、吉布斯自由能和化学平衡常数

$\Delta_r G_m^{\ominus}$ 只能用来判断标准态时反应的方向和限度，对于任意态时的化学反应，应用 $\Delta_r G_m$ 来判断。例如反应：$aA+bB=\!=\!=cC+dD$，根据热力学可推导 $\Delta_r G_m$ 与 $\Delta_r G_m^{\ominus}$ 之间有如下关系：

气相反应：
$$\Delta_r G_m=\Delta_r G_m^{\ominus}+RT\ln\frac{(p_C/p^{\ominus})^c(p_D/p^{\ominus})^d}{(p_A/p^{\ominus})^a(p_B/p^{\ominus})^b} \tag{10-39}$$

液相反应：
$$\Delta_r G_m=\Delta_r G_m^{\ominus}+RT\ln\frac{(c_C/c^{\ominus})^c(c_D/c^{\ominus})^d}{(c_A/c^{\ominus})^a(c_B/c^{\ominus})^b} \tag{10-40}$$

令
$$J_p=\frac{(p_C/p^{\ominus})^c(p_D/p^{\ominus})^d}{(p_A/p^{\ominus})^a(p_B/p^{\ominus})^b}$$

$$J_c=\frac{(c_C/c^{\ominus})^c(c_D/c^{\ominus})^d}{(c_A/c^{\ominus})^a(c_B/c^{\ominus})^b}$$

则：
$$\Delta_r G_m=\Delta_r G_m^{\ominus}+RT\ln J_p \tag{10-41}$$

或
$$\Delta_r G_m=\Delta_r G_m^{\ominus}+RT\ln J_c \tag{10-42}$$

以上两式中，J_p、J_c 分别称为压力商和浓度商。

当反应体系达平衡时，$\Delta_r G_m=0$，则式(10-39) 变为

$$\Delta_r G_m^{\ominus}=-RT\ln\frac{(p_C/p^{\ominus})^c(p_D/p^{\ominus})^d}{(p_A/p^{\ominus})^a(p_B/p^{\ominus})^b}$$

即
$$\Delta_r G_m^{\ominus}=-RT\ln K_p^{\ominus} \tag{10-43}$$

将式(10-43) 代入式(10-41)，得

$$\Delta_r G_m=-RT\ln K_p^{\ominus}+RT\ln J_p \tag{10-44}$$

式(10-39) ～式(10-42) 和式(10-44) 均可称为化学等温方程式。

任一反应的 $\Delta_r G_m^{\ominus}$ 可由查表计算，所以任一反应的标准平衡常数就可以通过式(10-43)来计算。

例 10-19 求 298.15K 时反应

$$2SO_2(g)+O_2(g) \rightleftharpoons 2SO_3(g)$$

的 $K^{\ominus}$。已知 $\Delta_f G^{\ominus}_{m\ SO_2}=-300.2kJ/mol$，$\Delta_f G^{\ominus}_{m\ SO_3}=-371.1kJ/mol$。

解：该反应的 $\Delta_r G^{\ominus}_m$ 为：

$$\begin{aligned}\Delta_r G^{\ominus}_m &= 2\Delta_f G^{\ominus}_{m\ SO_3}-2\Delta_f G^{\ominus}_{m\ SO_2}\\ &=2\times(-371.1)-2\times(-300.2)\\ &=-141.8(kJ/mol)\end{aligned}$$

又

$$\ln K^{\ominus}=\frac{-\Delta_r G^{\ominus}_m}{RT}=\frac{141.8\times 10^3}{8.314\times 298.15}=57.20$$

$$K^{\ominus}=6.94\times 10^{24}$$

例 10-20 CO 和水蒸气混合物加热时，建立下列平衡：

$$CO(g)+H_2O(g) \rightleftharpoons CO_2(g)+H_2(g)$$

在 850℃时，$K_c=1$。问 $CO_2(g)$ 和 $H_2O(g)$ 应以怎样的摩尔比加入，才能使 CO 转化成 CO_2 的百分数为 90%？

解：设加入的 CO 摩尔数为 1.0，H_2O 的摩尔数为 x，总体积为 VL，则：

$$CO(g)+H_2O(g) \rightleftharpoons CO_2(g)+H_2(g)$$

起始时浓度/(mol/L) $\quad \frac{1.0}{V} \quad \frac{x}{V} \quad 0 \quad 0$

平衡时浓度/(mol/L) $\quad \frac{1.0-0.9}{V} \quad \frac{x-0.9}{V} \quad \frac{0.9}{V} \quad \frac{0.9}{V}$

$$K_c=\frac{c_{CO_2}c_{H_2}}{c_{CO}c_{H_2O}}=\frac{\frac{0.9}{V}\times\frac{0.9}{V}}{\frac{0.1}{V}\times\frac{x-0.9}{V}}=\frac{0.81}{0.1(x-0.9)}=1$$

解得 $x=9.0$ (mol)

所以，CO 和 H_2O 的摩尔数要以 1∶9 的比值加入，才能使 CO 转化成 CO_2 的百分数为 90%。

三、多重平衡规则

化学反应的平衡常数也可利用多重平衡规则计算获得。如果某反应可以由几个反应相加（或相减）得到，则该反应的平衡常数等于几个反应平衡常数之积（或商）。这种关系就称为多重平衡规则。多重平衡规则证明如下：

设反应（1）、反应（2）和反应（3）在温度 T 时的标准平衡常数为 $K^{\ominus}_1$、$K^{\ominus}_2$、$K^{\ominus}_3$，它们的标准吉布斯自由能分别为 $\Delta_r G^{\ominus}_{m_1}$、$\Delta_r G^{\ominus}_{m_2}$ 和 $\Delta_r G^{\ominus}_{m_3}$。如果

$$反应(3)=反应(2)+反应(1)$$

则

$$\Delta_r G^{\ominus}_{m_3}=\Delta_r G^{\ominus}_{m_1}+\Delta_r G^{\ominus}_{m_2}$$

$$-RT\ln K^{\ominus}_3=-RT\ln K^{\ominus}_1+(-RT\ln K^{\ominus}_2)$$

$$\ln K^{\ominus}_3=\ln K^{\ominus}_1\times K^{\ominus}_2$$

$$K^{\ominus}_3=K^{\ominus}_1 K^{\ominus}_2$$

同理，如果反应（4）=反应（1）-反应（2）

$$\Delta_r G^{\ominus}_{m_4}=\Delta_r G^{\ominus}_{m_1}-\Delta_r G^{\ominus}_{m_2}$$

$$\ln K^{\ominus}_4=\ln K^{\ominus}_1-\ln K^{\ominus}_2$$

$$K^{\ominus}_4=K^{\ominus}_1/K^{\ominus}_2$$

多重平衡规则在平衡体系中经常用到。

例 10-21　已知在 298.15K 时

(1) $H_2(g) + S(s) \rightleftharpoons H_2S(g)$　　$K_1^\ominus = 1.0\times10^{-3}$

(2) $S(s) + O_2(g) \rightleftharpoons SO_2(g)$　　$K_2^\ominus = 5.0\times10^{6}$

求反应 (3)：$H_2(g) + SO_2(g) \rightleftharpoons H_2S(g) + O_2(g)$

在该温度时的 $K_3^\ominus$。

解：因为反应 (3)＝反应 (1)－反应 (2)

所以
$$K_3^\ominus = \frac{K_1^\ominus}{K_2^\ominus} = \frac{1.0\times10^{-3}}{5.0\times10^{6}} = 2.0\times10^{-10}$$

四、化学平衡的移动

因外界条件改变使可逆反应从一种平衡状态向另一种平衡状态转变的过程，称为化学平衡的移动。如上所述，从质的变化角度来说，化学平衡是可逆反应在正、逆反应速率相等时的状态；从能量的变化角度来说，可逆反应达平衡时，$\Delta_r G_m = 0$，$J = K^\ominus$。因此，一切能导致 $\Delta_r G_m$ 或 J 值发生变化的外界条件（浓度、压力、温度）都会使原平衡发生移动。

1. 浓度对化学平衡的影响

根据化学等温方程式，$\Delta_r G_m$ 值的正负取决于 J 与 $K^\ominus$ 的大小，可以判断反应体系是否达到平衡，以及平衡将向哪个方向移动。

$J > K^\ominus$　　$\Delta_r G_m > 0$　逆向自发，平衡向左移动；

$J = K^\ominus$　　$\Delta_r G_m = 0$　达平衡态；

$J < K^\ominus$　　$\Delta_r G_m < 0$　正向自发，平衡向右移动。

对于已达平衡的体系，如果增加反应物的浓度或减小生成物的浓度，则使 $J < K^\ominus$，平衡即向正反应方向移动，移动的结果是使 J 增大，直至 J 重新等于 $K^\ominus$，体系又建立起新的平衡。反之，如果减少反应物的浓度或增加生成物的浓度，则 $J > K^\ominus$，平衡向逆反应方向移动。

2. 压力对化学平衡的影响

对于有气态物质参加或生成的可逆反应，在等温条件下，改变体系的总压力，常常会引起化学平衡的移动。

① 对反应方程式两边气体分子总数不等的反应（即 $\Delta v = [(c+d)-(a+b)] \neq 0$），压力对化学平衡的影响如表 10-3 所示。

表 10-3　压力对化学平衡的影响

项　　目	气体分子总数增加的反应($\Delta v > 0$)	气体分子总数减少的反应($\Delta v < 0$)
增大总压	$J > K^\ominus$ 平衡向逆反应方向移动	$J < K^\ominus$ 平衡向正反应方向移动
减小总压	$J < K^\ominus$ 平衡向正反应方向移动	$J > K^\ominus$ 平衡向逆反应方向移动

② 对反应方程式两边气体分子总数相等的反应（$\Delta v = 0$），由于体系总压力的改变，同等程度改变了反应物和生成物的分压（降低或升高同等倍数），但 J 值不变（仍等于 $K^\ominus$），故对平衡不产生影响。

③ 与反应体系无关气体（指不参与反应的气体）的引入，对化学平衡是否有影响，要视反应具体条件而定：等温、等容条件下，对化学平衡无影响；等温、等压条件下，无关气体的引入，使反应体系体积增大，造成各组分气体分压减小，化学平衡将向气体分子总数增加的方向移动。

④ 压力对固态和液态物质的体积影响极小，因此压力的改变对液相和固相反应的平衡

体系基本上不产生影响。故在研究多相反应的化学平衡体系时，只考虑气态物质反应前后分子数的变化即可。例如：

$$C(s) + H_2O(l) \rightleftharpoons CO(g) + H_2(g)$$

升高压力，平衡向左移动；降低压力，平衡向右移动。

3. 温度对化学平衡的影响

与浓度和压力对化学平衡的影响不同，温度对化学平衡的影响表现为平衡常数随温度而变。因此，要定量讨论温度的影响，必须先了解温度与平衡常数的关系。因为：

$$\Delta_r G^\ominus = -RT\ln K^\ominus$$

$$\Delta_r G^\ominus = \Delta_r H^\ominus - T\Delta_r S^\ominus$$

合并两式：

$$\ln K^\ominus = -\frac{\Delta_r H^\ominus}{RT} + \frac{\Delta_r S^\ominus}{R} \tag{10-45}$$

设在温度 T_1 和 T_2 时的平衡常数为 $K_1^\ominus$ 和 $K_2^\ominus$，并设 $\Delta_r H^\ominus$ 和 $\Delta_r S^\ominus$ 不随温度而变，则：

$$\ln K_1^\ominus = \frac{-\Delta_r H^\ominus}{RT_1} + \frac{\Delta_r S^\ominus}{R} \tag{1}$$

$$\ln K_2^\ominus = \frac{-\Delta_r H^\ominus}{RT_2} + \frac{\Delta_r S^\ominus}{R} \tag{2}$$

(2)－(1)：

$$\ln\frac{K_2^\ominus}{K_1^\ominus} = \frac{\Delta_r H^\ominus}{R}\left(\frac{1}{T_1} - \frac{1}{T_2}\right) = \frac{\Delta_r H^\ominus}{R}\left(\frac{T_2 - T_1}{T_1 T_2}\right) \tag{10-46}$$

上式是表述 $K^\ominus$ 与 T 关系的重要方程式。当已知化学反应的 $\Delta_r H^\ominus$ 时，只要已知某温度 T_1 下的 $K_1^\ominus$，即可使用该式求另一温度 T_2 下的 $K_2^\ominus$。此外，也可从已知两温度下的平衡常数求反应的 $\Delta_r H^\ominus$；另外，式(10-46) 不仅清楚地表示出 $K^\ominus$ 与 T 的变化关系，而且还可以看出其变化关系和反应焓变（$\Delta H^\ominus$）有关，如表 10-4 所示。

表 10-4　温度对化学平衡的影响

条件	放热反应($\Delta H^\ominus < 0$)	吸热反应($\Delta H^\ominus > 0$)
T 升高时 T 降低时	K_T 值变小 K_T 值变大	K_T 值变大 K_T 值变小

因此，在恒压条件下，升高平衡体系的温度时，平衡向着吸热反应的方向移动；降低温度时，平衡向着放热反应的方向移动。

综合上述各种因素对化学平衡的影响，法国科学家勒夏特列（Le. Chatelier）归纳、总结出一条关于平衡移动的普遍规律：当体系达到平衡后，若改变平衡状态的任一条件（如浓度、压力、温度），平衡就向着能减弱其改变的方向移动。这条规律称为勒夏特列原理。此原理既适用于化学平衡体系，也适用于物理平衡体系。但值得注意的是，平衡移动原理只适用于已达平衡的体系，而不适用于非平衡体系。

知识拓展

吉布斯

19 世纪中叶，克劳修斯、麦克斯韦、玻尔兹曼等人通过对气体分子运动的研究，从分子水平上认识了热运动的本质，对热现象做了微观的解释，在此基础上建立了统计物理学。统计物理学和热力学是热学理论的两个方面。热力学是宏观理论，统计物理学是微观理论。

这两个方面相辅相成，构成了热学的理论基础。在统计物理学的建立和发展过程中，美国著名数学物理学家、数学化学家J·威拉德·吉布斯起了巨大的作用。他的科学成就是美国自然科学崛起的重要标志，被誉为美国理论科学第一人。吉布斯在1873～1878年发表的三篇论文中，提出化学势的概念，引进热力学势处理热力学问题，在此基础上建立了关于物相变化的规律，阐明了化学平衡、相平衡、表面吸附等现象的本质，把热力学第一定律和热力学第二定律应用于化学，为化学热力学的发展做出了卓越的贡献，并为物理化学奠定了理论基础。1902年，他把玻尔兹曼和麦克斯韦所创立的统计理论推广和发展成为系统理论，从而创立了近代物理学的统计理论及其研究方法。吉布斯还发表了许多有关矢量分析的论文和著作，奠定了这个数学分支的基础。此外，他在天文学、光的电磁理论、傅里叶级数等方面也有一些著述。吉布斯治学严谨，擅长利用数学工具建立物理化学的理论模型，善于运用抽象思维去洞察事物的本质。他既重视理论研究又注重理论和实践的结合。吉布斯一生过着清贫而又深居简出的生活。他埋头于他的科学研究和教学工作，淡泊名利。他写的东西晦涩难懂，经常使用自己发明的符号，许多人觉得如同天书。但是在那些神秘的公式深处，隐藏着最英明、最深刻的见解。1903年，吉布斯逝世，终年64岁。他死后，他的科学成就才得到人们的广泛重视。1950年，为了永远缅怀吉布斯在科学上的伟大功绩，在美国纽约大学的名人堂建造了他的半身青铜像。后世科学家赞誉他为“牛顿之后最伟大的综合哲学家”。

【本章小结】

① 化学热力学以热力学第一定律、热力学第二定律为基础来处理化学反应中的能量关系，在讨论过程中常用到以下基本概念：体系和环境、状态和性质、过程和途径、热力学平衡、功、热、内能、焓、熵、吉布斯自由能。

② 能量是不能自生自灭的，但可能从一种形式转变为另一种形式，或从一个物体传递给另一个物体，而能量总量保持不变，这就是热力学第一定律。其数学表达式为：

$$\Delta U = Q - W$$

③ 热力学第二定律：不可逆过程中熵的微增量总是大于零。即在孤立体系的任何自发过程中，体系的熵总是增加的。也即孤立系统，$\Delta S_{孤立} \geq 0$，反应可以自发进行。

④ 热力学中各种热力学函数的计算。

⑤ 化学势的表示方法。

⑥ 化学平衡的移动。

【目标检测】

一、选择题

1. 体系吸收了60kJ热，并对环境做了40kJ的功，则体系的内能变化值为（　　）。

A. 20kJ　　B. 100kJ　　C. −100kJ　　D. −20kJ

2. 对于 $\Delta_c H_m^\ominus$ 的描述，错误的是（　　）。

A. 所有物质的 $\Delta_c H_m^\ominus$ 值小于零或等于零

B. CO_2（g）的 $\Delta_c H_m^\ominus$ 值等于零

C. 石墨的 $\Delta_c H_m^\ominus$ 值就是 CO_2（g）的 $\Delta_f H_m^\ominus$ 值

D. CO（g）的 $\Delta_c H_m^\ominus$ 值就是 CO_2（g）的 $\Delta_f H_m^\ominus$ 值

3. 在等温、等压下，某一反应的 $\Delta_r H_m^\ominus < 0$、$\Delta_r S_m^\ominus > 0$，则此反应（　　）。

A. 低温下才能自发进行　　B. 正向自发进行

C. 逆向自发进行　　D. 处于平衡态

4. 在恒定的温度和压力下，已知反应 A ⟶ B 的标准摩尔反应热 $\Delta_r H_{m_1}^\ominus$ 及反应 2A ═ C 的标准摩尔反应热 $\Delta_r H_{m_2}^\ominus$，则反应 C ═══ 2B 的标准摩尔反应热 $\Delta_r H_{m_3}^\ominus$ 是（　　）。

A. $2\Delta_r H_{m_1}^\ominus + \Delta_r H_{m_2}^\ominus$　　B. $\Delta_r H_{m_2}^\ominus - 2\Delta_r H_{m_1}^\ominus$

C. $\Delta_r H^{\ominus}_{m_2} + \Delta_r H^{\ominus}_{m_1}$　　D. $2\Delta_r H^{\ominus}_{m_1} - \Delta_r H^{\ominus}_{m_2}$

5.下列说法中，正确的是（　　）。

A.化学反应的热效应等于 $\Delta_r H$

B.等温、等压条件下，化学反应的热效应 $Q_p = \Delta_r H$

C.只有在等压条件下的化学反应才有焓变 $\Delta_r H$

D.焓的绝对值是可以测量的

6.已知：NO(g) 的 $\Delta_f H^{\ominus}_m = 91.3$kJ/mol，$NO_2$(g) 的 $\Delta_f H^{\ominus}_m = 33.2$kJ/mol，反应 $NO_2(g) = NO(g) + \frac{1}{2}O_2(g)$ 的 $\Delta_r H^{\ominus}_m$ 为（　　）。

A. 33.2kJ/mol　B. 58.1kJ/mol　C. −58.1kJ/mol　D. 91.3kJ/mol

7.在标准状态下的反应 $H_2(g) + Cl_2(g) = 2HCl(g)$，其 $\Delta_f H^{\ominus}_m = -184.61$kJ/mol，由此可知 HCl(g) 的标准摩尔生成热应为（　　）。

A. −184.61kJ/mol　　B. −92.30kJ/mol

C. −369.23kJ/mol　　D. 184.61kJ/mol

8.化学反应是放热反应，则此反应（　　）。

A. $\Delta H < 0$　B. $\Delta H > 0$　C. $\Delta G < 0$　D. $\Delta G > 0$

9.使一过程其 $\Delta H = Q_p$ 应满足的条件是（　　）。

A.可逆绝热过程　　B.等容绝热过程

C.绝热可逆过程　　D.等温、等压且只做膨胀功的过程

10.下列各组符号所代表的体系性质均属状态函数的是（　　）。

A. U、H、W　　B. S、H、Q

C. U、H、G　　D. S、H、W

二、计算题

1.试判断下列反应 $N_2(g) + 3H_2(g) \rightleftharpoons 2NH_3(g)$ 在 298.15K、标准态时能否自发进行？

2.求下列反应的 $\Delta_r H^{\ominus}_m$、$\Delta_r G^{\ominus}_m$、$\Delta_r S^{\ominus}_m$，并用这些数据分析利用该反应净化汽车尾气中 NO 和 CO 的可能性。

$$CO(g) + NO(g) \longrightarrow CO_2(g) + \frac{1}{2}N_2(g)$$

3.已知：(1) $C(s) + O_2(g) = CO_2(g)$　$\Delta_r H^{\ominus}_{m_1} = -393.5$kJ/mol；

(2) $H_2(g) + \frac{1}{2}O_2(g) = H_2O(l)$　$\Delta_r H^{\ominus}_{m_2} = -285.8$kJ/mol；

(3) $CH_4(g) + 2O_2(g) = CO_2(g) + 2H_2O(l)$　$\Delta_r H^{\ominus}_{m_3} = -890.0$kJ/mol；

试求反应 $C(s) + 2H_2(g) = CH_4(g)$ 的 $\Delta_r H^{\ominus}_{m_4}$。

4.已知 298.15K 时，下列反应的热效应：

(1) $CO(g) + \frac{1}{2}O_2(g) = CO_2(g)$　　$\Delta_r H^{\ominus}_m = -283$kJ/mol

(2) $H_2(g) + \frac{1}{2}O_2(g) = H_2O(l)$　　$\Delta_r H^{\ominus}_m = -285.8$kJ/mol

(3) $C_2H_5OH(l) + 3O_2(g) = 2CO_2(g) + 3H_2O(l)$　　$\Delta_r H^{\ominus}_m = -1366.8$kJ/mol

计算反应 $2CO(g) + 4H_2(g) = H_2O(l) + C_2H_5OH(l)$ 的 $\Delta_r H^{\ominus}_m$(298.15K)。

5.已知 298.15K 时，下列反应的热效应：

(1) $C_6H_5COOH(l) + \frac{15}{2}O_2(g) = 7CO_2(g) + 3H_2O(l)$　　$\Delta_r H^{\ominus}_m = -3230$kJ/mol

(2) $C(s) + O_2(g) = CO_2(g)$　　$\Delta_r H^{\ominus}_m = -393.5$kJ/mol

(3) $H_2(g) + \frac{1}{2}O_2(g) = H_2O(l)$　　$\Delta_r H^{\ominus}_m = -285.8$kJ/mol

试求算 C_6H_5COOH 的标准摩尔生成热。

6.依据 25℃下，各物质的规定熵，计算下列等温反应的熵变：

$$2C(石墨) + 3H_2(g) \xrightarrow{298.15K} C_2H_6(g)$$

7. 试计算反应：$2SO_2$ (g) $+O_2$ (g) $\longrightarrow 2SO_3$ (g) 在 298.15K 时的标准摩尔熵变。并判断该反应是熵增还是熵减。

8. 密闭容器中的 CO (g) 和 H_2O (g) 在某温度下反应：

$$CO(g) + H_2O(g) \rightleftharpoons CO_2(g) + H_2(g)$$

达平衡时，$K_c=2.0$，若要使 CO (g) 的转化率为 80%，则反应前 CO (g) 和 H_2O (g) 的摩尔比为多少？

9. 298.15K 时，1mol 理想气体体积为 10L，恒温可逆膨胀至 100L，求此过程的 ΔU、Q、W、ΔH、ΔS。

第十一章

化学动力学

学习目标

1. 掌握化学反应速率的定义及表示方法；掌握基元反应、非基元反应、质量作用定律、反应分子数及反应级数等概念。
2. 掌握简单级数反应的积分方程及特征；掌握温度对反应速率的影响。
3. 熟悉速率常数、半衰期、有效期及活化能的计算。
4. 了解反应级数确定方法、化学反应速率理论、典型复杂反应的特征以及各类特殊反应的动力学特征；了解运用定态近似法处理复杂反应的机理。

化学反应在实际的应用过程中，主要涉及两个问题，一是反应进行的方向和限度以及外界因素如何影响反应平衡；二是反应进行的速率如何以及反应如何进行。前者是热力学的研究范畴，在前面章节中已经有所讨论，而后者则是化学动力学的研究范围。对于化学反应的研究来说，这两者通常是相辅相成的。某些化学反应，如合成氨，经热力学研究认为是可行的，但实际反应速率太慢，此时就可以借助动力学，研究浓度、温度、压力以及催化剂等因素，加快反应速率，缩短达到平衡的时间。本章主要讨论化学反应速率方程、简单级数反应以及影响反应速率的因素等内容。

第一节　化学反应的速率方程式

化学反应有的进行得很快，如火药的爆炸、照相胶片的感光、酸碱中和反应等几乎瞬间完成。有的化学反应则进行得很慢，如在常温下 H_2 和 O_2 化合生成 H_2O 的反应，从宏观上几乎察觉不出来。又如金属的腐蚀、橡胶和塑料的老化需要经长年累月后才能察觉到它们的变化；煤和石油在地壳内形成的过程则更慢，需要经过几十万年的时间。为了比较各种化学反应进行得快慢，需要引入化学反应速率的概念。

一、化学反应速率及其表示方法

化学反应速率是指在一定条件下单位时间内反应物转变为生成物的速率，通常用单位时间内反应物浓度的减少或产物浓度的增加来表示，用 v 表示。浓度的单位为 mol/L，时间的单位为 s、min、h 等，所以，反应速率的单位为 mol/(L·s)、mol/（L·min)、mol/(L·h) 等。实际上，大多数化学反应的速率都是随时间改变而变化的，在各个时刻都可能不相同，因此常用平均反应速率（$\overline{v}$）和瞬时反应速率（v）来描述化学反应速率得快慢。

1. 平均反应速率

某一段时间内反应物或生成物浓度的变化量称为平均反应速率，用 $\overline{v}$ 表示。设从 t_1 到 t_2 的时间间隔为 $\Delta t = t_2 - t_1$，对应的浓度改变量为 $\Delta c = c_2 - c_1$。于是，该平均反应速率 $\overline{v}$ 为：

$$\overline{v} = \pm\frac{c_2 - c_1}{t_2 - t_1} = \pm\frac{\Delta c}{\Delta t} \tag{11-1}$$

式中的负号表示反应期间反应物浓度减少，为了使反应速率为正值故加负号。

如果用单位时间内生成物浓度的增加来表示，则为正值。

例 11-1 在某条件下，对合成氨的反应

	$N_2(g)+3H_2(g) = 2NH_3(g)$		
起始浓度/(mol/L)	1.0	3.0	0
2s 后浓度/(mol/L)	0.8	2.4	0.4

针对反应物与产物，平均反应速率 $\bar{v}$ 可分别表示为：

$$\bar{v}_{NH_3}=\frac{0.4-0}{2}=0.2\ [mol/(L\cdot s)]$$

$$\bar{v}_{N_2}=-\frac{0.8-1.0}{2}=0.1\ [mol/(L\cdot s)]$$

$$\bar{v}_{H_2}=-\frac{2.4-3.0}{2}=0.3\ [mol/(L\cdot s)]$$

负号表示反应期间反应物浓度减少（以保证速率为正值）。

它们之间的关系是：

$$-\frac{\Delta c_{N_2}}{\Delta t}=-\frac{1}{3}\times\frac{\Delta c_{H_2}}{\Delta t}=\frac{1}{2}\times\frac{\Delta c_{NH_3}}{\Delta t}$$

推广到一般恒容反应：$aA+bB = cC+dD$

$$\bar{v}_A=-\frac{\Delta c_A}{\Delta t},\ v_B=-\frac{\Delta c_B}{\Delta t},\ \bar{v}_C=\frac{\Delta c_C}{\Delta t},\ \bar{v}_D=\frac{\Delta c_D}{\Delta t} \tag{11-2}$$

它们之间的关系为：

$$\bar{v}=-\frac{1}{a}\times\frac{\Delta c_A}{\Delta t}=-\frac{1}{b}\times\frac{\Delta c_B}{\Delta t}=\frac{1}{c}\times\frac{\Delta c_C}{\Delta t}=\frac{1}{d}\times\frac{\Delta c_D}{\Delta t} \tag{11-3}$$

从以上可看出，反应速率永远是正值；它与选用反应体系中的哪种物质无关，但与方程式的写法有关。对于气相反应，常用各物质的分压来代替浓度。

2. 瞬时反应速率

瞬时反应速率是表示化学反应在某一时刻的速率。它是通过对 $\bar{v}$ 求极限来计算的。瞬时速率就是令 Δt 趋近于零时的速率：

$$v(\text{反应物})=\lim_{\Delta t\to 0}\frac{-\Delta c(\text{反应物})}{\Delta t}=-\frac{dc(\text{反应物})}{dt} \tag{11-4}$$

则式(11-2) 和式(11-3) 改写为：

$$v_A=-\frac{dc_A}{dt},v_B=-\frac{dc_B}{dt},v_C=\frac{dc_C}{dt},v_D=\frac{dc_D}{dt} \tag{11-5}$$

$$v=-\frac{1}{a}\times\frac{dc_A}{dt}=-\frac{1}{b}\times\frac{dc_B}{dt}=\frac{1}{c}\times\frac{dc_C}{dt}=\frac{1}{d}\times\frac{dc_D}{dt} \tag{11-6}$$

一般所说的反应速率，就是指瞬时速率。但是，在各个时刻的瞬时速率中，初始速率 v_0 比较常用。

二、化学反应速率的测定

由反应速率定义可知，测定化学变化在不同时间的反应速率，需要测定不同时间反应物（或生成物）的浓度，测定的方法一般可分为化学方法和物理方法。

化学方法是指在某一时刻取出一部分物质，利用一定的手段如骤冷、冲稀等使反应停止，并用化学分析的手段来测定反应物（或生成物）的浓度。该法的特点是能直接得到不同

时刻某物质浓度的绝对值，但实际操作往往比较麻烦。

物理方法是利用反应体系中的某一物理量与反应物（或生成物）浓度成单值函数的关系，通过测定反应体系中物理量随时间的变化，再间接折算成不同时刻反应物（或生成物）的浓度值。通常可利用的物理量有恒容压力、恒压体积、黏度、热导率、旋光度、折射率、电导率、电动势、介电常数、吸收光谱以及质谱、色谱信号等。这种方法的优点是迅速方便，不终止反应，可在反应器内连续监测，便于自动记录。但由于物理方法不是直接测量浓度，所以需要先知道浓度与这些物理量之间的依赖关系（最好是选择与浓度变化成线性关系的一些物理量），使用仪器较多，受干扰的因素也多，可能会扩大实验误差。

三、基元反应和质量作用定律

1. 基元反应与非基元反应

通常所写的化学方程式绝大多数并不代表反应的具体历程，仅是代表反应的化学计量式。例如，气态氢和气态碘合成气态碘化氢的反应：

$$H_2(g)+I_2(g)=2HI(g)$$

该反应并不是一步完成的，而是通过两个步骤完成的：

(1) $I_2(g)+M \longrightarrow 2I(g)+M$（快）

(2) $H_2(g)+2I(g) \longrightarrow 2HI(g)$（慢）

式中，M是惰性物质，只起传递能量的作用，可以是器壁或不起化学反应的物质。上述两步反应的每一步反应都是由反应分子直接相互作用，生成产物分子。把这种由反应物分子（或离子、原子以及自由基等）直接碰撞一步完成的反应，称为基元反应（或元反应）。上例中（1）、（2）反应都是基元反应。由两个或两个以上基元反应构成的化学反应称为非基元反应或复杂反应。绝大多数的化学反应都属于复杂反应。如上例中氢与碘合成碘化氢的总反应就是复杂反应。基元反应（1）、（2）表示了氢与碘合成所经历的微观过程，因此它们又称为反应机理（或反应历程）。复杂反应中的基元反应有的是快反应，有的是慢反应，其中反应速率最慢的一步决定了总反应的速率，这一步称为总反应的速率控制步骤，如上例中基元反应（2）。

2. 反应分子数

基元反应中反应物的分子数目称为反应分子数。此处的分子应理解为分子、离子、自由原子或自由基的总称。分子数为1的基元反应称为单分子反应，分子数为2的称为双分子反应，分子数为3的称为三分子反应，如基元反应（2）是三分子反应。大多数的基元反应为双分子反应，例如酯化反应：

$$CH_3COOH+C_2H_5OH \longrightarrow CH_3COOC_2H_5+H_2O$$

基元反应的反应分子数在气相中一般不超过3，因为许多分子同时在一次化学行为中的碰撞概率是极少的。至今尚未发现气相的四分子反应。

3. 反应速率方程与质量作用定律

表示反应速率和反应物浓度之间的定量关系式称为速率方程式，实验证明，基元反应的速率方程都比较简单。1867年，挪威化学家古德贝格（Guldberg）和瓦格（Waage）在总结大量实验数据的基础上提出：当温度一定时，基元反应的反应速率与反应物浓度系数次方乘积成正比。这一规律称为质量作用定律，其数学表达式则为反应速率方程。质量作用定律只适用于基元反应。

对于一般基元反应：

$$aA+bB=cC+dD$$

其反应速率方程为：

$$v=kc_A^a c_B^b \tag{11-7}$$

式中，k 为速率常数；c_A、c_B 分别表示反应物 A、B 的瞬间浓度。速率常数 k 的物理意义是：在一定温度下，反应物浓度都为 1mol/L 时的反应速率。k 与反应物浓度无关，但与反应物的本性、温度及催化剂等因素有关。相同条件下，k 越大，反应速率就越快。k 值的大小可反映出反应进行得快慢，因此是化学动力学中的一个重要参数。特别需要指出的是，k 值是有单位的，k 的单位取决于反应速率的单位和各反应物浓度幂的指数。

式(11-7) 中，浓度项的指数 a、b 称为参加反应各组分 A、B 的级数，即对反应物 A 来说，其级数为 a；对反应物 B 来说，其级数为 b。而各反应物浓度项的指数之和 $a+b=n$ 则称为该反应的反应级数。当 $n=0$ 时称为零级反应，$n=1$ 时称为一级反应，$n=2$ 时称为二级反应，依次类推。应该注意的是，反应级数与反应分子数是两个不同的概念，反应级数只能通过实验测得。n 可以是正、负整数，零或分数。反应级数表明反应速率受浓度影响的程度。如级数是负数，表明反应物浓度的增加反而会阻抑反应，使反应速率下降。还需指出，并非所有的反应都有确定的级数，只有对速率方程具有幂函数形式的反应，才有明确的反应级数。

第二节　简单级数反应

一、一级反应

反应速率与反应物浓度的一次方成正比的反应称为一级反应。一级反应很常见，许多热分解反应、分子重排反应、放射性元素的蜕变等都符合一级反应规律；许多化合物的水解反应，也表现为一级反应（或假一级反应）；许多药物在生物体内的吸收、分布、代谢和排泄过程，也常近似地被看作一级反应。例如，蔗糖的转化是一级反应：

$$C_{12}H_{22}O_{11}+H_2O \xrightarrow{H_3O^+} C_6H_{12}O_6(\text{葡萄糖})+C_6H_{12}O_6(\text{果糖})$$

设 $t=0$ 时反应物的浓度为 c_0，当 $t=t$ 时，反应物的浓度为 c，对于一级反应，时间与浓度的关系为：

$$\ln c_0-\ln c=k_1 t \tag{11-8}$$

$$k_1=\frac{1}{t}\ln\frac{c_0}{c} \tag{11-9}$$

通常把反应物浓度消耗一半所需的时间称为反应的半衰期，记作 $t_{1/2}$，从公式(11-9)可得：

$$\ln\frac{1}{1/2}=k_1 t_{1/2} \quad t_{1/2}=\frac{0.693}{k_1} \tag{11-10}$$

从式(11-10) 可以看出，由 c_0 降至 $\frac{1}{2}c_0$，由 $\frac{1}{2}c_0$ 降至 $\frac{1}{4}c_0$，由 $\frac{1}{4}c_0$ 降至 $\frac{1}{8}c_0$，所需的时间是相同的，都等于半衰期。

从上述各式可概括一级反应的特点为：

① 根据式(11-8)，以 $\ln c$ 对 t 作图得一直线，如图 11-1 所示，其斜率为：$-k$，截距为 $\ln c_0$。

② 根据式(11-9) 可知，一级反应速率常数 k 的量纲为：(时间)$^{-1}$，如 s^{-1}、min^{-1} 等。

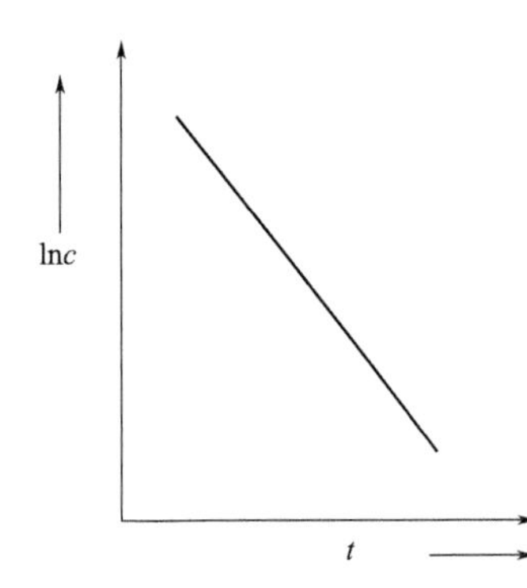

图 11-1　一级反应的 lnc-t 图

③ 根据式(11-10) 可知，一级反应的半衰期 $t_{1/2}$ 与速率常数 k 成反比，与反应物浓度无关。当温度一定时，一级反应的半衰期是常数，这一特征都可作为判断一级反应的依据。

大多数药物在贮存过程中的变质失效符合一级反应的规律，若药物的浓度降至原浓度的 $y=c/c_0$ 时即失效，由式(11-9) 可知药物的有效期 $t_{有效}$ 为：

$$t_{有效}=\frac{\ln\frac{c_0}{c}}{k_1}=\frac{\ln\left(\frac{1}{y}\right)}{k_1} \tag{11-11}$$

例如，某药物的降解为一级反应，降解至 90% 即失效，则：

$$t_{有效}=\frac{\ln\left(\frac{1}{y}\right)}{k_1}=\frac{\ln\frac{100}{90}}{k_1}=\frac{0.105}{k_1} \tag{11-12}$$

例 11-2　阿司匹林（乙酰水杨酸）水溶液在 pH 值等于 2.5 时最稳定，且其失效过程符合一级反应的规律，25℃时速率常数为 $5\times10^{-7}\text{s}^{-1}$。已知阿司匹林降至 90% 即失效。求此条件下该药的半衰期和有效期。

解：由式(11-10) 可知一级反应的半衰期

$$t_{1/2}=\frac{0.693}{k_1}=\frac{0.693}{5\times10^{-7}}=1.39\times10^6(\text{s})=16(\text{d})$$

由式(11-12) 可知一级反应药物浓度降至初浓度的 90%时所需时间

$$t_{有效}=\frac{\ln\left(\frac{1}{y}\right)}{k_1}=\frac{\ln\frac{100}{90}}{k_1}=\frac{0.105}{k_1}=\frac{\ln\frac{100}{90}}{5\times10^{-7}}=2.1\times10^5(\text{s})=2.4(\text{d})$$

二、二级反应

反应速率与反应物浓度二次方成正比的反应称为二级反应。二级反应有两种类型：①$2A \longrightarrow C+\cdots$；② $A+B \longrightarrow C+\cdots$，A 与 B 的起始浓度可以相等也可以不等，在此仅讨论相等的情况。

例如，乙酸乙酯的皂化是二级反应

$$CH_3COOC_2H_5\,c_1+NaOH\,c_2 \rightleftharpoons CH_3COONa+CH_3CH_2OH$$

令 $c_1=c_2=c$，同样，设 $t=0$ 时，反应物浓度为 c_0，$t=t$ 时得：

$$\frac{1}{c}=\frac{1}{c_0}+k_2t \tag{11-13}$$

$$k_2=\frac{1}{t}\left(\frac{1}{c}-\frac{1}{c_0}\right) \tag{11-14}$$

当 $c=\frac{c_0}{2}$时

$$t_{1/2}=\frac{1}{k_2}\left(\frac{1}{c_0/2}-\frac{1}{c_0}\right)=\frac{1}{k_2c_0} \tag{11-15}$$

根据上述各式可概括出二级反应的特征：

① 由式(11-13)，以 $1/c$ 对 t 作图得一直线，如图 11-2 所示，其斜率为 k。

② 由式(11-14) 知，k 的量纲为（浓度）$^{-1}$/(时间)，如 L/(mol·s)。

③ 半衰期 $t_{1/2}$ 与速率常数 k_2 和起始浓度 c_0 成反比，可作为判断这一类二级反应的依据。

二级反应最为常见，特别是溶液中的有机化学反应，如皂化反应、酯化反应等都是二级反应。

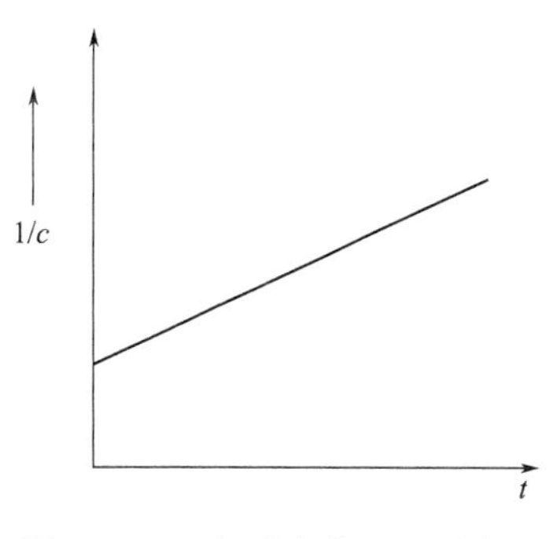

图 11-2 二级反应的 1/c-t 图

例 11-3 已知乙酸乙酯在 25℃ 时的皂化反应为二级反应：

$$CH_3COOC_2H_5 + NaOH \longrightarrow CH_3COONa + CH_3CH_2OH$$

乙酸乙酯和氢氧化钠的起始浓度均为 0.0100mol/L，反应 20min 后，氢氧化钠的浓度减少了 0.00566mol/L。试计算：(1) 反应速率常数 k_2；(2) 反应的半衰期 $t_{1/2}$。

解：(1) 根据式(11-14)，得

$$k_2 = \frac{1}{t}\left(\frac{1}{c} - \frac{1}{c_0}\right) = \frac{0.00566}{20 \times 0.0100 \times (0.0100 - 0.00566)}$$

$$= 6.52[\mathrm{L/(mol \cdot min)}]$$

(2) $t_{1/2} = \frac{1}{k_2 c_0} = \frac{1}{6.52 \times 0.0100} = 15.3\ (\mathrm{min})$

三、零级反应

零级反应的反应速率与反应物的浓度无关，也和时间无关。如：

$$N_2O(g) \xrightarrow{Au} N_2(g) + \frac{1}{2}O_2(g)$$

$$v = k_0 c^0_{N_2O} = k_0 \tag{11-16}$$

设开始时反应物的浓度为 c_0，当反应一段时间到 t 时，对于零级反应，时间与浓度的关系为：

$$c = c_0 - k_0 t \tag{11-17}$$

速率常数为：

$$k_0 = \frac{1}{t}(c_0 - c) \tag{11-18}$$

其半衰期 $t_{1/2}$ 为：

$$t_{1/2} = \frac{c_0}{2k_0} \tag{11-19}$$

根据上述各式可概括出零级反应的特征：

① 根据公式(11-17)，以 c 对 t 作图得一直线，其斜率为 $-k$。

② 根据公式(11-18) 可知，速率常数 k 的单位为 (浓度)/(时间)，如 mol/(L·s)。

③ 根据公式(11-19) 可知，半衰期 $t_{1/2}$ 与起始浓度 c_0 成正比，半衰期越短表示反应速率越快。

常见的零级反应有表面催化反应和酶催化反应，这类反应其速率主要取决于固体催化剂的有效表面活性位或酶的浓度，而与反应物浓度无关。有些难溶固体药物如 α-氨基苄青霉素等与水形成悬浮液，一定温度下这些药物在水中的浓度为一常数（溶解度），因此这些药物在水中的降解行为都表现为零级反应。近年发展起来的一些缓释长效药，其释药速率在相当长的时间内表现恒定，亦属零级反应。如国际上广泛应用的一种皮下植入剂 (−)-18-炔诺孕酮，每天释药约 30μg，可持续 5 年左右。

四、反应级数的确定

反应级数的确定一般使用的方法主要有三种，即积分法、微分法和半衰期法。积分法是用反应速率的积分式通过尝试计算或作图的方法来确定反应的级数。其优点在于只需用一次实验的数据即可，缺点在于不够灵敏，当反应时间过短或转化率低时很难准确确定反应级数。微分法是利用浓度-时间曲线，求得各浓度反应速率，以反应速率对数值与浓度对数值作图，其斜率即为反应级数。半衰期法是通过测得不同浓度的半衰期，以半衰期的对数值与起始浓度的对数值作图，由直线的斜率得反应级数，此法可适用于整数或分数级数的反应。

第三节　温度对化学反应速率的影响

一、阿伦尼乌斯（S. Arrhenius）经验式

温度对反应速率的影响要远大于反应物浓度对反应速率的影响。如常温下 H_2 和 O_2 的反应十分缓慢，慢到难以察觉，但当温度升高到 873K 时，反应则通过剧烈的爆炸在瞬间就完成。对于大多数化学反应来说，反应速率随反应温度的升高而加快。一般来讲，在反应物浓度恒定时，温度每升高 10K，反应速率大约可增加 2～4 倍。

1889 年，瑞典物理化学家阿伦尼乌斯（S. Arrhenius）归纳实验结果，指出在温度变化区域不太大的情况下，k 与 T 的关系为：

$$\ln k=-\frac{E_a}{RT}+B$$

或

$$k=A\mathrm{e}^{-\frac{E_a}{RT}} \tag{11-20}$$

式中，R 为摩尔气体常数，其值为 8.314J/(mol·K)；A 为指前因子；T 为热力学温度；E_a 是反应活化能。

以 k_1、k_2 分别表示在温度 T_1、T_2 时的速率常数，则：

$$\ln\frac{k_2}{k_1}=\frac{E_a}{R}\times\frac{T_2-T_1}{T_1T_2} \tag{11-21}$$

此式称为阿伦尼乌斯经验式。

例 11-4　乙酰磺胺的失效反应为一级反应，在 pH 5～11 范围内，速率常数与 pH 无关。在 120℃时的失效反应速率常数为 $9\times10^{-6}\mathrm{s}^{-1}$，pH 为 7.4 时该药物失效反应的活化能为 95.7×10^3 J/mol，已知该药物的成分失去 10%即失效，求该药物在 25℃时的有效期。

解：根据阿伦尼乌斯经验式(11-21) 可得

$$\ln\frac{k_{25}}{k_{120}}=\frac{-95.7\times10^3}{8.314}\times\left(\frac{1}{298}-\frac{1}{393}\right)=-9.337$$

$$\frac{k_{25}}{k_{120}}=8.81\times10^{-5}$$

$$k_{25}=8.81\times10^{-5}\times9\times10^{-6}=7.93\times10^{-10}(\mathrm{s}^{-1})$$

一级反应的 $t_{0.9}$ 为：

$$t_{0.9}=\frac{0.105}{k_{25}}=\frac{0.105}{7.93\times10^{-10}}=1.32\times10^8(\mathrm{s})=4.2(\text{年})$$

即该药物在 25℃时的有效期为 4.2 年。

例 11-5　某药物在水溶液中分解，在 323K 和 343K 时测得该分解反应的速率常数为

7.08×10^{-4}h^{-1} 和 3.55 ×10^{-3}h^{-1}，求该反应的活化能。

解：已知 $T_1=323\text{K}$　　　　　$k_1=7.08\times10^{-4}\text{h}^{-1}$

$T_2=343\text{K}$　　　　　$k_2=3.55\times10^{-3}\text{h}^{-1}$

根据阿伦尼乌斯经验式(11-21)：$\ln\dfrac{k_2}{k_1}=\dfrac{E_a}{R}\times\dfrac{T_2-T_1}{T_1T_2}$

可得：$E_a=R\times\left(\dfrac{T_2T_1}{T_2-T_1}\right)\times\ln\dfrac{k_2}{k_1}=8.314\times\dfrac{343\times323}{343-323}\times\ln\dfrac{3.55\times10^{-3}}{7.08\times10^{-4}}$

$=74.25\ (\text{kJ/mol})$

二、活化能和碰撞理论

在阿伦尼乌斯经验式(11-20)、式(11-21) 中 E_a 称为活化能。对于基元反应，E_a 有明确的物理意义。阿伦尼乌斯认为，为了可以发生化学反应，普通分子必须要吸收足够多的能量先变成活化分子状态，而普通分子变成活化分子至少需吸收的能量就叫作活化能（E_a）。可将活化能看成是分子实现反应时需克服的一种能峰。这种能峰对正逆反应都存在。反应的活化能大，说明反应进行时必须越过的能峰大，反应速率就慢；反之，反应的活化能小，说明反应进行时所必须越过的能峰小，反应速率就快。对于非基元反应，E_a 没有明确的物理意义，它可看作是组成该总反应的各基元反应活化能的特定组合。大多数化学反应的活化能在 40～400kJ/mol 之间。

碰撞理论是解释反应速率的理论之一。该理论认为：分子间发生化学变化的前提是反应物分子必须碰撞，反应速率与单位时间、单位体积内分子的碰撞次数（Z）成正比。要使反应发生，碰撞分子所具有的总动能必须至少等于活化能，这样的碰撞称为有效碰撞。如图 11-3 所示，反应物 A 到生成物 C，最终的结果是放出能量 ΔE。A 变化到 C 必须经过吸收一定的能量而达到活化状态 B 的过程，只有总能量比反应物分子的平均能量至少高出 E_1 的分子，才能越过能峰，变为生成物分子。E_1 为正反应的活化能。同样，对逆反应来说生成物 C 必须吸收 E_2 的能量达到活化状态 B，然后再进行反应生成 A，E_2 为逆反应的活化能。

能量是分子碰撞的一个必要条件，但不是充分条件。反应物分子具有足够的能量后，还需要在正确的方向碰撞，才能发生有效碰撞，反应才能发生。例如，对反应：

$$CO(g)+NO_2(g)\longrightarrow CO_2(g)+NO(g)$$

只有沿着 C 原子和 O 原子成键的方向碰撞，才可能发生 O 原子的转移（有效碰撞），若沿着 C 原子和 N 原子结合的方向碰撞则为无效碰撞。如图 11-4 所示。

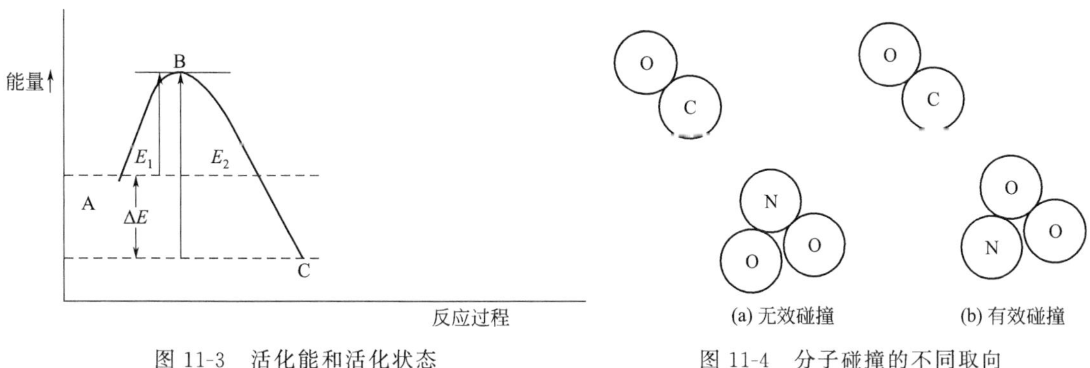

图 11-3　活化能和活化状态

图 11-4　分子碰撞的不同取向

碰撞理论可用来解释温度对反应速率的影响。升高温度之所以能加快反应速率，不仅是因为温度升高，分子运动速率加快，增加了单位时间内分子间碰撞次数。更主要的是温度升高，使更多的分子获得能量成为活化分子，增加了活化分子的百分数，从而加快了反应速率。

知识拓展

碳十四测年法

考古学的碳十四测年法是根据$^{14}_{6}C$衰变的程度来计算出样品大概年代的一种测量方法。$^{14}_{6}C$是碳元素的一种具放射性的同位素，由6个质子和8个中子组成。它是透过宇宙射线撞击空气中氮原子所产生的，不断地形成于大气上层，在空气中被氧化成二氧化碳并且最终被植物摄入，而植物又被动物所消耗，进入全球碳循环。植物和动物在没有死亡之前，其体内的$^{14}_{6}C$含量是一定的。当生命终止后，立即停止与生物圈的碳交换，该生物体内的$^{14}_{6}C$便按照放射性衰变规律递减，每经过5730年就会减少原有量的一半。通过了解样品中残留的$^{14}_{6}C$含量，就可以知道有机物死亡年龄。由于在有机材料中含有$^{14}_{6}C$，因此根据它的衰变可以确定考古学样本的大致年代。这一原理通常用来测定古生物化石的年代。碳十四测年法由美国加州大学伯克利分校博士威拉得·利比发明，威拉得·利比也因此获得了1960年诺贝尔化学奖。自从采用该方法以来，已进行过$^{14}_{6}C$测年法的样品包括木炭、木材、树枝、种子、骨头、贝壳、皮革等等。$^{14}_{6}C$测年法一般在7×10^{4}年内比较可靠，年代越远误差越大，可以用树木的年轮进行校正。

第四节　典型的复杂反应

复杂反应是指两个或两个以上的基元反应的组合。典型的复杂反应有对峙反应、平行反应、连续反应和链反应等。

一、对峙反应

在正逆两个方向上都可进行的反应称为对峙反应，又称可逆反应，如乙酸和乙醇的酯化反应、过氧化苯乙烯基的气相顺反异构化反应都属于此类。对峙反应的特点在于经过足够长的时间，反应物和产物都要分别趋近于它们的平衡浓度。

二、平行反应

反应物同时平行地进行不同的化学反应，称为平行反应。此种反应类型在有机反应中较常见，如甲苯的溴代生成邻溴甲苯和对溴甲苯两种化合物。在平行发生的几个反应中，生成主要产物的反应为主反应，其余的都为副反应。

三、连续反应

反应生成的产物继续发生反应生成新的化合物，这种反应称为连续反应，又称为连串反应。如苯与溴反应生成溴苯，而溴苯又会继续反应生成二溴苯。连续反应的特征在于反应过程中，中间产物的浓度会出现极大值。这是由于在反应初始阶段，反应物浓度大，反应向生成中间体的方向进行，中间体浓度越来越大，又会向着最终产物进行反应，当中间体的生成速率和消耗速率相等时，就会出现极大值。

四、链反应

在反应过程中通过持续和交替产生的活性中间体如自由基或自由原子等而使反应像锁链一样持续不断地进行下去，此种反应称为链反应。链反应是化学反应中非常重要的一种类型，在聚合、卤代、氧化和燃烧反应中经常遇到，同时，它也是导致光化学烟雾和臭氧层破坏的基础反应。所有的链反应都包括三个步骤，即链引发、链传递和链终止。在链引发阶段，反应分子通过与高能分子碰撞或通过光照、高温等产生活性自由基；在链传递阶段，产生的活性自由基进攻其他反应物分子，旧的自由基消耗掉的同时，产生一个新的自由基，新自由基再去进攻第一个反应物分子从而得到产物；所有能够造成自由基泯灭而未有新自由基产生的反应，都可归纳进链终止阶段。

五、定态近似法

简单级数反应的速率方程求解比较容易，而复杂反应随着反应步骤和组分的增加，其速率方程求解的复杂程度相对较大，有的甚至无法求解。因此，研究复杂反应速率方程的近似处理方法非常有必要。

定态近似法，又称稳态近似法，是一种用来近似处理速率方程非常好用的方法。所谓的定态，是指反应中某些活性中间体（如自由基等）的反应能力强、浓度低、寿命短，可以认为在反应达到稳定状态后，其浓度基本上不随时间而变化。在推导复杂反应的速率方程时，由于出现的活性中间体浓度不易测量，因此总希望用反应物或产物浓度来代替，此时，最简便的方法就是利用定态近似法得到活性中间体与反应物或产物之间的浓度关系。

例 11-6 H_2 和 Cl_2 按下列机理进行反应，试推导出其速率方程：

链引发 $Cl_2 \xrightarrow{k_1} 2Cl\cdot$

链传递 $Cl\cdot + H_2 \xrightarrow{k_2} HCl + H\cdot$

$H\cdot + Cl_2 \xrightarrow{k_3} HCl + Cl\cdot$

链终止 $Cl\cdot + Cl\cdot + M \xrightarrow{k_4} Cl_2 + M$

解：速率方程可表示为：

$$\frac{dc_{HCl}}{dt} = k_2 c_{Cl} \cdot c_{H_2} + k_3 c_H \cdot c_{Cl_2} \tag{1}$$

因为自由基活性高、浓度小，可采用定态近似法，则有：

$$\frac{dc_{H\cdot}}{dt} = k_2 c_{Cl} \cdot c_{H_2} - k_3 c_H \cdot c_{Cl_2} = 0 \tag{2}$$

$$\frac{dc_{Cl\cdot}}{dt} = k_1 c_{Cl_2} + k_3 c_H \cdot c_{Cl_2} - k_2 c_{H_2} c_{Cl\cdot} - k_4 c_{Cl\cdot}^2 = 0 \tag{3}$$

通过（2）式和（3）式得出 $c_{H\cdot}$ 与 $c_{Cl\cdot}$ 的值，并代入（1）中，有：

$$\frac{dc_{HCl}}{dt} = k_2 c_{Cl} \cdot c_{H_2} + k_3 c_H \cdot c_{Cl_2} = 2k_2 \sqrt{\frac{k_1}{k_4}} c_{H_2} c_{Cl_2}^{0.5}$$

化学反应的机理并不是凭空想象出来的，一般确定机理需要经过下列几个步骤：①初步观察和分析。根据观察到的现象和对现象进行的分析有计划地拟定实验；②收集实验数据。通过数据得知速率与浓度、速率与温度、有无副反应等相关信息；③根据观察的事实与收集的数据拟定反应机理，并进一步通过实验验证。

第五节 各类特殊反应的动力学

一、溶液中的反应

在溶液中发生的反应，溶质分子被溶剂所包裹，如同被关在笼子中，偶然冲出一个笼子，又会进入另一个笼子，这种现象称为笼效应。笼效应使不同笼子中的反应物分子碰撞机会减少，却增加了同笼中反应物分子之间的碰撞机会，因而单位时间内总的碰撞机会与气相反应没有太大的区别。反应物分子在同一笼子中经碰撞而形成遭遇对，遭遇对可能会生成产物，也可能因为没有反应而分开。在溶液中的反应，若反应活化能小，反应速率快，扩散速率跟不上，则为扩散控制。一些快速反应如离子型反应、酸碱中和反应等多属于扩散控制反应。若反应活化能大，反应速率慢，则为活化控制。如 N_2O_5 在溶液中的分解反应等都属此类。由于大多数化学反应的活化能在 40～400kJ/mol 之间，因此溶液中的反应大多数都受活化控制。

溶剂对反应速率的影响相当复杂，一般来说：

（1）溶剂的极性　若反应物的极性大于生成物，则在极性溶剂中反应速率小；若反应物的极性小于生成物，则在极性溶剂中的反应速率必定变大。

（2）溶剂的介电常数　通常是对有离子参加的反应有影响。因为介电常数越大，离子间引力越小，所以介电常数比较大的溶剂对异种离子间的反应不利。但如果是同种离子间的反应，介电常数越大，反应速率反而会越大。

（3）溶剂的溶剂化效应　一般情况下，反应物与产物都可与溶剂形成溶剂化物。若溶剂化物与任何一种反应分子生成不稳定的中间体而使反应活化能降低，则可加快反应速率；若生成的中间体比较稳定，一般会使活化能升高，从而减慢反应速率。

（4）离子强度　在稀溶液中，离子强度对反应的影响称为原盐效应。在电解质中，对同种离子间反应，离子强度越大，反应速率越大；对异种离子间反应，离子强度越大，反应速率越小。

二、催化反应

90％左右的化学反应都使用催化剂，故催化反应非常普遍。催化剂是那些能显著改变反应速率，而在反应前后自身组成、数量和化学性质基本不变的物质。其中，能加快反应速率的称为正催化剂，能减慢反应速率的称为负催化剂。例如合成氨生产中使用的铁、硫酸生产中使用的 V_2O_5 以及促进生物体化学反应的各种酶（如淀粉酶、蛋白酶、脂肪酶等）均为正催化剂；减慢金属腐蚀的缓蚀剂，防止橡胶、塑料老化的防老剂等均为负催化剂。而通常所说的催化剂一般是指正催化剂。

催化剂在现代化学、化工生产中占有极其重要的地位，许多化学反应应用于生产都是在找到了优良的催化剂后才付诸实现的。因此，催化剂的研究是当前化学领域非常热门的内容之一。根据动力学理论，催化剂之所以能显著增大化学反应速率，是由于催化剂的加入，与反应物之间形成一种势能较低的活化配合物，改变了反应的历程，与无催化反应的历程相比较，所需的活化能显著降低（如图 11-5 所示：$E_a > E_b$），从而使活化分子百分数和有效碰撞次数增多，导致反应速率增大。

关于催化剂，再强调几点：

① 催化剂只能通过改变反应途径来改变反应速率，但不能改变反应的焓变（ΔH）、方向和限度。

② 在反应速率方程式中，催化剂对反应速率的影响体现在反应速率常数（k）。对确定

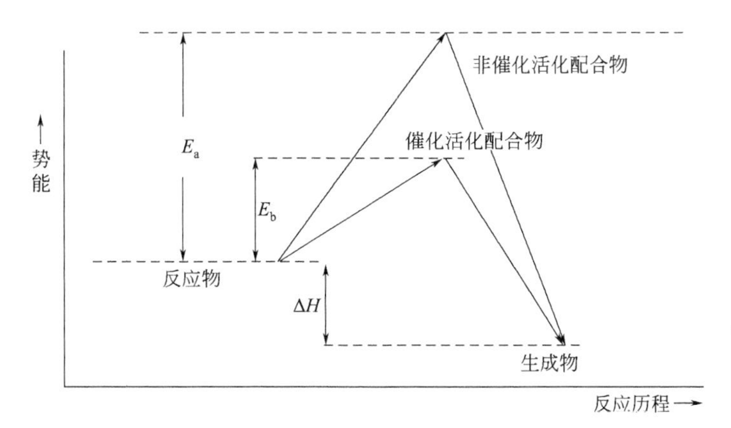

图 11-5　催化剂改变放热反应活化能示意图

反应而言，反应温度一定，采用不同的催化剂一般有不同的 k 值。

③ 对同一可逆反应来说，催化剂等值地降低了正、逆反应的活化能。

④ 催化剂具有选择性，即某一催化剂对某一反应（或某一类反应）有催化作用，但对其他反应则可能无催化作用。

酶催化是使用酶作为催化剂的一类高选择性、高有效性的反应，其效率为一般催化剂的 1×10^6 倍。按反应类型的不同，酶催化可分为氧化还原酶、水解酶、转移酶、连接酶和异构酶反应等。使用酶作催化剂，除具有一般催化剂的特点外，还具有如下几个方面的特异性特点：a. 酶的高效专一性；b. 酶的丰富多样性；c. 反应条件温和；d. 催化活性可调可控。

【本章小结】

① 化学反应的速率通常可用平均反应速率和瞬时反应速率来表示，对反应速率的测定手段，通常有物理方法和化学方法。

② 基元反应为一步就能完成的化学反应，而非基元反应则是由基元反应组合而形成的复杂反应。基元反应中反应物的分子数即为反应分子数。反应分子数与反应级数为不同概念，反应级数一般需实验测定，常用的手段有积分法、微分法和半衰期法。基元反应的反应速率与反应物浓度系数次方的乘积成正比，此为质量作用定律，其数学表达式则称作速率方程。

③ 简单级数反应中：一级反应的典型特征在于其半衰期与反应物起始浓度无关；二级反应的半衰期与起始浓度成反比，而零级反应的半衰期与起始浓度成正比。常可利用这些特征来鉴定反应级数及计算药品的有效期。

④ 活化能的高低可决定反应发生的难易及速率的快慢，其对反应速率的影响可通过碰撞理论来进行解释。阿伦尼乌斯经验式将不同温度下的速率常数与活化能相关联，可通过该公式计算速率常数、活化能以及药品的有效期。

⑤ 典型的复杂反应包括对峙反应、平行反应、连续反应以及链反应等。它们的速率方程相较于简单级数反应而言比较复杂，通常可通过定态近似法的手段来简化其速率方程的求解。

⑥ 介绍了两种特殊反应的动力学特征，即溶液中的反应和催化反应，并分别阐述了溶剂及催化剂对反应的影响。

【目标检测】

一、选择题

1. 基元反应是（　　）。

A. 一级反应　　B. 化合反应　　C. 二级反应　　D. 一步能完成的反应

2. 判断下列说法，哪种是正确的（　　）。

A. 质量作用定律是一个普遍的规律，适用于一切化学反应

B. 反应速率常数与温度有关，而与物质的浓度无关

C. 同一反应，加入的催化剂不同，但活化能的降低是相同的

D. 反应级数与反应分子数总是一致的

3. 某化学反应其反应物消耗 3/4 所需的时间是它消耗掉 1/2 所需时间的 2 倍，则反应的级数为（　　）。

A. 零级　　B. 一级　　C. 二级　　D. 三级

4. 对于任意给定的化学反应 $A+B=2D$，在反应速率研究中表示了（　　）。

A. 是基元反应　　B. 是双分子反应

C. 反应物与产物的计量关系　　D. 是二级反应

二、问答题

1. 分别用反应物及产物的浓度变化表示下列反应速率，并求出它们之间的关系。

（1）$2N_2O_5 \longrightarrow 4NO_2+O_2$

（2）$2O_3 \xrightarrow{\text{催化剂}} 3O_2$

2. 反应速率常数的物理意义是什么？它与哪些因素有关？

3. 实验表明，下面反应是基元反应：$CO(g)+H_2O(g) \longrightarrow CO_2(g)+H_2(g)$，请写出速率方程，此反应是几级反应？

4. 400℃时，反应 $CO(g)+NO_2(g) \longrightarrow CO_2(g)+NO(g)$ 的速率常数是 0.50L/(mol·s)，问：（1）已知上述对 CO 是一级反应，则对 NO_2 是几级反应？（2）当 CO 的浓度为 0.025mol/L、NO_2 浓度为 0.040mol/L 时，反应速率是多少？

5. 催化剂的基本特征是什么？催化剂为什么不能改变平衡常数？

三、计算题

1. N_2O_5 在 CCl_4 中分解为一级反应。已知在 25℃，1L 中最初有 2.33mol 的 N_2O_5，经过 3.19s 后，N_2O_5 浓度为 1.91mol/L，求：（1）反应速率常数；（2）半衰期；（3）经过 0.5h 后 N_2O_5 的浓度。

2. 氯霉素滴眼液在 20℃放置 10d，测其含量为原来的 99%，又知此滴眼液含量降至 90%即失效，求该滴眼液的有效期。

3. 某药物分解 30%即失效，药物的初浓度为 5.0mg/mL，在室温下放置 20 个月以后，浓度降至 4.2mg/mL，设此反应为一级反应，问标签上应注明有效期为多少个月？

4. 某反应为二级反应，两反应物的最初浓度相同，在 25℃，已知 30%反应物起作用时间需 10min，问要使 90%反应物起作用需要多少时间？

5. 已知反应 $CO(g)+NO_2(g) \longrightarrow CO_2(g)+NO(g)$ 在 650K 和 800K 时速率常数分别是 0.220L/(mol·s) 和 23.0L/(mol·s)，计算：（1）该反应的活化能；（2）反应在 700K 时的速率常数。

6. 氟尿嘧啶的分解为一级反应，在 pH＝9.0 时，60℃、70℃、80℃时的速率常数分别是 $0.118\times10^{-6}s^{-1}$、$0.320\times10^{-6}s^{-1}$ 和 $0.960\times10^{-6}s^{-1}$。求该药物分解反应的活化能和药物在 25℃时的有效期。

第十二章

表面现象和胶体

学习目标

1. 掌握表面能、表面张力等概念及影响表面张力的因素，以及胶体的基本特性。
2. 熟悉固体表面吸附、液体表面吸附及其有关应用。
3. 了解表面活性物质及其作用；熟悉胶体的结构，胶体的稳定性和聚沉作用。
4. 了解胶体的制备方法与净化；了解大分子溶液与凝胶的性质与应用。

第一节　表面现象

两种聚集态物质之间的接触面称为界面，如气-液、气-固、液-液、液-固及固-固等。由于人的眼睛看不见气相，因而习惯上将气-液和气-固界面称为表面。

界面是从一相到另一相的过渡层，仅几个分子厚，称界面层（或界面相）。界面层的性质与相邻两相的性质不同，但与相邻两相的性质有关。由于处在界面层中的分子与体系内部分子性质的差异而引起了发生在各种不同相界面上的一系列界面现象（也称为表面现象）。如雨滴，桌面上小汞珠，雨伞防水，脱脂棉易被水润湿，毛细管中水面上升，肥皂能起泡去污，微小液滴易于蒸发，微小晶体易于熔化和溶解等。产生界面现象的主要原因是界面层分子所处环境与体系内部分子所处环境不同，而存在着的界面张力，习惯上称为表面张力。

一、表面张力与表面能

1. 表面张力

以纯液体与含饱和蒸气的空气接触的表面为例，如图 12-1 所示。在液体内部的分子 A 皆处于同类分子的包围，该分子各方向所受的力是对称的，彼此相互抵消，合力为零。而处在表面层的分子 B，受到下方密集的液体分子对它的向下吸引力远大于上方稀疏气体分子对它的向上吸引力，所受的合力不能相互抵消，合力方向垂直于液面指向液体内部，使表面层中的分子受到指向液体内部的拉力，有向液相内部迁移的趋势，所以液相表面积有自动缩小的倾向。当我们要扩大液体表面积时，就会感到有一种收缩力存在，要对体系做功。若将 U 形铂丝浸于液面下，然后垂直地从液面拉起，当高于液面时液体的表面积就增大了。如图 12-2 所示。若铂丝的长度为 l，作用于液膜单位长度上的收缩力为 σ，则在拉力 F 将铂丝提到 h 高度的过程中，对体系做的功 W' 是：

$$W'=Fh$$

由于液膜有正反两个表面，所以

$$Fh=2lh\sigma$$

整理得

$$\sigma=F/2l \tag{12-1}$$

式中，σ 为液体的表面张力，N/m；F 为作用于液膜上的平衡外力，N；l 是单面液膜的长度，m。

表面张力（σ）即为作用线上单位长度液体表面的收缩力，力的方向对于平液面沿着液面与液面平行；对于弯曲液面则与液面相切。

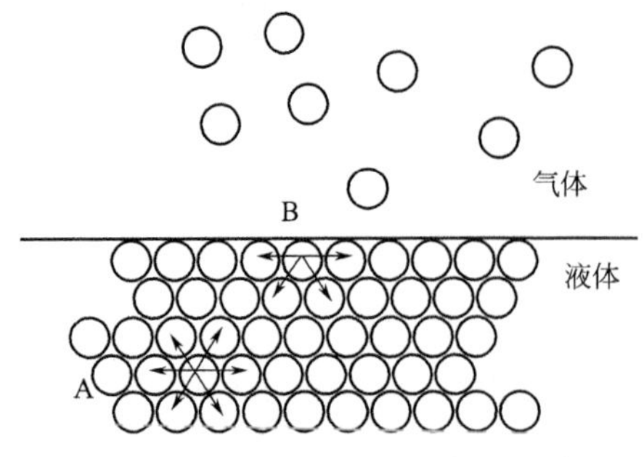

图 12-1　液体表面分子受力情况示意图

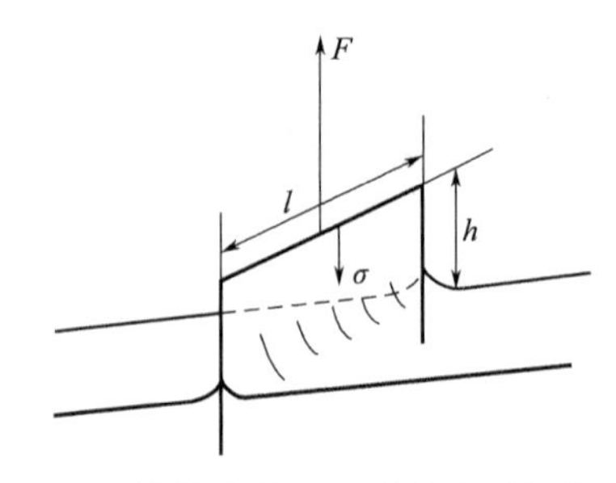

图 12-2　反抗扩大表面积时的表面张力示意图

2. 表面能

从热力学观点来看，对于纯液体，如果在恒温、恒压下，可逆地增加体系的表面积 dA，则环境必须克服体系内部分子间引力对体系做可逆非体积功。所做的功全部转变成表面分子的势能。可见，表面分子应比体系内部分子具有更高的能量。

在一定的温度和压力下，对于一定液体，可逆地增加表面积所需消耗的功 $\delta W'$ 应与增加的表面积 dA 成正比。设比例常数为 σ，则

$$\delta W' = dG = \sigma dA$$

$$\sigma = \left(\frac{\partial G}{\partial A}\right)_{T,p,n} \tag{12-2}$$

此公式的物理意义是：在恒温、恒压和恒组成下，可逆地增加单位表面积所引起体系吉布斯自由能的变化，即单位表面的分子比相同数量的内部分子多余的自由能。因此，σ 称作表面过剩吉布斯自由能，简称表面自由能。单位为 J/m^2。

可见，σ 既是表面自由能，又是表面张力，二者数值相等，量纲相同。其值大小取决于相界面分子间的作用力，也就是取决于两相的性质及温度、压力等因素，是体系的强度性质。一些纯液体在常压时的表面张力列于表 12-1。表 12-2 列出了汞和水与不同物质接触时的表面张力。

表 12-1　一些纯液体的表面张力　　单位：N/m

t/℃	H_2O	$C_6H_5NO_2$	C_6H_6	CH_3COOH	CCl_4	C_2H_5OH
0	0.07564	0.0464	0.0316	0.0295	0.0292	0.0240
25	0.07197	0.0432	0.0282	0.0271	0.0261	0.0218
50	0.06791	0.0402	0.0250	0.0246	0.0231	0.0198
75	0.0635	0.0373	0.0219	0.0220	0.0202	—

表 12-2　汞和水与不同物质接触时的表面张力（20℃）

第一相	第二相	σ/(N/m)	第一相	第二相	σ/(N/m)
水	正丁醇	0.0018	汞	水	0.415
	乙酸乙酯	0.0068		乙醇	0.389
	苯甲醛	0.0155		正庚烷	0.378
	苯	0.0350		苯	0.357
	正庚烷	0.0502			

实验结果表明，液体的表面张力随温度升高而下降（表 12-1）。这是因为升温时液体分

子间距增大，引力减小，而与之共存的气体分子对液体表面分子的作用增强，使表面分子受到指向液体内部的拉力减小。当达到临界温度时，气液不分，表面张力降低至零。

表面张力和表面自由能实际上是从两个不同角度来看界面的性质。在讨论界面热力学时，一般引用表面自由能概念；在讨论界面间的相互作用及平衡关系时，则引用表面张力概念较为方便。

固体表面分子同样具有过剩的自由能，但迄今尚无直接测定固体表面张力的方法。根据间接推算，固体的表面张力比液体要大得多。需指出，公式(12-1) 只适用于液体，因为许多固体是各向异性的，它们的物理性质与方向有关，表面张力也随方向而不同。

二、几种表面现象

1. 液体的铺展

把液体 B 滴在另一种不相溶的液体 A 表面，若液滴 B 能自动展开，形成一层薄膜覆盖在 A 的表面，这种现象叫铺展。液体能否在另一种液面上铺展可用铺展系数来判断。

将一个横截面为 $1m^2$ 同种液体的液柱断裂，产生两个气液界面的两段所需的功，称为内聚功，用 $W_{内聚}$ 表示。

$$W_{内聚}=\sigma_{油}\ \Delta A=2\sigma_{油}$$

将一个横截面为 $1m^2$ 不同种液体的液柱断裂，产生两个气液界面的两个液柱所需的功，叫黏附功，用 $W_{黏附}$ 表示。

$$\begin{aligned}W_{黏附}&=\sigma_{油}\ \Delta A+\sigma_{水}\ \Delta A-\sigma_{油水}\ \Delta A\\&=\sigma_{油}(铺展层)+\sigma_{水}(底层)-\sigma_{油水}(底铺)\end{aligned}$$

如图 12-3 所示为内聚功和黏附功示意图。

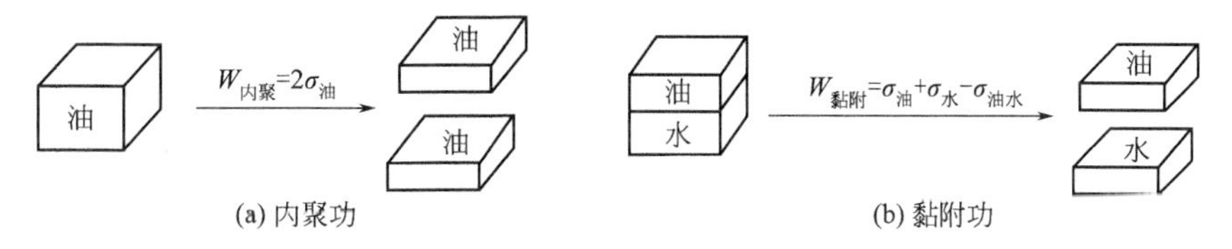

图 12-3 内聚功和黏附功示意图

铺展系数即为黏附功与内聚功之差，用 S 表示。

$$\begin{aligned}S&=W_{黏附}-W_{内聚}\\&=\sigma_{水}(底层)-\sigma_{油}(铺展层)-\sigma_{油水}(底铺)\end{aligned}\qquad(12\text{-}3)$$

此式表明，当 $W_{黏附}>W_{内聚}$、$S>0$ 时，不同液体分子间的引力大于同种液体分子间的引力，液体能在另一液体上铺展。反之，当 $W_{黏附}<W_{内聚}$、$S<0$ 时，不同液体分子间引力小于同种液体分子间引力，液体则不能在另一液体上铺展而呈椭球状。

液体的铺展在药物制剂中具有重要意义，如用纯凡士林作基质的眼药膏，在眼结膜上不易涂开，如在基质中加入少量羊毛脂，眼药膏就会均匀地与结膜接触而提高药效。

2. 固体的润湿

润湿是液体与固体接触时发生的一种表面现象。将液体滴在固体表面上，由于性质不同，有的会铺展开来，有的则黏附在表面上形成平凸透镜状，这种现象称为润湿。前者称为铺展润湿，后者称为黏附润湿。若能被液体润湿的固体完全浸入液体中，则称为浸湿。如果液体不黏附而保持椭球状，则称为不润湿。如图 12-4 所示。

同液体的铺展系数相似，可用固体的铺展系数来判断固体能否被液体铺展，表达式为：

$$S_{液\text{-}固}=\sigma_{固\text{-}气}-\sigma_{液\text{-}气}-\sigma_{固\text{-}液}\qquad(12\text{-}4)$$

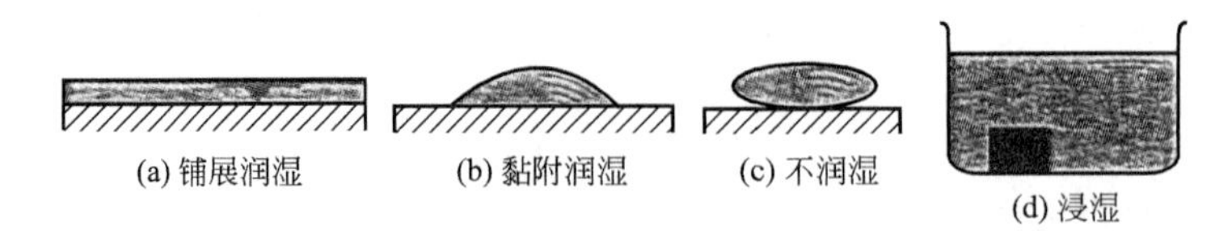

图 12-4　各种类型的润湿

S 值越大，铺展性能越好；S 为负值，则固体不能被液体所铺展。但目前 $\sigma_{固-气}$ 与 $\sigma_{固-液}$ 还无法测定。

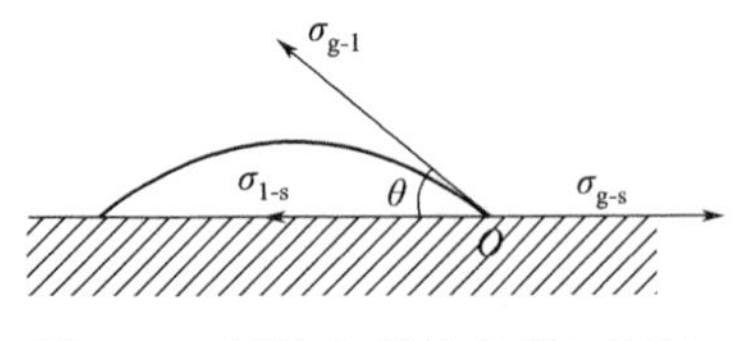

图 12-5　液滴在固体表面上于气、液、固三相界面上的张力平衡

人们发现润湿现象与接触角有关。因此，可用 $\sigma_{液-气}$ 和接触角数据来作为判断各种润湿现象的依据。

当液体在固体表面形成液滴，达平衡时，在气、液、固三相交界处，液-固界面与液体表面的切线（包含液体）间的夹角称为接触角（图 12-5）。

如图 12-5 中的 θ 角，是三相交界线上任意点 O 的液体表面张力 $\sigma_{液-气}$ 和液-固张力 $\sigma_{液-固}$ 间夹角。O 点处受三个表面张力的作用，达平衡时应存在如下关系：

$$\sigma_{固-气}=\sigma_{液-固}+\sigma_{气-液}\cos\theta$$

$$\cos\theta=\frac{\sigma_{固-气}-\sigma_{液-固}}{\sigma_{液-气}} \tag{12-5}$$

式(12-5) 称为 Young 方程，又称为润湿方程。根据 Young 方程可以直接用接触角来判断润湿：$\theta>90°$，为不润湿；$\theta<90°$ 为润湿；$\theta=0$（或不存在接触角），液体在固体表面上铺展；$\theta=180°$ 为完全不润湿。$\theta<90°$ 时的固体称为亲液固体；$\theta>90°$ 时的固体称为憎液固体。例如，对水来说，干净的玻璃是亲液固体，石蜡是憎液固体。

润湿作用在生活和生产实践中有着广泛的应用。在医药方面，一些外用药必须考虑与皮肤有良好的润湿才能更好地发挥药效。内服药如各种丸剂、片剂等也要考虑它们对胃液、肠液的润湿性。又如，在玻璃安瓿的内壁涂上一层水不润湿硅酮类高聚物，使安瓿内的注射液很容易地被完全抽入注射器内。另外，在选择液体黏合剂时，常选择能润湿植物性药粉的阿拉伯胶溶液，选择淀粉溶液作生药粉末药丸的黏合剂，选择对油脂类药物润湿能力较强的蜂蜡、羊毛脂作油脂类药物的黏合剂。

3. 溶液的表面吸附

溶液的表面张力与纯溶剂的表面张力是不同的。因为溶质的加入改变了溶液中分子间的相互作用力。表面张力不仅与温度有关，还与溶质、溶剂的种类及溶液的浓度有关。

以水溶剂为例，当加入无机盐类、不挥发的酸碱（如 H_2SO_4、NaOH）或多羟基有机物（如蔗糖、甘露醇）等时，这类物质的离子或分子对水分子的吸引，使表面层分子受到指向液体内部的拉力增大，从而使扩大溶液表面需要对体系做更多的表面功，结果使溶液的表面张力大于纯水的表面张力（如图 12-6 曲线Ⅰ）。当加入小分子的醇、醛、酸等有机物时，会减小表面分子受到的指向液体内部的拉力，从而降低溶液的表面张力（如图 12-6 曲线Ⅱ）。

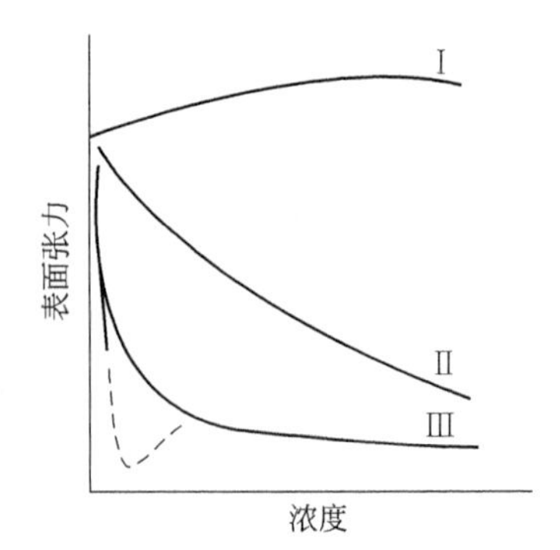

图 12-6　表面张力与浓度关系示意图

当加入大分子有机物，如有长链的脂肪酸盐，八个碳以上的直链有机酸盐、烷基硫酸酯盐、烷基苯磺酸盐等（肥皂、多种洗涤剂等），在较低浓度时，溶液的表面活性张力

会随着浓度的增加而急剧下降，但达到一定浓度后，浓度的改变不再引起表面张力的明显变化（如图 12-6 曲线Ⅲ）。把能显著降低水的表面张力的物质叫作表面活性剂。

在指定的温度、压力下，体系的吉布斯自由能总是朝着最低状态的方向进行。溶液表面自由能的降低，对纯溶液来说，由于表面张力是定值，只能尽量缩小表面积而降低表面自由能；对于溶液，由于表面张力和浓度相关，调节表面层浓度以降低表面自由能是必然的趋势。因此，当所加入溶质使表面张力降低时，溶质会尽可能聚集在表面层以使表面张力降低最多。此时表面层浓度大于体系内部浓度；相反，当所加入溶质使表面张力升高时，溶质会尽可能进入体系内部，而使表面层浓度小于体系内部浓度。当这两种相反的趋势达到平衡时，溶液表面层的浓度与本体溶液的浓度不同，这种现象称为溶液的表面吸附现象。溶液表面层浓度大于溶液本体浓度的称为正吸附；反之，溶液表面层浓度小于溶液本体浓度的称为负吸附。

吉布斯（J. W. Gibbs）用热力学的方法推导出一定温度下溶液浓度、表面张力和表面吸附量之间的定量关系，即吉布斯吸附等温式：

$$\Gamma=-\frac{c}{RT}\left(\frac{\partial\sigma}{\partial c}\right)_T \tag{12-6}$$

式中，Γ 为溶质在表面层的吸附量，mol/m^2，表示在单位面积的表面层中所含溶质的物质的量与同量溶剂在溶液本体中所含溶质物质的量的差值；c 为吸附平衡时的溶液浓度，mol/L；R 为气体常数，8.314J/(mol·K)；T 为热力学温度，K；$\left(\frac{\partial\sigma}{\partial c}\right)_T$ 为表面活度，温度一定时，溶液表面张力随浓度的变化率。

由式(13-6) 可知，在一定温度下：

① 当$\left(\frac{\partial\sigma}{\partial c}\right)_T<0$ 时，$\Gamma>0$，表示加入溶质后溶液的表面张力降低，溶液表面层发生正吸附。

② 当$\left(\frac{\partial\sigma}{\partial c}\right)_T>0$ 时，$\Gamma<0$，表示加入溶质后溶液的表面张力升高，溶液表面层发生负吸附。

③ 当$\left(\frac{\partial\sigma}{\partial c}\right)_T=0$ 时，$\Gamma=0$，表示无吸附作用。

三、表面活性剂

1. 表面活性剂的分类

表面活性剂种类很多，可从用途、物理性质或化学结构等方面进行分类，最常见的是按化学结构分类。按化学结构大致可分为离子型和非离子型两大类。凡在水中不能电离的，就称为非离子型表面活性剂。而离子型按其在水溶液中起活性作用的离子电性还可再分类。如表 12-3 所示。

表 12-3　表面活性剂分类

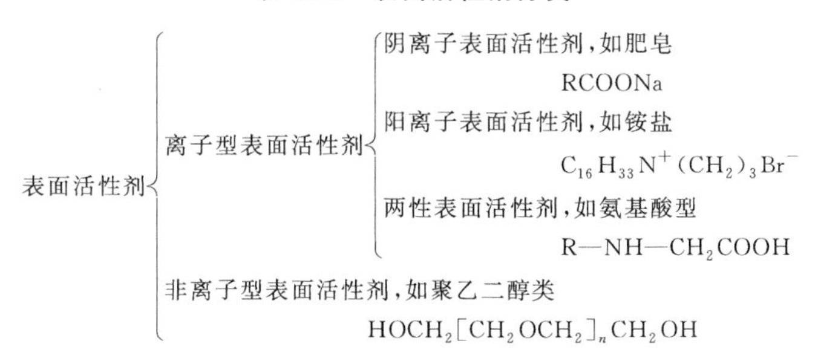

还有些特殊类型的表面活性剂，把分子量在几千以上，甚至高达几千万的表面活性剂，称为高分子型表面活性剂。它也有非离子、阳离子、阴离子和两性型之分。如聚氧乙烯聚氧丙烯二醇醚（破乳剂4411）是非离子型的；聚-4-乙烯溴化十二烷基吡啶是阳离子型的；而聚丙烯酸钠是阴离子型的。以碳氟链为疏水基的表面活性剂，称为氟表面活性剂，这类活性剂具有极高的表面活性。以硅氧烷为疏水基的表面活性剂，称为硅表面活性剂，其表面活性仅次于氟表面活性剂。还有近几年发展起来的，具有特殊结构的生物表面活性剂。

2. 表面活性剂的性质

表面活性剂由亲油基团和亲水基团两部分组成，通常以8个碳原子以上的碳链作为亲油基；亲水基可以是带电基团，如羧酸根、磺酸根、磷酸根等阴离子，季铵等阳离子，或氨基酸等两性离子；也可以是羧基、醚基等极性基团。当具“双亲”分子的表面活性剂加入溶液后，一部分分子迅速聚集于界面，亲油基指向油相或气相，亲水基指向水相，形成一层定向排列的单分子膜，使界面能量显著降低，表面张力急剧下降；另一部分进入溶液内部三三两两地聚集在一起，形成亲油基向里、亲水基向外的聚集体，称为胶束（图12-7），胶束的形状可以是球状、棒状、层状和肠状（图12-8）。

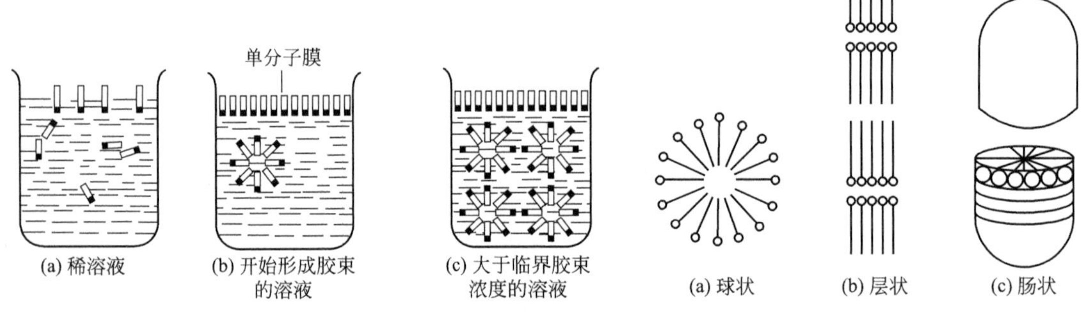

图12-7　表面活性物质分子在溶液本体及表面层中的分布

图12-8　胶束形状示意图

以胶束形式存在于水中的表面活性剂物质是稳定的。把形成一定胶束时，所需要表面活性剂的最低浓度，称为临界胶束浓度，以CMC表示。实验表明，CMC不是一个确定的值，常为一个窄的浓度范围，如离子型表面活性剂的CMC一般在10^{-3}～10^{-2}mol/L之间。在临界胶束浓度上下，溶液的表面张力、渗透压、电导率、去污能力等物理性质均发生很大变化。当浓度超过CMC后溶液的增溶作用、电导率等随着浓度的增加而急剧增加。而溶液的表面张力、渗透压及去污能力却几乎不随浓度变化而改变，如图12-9所示。这是因为形成胶束后，表面活性剂在溶液表面的质点数目不再增多，从而因各种物理性质是否与质点数有关而表现各异。

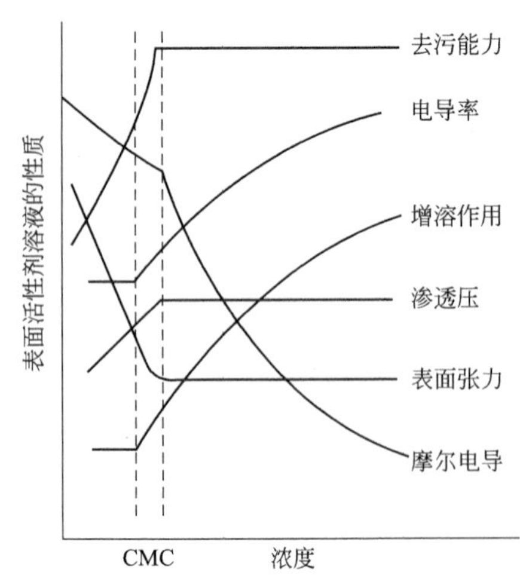

图12-9　表面活性剂溶液的性质与浓度关系示意图

衡量表面活性剂分子亲水性与亲油性强弱的方法是由美国科学家格里芬（Griffin）提出的HLB值。他把完全没有亲水性的石蜡定为HLB＝0，而把亲水性很强的聚乙二醇定为HLB＝20。HLB值越大，亲水性就越强；反之，亲油性就越强。HLB值在10附近则亲水亲油力量均衡。常见表面活性剂的HLB值见表12-4。

表 12-4　常见表面活性剂的 HLB 值

名称	HLB 值	名称	HLB 值
油酸	1.0	甲基纤维素	10.5
Span 65	2.1	聚乙二醇 400 单油酸酯	11.4
单硬脂酸甘油酯	3.8	油酸三乙醇胺	12.0
Span 80	4.3	西黄蓍胶	13.2
Span 40	6.7	吐温 60	14.9
阿拉伯胶	8.0	吐温 20	16.7
明胶	9.8	油酸钠	18.0

不同 HLB 值的表面活性剂有不同的应用。HLB 值在 1～3 的可作为消沫剂；3～8 的可作为油包水型乳剂的乳化剂；7～11 的可作为润湿剂；8～16 的可作为水包油型乳剂的乳化剂；12～15 的可作为去污剂；16 以上的可作为增溶剂。

3. 表面活性剂的作用

（1）润湿与去润湿作用　润湿作用是指表面活性剂分子有能定向吸附在固液界面上，从而降低固液界面张力，减小液体与固体接触角，改善润湿程度的作用。在制药中常需要改变液体对某种固体的润湿程度。如前所述，在外用药膏中作为基质的表面活性剂能使药物对皮肤有很好地润湿，从而增加接触面积，有利于药物吸收。

去润湿是通过加入表面活性剂，使原来与液体润湿良好的固体表面定向吸附了一层表面活性剂分子后，接触角增大，变成不润湿表面。如前所述，在装注射液的玻璃安瓿内壁涂一层二氯二甲基硅烷，使玻璃内壁变为疏水性，注射液就不会残留在内壁上。

（2）增溶作用　有些药物在水中的溶解度很低，达不到有效浓度，加入适当的表面活性剂后，可使药物的溶解度增加。例如消毒防腐药煤酚在水中的溶解度为 2%，加入肥皂作为增溶剂后，溶解度可增加到 50%。其他如氯霉素、维生素、磺胺类、激素等药物常用聚山梨酯（吐温）增溶。增溶与溶解有本质区别，溶解是溶质分散成分子或离子，溶液的依数性有较大值，而增溶是溶质进入表面活性剂形成胶束内部，胶束膨胀使溶解度增大，并不增加溶质的粒子数，溶液的依数性也不显著。

（3）发泡和消沫　不溶性气体高度分散在液相中形成各个气泡彼此被液膜隔开的集合体，称为泡沫。要得到稳定的泡沫必须加入作为“发泡剂”的表面活性剂。发泡剂分子定向吸附在液膜表面，形成具有一定机械强度的单分子层保护膜或带电荷的双电层，降低液膜的表面张力。在医学上可用发泡剂使胃充气扩张便于使用 X 射线透视检查。

在制药工业中消沫远较发泡重要，特别是在发酵、中草药提取、蒸发过程中，大量泡沫存在带来的危害很大，常采用的化学消沫剂是一种表面活性很大但碳氢链较短（$C_5 \sim C_8$）的表面活性物质，代替原先的起泡物质。因所形成的新膜不结实而使泡沫在挤压中破裂进而被消除。

（4）乳化与破乳　一种液体分散在另一种不互溶的液体中，形成高度分散体系的过程称为乳化作用，所得到的分散系称为乳剂。乳化过程所需要加入的适当表面活性剂称为乳化剂。乳化剂的作用是降低油水两相的界面张力并在液滴周围形成保护膜。乳化剂分两种类型，一种是油包水型（水相分散在油相中），用符号 W/O 表示；另一种是水包油型（油相分散在水相中），用符号 O/W 表示。常用的稳定 O/W 型乳化剂有阿拉伯胶、明胶、卵黄等，稳定 W/O 型乳化剂有高级醇、松香、羊毛脂等。

破坏乳剂常用化学法和物理法，从破坏乳化剂着手。如加入能与乳化剂发生反应的试剂或相反类型的乳化剂等都可使乳剂破坏或沉淀。

表面活性剂还有去污、杀菌等作用。

第二节 胶体

一种或几种物质分散在另一种物质中所形成的体系称为分散体系。被分散物质称为分散相，另一种物质称为分散介质。胶体是一种高度分散的体系，胶体分散体系按分散相和分散介质的不同可分成多种类型。一般将固体分散到液体中的类型称为溶胶。若溶胶中的固体微粒为大分子，并和分散介质彼此交织在一起呈凝聚态，则称为凝胶。胶体中分散相的颗粒小、表面积大、表面能也高，这就使其处于不稳定状态，有相互聚结起来变成较大粒子而聚沉的趋势，通常需要第三种物质即稳定剂来保护胶体。

一、分散体系分类与胶体的基本特性

1. 分散体系的分类

根据分散相与分散介质的不同特点，分散体系有以下两种分类方式。

（1）按分散相粒子大小分类　根据分散相粒子大小的不同，分散体系可以分成三类：粗分散体系、胶体分散体系、分子离子分散体系（表 12-5）。

表 12-5　分散体系按分散相粒子大小分类

分散体系类型	粒子大小	粒子特点
粗分散体系（悬浮体、乳状液）	$>10^{-7}$m	透不过滤纸，不扩散，一般显微镜下可见
胶体分散体系（溶胶）	$10^{-9}\sim10^{-7}$m	能透过滤纸，扩散慢，超显微镜下可见
分子离子分散体系（溶液）	$<10^{-9}$m	能透过滤纸，扩散快，超显微镜下不可见

分散体系的上述分类是相对的，在粗分散体系与胶体分散体系之间没有非常严格的界限，而且一些粗分散体系，如乳状液、泡沫等，它们的许多性质（特别是表面性质），与胶体分散体系有着密切的联系，通常归在胶体分散体系中加以讨论。

（2）按聚集状态分类　分散体系也可以按分散相与分散介质的聚集状态分类，见表 12-6。本节主要讨论以液体为分散介质的液溶胶，简称溶胶。

表 12-6　分散体系按聚集状态分类

分散相	分散介质	名称	实例
气 液 固	气	气溶胶	— 雾、气雾剂 烟、沙尘暴
气 液 固	液	液溶胶	泡沫 乳状液、乳剂 溶胶、悬浮体
气 液 固	固	固溶胶	泡沫塑料、面包 珍珠 合金、有色玻璃

另外，根据分散相与分散介质间亲和力的不同，历史上曾把胶体分为亲液胶体和憎液胶体，蛋白质、明胶等大分子化合物属于前者，金溶胶、硫化砷溶胶属于后者。憎液胶体与亲液胶体的主要区别在于憎液胶体是难溶物质分散在介质中形成的，其粒子由很大数目的分子构成，这种体系有很大的相界面，是热力学不稳定体系；而亲液胶体是大分子化合物的真溶液，因而不存在相界面，是热力学稳定体系。随着对胶体认识的不断深入，从20世纪50年代起，开始把“亲液胶体”改称“大分子溶液”；把“憎液胶体”称为“胶体分散体系”或“溶胶”，有时也称为“超微多相分散体系”。

2. 胶体的基本特性

只有典型的憎液胶体才能全面表现出胶体的特性。这些特性可以归纳为以下三点。

(1) 分散性　分散性是胶体的主要特性。胶体的许多性质，如扩散慢、不能通过半透膜、动力学稳定性强等都与其分散性有关。分散性可以用分散度表示，它等于粒子的总面积 A 与其总体积 V 之比。显然，粒子的总面积越大，其胶体分散系所特有的某些性质表现得越明显。

(2) 多相性　各类胶体的分散相粒子都是由大量原子或分子组成的。这些纳米级粒子与介质之间存在着明显的相界面，是一超微不均匀体系。多相性是胶体体系更普遍的特点，只考虑分散性而不考虑多相性并不能确定一个研究对象是否属于胶体分散体系。例如，溶液是一高度分散体系，但它不是胶体分散体系。因此，多相性是胶体的重要标志之一。

(3) 聚结不稳定性　胶体体系是一个高度分散的多相体系，具有很大的总表面积和表面能，是热力学不稳定体系。分散相粒子有自动聚集趋势，胶体分散体系的这种性质称为聚结不稳定性。

讨论胶体分散体系时必须综合考虑上述三个基本特性才能得到正确的认识，否则，其结果将会不全面，甚至是错误的。

二、胶团的结构

胶体的性质与其结构有关。胶体粒子的中心称为胶核，它是由许多原子或分子聚集而成。胶核周围是由吸附在核表面上的定位离子、部分反电荷离子和溶剂分子组成的吸附层。胶核和吸附层合称胶粒。吸附层以外由反电荷离子组成扩散层。胶核、吸附层和扩散层总称为胶团。整个胶团是电中性的。在电场作用下，胶粒向某一电极方向移动，扩散层的反电荷离子则向另一电极方向移动。

以 AgI 的水溶胶为例，若稳定剂是 KI，则其结构可简示如下：

$$[(\mathrm{AgI})_m \cdot n\mathrm{I}^- \cdot (n-x)\mathrm{K}^+]^{x-}\, x\mathrm{K}^+$$

此时 AgI 形成胶核，m 表示胶核中所含 AgI 的分子数，通常是一个很大的数值（在 10^3 左右）。若溶液中有稳定剂 KI 存在，则 I^- 在胶核表面上优先吸附为定位离子，n 表示胶核所吸附的 I^- 数，因此胶核带负电（n 的数值比 m 的数值要小得多）。由于静电吸引作用，溶液中的 K^+ 又可以部分地吸附在其周围，$(n-x)$ 为吸附层中的反电荷离子数（此处为 K^+），x 是扩散层中的反电荷离子数。胶核连同吸附在其上的离子，包括吸附层中的反电荷离子，称为胶粒，此时胶粒带负电。胶粒与周围电解质中的反电荷离子构成胶团。如图 12-10 所示为碘化银胶团结构。若稳定剂是 $AgNO_3$，则胶粒带正电，请读者自己写出该溶胶结构表示式。

由于离子的溶剂化，因此胶粒和胶团也是溶剂化的，在溶胶中胶粒是独立运动单位。通常所说胶体粒子带正电或负电仅对胶粒而言，整个胶团总是电中性的。胶团没有固定的直径和质量，同一种溶胶中的 m 值也不是一个固定的数值。由此可见，胶体粒子的结构是复杂的，因此在讨论胶体特性时除注意其高度分散性外，还应注意其结构的复杂性。

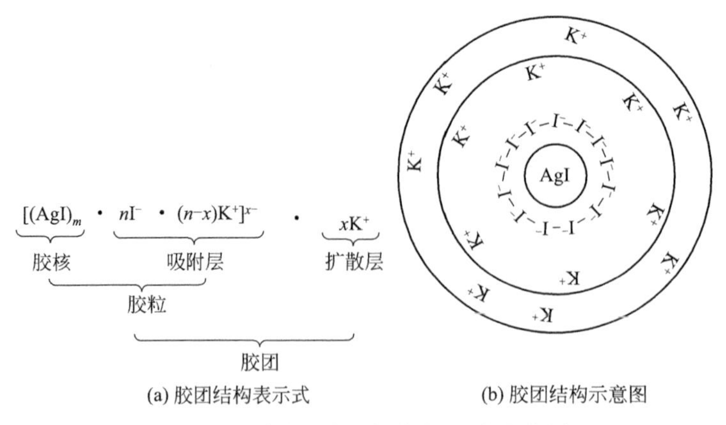

图 12-10　碘化银胶团结构（KI 为稳定剂）

三、溶胶的制备和纯化

1. 溶胶的制备

要制得稳定的胶体，需要满足两个条件：一是分散相粒子大小在合适的范围内；二是胶粒在介质中保持分散而不聚结。其制备方法大致可分为两类，即分散法与凝聚法。前者是使固体的粒子变小，后者是使分子或离子聚合成胶粒。

（1）分散法　这种方法是用适当方法使大块物质在有稳定剂存在时分散成胶体粒子般大小，常用的有以下几种方法。

① 研磨法。即机械粉碎的方法，就是用球磨机、胶体磨等机械设备将大块的固体粉碎、磨细，使固体颗粒直径接近于 1.0×10^{-6}m。随着固体颗粒的减小，表面能急剧增大，使得小颗粒的粒子很容易重新聚集在一起，所以这种方法效率较低。

② 超声波分散法。用超声波所产生的能量来进行分散作用。就是利用超声波发生器上的石英晶片产生 10^6 Hz 的振荡，通过机械波疏密变化，对分散相产生巨大的撕扯力，从而达到粉碎分散相，并使之均匀分散的目的。

③ 胶溶法。它使暂时凝聚起来的分散相又重新分散，是化学中常采用的方法。许多新鲜的沉淀能洗涤除去过多的电解质，再加上少量的稳定剂，则可制成溶胶。例如：

$$\underset{(\text{新鲜沉淀})}{Fe(OH)_3} \xrightarrow[(\text{稳定剂})]{\text{加 } FeCl_3} \underset{(\text{溶胶})}{Fe(OH)_3}$$

④ 乳化法。可以采用机械方法粉碎两种不相混溶的液体制备乳浊液。在很多情况下，简单振动或搅拌就可以达到目的，在某些情况下需要用胶体磨或乳匀机。

乳化法的成功与否在很大程度上取决于两种液体间界面张力的大小，需要加入合适的乳化剂以尽可能地使之降低。有时乳化剂可以使界面张力降得很低，这时形成乳状液需要的能量相当小，只需热运动或轻微搅动就可以满足要求，这就是所谓的“自动乳化”现象。农药在水中自动分散成乳剂就是一种自动乳化现象。

（2）凝聚法　用分散法一般得不到分散度很高的胶体分散体系。凝聚法则不同，它可以使单个分子、原子或离子相互凝聚成粒子直径为 $10^{-9}\sim10^{-8}$m 的胶体分散体系。常用的凝聚法有物理凝聚法和化学凝聚法两种。该方法的一般特点是先制成难溶物质分子（或离子）的过饱和溶液，再使之互相结合成胶体粒子而得到溶胶。

① 化学凝聚法。通过化学反应使生成物呈过饱和状态，然后粒子再结合成溶胶。最常用的是复分解反应，例如制备硫化砷溶胶就是一个典型的例子。将 H_2S 通入足够稀释的 As_2O_3 溶液，则可以得到高分散的硫化砷溶胶，其反应为：

$$As_2O_3 + 3H_2S = As_2S_3(\text{溶胶}) + 3H_2O$$

铁、铝等金属的氢氧化物溶胶，可以通过其盐类水解制备：

$$FeCl_3 + 3H_2O = Fe(OH)_3(\text{溶胶}) + 3HCl$$

用碱金属卤化物与硝酸银进行复分解反应可以制备卤化银溶胶：

$$AgNO_3 + KI = AgI(\text{溶胶}) + KNO_3$$

上述制备溶胶的例子中都没有加入稳定剂。事实上，胶粒表面吸附了溶液中的离子（电解质作稳定剂），从而使溶胶稳定。

② 物理凝聚法。利用适当的物理过程可以使某些物质凝聚成胶体大小的粒子。蒸气凝聚法和改换溶剂法是两种最重要的物理凝聚法。

蒸气凝聚法的典型例子是雾的形成。当气温降低，空气中水的蒸气压大于液体的饱和蒸气压时，则气相中生成新的液相，这就是雾。用这种方法冷却其他物质的蒸气时可以制得相应的气溶胶。人工降雨也是利用物理凝聚法制备分散体系的一个实例。

改换溶剂法与蒸气凝聚法不同，它是根据物质在不同溶剂中溶解度相差悬殊这一性质进行的。例如，向饱和硫的乙醇溶液中注入部分水，由于硫难溶于水，于是在水-乙醇溶液中过饱和的硫原子相互聚集，生成新相从溶液中析出，形成硫黄水溶胶；同样，如果把松香的乙醇溶液滴入水中，可以制得松香水溶胶。

包膜法也是一种物理凝聚法。例如用卵磷脂与胆固醇等包膜材料在水溶液中形成双分子膜，经适当处理，其可以将水溶性或脂溶性药物包裹在膜内，形成微囊。分离后，将这种磷脂微囊重新分散在水溶液中，就形成一种特殊的分散体系——脂质体。脂质体是研究生物膜性质的一个较为简便、理想的实验模型，也是制备纳米级靶向制剂的理想药物载体。

(3) 均匀胶体的制备　由上述方法制得的溶胶是多分散的，含有大小不一的胶体粒子。制备粒子大小一致的单分散胶体是近年来胶体化学研究中的一个新兴领域，无论从理论上还是从实际上都是非常重要的，因而越来越受到人们的重视。例如，作为一种简单模型，均匀球形胶粒在胶体的形成、稳定性理论、表面吸附、催化过程等方面的研究中发挥了一定的作用。在工业上，均匀胶体在特种陶瓷、催化剂、颜料、油墨、磁性材料、感光材料及纳米材料的研制和产品质量的提高等方面有着广泛的应用前景。目前，国内外胶体化学界对这方面的技术研究已形成热点。在实验室中已研制出球形、棒形、立方形、椭圆形等各种均匀胶体。

2. 溶胶的净化

用化学凝聚法制备的溶胶通常含有分子、离子等杂质，过量的电解质会影响溶胶的稳定性，需要净化除去。

渗析是最常用的净化方法。把欲净化的胶体溶液放入半透膜内，将整个半透膜袋浸入盛有大量蒸馏水的容器中。由于半透膜只允许小分子和离子透过，不允许溶胶粒子通过，所以经过扩散，溶胶内的电解质将通过半透膜进入蒸馏水中。不断更换蒸馏水，就可以使溶胶净化。

实验室常用的半透膜为火棉胶膜，也可以采用羊皮纸、动物膀胱膜及其他细孔材料。乙烯-醋酸乙烯酯共聚物（EVA）是良好的医用半透膜材料，经过特殊加工，可以控制膜的孔径大小。

用渗析法净化溶胶一般需要持续几昼夜。为了加速渗析过程可以升高温度或采用电渗析。电渗析是在半透膜的两侧加上直流电场以增大离子的迁移速度，提高渗析效率，其装置如图 12-11 所示。电渗析法不仅可以净化溶胶，而且还广泛用于污水处理、海水淡化以及纯化水等方面。

另一种常用净化溶胶的方法是超滤。它是将孔径为 $1\times10^{-7}\sim1\times10^{-6}$ m 的半透膜贴于布氏漏斗底部，漏斗内盛胶体溶液，通过减压抽滤，将胶粒与分散介质和小分子杂质分开。经超滤得到的胶粒重新分散到合适的介质中，就可以得到净化的溶胶。

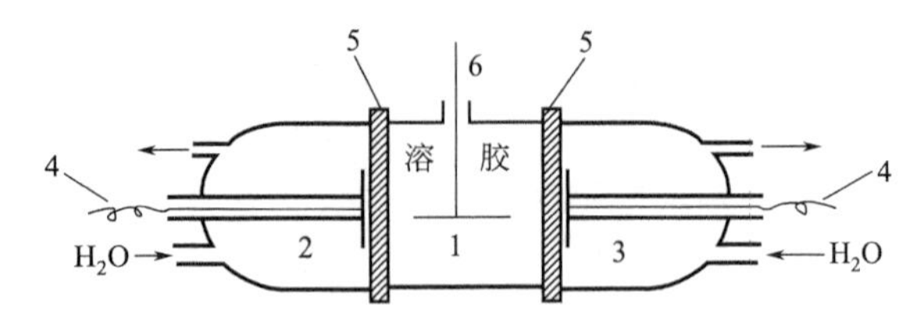

图 12-11 电渗析装置

1—中间室；2，3—左右室；4—电极；5—半透膜；6—搅拌器

超滤技术发展很快，除了净化溶胶外，它还广泛用于浓缩、脱盐、除菌、除热原等。

渗析与超滤技术结合使用的一个重要实例是“人工肾”。它可为急性肾功能不全病人临时代替肾脏功能，以除去机体的某些代谢产物。

四、胶体溶液的性质

1. 动力学性质——布朗运动

用超显微镜可以观察到溶胶粒子不断地做不规则的连续运动，即布朗运动（见图 12-12）。1827 年，英国植物学家布朗（Brown）在显微镜下观察悬浮在水中的植物花粉时，发现悬浮在水面上的花粉颗粒总是在做不规则的运动，后来发现溶胶也有这样的性质。

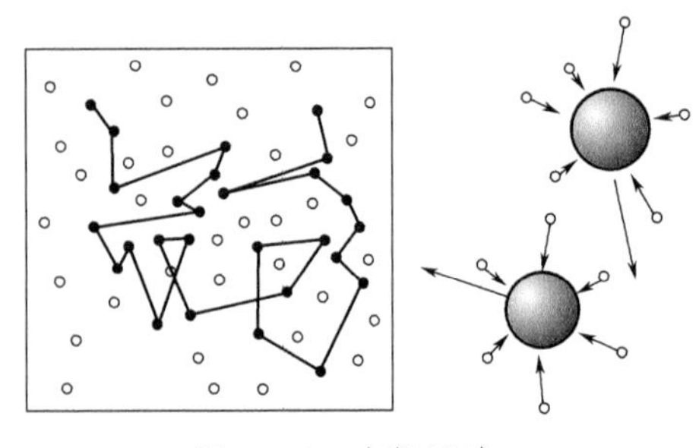
图 12-12 布朗运动

溶胶之所以能产生布朗运动是因为分散介质的热运动不断撞击溶胶粒子，由于合力不为零，所以运动不规则。布朗运动与粒子的化学性质无关，与粒子大小、温度和分散介质的黏度有关。布朗运动的实质是分散相粒子的热运动，温度升高，粒子运动的速度加快；分散介质黏度大，粒子运动速度减慢。布朗运动是溶胶重要的动力学性质之一。

分散体系中的分散相粒子都在进行着布朗运动，只是运动的激烈程度不同而已。溶胶粒子的布朗运动明显，而粗分散系中粒子的运动不明显。

2. 光学性质——丁达尔效应

1869 年英国物理学家丁达尔（Dyndall）在实验中发现，在暗室中，若使一束汇聚的光通过溶胶，则从侧面（即与光束垂直的方向）可以看出一个发光的圆锥体，即为丁达尔效应（见图 12-13）。丁达尔效应就是乳光现象，当分散相的粒子直径小于入射光线的波长时，主要发生光的散射，散射出来的光称为乳光。可见光的波长大约在 $4\times10^{-7}\sim7\times10^{-7}$ m 之间，而胶粒的直径在 $10^{-9}\sim10^{-7}$ m，因此丁达尔效应实际上成为判别溶胶与真溶液最简便的方法。

3. 电学性质

胶体粒子由于带电，因此在外加电场作用下，分散相和分散介质会发生相对位移的现象，称为胶体的电动现象。常见的有电泳和电渗。

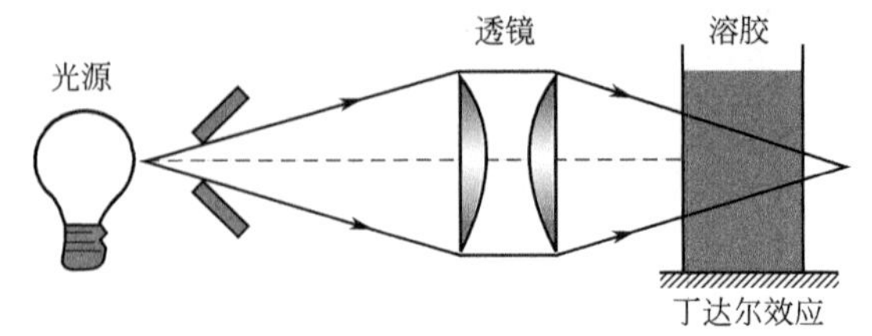

图 12-13 丁达尔效应

在外电场作用下，将胶体粒子（分散相）在分散介质中向带有相反电荷的电极定向移动的现象称为电泳。通过电泳实验可测定胶粒是带正电荷还是带负电荷。若设法将分散相粒子固定，则可以观察到分散介质在

外电场作用下向与分散相粒子运动相反的方向移动。这种在电场作用下，分散介质对分散相做相对移动的现象称为电渗。在同一电场下，电渗与电泳现象往往同时发生。电渗现象有着许多实际应用。例如，可用于拦水坝、泥炭及木材去水。

五、溶胶的稳定性和聚沉作用

1. 溶胶的稳定性

由于胶体粒子小，布朗运动激烈，因此在重力场中不易沉降，即具有动力学稳定性；更主要的是由于同种胶粒表面都带有相同的电荷，胶粒之间有一种静电斥力，强烈的静电斥力阻止了胶粒间的碰撞而减少聚结的可能性，从而使溶胶趋向稳定。但另外，由于胶体的粒子小、表面积大，为了降低其总的表面积，又有相互吸引合并成大颗粒的趋势，即也具有热力学不稳定性的因素。

2. 溶胶的聚沉

溶胶的稳定性因素一旦被削弱或破坏，胶粒就会聚结变大并从介质中析出，这种现象称为聚沉。促进胶体聚沉的方法如下所述。

（1）加入电解质　溶胶对电解质很敏感，向溶胶中加入少量电解质就能引起溶胶聚沉。这是因为电解质的加入，使扩散层中的反电荷离子进入吸附层，胶粒所带电荷量减少，从而使溶胶稳定性降低，发生聚沉。电解质对溶胶的聚沉影响最大。

（2）加入相反电荷的溶胶　将其与带有相反电荷的溶胶混合，由于异性相吸，互相中和电性而发生聚沉。明矾净水作用就是溶胶相互聚沉的典型事例。这是因为，天然水中溶胶的悬浮物大多带负电荷，而明矾在水中水解产生的 $Al(OH)_3$ 溶胶是带正电荷的，它们相互聚沉而使水净化。

（3）加热　加热增加了胶粒的相互碰撞，从而加速了聚沉作用。和聚沉作用相反，通过一定的手段使沉淀获得电荷，从而使沉淀转化为溶胶，这种作用叫胶溶作用。如上述提到的在新鲜的 $Fe(OH)_3$ 沉淀中加入 $FeCl_3$ 形成 $Fe(OH)_3$ 溶胶就是一例。

六、大分子溶液及凝胶

1. 大分子溶液

人们把分子量大的一类物质（一般规定分子量大于 10000，如橡胶、动物胶、蛋白质、纤维素等）溶于水或其他溶剂中所得的溶液称大分子溶液。大分子化合物包括各种天然和人工合成有机物质，其溶液的许多性质可表现出一些胶体溶液的性质，如扩散慢、不能透过半透膜、有丁达尔效应等；但也与溶胶有许多不同之处，溶胶是个多相体系，分散相与分散介质之间有界面存在，而大分子溶液是个均相体系，在分散相和分散介质之间无界面。故大分子溶液具有真溶液和胶体溶液的双重特征。大分子溶液一般比溶胶稳定得多，大分子化合物的溶解过程是不可逆的，而溶胶的胶粒一旦凝聚起来，就不能或很难恢复原状。一般来说，大分子溶液的黏度比溶胶大。大分子溶液与溶胶的性质比较见表 12-7。

表 12-7　大分子溶液与溶胶的性质比较

特性	大分子溶液	溶胶
分散相大小	10^{-9}～10^{-7}m	10^{-9}～10^{-7}m
扩散速度	慢	慢
半透膜	不能透过	不能透过

续表

特性	大分子溶液	溶胶
溶液体系	单相体系	多相体系
与溶剂亲和力	大	小
热力学特性	平衡体系	不平衡体系
稳定性	热力学稳定体系	热力学不稳定体系
渗透压	大	小
黏度	大	小
对电解质	不敏感	很敏感

向溶胶中加入适量大分子溶液，能大大提高溶胶的稳定性，这种作用叫大分子溶液对溶胶的保护作用。这是因为，大分子很容易吸附在胶粒表面上，这样卷曲后的大分子就包住了溶胶粒子；又因为大分子的高度溶剂化作用，在溶胶粒子的外面形成了很厚的保护膜，阻碍了胶粒间因相互碰撞而发生凝结的现象，从而大大提高了溶胶的稳定性。这种保护作用在生理过程中具有重要意义。如健康人的血液中所含的难溶物质［$MgCO_3$、$Ca_3(PO_4)_2$ 等］都是以溶胶状态存在，并被血清蛋白等大分子化合物保护着。但当发生某些疾病时，这些大分子化合物在血液中的含量就会减少，于是溶胶发生凝结，因而在体内的某些器官形成了结石，如常见的肾结石、胆结石等。

大分子溶液在生命科学与医药领域的应用非常广泛。人体中的许多大分子溶液，如血液、体液等，在新陈代谢过程中起着十分重要的作用。某些大分子溶液，如血浆代用液、脏器制剂、疫苗等可以直接用作药物。另外，药物制剂中常用的增溶剂、乳化剂、增黏剂等，其中许多也都是大分子溶液。

2. 凝胶

在一定条件下，大分子溶质或溶胶粒子相互连接，形成空间网状结构，而溶剂小分子充满在网架的空隙中，成为失去流动性的半固体状态，这是一种特殊的分散体系，称为凝胶或冻胶，这种凝胶化过程称为胶凝。明胶、琼脂、果胶等大分子水溶液在冷却时都可以形成凝胶。凝胶的性质介于固体和液体之间。有如下作用。

(1) 膨胀作用　干凝胶吸收溶剂或蒸气，使体积增大的现象称为凝胶的膨胀作用。膨胀分为有限膨胀和无限膨胀两类。膨胀的第一阶段为溶剂化过程，溶剂分子进入凝胶中，并与凝胶大分子形成溶剂化层。膨胀的第二阶段为渗透作用，在第一阶段进入凝胶结构内的溶液与凝胶结构外的溶液之间由于溶剂活度差而形成渗透压，促使大量溶剂继续进入凝胶结构，这时凝胶产生很大的膨胀压，有时大到足以使充满膨胀材料的容器破裂。例如，古代早有人利用木块的膨胀压使石头裂开，作为采石手段。

(2) 触变作用　凝胶受外力作用使网状结构拆散而成流体，去掉外力静置一定时间后又逐渐胶凝成凝胶，凝胶与溶胶（溶液）的这种相互转化过程称为触变现象。

(3) 离浆作用　随着时间的延长，液体会缓慢地自动从凝胶中分离出来，使凝胶脱水收缩，这种现象称为离浆。离浆与物质的干燥失水不同，离浆时凝胶失去的并非单纯溶剂，而是稀溶胶或大分子溶液。另外，离浆也可以在潮湿低温的环境中发生，离浆实质上是凝胶老化过程的一种表现形式。离浆的原因是随着时间的延长，构成凝胶网状结构的粒子进一步定向靠近，促使网孔收缩，这个过程可以看作是溶解度降低的过程。显然，凝胶的浓度越大，网架上粒子间的距离就越短，凝胶的离浆速率越大，因而离浆出来的液体量越多。离浆是十分普遍的现象，如糨糊、干酪素、果浆等脱水收缩，细胞老化失水，皮肤变皱等都属于离浆现象。

(4) 凝胶中的扩散与化学反应　由于凝胶兼有液体和固体的性质，所以小分子或离子在凝胶中的扩散速率与在纯溶液中基本相同，溶液及其形成的凝胶电导率也相差无几。在电动势测定中用盐桥消除液接电势，就是利用了凝胶的这一性质。

凝胶骨架有许多空隙，它类似于分子筛。小分子可以进到凝胶网状结构中去，但是大分子进入较难，甚至进不到网眼中去，因此大、小分子扩散难易程度不同。利用凝胶的这一性质，可以对大分子进行分离提纯。近年来发展很快的凝胶电泳和凝胶色谱法就是根据这一原理进行的，它广泛用于蛋白质、酶、核酸、维生素、多糖、激素等生物物质的分离。

在凝胶中也可以发生化学反应。由于没有对流存在，化学反应中生成的不溶物在凝胶中呈周期性分布。例如，众所周知的李赛根（Liesegang）环就是典型的一例。将含有 0.1% $K_2Cr_2O_7$ 明胶溶液的凝胶置于试管中，在其表面上滴上一层浓度为 0.5% 的 $AgNO_3$ 溶液，于是生成橙红色的 $Ag_2Cr_2O_7$ 周期分布沉淀，如图 12-14 所示。关于李赛根环的成因，奥斯华脱（Ostwald）利用过饱和原理进行了解释。$AgNO_3$ 向下扩散，$K_2Cr_2O_7$ 向上扩散，二者相遇后反应生成 $Ag_2Cr_2O_7$ 产物，产物累积达到饱和浓度时则沉淀析出。临近第一个沉淀环的 $K_2Cr_2O_7$ 浓度极小，与向下扩散的 $AgNO_3$ 反应，生成的 $Ag_2Cr_2O_7$ 不足以达到其沉淀浓度，因而出现无沉淀的空白带。通过空白带的 $AgNO_3$ 继续向下扩散，与向上扩散的 $K_2Cr_2O_7$ 相遇后继续反应生成的 $Ag_2Cr_2O_7$ 达到饱和浓度而沉淀析出，出现第一个沉淀环带，如此反复，出现第二个沉淀环带，乃至生成越来越多的沉淀环带，形成李赛根环。随着向下距离的增加，$AgNO_3$ 不断消耗，浓度下降，致使 $Ag_2Cr_2O_7$ 沉淀环之间的距离逐渐变大。

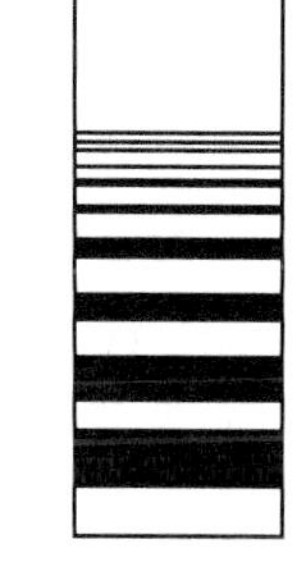

图 12-14　李赛根环

【本章小结】

① 主要的基本概念：界面现象、表面张力、表面能、润湿、铺展、浸湿、接触角、表面吸附、表面活性剂、胶束、临界胶束浓度（CMC）、HLB 值、分散体系、分散相、分散介质、胶体、溶胶、凝胶、胶核、胶粒、胶团、布朗运动、丁达尔效应、电泳、电渗、大分子溶液等。

② 主要的理论、定律和公式

a. 表面张力 $\sigma = F/2l$

b. 表面自由能 $\sigma = \left(\dfrac{\partial G}{\partial A}\right)_{T,p,n}$

c. 铺展系数：$S = W_{黏附} - W_{内聚}$

$= \sigma_{水}$（底层）$- \sigma_{油}$（铺展层）$- \sigma_{油水}$（底铺）

d. 固体的铺展系数 $S_{液-固} = \sigma_{固-气} - \sigma_{液-气} - \sigma_{固-液}$

e. 润湿方程 $\cos\theta = \dfrac{\sigma_{固-气} - \sigma_{液-固}}{\sigma_{液-气}}$

f. 吉布斯吸附等温式 $\Gamma = -\dfrac{c}{RT}\left(\dfrac{\partial \sigma}{\partial c}\right)_T$

③ 表面活性剂的分类、性能及应用。

④ 溶胶的稳定性和聚沉作用。

【目标检测】

一、选择题

1. 胶体溶液中，决定溶胶电性的物质是（　　）。

A. 胶团　　B. 电位离子　　C. 反离子　　D. 胶粒

2. 溶胶具有聚结不稳定性，但经纯化后的溶胶可以存放数年而不聚沉，其原因是（　　）。

A. 胶体的布朗运动　　B. 胶体的丁达尔效应

C. 胶团有溶剂化膜　　D. 胶粒带电和胶团有溶剂化膜

3. 既是胶体相对稳定存在的因素，又是胶体遭破坏的因素是（　　）。

A. 胶粒的布朗运动　　B. 胶粒溶剂化　　C. 胶粒带电　　D. 胶粒的丁达尔效应

4. 加入表面活性剂后，使液体表面张力（　　）。

A. 增大　　B. 减小　　C. 不变　　D. 不一定

5. 液体表面张力的方向是（　　）。

A. 垂直液面指向液体内部　　B. 垂直液面指向气相

C. 垂直液面的边界线指向液体内部　　D. 在液体表面的切线方向

6. 在溶液表面发生吸附作用，若 $c_{表} < c_{内}$，则为（　　）。

A. 正吸附　　B. 负吸附　　C. 无吸附　　D. 物理吸附

二、问答题

1. 产生表面现象的根本原因是什么？表面能和表面张力是否为同一个概念？
2. 何为铺展系数？油在水面的铺展往往进行到一定程度不再扩展，为什么？
3. 水在玻璃管中呈凹形液面，而汞在玻璃管中却呈凸形液面，这是为什么？
4. 根据被分散物质粒子的大小如何来区分溶液、溶胶和粗分散体系？
5. 溶胶有哪些性质？这些性质与胶体的结构有何关系？
6. 在热水中水解 $FeCl_3$ 制备 $Fe(OH)_3$ 溶胶，试写出该胶团的结构式，并指明胶粒的电泳方向。
7. 破坏溶胶使溶胶聚沉的主要方式有哪些？
8. 大分子溶液与溶胶有哪些区别？最本质的区别是什么？
9. 试简述凝胶的性质。

三、计算题

1. 在 293K 时，将一滴油酸滴在纯水的水面上，判断油酸在开始和终止时的形状。已知 $\sigma'_{水}=0.073\text{N/m}$，$\sigma_{油酸}=0.032\text{N/m}$，$\sigma_{油酸\text{-}水}=0.012\text{N/m}$。当油酸和水相互饱和后 $\sigma'_{水}=0.04\text{N/m}$，$\sigma'_{油酸}=\sigma_{油酸}$。若把水滴在油酸表面，水在开始和终止时又呈现何种形状？

2. 已知 293K 时，$\sigma_{乙醚\text{-}水}=10.7\times10^{-3}\text{N/m}$，$\sigma_{汞\text{-}乙醚}=379\times10^{-3}\text{N/m}$，$\sigma_{汞\text{-}水}=375\times10^{-3}\text{N/m}$，在乙醚与汞的界面上滴一滴水，试求其接触角。

附 录

附录 1 元素的原子量

摘自 IUPAC Pure and Applied Chemistry 73，667-683

原子序数	英文名称	符号	名称	原子量	原子序数	英文名称	符号	名称	原子量
1	hydrogen	H	氢	1.00794(7)	42	molybdenum	Mo	钼	95.94(1)
2	helium	He	氦	4.002602(2)	43	technetium①	Tc	锝	
3	lithium	Li	锂	[6.941(2)]$^{+}$	44	ruthenium	Ru	钌	101.07(2)
4	beryllium	Be	铍	9.012182(3)	45	rhodium	Rh	铑	102.90550(2)
5	boron	B	硼	10.811(7)	46	palladium	Pd	钯	106.42(1)
6	carbon	C	碳	12.0107(8)	47	silver(argentum)	Ag	银	107.8682(2)
7	nitrogen	N	氮	14.0067(2)	48	cadmium	Cd	镉	112.411(8)
8	oxygen	O	氧	15.9994(3)	49	indium	In	铟	114.818(3)
9	fluorine	F	氟	18.9984032(5)	50	tin(stannum)	Sn	锡	118.710(7)
10	neon	Ne	氖	20.1797(6)	51	antimony(stibium)	Sb	锑	121.760(1)
11	sodium(natrium)	Na	钠	22.989770(2)	52	tellurium	Te	碲	127.60(3)
12	magnesium	Mg	镁	24.3050(6)	53	iodine	I	碘	126.90447(3)
13	aluminium(aluminum)	Al	铝	26.981538(2)	54	xenon	Xe	氙	131.293(6)
14	silicon	Si	硅	28.0855(3)	55	caesium(cesium)	Cs	铯	132.90545(2)
15	phosphorus	P	磷	30.973761(2)	56	barium	Ba	钡	137.327(7)
16	sulfur	S	硫	32.065(5)	57	lanthanum	La	镧	138.9055(2)
17	chlorine	Cl	氯	35.453(2)	58	cerium	Ce	铈	140.116(1)
18	argon	Ar	氩	39.948(1)	59	praseodymium	Pr	镨	140.90765(2)
19	potassium(kalium)	K	钾	39.0983(1)	60	neodymium	Nd	钕	144.24(3)
20	calcium	Ca	钙	40.078(4)	61	promethium①	Pm	钷	
21	scandium	Sc	钪	44.955910(8)	62	samarium	Sm	钐	150.36(3)
22	titanium	Ti	钛	47.867(1)	63	europium	Eu	铕	151.964(1)
23	vanadium	V	钒	50.9415(1)	64	gadolinium	Gd	钆	157.25(3)
24	chromium	Cr	铬	51.9961(6)	65	terbium	Tb	铽	158.92534(2)
25	manganese	Mn	锰	54.938049(9)	66	dysprosium	Dy	镝	162.50(3)
26	iron(ferrum)	Fe	铁	55.845(2)	67	holmium	Ho	钬	164.93032(2)
27	cobalt	Co	钴	58.933200(9)	68	erbium	Er	铒	167.259(3)
28	nickel	Ni	镍	58.6934(2)	69	thulium	Tm	铥	168.93421(2)
29	copper(cuprum)	Cu	铜	63.546(3)	70	ytterbium	Yb	镱	173.04(3)
30	zinc	Zn	锌	65.39(2)	71	lutetium	Lu	镥	174.967(1)
31	gallium	Ga	镓	69.723(1)	72	hafnium	Hf	铪	178.49(2)
32	germanium	Ge	锗	72.64(1)	73	tantalum	Ta	钽	180.9479(1)
33	arsenic	As	砷	74.92160(2)	74	tungsten(wolfram)	W	钨	183.84(1)
34	selenium	Se	硒	78.96(3)	75	rhenium	Re	铼	186.207(1)
35	bromine	Br	溴	79.904(1)	76	osmium	Os	锇	190.23(3)
36	krypton	Kr	氪	83.80(1)	77	iridium	Ir	铱	192.217(3)
37	rubidium	Rb	铷	85.4678(3)	78	platinum	Pt	铂	195.078(2)
38	strontium	Sr	锶	87.62(1)	79	gold(aurum)	Au	金	196.96655(2)
39	yttrium	Y	钇	88.90585(2)	80	mercury(hydrargyrum)	Hg	汞	200.59(2)
40	zirconium	Zr	锆	91.224(2)	81	thallium	Tl	铊	204.3833(2)
41	niobium	Nb	铌	92.90638(2)	82	lead(plumbum)	Pb	铅	207.2(1)

续表

原子序数	英文名称	符号	名称	原子量	原子序数	英文名称	符号	名称	原子量
83	bismuth	Bi	铋	208.98038(2)	100	fermium①	Fm	镄	
84	polonium①	Po	钋		101	mendelevium①	Md	钔	
85	astatine①	At	砹		102	nobelium①	No	锘	
86	radon①	Rn	氡		103	lawrencium①	Lr	铹	
87	francium①	Fr	钫		104	rutherfordium①	Rf	𬬻	
88	radium①	Ra	镭		105	dubnium①	Db	𬭊	
89	actinium①	Ac	锕		106	seaborgium①	Sg	𬭳	
90	thorium①	Th	钍	232.0381(1)	107	bohrium①	Bh	𬭛	
91	protactinium①	Pa	镤	231.03588(2)	108	hassium①	Hs	𬭶	
92	uranium①	U	铀	238.02891(3)	109	meitnerium①	Mt	鿏	
93	neptunium①	Np	镎		110	ununnilium①	Uun		
94	plutonium①	Pu	钚		111	unununium①	Uuu		
95	americium①	Am	镅		112	ununbium①	Uub		
96	curium①	Cm	锔		114	ununquadium①	Uuq		
97	berkelium①	Bk	锫		116	ununhexium①	Uuh		
98	californium①	Cf	锎		118	ununoctium①	Uuo		
99	einsteinium①	Es	锿						

① 为放射性元素。

注：Li 的商品原子量与标准原子量有较大差别。据 2000 年 7 月的 IUPAC 报告，以下原子量已经做了新的一轮修正：Zn 从 65.39（2）修正为 65.409（4），氪从 83.80（1）修正为 83.798（2），钼从 95.94（1）修正为 95.94（2），镝从 162.50（3）修正为 162.500（1）。

附录 2　一些物质的摩尔质量

化学式	M_B/(g·mol)	化学式	M_B/(g·mol)	化学式	M_B/(g·mol)
Ag	107.87	As_2S_3	246.04	Br_2	159.81
AgBr	187.77	B	10.81	C	12.01
$AgBrO_3$	235.77	B_2O_3	69.62	CH_3COOH(醋酸)	60.05
AgCN	133.89	Ba	137.33	$(CH_3CO)_2O$(醋酐)	102.09
AgCl	143.32	$BaBr_2$	297.14	CN^-	26.01
AgI	234.77	$BaCO_3$	197.34	CO	28.01
$AgNO_3$	169.87	$BaCl_2$	208.23	$CO(NH_2)_2$(尿素)	60.05
AgSCN	165.95	$BaCl_2 \cdot 2H_2O$	244.26	CO_2	44.01
Ag_2CrO_4	331.73	$BaCrO_4$	253.32	CO_3^{2-}	60.01
Ag_2SO_4	311.80	BaO	153.33	$CS(NH_2)_2$(硫脲)	76.12
Ag_3AsO_4	462.52	$Ba(OH)_2$	171.34	$C_2O_4^{2-}$	88.02
Ag_3PO_4	418.58	$Ba(OH)_2 \cdot 8H_2O$	315.46	Ca	40.08
Al	26.98	$BaSO_4$	233.39	$CaCl_2$	110.98
$AlBr_3$	266.69	$Ba_3(AsO_4)_2$	689.82	$CaCl_2 \cdot 2H_2O$	147.01
$AlCl_3$	133.34	Be	9.012	$CaCl_2 \cdot 6H_2O$	219.08
$AlCl_3 \cdot 6H_2O$	241.43	BeO	25.01	$CaCO_3$	100.09
$Al(NO_3)_2$	213.00	Bi	208.98	CaC_2O_4	128.10
$Al(NO_3)_3 \cdot 9H_2O$	375.13	$BiCl_3$	315.34	CaO	56.08
Al_2O_3	101.96	$Bi(NO_3)_3 \cdot 5H_2O$	485.07	$Ca(OH)_2$	74.09
$Al(OH)_3$	78.00	BiOCl	260.43	$CaSO_4$	136.14
$Al_2(SO_4)_3$	342.15	$BiOHCO_3$	286.00	$Ca_3(PO_4)_2$	310.18
$Al_2(SO_4)_3 \cdot 18H_2O$	666.43	$BiONO_3$	286.98	Cd	112.41
As	74.92	Bi_2O_3	465.96	$CdCl_2$	183.32
AsO_4^{3-}	138.92	Bi_2S_3	514.16	$CdCO_3$	172.42
As_2O_3	197.84	Br	79.90	CdS	144.48
As_2O_5	229.84	BrO_3^-	127.90	Ce	140.12

续表

化学式	$M_B/(g\cdot mol)$	化学式	$M_B/(g\cdot mol)$	化学式	$M_B/(g\cdot mol)$
CeO_2	172.11	$Fe(OH)_3$	106.87	$Hg_2(NO_2)_3\cdot 2H_2O$	561.22
$Ce(SO_4)_2$	332.24	FeS	87.91	Hg_2SO_4	497.24
$Ce(SO_4)_2\cdot 4H_2O$	404.30	FeS_2	119.98	I	126.90
$Ce(SO_4)_2$		$FeSO_4$	151.91	I_2	253.81
$2(NH_4)_2SO_4\cdot 2H_2O$	632.55	$FeSO_4\cdot 7H_2O$	278.02	K	39.10
Cl	35.45	$FeSO_4\cdot (NH_4)_2SO_4\cdot 6H_2O$	392.14	$KAl(SO_4)_2\cdot 12H_2O$	474.38
Cl_2	70.91	Fe_2O_3	159.69	KBr	119.00
Co	58.93	$Fe_2(SO_4)_3$	399.88	$KBrO_3$	167.00
$CoCl_2$	129.84	$Fe_2(SO_4)_3\cdot 9H_2O$	562.02	KCN	65.12
$CoCl_2\cdot 6H_2O$	237.93	Fe_3O_4	231.54	KCl	74.55
$Co(NO_3)_2$	182.94	H	1.008	$KClO_3$	122.55
$Co(NO_3)_2\cdot 6H_2O$	291.03	HBr	80.91	$KClO_4$	138.55
CoS	91.00	HCN	27.02	$KFe(SO_4)_2\cdot 12H_2O$	503.25
$CoSO_4$	155.00	$HCOOH$(甲酸)	46.02	$KHC_2O_4\cdot H_2O$	146.14
$CoSO_4\cdot 7H_2O$	281.10	$HC_7H_5O_2$(苯甲酸)	122.12	$KHC_2O_4\cdot H_2C_2O_4\cdot 2H_2O$	254.19
Co_2O_3	165.86	HCl	36.46	$KHC_4H_4O_6$	
Co_3O_4	240.80	$HClO_4$	100.46	(酒石酸氢钾)	188.18
Cr	52.00	HF	20.01	$KHC_8H_4O_4$	
$CrCl_3$	158.35	HI	127.91	(邻苯二甲酸氢钾)	204.22
$CrCl_3\cdot 6H_2O$	266.44	HIO_3	175.91	$KHSO_4$	136.17
CrO_4^{2-}	115.99	HNO_2	47.01	KI	166.00
Cr_2O_3	151.99	HNO_3	63.01	KIO_3	214.00
$Cr_2(SO_4)_3$	392.18	H_2	2.016	$KIO_3\cdot HIO_3$	389.91
Cu	63.55	H_2CO_3	62.02	$KMnO_4$	158.03
$CuCl$	99.00	$H_2C_2O_4$	90.04	KNO_2	85.10
$CuCl_2$	134.45	$H_2C_2O_4\cdot 2H_2O$	126.07	KNO_3	101.10
$CuCl_2\cdot 2H_2O$	170.48	H_2O	18.01	$KNaC_4H_4O_6\cdot 4H_2O$	
CuI	190.45	H_2O_2	34.01	(酒石酸钾钠)	282.22
$Cu(NO_3)_2$	187.55	H_2S	34.08	KOH	56.10
$Cu(NO_3)_2\cdot 3H_2O$	241.60	H_2SO_3	82.08	K_2CO_3	138.21
CuO	79.55	$H_2SO_3\cdot NH_2$		K_2CrO_4	194.19
CuS	95.61	(氨基磺酸)	98.10	$K_2Cr_2O_7$	294.18
$CuSCN$	121.63	H_2SO_4	98.08	K_2O	94.20
$CuSO_4$	159.61	H_3AsO_3	125.94	K_2PtCl_6	485.99
$CuSO_4\cdot 5H_2O$	249.69	H_3AsO_4	141.94	K_2SO_4	174.26
Cu_2O	143.09	H_3BO_3	61.83	$K_2SO_4\cdot Al_2(SO_4)_3\cdot 24H_2O$	948.78
$Cu_2(OH)_2CO_3$	221.12	H_3PO_3	82.00	$K_2S_2O_7$	254.32
Cu_2S	159.16	H_3PO_4	98.00	K_3AsO_4	256.22
F	19.00	Hg	200.59	$K_3Fe(CN)_6$	329.25
F_2	38.00	$Hg(CN)_2$	252.63	K_3PO_4	212.27
Fe	55.85	$HgCl_2$	271.50	$K_4Fe(CN)_6$	368.35
$FeCO_3$	115.86	HgI_2	454.40	Li	6.941
$FeCl_2$	126.75	$Hg(NO_3)_2$	324.60	$LiCl$	42.39
$FeCl_2\cdot 4H_2O$	198.81	HgO	216.59	$LiOH$	23.95
$FeCl_3$	162.21	HgS	232.66	Li_2CO_3	73.89
$FeCl_3\cdot 6H_2O$	270.30	$HgSO_4$	296.65	Li_2O	29.88
$FeNH_4(SO_4)_2\cdot 12H_2O$	482.20	Hg_2Br_2	560.99	Mg	24.30
$Fe(NO_3)_3$	241.86	Hg_2Cl_2	472.09	$MgCO_3$	84.31
$Fe(NO_3)_3\cdot 9H_2O$	404.00	Hg_2I_2	654.99	MgC_2O_4	112.32
FeO	71.85	$Hg_2(NO_3)_2$	525.19	$MgCl_2$	95.21

续表

化学式	M_B/(g·mol)	化学式	M_B/(g·mol)	化学式	M_B/(g·mol)
$MgCl_2 \cdot 6H_2O$	203.30	$NaClO$	74.44	$PbCrO_4$	323.19
$MgNH_4AsO_4$	181.26	$NaHCO_3$	84.01	PbI_2	461.01
$MgNH_4PO_4$	137.31	NaH_2PO_4	119.98	$Pb(IO_3)_2$	557.00
$Mg(NO_3)_2 \cdot 6H_2O$	256.41	$NaH_2PO_4 \cdot H_2O$	137.99	$Pb(NO_3)_2$	331.21
MgO	40.30	NaI	149.89	PbO	223.20
$Mg(OH)_2$	58.32	$NaNO_2$	69.00	PbO_2	239.20
$MgSO_4$	120.37	$NaNO_3$	84.99	PbS	239.27
$MgSO_4 \cdot 7H_2O$	246.48	$NaOH$	40.00	$PbSO_4$	303.26
$Mg_2P_2O_7$	222.55	$Na_2B_4O_7$	201.22	Pb_2O_3	462.40
Mn	54.94	$Na_2B_4O_7 \cdot 10H_2O$	381.37	Pb_3O_4	685.60
$MnCO_3$	114.95	Na_2CO_3	105.99	$Pb_3(PO_4)_2$	811.54
$MnCl_2 \cdot 4H_2O$	197.90	$Na_2CO_3 \cdot 10H_2O$	286.14	S	32.07
$Mn(NO_3)_2 \cdot 6H_2O$	287.04	$Na_2C_2O_4$	134.00	SO_2	64.06
MnO	70.94	Na_2HAsO_3	169.91	SO_3	80.06
MnO_2	86.94	Na_2HPO_4	141.96	SO_4^{2-}	96.06
MnS	87.00	$Na_2HPO_4 \cdot 12H_2O$	358.14	Sb	121.78
$MnSO_4$	151.00	Na_2H_2Y(EDTA 钠)	336.21	$SbCl_3$	228.12
$MnSO_4 \cdot 4H_2O$	223.06	$Na_2H_2Y \cdot 2H_2O$	372.24	$SbCl_5$	299.02
Mn_2O_3	157.87	Na_2O	61.98	Sb_2O_3	291.52
$Mn_2P_2O_7$	283.82	Na_2O_2	77.98	Sb_2O_5	323.52
Mn_3O_4	228.81	Na_2S	78.05	Si	28.09
N	14.01	$Na_2S \cdot 9H_2O$	240.18	$SiCl_4$	169.90
N_2	28.01	Na_2SO_3	126.04	SiF_4	104.08
NH_3	17.03	Na_2SO_4	142.04	SiO_2	60.08
NH_4^+	18.04	$Na_2S_2O_3$	158.11	Sn	118.71
$NH_4C_2H_3O_2$(醋酸铵)	77.08	$Na_2S_2O_3 \cdot 5H_2O$	248.19	$SnCl_2$	189.62
NH_4Cl	53.49	Na_3AsO_3	191.89	$SnCl_2 \cdot 2H_2O$	225.65
NH_4HCO_3	79.06	Na_3AsO_4	207.89	SnO_2	150.71
$NH_4H_2PO_4$	115.03	Na_3PO_4	163.94	SnS	150.78
NH_4NO_3	80.04	$Na_3PO_4 \cdot 12H_2O$	380.12	SnS_2	182.84
NH_4VO_3	116.98	Ni	58.34	Sr	87.62
$(NH_4)_2CO_3$	96.09	$NiC_8H_{14}O_4N_4$		$SrCO_3$	147.63
$(NH_4)_2C_2O_4$	124.10	(丁二酮肟镍)	288.56	SrC_2O_4	175.64
$(NH_4)_2C_2O_4 \cdot H_2O$	142.11	$NiCl_2 \cdot 6H_2O$	237.34	$SrCl_2 \cdot 6H_2O$	266.62
$(NH_4)_2HPO_4$	132.06	$Ni(NO_3)_2 \cdot 6H_2O$	290.44	$Sr(NO_3)_2$	211.63
$(NH_4)_2MoO_4$	196.01	NiO	74.34	$Sr(NO_3)_2 \cdot 4H_2O$	283.69
$(NH_4)_2PtCl_6$	443.87	NiS	90.41	SrO	103.62
$(NH_4)_2S$	68.14	$NiSO_4 \cdot 7H_2O$	280.51	$SrSO_4$	183.68
$(NH_4)_2SO_4$	132.14	O	16.00	$Sr_3(PO_4)_2$	452.80
$(NH_4)_3PO_4 \cdot 12MoO_3$	1876.32	OH^-	17.01	Th	232.04
NO_3^-	62.00	O_2	32.00	$Th(C_2O_4)_2 \cdot 6H_2O$	516.17
Na	22.99	P	30.97	$ThCl_4$	373.85
$NaBiO_3$	279.97	PO_4^{3-}	94.97	$Th(NO_3)_4$	480.06
$NaBr$	102.89	P_2O_5	141.94	$Th(NO_3)_4 \cdot 4H_2O$	552.11
$NaBrO_3$	150.89	Pb	207.20	$Th(SO_4)_2$	424.16
$NaCHO_2$(甲酸钠)	68.01	$PbCO_3$	267.21	$Th(SO_4)_2 \cdot 9H_2O$	586.30
$NaCN$	49.01	PbC_2O_4	295.22	Ti	47.88
$NaC_2H_3O_3$(醋酸钠)	82.03	$Pb(C_2H_3O_2)_2$	325.29	$TiCl_3$	154.24
$NC_2H_3O_2 \cdot 3H_2O$	136.08	$Pb(C_2H_3O_2)_2 \cdot 3H_2O$	379.34	$TiCl_4$	189.69
$NaCl$	58.44	$PbCl_2$	278.11	TiO_2	79.88

续表

化学式	M_B/(g·mol)	化学式	M_B/(g·mol)	化学式	M_B/(g·mol)
$TiOSO_4$	159.94	W	183.84	ZnS	97.46
U	238.03	WO_3	231.85	$ZnSO_4$	161.45
UCl_4	379.84	Zn	65.39	$ZnSO_4 \cdot 7H_2O$	287.56
UF_4	314.02	$ZnCO_3$	125.40	$Zn_2P_2O_7$	304.72
$UO_2(C_2H_3O_2)_2$	388.12	ZnC_2O_4	153.41	Zr	91.22
$UO_2(C_2H_3O_2)_2 \cdot 2H_2O$	424.15	$Zn(C_2H_3O_2)_2$	183.48	$Zr(NO_3)_4$	339.24
UO_3	286.03	$Zn(C_2H_3O_2)_2 \cdot 2H_2O$	219.51	$Zr(NO_3)_4 \cdot 5H_2O$	429.32
U_3O_8	842.08	$ZnCl_2$	136.30	$ZrOCl_2 \cdot 8H_2O$	322.25
V	50.94	$Zn(NO_3)_2$	189.40	ZrO_2	123.22
VO_2	82.94	$Zn(NO_3)_2 \cdot 6H_2O$	297.49	$Zr(SO_4)_2$	283.35
V_2O_5	181.88	ZnO	81.39		

注：附录2、附录3、附录4、附录5、附录6、附录8均引自傅献彩主编.大学化学（上册）.北京：高等教育出版社，2001。

附录3 一些质子酸的解离常数（$I=0$，25℃）

化学式	名称	质子酸结构式	K_a	pK_a
H_3AsO_3	亚砷酸	$As(OH)_3$	5.1×10^{-10}	9.29
H_3AsO_4	砷酸	$HO-As(=O)(OH)-OH$	6.2×10^{-3} 1.2×10^{-7} 3.1×10^{-12}	2.21 6.93 11.51
H_3BO_3	硼酸	$B(OH)_3$	5.8×10^{-10}	9.24
HBrO	次溴酸	HOBr	2.3×10^{-9}	8.63
HCN	氢氰酸	$HC\equiv N$	6.2×10^{-10}	9.21
HCNO	氰酸	$HOC\equiv N$	3.3×10^{-4}	3.48
$H_2CO_3$①	碳酸	$HO-C(=O)-OH$	4.45×10^{-7}	6.352
HClO	次氯酸	HOCl	4.69×10^{-11}	10.329
H_2CrO_4	铬酸	$HO-Cr(=O)_2-OH$	3.0×10^{-8} $3.3\times10^{-7}(K_{a_2})$	7.53 6.48
$HClO_2$	亚氯酸	$HOCl=O$	1.1×10^{-2}	1.95
HF	氢氟酸	HF	6.8×10^{-4}	3.17
HIO	次碘酸	HOI	2.3×10^{-11}	10.64
HIO_3	碘酸	$HO-I(=O)=O$	0.49	0.31
HNO_2	亚硝酸	$HON=O$	7.1×10^{-4}	3.15
H_2O	水	HOH	1.01×10^{-14}	13.997
H_2O_2	过氧化氢	$HO-OH$	2.2×10^{-12}	11.65
H_3PO_2	次磷酸	$H_2P(=O)OH$	5.9×10^{-2}	1.23
H_3PO_3	亚磷酸	$HP(=O)(OH)-OH$	3.7×10^{-2} 2.9×10^{-7}	1.43 6.54
H_3PO_4	磷酸	$HO-P(=O)(OH)-OH$	7.11×10^{-3} 6.23×10^{-8} 4.5×10^{-13}	2.18 7.199 12.35

续表

化学式	名称	质子酸结构式	K_a	pK_a
$H_4P_2O_7$	焦磷酸	$(HO)_2\overset{O}{\overset{\Vert}{P}}O\overset{O}{\overset{\Vert}{P}}(OH)_2$	0.20 6.5×10^{-3} 1.6×10^{-7} 2.6×10^{-10}	0.70 2.19 6.80 9.59
H_2S	氢硫酸	H_2S	9.5×10^{-8} 1.3×10^{-14}	7.02 13.9
HSCN	硫氰酸	$HSC\equiv N$	0.13	0.9
H_2SO_3	亚硫酸	$HO\overset{O}{\overset{\Vert}{S}}OH$	1.23×10^{-2} 5.6×10^{-8}	1.91 7.18
H_2SO_4	硫酸	$HO-S(=O)_2-OH$	$1.02\times10^{-2}(K_{a_2})$	1.99
$H_2S_2O_3$	硫代硫酸	$HO-S(=O)(=S)-OH$	0.25 1.9×10^{-2}	0.60 1.72
NH_3	氨	NH_4^+	5.70×10^{-10}	9.24
NH_2OH	羟胺	$HO\overset{+}{N}H_3$	1.1×10^{-6}	5.96
NH_2NH_2	肼	$H_3\overset{+}{N}NH_2$	8.5×10^{-9}	8.07
CH_2O_2	甲酸	HCO_2H	1.80×10^{-4}	3.745
$C_2H_2O_4$	草酸	HO_2CCO_2H	5.60×10^{-2} 5.42×10^{-5}	1.252 4.266
$C_2H_4O_2$	醋酸(乙酸)	CH_3CO_2H	1.75×10^{-5}	4.757
$C_2H_4O_3$	羟基乙酸	$HOCH_2CO_2H$	1.48×10^{-4}	3.831
$C_2HO_2Cl_3$	三氯乙酸	Cl_3CCO_2H	0.60	0.22
$C_2H_2O_2Cl_2$	二氯乙酸	Cl_2CHCO_2H	5.0×10^{-2}	1.30
$C_2H_3O_2Cl$	一氯乙酸	$ClCH_2CO_2H$	1.36×10^{-3}	2.865
$C_2H_3O_2Br$	一溴乙酸	$BrCH_2CO_2H$	1.25×10^{-3}	2.092
$C_2H_3O_2I$	一碘乙酸	ICH_2CO_2H	6.68×10^{-4}	3.175
$C_3H_4O_2$	丙烯酸	$H_2C=CHCO_2H$	5.52×10^{-5}	4.258
$C_3H_4O_4$	丙二酸	$HO_2CCH_2CO_2H$	1.42×10^{-3} 2.01×10^{-10}	2.847 5.696
$C_3H_6O_2$	丙酸	$CH_3CH_2CO_2H$	1.34×10^{-5}	4.874
$C_3H_6O_3$	D-2-羟基丙酸(乳酸)	$CH_3CH(OH)CO_2H$	1.38×10^{-4}	3.860
$C_4H_6O_4$	琥珀酸(丁二酸)	$HO_2CCH_2CH_2CO_2H$	6.21×10^{-5} 2.31×10^{-6}	4.207 5.636
$C_4H_6O_5$	L-羟基丁二酸(苹果酸)	$HO_2CCH_2CH(OH)CO_2H$	3.84×10^{-4} 8.00×10^{-6}	3.459 5.097
$C_4H_6O_6$	D-2,3-二羟基丁二酸(酒石酸)	$HO_2CCH(OH)CH(OH)CO_2H$	9.20×10^{-4} 4.31×10^{-5}	3.036 4.366
$C_4H_8O_2N_2$	丁二酮肟	$HON=C(CH_3)-C(CH_3)=NOH$	2.2×10^{-11} 1×10^{-12}	10.66 12.0
$C_5H_8O_2$	乙酰丙酮	$CH_3\overset{O}{\overset{\Vert}{C}}CH_2\overset{O}{\overset{\Vert}{C}}CH_3$	1.0×10^{-9}	8.99
C_6H_6O	苯酚	C_6H_5-OH	1.0×10^{-10}	9.98

续表

化学式	名　称	质子酸结构式	K_a	pK_a
$C_6H_6O_2$	1,2-二羟基苯(邻苯二酚,儿茶酚)	OH OH	4.0×10^{-10} 1.6×10^{-13}	9.40 12.8
$C_6H_6O_2$	1,3-二羟基苯(间苯二酚,雷琐辛)	OH OH	5.0×10^{-10} 8.7×10^{-12}	9.30 11.06
$C_6H_6O_3$	1,2,3-三羟基苯(连苯三酚,焦棓酸)	OH OH OH	1.1×10^{-9} 8.3×10^{-12} 1×10^{-14}(20℃)	8.94 11.08 14
$C_6H_8O_7$	柠檬酸(2-羟基丙烷-1,2,3-三羧酸)	$HO_2CCH_2C(OH)(CO_2H)CH_2CO_2H$	7.44×10^{-4} 1.73×10^{-5} 4.02×10^{-7}	3.128 4.761 6.396
$C_7H_6O_2$	苯甲酸	$-CO_2H$	6.28×10^{-5}	4.202
$C_7H_6O_3$	2-羟基苯甲酸(水杨酸)	CO_2H OH	$1.0\times10^{-3}(CO_2H)$ $2.2\times10^{-14}(OH)$	2.98 13.66
$C_8H_6O_4$	邻苯二甲酸	CO_2H CO_2H	1.12×10^{-3} 3.91×10^{-6}	2.950 5.408
$C_8H_8O_2$	苯乙酸	$-CH_2CO_2H$	4.90×10^{-10}	4.310
$C_{10}H_8O$	1-萘酚(α-萘酚)	OH	3.84×10^{-10}	9.416
CH_5N	甲胺	$CH_3\overset{+}{N}H_3$	2.3×10^{-11}	10.64
C_2H_7N	二甲胺	$(CH_3)_2NH_2^+$	1.68×10^{-11}	10.774
C_2H_7N	乙胺	$CH_3CH_2NH_3^+$	2.31×10^{-11}	10.636
C_2H_8N	乙二胺	$H_3\overset{+}{N}CH_2CH_2\overset{+}{N}H_3$	1.42×10^{-7} 1.18×10^{-10}	6.848 9.928
C_2H_7ON	2-氨基乙醇(乙醇胺)	$HOCH_2CH_2NH_3^+$	3.18×10^{-10}	9.498
C_3H_9N	三甲胺	$(CH_3)_3NH^+$	1.58×10^{-10}	9.800
C_3H_9N	丙胺	$CH_3CH_2CH_2NH_3^+$	2.72×10^{-11}	10.566
$C_4H_{11}N$	二乙胺	$(CH_3CH_2)_2NH_2^+$	1.17×10^{-11}	10.933
C_5H_5N	吡啶	NH^+	5.90×10^{-6}	5.229
C_6H_7N	氨基苯(苯胺)	$-NH_3^+$	2.51×10^{-5}	4.601
$C_6H_{12}N_4$	六亚甲基四胺(乌洛托品)	$[(CH_2)_6N_4]H^+$	7.4×10^{-6}	5.13
$C_6H_{15}O_3N$	三乙醇胺(TEA)	$(HOCH_2CH_2)_3NH^+$	1.73×10^{-8}	7.762
C_9H_7ON	8-羟基喹啉	OH　H^+ N	1.2×10^{-5}(NH) 1.5×10^{-10}(OH)	4.91 9.81

续表

化学式	名　　称	质子酸结构式	K_a	pK_a
$C_{10}H_8N_2$	2,2′-联吡啶		4.5×10^{-5}	4.35
$C_{12}H_8N_2$	1,10-邻二氮菲		1.4×10^{-5}	4.86
$C_2H_5O_2N$	氨基乙酸(甘氨酸)	$CH_2—CO_2H$ $^{+}NH_3$	$4.47\times10^{-3}(CO_2H)$ $1.67\times10^{-10}(NH_3)$	2.350 9.778
$C_3H_7O_2N$	丙氨酸(L-2-氨基丙酸)	$CH_3—CH—CO_2H$ $^{+}NH_3$	$4.49\times10^{-3}(CO_2H)$ $1.36\times10^{-10}(NH_3)$	2.348 9.867
$C_6H_9O_6N$	次氨基三乙酸(NTA)	$H\overset{+}{N}(CH_2CO_2H)_3$	$1.2\times10^{-2}(CO_2H)$ $2.24\times10^{-2}(CO_2H)$ $1.15\times10^{-3}(CO_2H)$ $4.63\times10^{-11}(NH)$	1.9 1.650 2.940 10.334
$C_{10}H_{16}O_8N_2$	乙二胺四乙酸(EDTA)	$CH_2\overset{+}{N}H(CH_2CO_2H)_2$ $CH_2\overset{+}{N}H(CH_2CO_2H)_2$	$1.26\times10^{-1}(CO_2H)$ $2.6\times10^{-2}(CO_2H)$ $1.0\times10^{-2}(CO_2H)$ $2.1\times10^{-3}(CO_2H)$ $6.9\times10^{-7}(NH)$ $5.5\times10^{-11}(NH)$	0.9 1.6 2.0 2.68 6.16 10.26
$C_{10}H_{18}O_7N_2$	*N*-(2-羟乙基)乙二胺三乙酸(HEDTA)	CH_2CO_2H $NCH_2CH_2N(CH_2CO_2H)_2$ CH_2CH_2OH	$3\times10^{-3}(CO_2H)$ $4.1\times10^{-6}(CO_2H)$ $1.5\times10^{-10}(CO_2H)$	2.6 5.39 9.81
$C_{14}H_{22}O_8N_2$	环己二胺四乙酸(CyDTA,DTCA)	$\overset{+}{N}H(CH_2CO_2H)_2$ $N(CH_2CO_2H)_2$	$2.0\times10^{-2}(CO_2H)$ $3.8\times10^{-3}(CO_2H)$ $2.9\times10^{-4}(CO_2H)$ $7.6\times10^{-7}(CO_2H)$ $(5\times10^{-13})(NH)$	1.70 2.42 3.53 6.12 (12.3)
$C_{14}H_{23}O_{10}N_3$	二亚乙基三胺五乙酸(DTPA)	$CH_2CH_2\overset{+}{N}H(CH_2CO_2H)_2$ $N—CH_2CO_2H$ $CH_2CH_2\overset{+}{N}H(CH_2CO_2H)_2$	$2\times10^{-1}(CO_2H)$ $3\times10^{-2}(CO_2H)$ $1\times10^{-2}(CO_2H)$ $2.3\times10^{-3}(CO_2H)$ $5.2\times10^{-5}(CO_2H)$ $2.5\times10^{-9}(NH)$ $3.2\times10^{-11}(NH)$	0.7 1.6 2.0 2.64 4.28 8.60 10.49
$C_{14}H_{24}O_{10}N_2$	乙二醇二乙醚二胺四乙酸[乙二醇二(2-氨基乙醚)四乙酸](EGTA)	$CH_2OCH_2CH_2N(CH_2CO_2H)_2$ $CH_2OCH_2CH_2N(CH_2CO_2H)_2$	$1\times10^{-2}(CO_2H)$ $2.2\times10^{-3}(CO_2H)$ $1.7\times10^{-9}(CO_2H)$ $4.0\times10^{-10}(CO_2H)$	2.0 2.66 8.78 9.40

① 碳酸的浓度假定为 $[H_2CO_3]+[CO_2]$ 之和。

注：本表和附录 4 资料摘引自：

[1] Sillen L G, Maretell A E. Stability Constants of Metal-Ion Complexes, The Chemical Society, Publication No 17, London, 1964, 25, 1971, Supplement No 1, 1971.

[2] Hogfeldt E. Stability Constants of Metal-Ion Complexes, part A: Inorganic Ligands, IUPAC Chemical Data Series, No 21, Pergamon Press, Oxford, 1982.

[3] Perrin D D,. Stability Constants of Metal-Ion Complexes, Part B: Organic Ligands, IUPAC Chemical Data Series, No 22, Pergamon Press, Oxford, 1979.

附录 4　一些氨羧配位剂与金属离子配合物的稳定常数 lg*K*（ML）

金属离子	EDTA	CyDTA	EGTA	DTPA	HEDTA
Ag^{+}	7.32	9.03	6.88	8.61	6.71
Al^{3+}	16.30	19.50	13.90	18.60	14.30
Ba^{2+}	7.86	8.69	8.41	8.87	6.30
Be^{2+}	8.68	11.51			
Bi^{3+}	27.80	32.30		35.60	22.30
Ca^{2+}	10.69	13.15	10.97	10.84	8.30
Cd^{2+}	16.46	19.93	16.70	19.20	13.02
Ce^{3+}	15.98			40.50	
Co^{2+}	16.31	19.62	12.30	19.27	14.42
Co^{3+}	41.10			40.50	43.20
Cr^{3+}	12.80			15.36	
Cu^{2+}	18.83	22.00	17.71	21.00	17.42
Fe^{2+}	14.19	19.00	11.87	16.50	11.63
Fe^{3+}	25.42	29.15	20.38	28.00	19.80
Ca^{2+}	21.70	22.29	19.02	22.46	19.40
Hg^{2+}	22.02	25.00	23.86	26.70	19.97
In^{3+}	25.00	28.80		29.60	20.20
La^{3+}	15.25	16.96	15.84	19.23	13.61
Li^{+}	2.43			3.10	
Mg^{2+}	8.70	11.02	5.21	9.30	7.00
Mn^{2+}	14.05	17.48	12.28	15.60	10.75
Na^{+}	1.43		1.38		
Ni^{2+}	18.66	20.30	13.55	20.32	16.66
Pb^{2+}	18.04	21.20	14.84	20.56	15.99
Pd^{2+}	18.50			24.60	
Sc^{3+}	21.84	26.10	18.20	26.28	17.30
Sn^{2+}	22.10	18.70	18.70	20.70	
Sr^{2+}	8.73	10.50	8.50	9.77	6.90
Th^{4+}	23.20	25.60		26.64	18.50
Ti^{3+}	21.30				
TiO^{2+}	17.50	18.23		23.36	
Tl^{+}	6.11	3.85	4.00	5.97	
Tl^{3+}	35.30	38.30		46.00	
UO_2^{2+}	19.70		9.41		
VO^{2+}	18.80	20.10			
VO_2^{+}	15.55				
Y^{3+}	18.09	19.85	17.16	21.95	
Zn^{2+}	16.50	19.37	12.70	18.40	14.78
Zr^{4+}	27.90	29.90		35.80	14.70

附录 5　一些金属离子配合物的稳定常数 lgβ_i（25℃）

金属离子	离子强度	lgβ_1	lgβ_2	lgβ_3	lgβ_4	lgβ_5	lgβ_6
L－Br^{-}							
Ag^{+}	0.1	4.15	7.1	7.95	8.9		
				$\lg\{[Ag_2Br]/[Ag]^2[Br]\}=9.7$（*I* 不定）			
Bi^{3+}	2	2.3	4.45	6.3	7.7	9.3	9.4
Cd^{2+}	0.75	1.56	2.10	2.16	2.53		
Hg^{2+}	0.5	9.05	17.3	19.7	21.0		
Pb^{2+}	1	1.1	1.4	2.2			
Tl^{3+}	1.2	8.9	16.4	22.1	26.1	29.2	31.6

续表

金属离子	离子强度	$\lg\beta_1$	$\lg\beta_2$	$\lg\beta_3$	$\lg\beta_4$	$\lg\beta_5$	$\lg\beta_6$
L=Cl^-							
Ag^+	0.2	2.9	4.7	5.0	5.9		
				$\lg\{[Ag_2Cl]/[Ag]^2[Cl]\}=6.7$($I$ 不定)			
Hg^{2+}	0.5	6.7	13.2	14.1	15.1		
L=CN^-							
Ag^+	0～0.3		21.1	21.8	20.7		
Au^{3+}	不定		38.3				
Cd^{2+}	3	5.5	10.6	15.3	18.9		
Cu^+			24.0	28.6	30.3		
Cu^{2+}①	不详				25		
Fe^{2+}①	0					35.4	
Fe^{3+}①	0					43.6	
Hg^{2+}	0.1	18.0	34.7	38.5	41.5		
Ni^{2+}	0.1				31.3		
Pb^{2+}	1				10		
Zn^{2+}	0.1				16.7		
L=F^-							
Al^{3+}	0.53	6.1	11.15	15.0	17.7	19.4	19.7
Be^{2+}	0.5	5.1	8.8	11.8			
Cr^{3+}	0.5	4.4	7.7	10.2			
Fe^{3+}	0.5	5.2	9.2	11.9			
In^{3+}	1	3.7	6.3	8.6	9.7		
Sc^{3+}	0.5	6.2	11.5	15.5			
Sn^{4+}	不定						25
Th^{4+}	0.5	7.7	13.5	18.0			
TiO_2^{2+}	3	5.4	9.8	13.7	17.4		
UO^{2+}	1	4.5	7.9	10.5	11.8		
Zr^{4+}	2	8.8	16.1	21.9			
L=I^-							
Ag^+	1.6	13.85	13.7	$\lg\{[Ag_2I]/[Ag]^2[I]\}=14.15$($I$ 不定)			
Bi^{3+}	2			15.0	16.8	18.8	
Cd^{2+}	不定	2.4	3.4	5.0	6.15		
Hg^{2+}	0.5	12.9	23.8	27.6	29.8		
Pb^{2+}	1	1.3	2.8	3.4	3.9		
L=NH_3							
Ag^+	0.1	3.40	7.40				
Cd^{2+}	0.1	2.60	4.65	6.04	6.92	6.6	4.9
Co^{2+}	0.1	2.05	3.62	4.61	5.31	5.43	4.75
Co^{3+}	0.1	7.3	14.0	20.1	25.7	30.8	35.2
Cu^{2+}	0.1	4.13	7.61	10.48	12.59		
Hg^{2+}	2	8.80	17.50	18.5	19.4		
Ni^{2+}	0.1	2.75	4.95	6.64	7.79	8.50	8.49
Zn^{2+}	0.1	2.27	4.61	7.01	9.06		
L=HPO_4^{2-}							
Mn^{2+}	0.2	2.6					
Fe^{3+}	0.66	9.35					
L=SCN^-							
Ag^+	2.2	7.6	9.1	10.1			
Au^+	不定		25				
Au^{3+}	不定		42				

续表

金属离子	离子强度	$\lg\beta_1$	$\lg\beta_2$	$\lg\beta_3$	$\lg\beta_4$	$\lg\beta_5$	$\lg\beta_6$
Bi^{3+}	0.4	0.8	1.9	2.7	3.4		
Cu^{+}	5		11.0				3.2
Cu^{2+}	0.5	1.7	2.5	2.7	3.0		
Fe^{3+}	不定	2.3	4.2	5.6	6.4	6.4	
Hg^{2+}	1		16.1	19.0	20.9		
L=$S_2O_3^{2-}$							
Ag^{+}	0	8.82	13.5				
Cd^{2+}	0	3.94					
Cu^{+}	2	10.3	12.2	13.8			
Hg^{2+}	0	29.86	32.26				
Pb^{2+}	不定	5.1		6.4			
L=OH^-						$\lg K\{M_m(OH)_n\}$	
Al^{3+}	2				33.3	163(m=6;n=15)	
Bi^{3+}	3		12.4			168.3(m=6;n=12)	
Cd^{2+}	3	4.3	7.7	10.3	12.0		
Co^{2+}	0.1	5.1		10.2			
Cr^{3+}	0.1	10.2	18.3			26.0(m=2;n=2)	
						69.9(m=6;n=12)	
Cu^{2+}	0	6.0				17.1(m=2;n=2)	
Fe^{2+}	1	4.5					
Fe^{3+}	3	11.0	21.7			25.1(m=2;n=2)	
Ga^{3+}	0.5	11.1					
Hg^{2+}	0.5	10.3	21.7				
In^{3+}	3	7.0				17.9(m=2;n=2)	
La^{3+}	3	3.9				4.1(m=5;n=1)	
Mg^{2+}	0	2.6				54.6(m=5;n=9)	
Mn^{2+}	0.1	3.4					
Pb^{2+}	0.3	6.2	10.3	13.3		7.6(m=2;n=1)	
						36.1(m=4;n=4)	
Sn^{2+}	3	10.1				69.3(m=6;n=8)	
						23.5(m=2;n=2)	
Sn^{4+}							
Th^{4+}	1	9.7				11.1(m=2;n=1)	
Ti^{3+}	0.5	11.8				22.9(m=2;n=2)	
TiO^{2+}	1	13.7					
Tl^{3+}	3	12.9	25.4				
VO^{2+}	3	8.0				21.1(m=2;n=2)	
VO_2^{+}	1						
Zn^{2+}	0	4.4		14.4	15.5	189.2(m=10;n=14)	
Zr^{4+}	4	13.8	27.2	40.2	53		
L=$C_2H_2O_4$	**草酸**						
Al^{3+}	0.5		11.0	14.6			
Cd^{2+}	0.5	2.9	4.7				
Ce^{3+}	0.5	5.1	8.6	9.6			
Co^{2+}	0.5	3.5	5.8	$\lg K(CoH_2L_2)$=10.6,$\lg K(CoHL)$=5.5			
Cu^{2+}	0.5	4.5	8.9	$\lg K(CuHL)$=6.25			
Fe^{3+}	0.5	8.0	14.3	18.5			
Mg^{2+}	0.5	2.4					
Mn^{2+}	0.5	2.7	4.1				
Mn^{3+}	2	10.0	16.6	19.4			

续表

金属离子	离子强度	$\lg\beta_1$	$\lg\beta_2$	$\lg\beta_3$	$\lg\beta_4$	$\lg K\{M_m(OH)_n\}$
Ni^{2+}	1	4.1	7.2	8.5		
Th^{4+}	0.1				24.5	
TiO^{2+}	2	6.6	9.9			
Zn^{2+}	0.5	3.7	6.0	$\lg K(ZnH_2L_2)=10.8$, $\lg K(ZnHL)=5.6$		
$L=C_2H_4O_2$	**乙酸**					
Pb^{2+}	0.5	1.9	3.3			
$L=C_2H_8N_2$	**乙二胺**					
Ag^{+}	0.1	4.7	7.7			
Cd^{2+}	0.1	5.47	10.02	12.09		
Co^{2+}	0.1	5.89	10.72	13.82		
Co^{3+}	0.1			46.84		
Cu^{2+}	0.1	10.55	19.60			
Fe^{2+}	0.1	4.28	7.53	9.52		
Hg^{2+}	0.1		23.42			
Mn^{2+}	0.1	2.73	4.79	5.67		
Ni^{2+}	0.1	7.66	14.06	18.59		
Zn^{2+}	0.1	5.71	10.37	12.08		
$L=C_4H_6O_6$	**D-酒石酸①**					
Al^{3+}	0.1	4.33	11.92			
Cu^{2+}	0.1	2.52	6.66			
Fe^{3+}	0.1	6.66	12.30			
In^{3+}	0.1	4.94	9.77			
La^{3+}	0.1	4.39	7.40			
Pb^{2+}	0.1	3.59	8.77			
$L=C_5H_8O_2$	**乙酰丙酮**					
Al^{3+}	0.1	8.1	15.7	21.2		
Be^{2+}	0.1	7.4	13.9			
Co^{2+}	0.1	5.0	8.9			
Fe^{2+}	0.1	4.7	8.0			
Fe^{3+}	0.1	9.3	17.9	25.1		
Ga^{3+}	0.1	9.0	17.0	22.5		
Mn^{2+}	0.1	3.8	6.6			
Ni^{2+}	0.1	5.5	9.8	11.9		
Th^{4+}	0.1	8.3	15.3	21.2	25.1	
Zn^{2+}	0.1	4.6	8.2			
Zr^{4+}	稀	8.4	16.0	23.2	30.1	
$L=C_5H_8O_7$	**柠檬酸**					
Al^{3+}	0.5	20.0	$\lg K\{Al(HL)\}=7.0$, $\lg K\{Al(OH)L\}=30.6$			
Ca^{2+}	0.5		$\lg K(CaH_2L)=10.9$, $\lg K\{CaH_2(HL)\}=8.4$, $\lg K\{Ca(HL)\}=3.5$			
Cd^{2+}	0.5	11.3	$\lg K\{CdH(HL)\}=7.9$, $\lg K\{Cd(HL)\}=4.0$			
Co^{2+}	0.5	12.5	$\lg K\{CoH(HL)\}=8.9$, $\lg K\{Co(HL)\}=4.4$			
Cu^{2+}	0.5	18	$\lg K\{CuH_2(HL)\}=12.0$, $\lg K\{Cu(HL)\}=6.1$			
Fe^{2+}	0.5	15.5	$\lg K\{FeH(HL)\}=7.3$, $\lg K\{Fe(HL)\}=3.1$			
Fe^{3+}	0.5	25.0	$\lg K\{FeH(HL)\}=12.2$, $\lg K\{FeHL\}=10.9$			
Mg^{2+}	0.5		$\lg K\{MgH(HL)\}=7.1$, $\lg K\{Mg(HL)\}=2.8$			
Mn^{2+}	0.5		$\lg K\{MnH(HL)\}=8.0$, $\lg K\{Mn(HL)\}=3.4$			
Ni^{2+}	0.5	14.3	$\lg K\{NiH(HL)\}=9.0$, $\lg K\{Ni(HL)\}=4.8$			
Pb^{2+}	0.5	12.3	$\lg K\{PbH(HL)\}=11.2$, $\lg K\{Pb(HL)\}=5.2$			
Zn^{2+}	0.5	11.4	$\lg K\{ZnH(HL)\}=8.7$, $\lg K\{Zn(HL)\}=4.5$			

① 资料参见附录 3 注。

注：本表资料摘引自 Ringbom A. Complexation in Analytical Chemisty，Interscience Publishers，New York，1963。

附录6　一些难溶化合物的溶度积（25℃）

化合物	K_{sp}	pK_{sp}	化合物	K_{sp}	pK_{sp}	化合物	K_{sp}	pK_{sp}
AgAc	1.94×10^{-3}	2.71	$Co(IO_3)_2\cdot2H_2O$	1.21×10^{-2}	1.92	$MnCO_3$	2.24×10^{-11}	10.65
AgBr	5.35×10^{-13}	12.27	$Co(OH)_2$			$MnC_2O_4\cdot2H_2O$	1.70×10^{-7}	6.77
$AgBrO_3$	5.34×10^{-5}	4.27	（粉红）	1.09×10^{-15}	14.96	$Mn(IO_3)_2$	4.37×10^{-7}	6.36
AgCN	5.97×10^{-17}	16.22	$Co(OH)_2$(蓝)	5.92×10^{-15}	14.23	$Mn(OH)_2$	2.06×10^{-13}	12.69
AgCl	1.77×10^{-10}	9.75	$Co_3(AsO_4)_2$	6.79×10^{-29}	28.17	MnS	4.65×10^{-14}	13.33
AgI	8.51×10^{-17}	16.07	$Co_3(PO_4)_2$	2.05×10^{-35}	34.69	$NiCO_3$	1.42×10^{-7}	6.85
$AgIO_3$	3.17×10^{-8}	7.50	CuBr	6.27×10^{-9}	8.20	$Ni(IO_3)_2$	4.71×10^{-5}	4.33
AgSCN	1.03×10^{-12}	11.99	CuC_2O_4	4.43×10^{-10}	9.35	$Ni(OH)_2$	5.47×10^{-16}	15.26
Ag_2CO_3	8.45×10^{-12}	11.07	CuCl	1.72×10^{-7}	6.76	NiS	1.07×10^{-21}	20.97
$Ag_2C_2O_4$	5.40×10^{-12}	11.27	CuI	1.27×10^{-12}	11.90	$Ni_3(PO_4)_2$	4.73×10^{-32}	31.33
Ag_2CrO_4	1.12×10^{-12}	11.95	$Cu(IO_3)_2\cdot H_2O$	6.94×10^{-8}	7.16	$PbBr_2$	6.60×10^{-6}	5.18
α-Ag_2S	6.69×10^{-50}	49.17	CuS	1.27×10^{-36}	35.90	$PbCO_3$	1.46×10^{-13}	12.84
β-Ag_2S	1.09×10^{-49}	48.96	CuSCN	1.77×10^{-13}	12.75	PbC_2O_4	8.51×10^{-10}	9.07
Ag_2SO_3	1.49×10^{-14}	13.83	Cu_2S	2.26×10^{-48}	47.64	$PbCl_2$	1.17×10^{-5}	4.93
Ag_2SO_4	1.20×10^{-5}	4.92	$Cu_3(AsO_4)_2$	7.93×10^{-36}	35.10	PbF_2	7.12×10^{-7}	6.15
Ag_3AsO_4	1.03×10^{-22}	21.99	$Cu_3(PO_4)_2$	1.39×10^{-37}	36.86	PbI_2	8.49×10^{-9}	8.07
Ag_3PO_4	8.88×10^{-17}	16.05	$FeCO_3$	3.07×10^{-11}	10.51	$Pb(IO_3)_2$	3.68×10^{-13}	12.43
$Al(OH)_3$	1.1×10^{-33}	32.97	FeF_2	2.36×10^{-6}	5.63	$Pb(OH)_2$	1.42×10^{-20}	19.85
$AlPO_4$	9.83×10^{-21}	20.01	$Fe(OH)_2$	4.87×10^{-17}	16.31	PbS	9.04×10^{-29}	28.04
$BaCO_3$	2.58×10^{-9}	8.59	$Fe(OH)_3$	2.64×10^{-39}	38.58	$PbSO_4$	1.82×10^{-8}	7.74
$BaCrO_4$	1.17×10^{-10}	9.93	$FePO_4\cdot2H_2O$	9.92×10^{-29}	28.00	$Pb(SCN)_2$	2.11×10^{-5}	4.68
BaF_2	1.84×10^{-7}	6.74	FeS	1.59×10^{-19}	18.80	PdS	2.03×10^{-58}	57.69
$Ba(IO_3)_2$	4.01×10^{-9}	8.40	HgI_2	2.82×10^{-29}	28.55	$Pd(SCN)_2$	4.38×10^{-23}	22.36
$Ba(IO_3)_2\cdot H_2O$	1.67×10^{-9}	8.78	$Hg(OH)_2$	3.13×10^{-26}	25.50	PtS	9.91×10^{-74}	73.00
$Ba(OH)_2\cdot H_2O$	2.55×10^{-4}	3.59	HgS(黑)	6.44×10^{-53}	52.19	$Sn(OH)_2$	5.45×10^{-27}	26.26
$BaSO_4$	1.07×10^{-10}	9.97	HgS(红)	2.00×10^{-53}	52.70	SnS	3.25×10^{-28}	27.49
$BiAsO_4$	4.43×10^{-10}	9.35	Hg_2Br_2	6.41×10^{-23}	22.19	$SrCO_3$	5.60×10^{-10}	9.25
Bi_2S_3	1.82×10^{-99}	98.74	Hg_2CO_3	3.67×10^{-17}	16.44	SrF_2	4.33×10^{-19}	8.36
$CaCO_3$	4.96×10^{-9}	8.30	$Hg_2C_2O_4$	1.75×10^{-13}	12.76	$Sr(IO_3)_2$	1.14×10^{-7}	6.94
$CaC_2O_4\cdot H_2O$	2.34×10^{-9}	8.63	Hg_2Cl_2	1.45×10^{-18}	17.84	$Sr(IO_3)_2\cdot H_2O$	3.58×10^{-7}	6.45
CaF_2	1.46×10^{-10}	9.84	Hg_2F_2	3.10×10^{-6}	5.51	$Sr(IO_3)_2\cdot6H_2O$	4.65×10^{-7}	6.33
$Ca(IO_3)_2$	6.47×10^{-6}	5.19	Hg_2I_2	5.33×10^{-29}	28.27	$SrSO_4$	3.44×10^{-7}	6.46
$Ca(IO_3)_2\cdot6H_2O$	7.54×10^{-7}	6.12	Hg_2SO_4	7.99×10^{-7}	6.10	$Sr_3(AsO_4)_2$	4.29×10^{-19}	18.37
$Ca(OH)_2$	4.68×10^{-6}	5.33	$Hg_2(SCN)_2$	3.12×10^{-20}	19.51	$ZnCO_3$	1.19×10^{-10}	9.92
$CaSO_4$	7.10×10^{-5}	4.15	$KClO_4$	1.05×10^{-2}	1.98	$ZnCO_3\cdot H_2O$	5.41×10^{-11}	10.27
$Ca_3(PO_4)_2$	2.07×10^{-33}	32.68	$K_2[PtCl_6]$	7.48×10^{-6}	5.13	$ZnC_2O_4\cdot2H_2O$	1.37×10^{-9}	8.86
$CdCO_3$	6.18×10^{-12}	11.21	Li_2CO_3	8.15×10^{-4}	3.09	ZnF_2	3.04×10^{-2}	1.52
$CdC_2O_4\cdot3H_2O$	1.42×10^{-8}	7.85	$MgCO_3$	6.82×10^{-6}	5.17	$Zn(IO_3)_2$	4.29×10^{-6}	5.37
CdF_2	6.44×10^{-3}	2.19	$MgCO_3\cdot3H_2O$	2.38×10^{-6}	5.62	γ-$Zn(OH)_2$	6.86×10^{-17}	16.16
$Cd(IO_3)_2$	2.49×10^{-8}	7.60	$MgCO_3\cdot5H_2O$	3.79×10^{-6}	5.42	β-$Zn(OH)_2$	7.71×10^{-17}	16.11
$Cd(OH)_2$	5.27×10^{-15}	14.28	$MgC_2O_4\cdot2H_2O$	4.83×10^{-6}	5.32	ε-$Zn(OH)_2$	4.12×10^{-17}	16.38
CdS	1.40×10^{-29}	28.85	MgF_2	7.42×10^{-11}	10.13	ZnS	2.93×10^{-25}	24.53
$Cd_3(AsO_4)_2$	2.17×10^{-33}	32.66	$Mg(OH)_2$	5.61×10^{-12}	11.25	$Zn_3(AsO_4)_2$	3.12×10^{-28}	27.51
$Cd_3(PO_4)_2$	2.53×10^{-33}	32.60	$Mg_3(PO_4)_2$	9.86×10^{-25}	24.01			

注：本表资料引自 Weast R C. CRC Handbook of Chemistry and Physics，69th Ed（1988—1989），CRC Press，Inc，Boca Raton，Florida，207-208。

附录 7　一些半反应的标准电极电势（298K）

电　对	电　极　反　应	$\varphi^{\ominus}$/V
1.在酸性溶液内		
H(Ⅰ)—(0)	$2H^{+}+2e^{-}$ ══ H_2	0.0000
D(Ⅰ)—(0)	$2D^{+}+2e^{-}$ ══ D_2	−0.044
Li(Ⅰ)—(0)	$Li^{+}+e^{-}$ ══ Li	−3.0401
Na(Ⅰ)—(0)	$Na^{+}+e^{-}$ ══ Na	−2.7109
K(Ⅰ)—(0)	$K^{+}+e^{-}$ ══ K	−2.931
Rb(Ⅰ)—(0)	$Rb^{+}+e^{-}$ ══ Rb	−2.98
Cs(Ⅰ)—(0)	$Cs^{+}+e^{-}$ ══ Cs	−2.923
Cu(Ⅰ)—(0)	$Cu^{+}+e^{-}$ ══ Cu	0.522
Cu(Ⅰ)—(0)	$CuI+e^{-}$ ══ $Cu+I^{-}$	−0.1852
Cu(Ⅱ)—(0)	$Cu^{2+}+2e^{-}$ ══ Cu(Hg)	0.345
Cu(Ⅱ)—(Ⅰ)	$Cu^{2+}+e^{-}$ ══ Cu^{+}	0.152
①Cu(Ⅱ)—(Ⅰ)	$2Cu^{2+}+2I^{-}+2e^{-}$ ══ Cu_2I_2	0.86
Ag(Ⅰ)—(0)	$Ag^{+}+e^{-}$ ══ Ag	0.7996
Ag(Ⅰ)—(0)	$AgI+e^{-}$ ══ $Ag+I^{-}$	−0.1522
Ag(Ⅰ)—(0)	$AgCl+e^{-}$ ══ $Ag+Cl^{-}$	0.2223
Ag(Ⅰ)—(0)	$AgBr+e^{-}$ ══ $Ag+Br^{-}$	0.0713
Au(Ⅰ)—(0)	$Au^{+}+e^{-}$ ══ Au	1.692
Au(Ⅲ)—(0)	$Au^{3+}+3e^{-}$ ══ Au	1.498
Au(Ⅲ)—(0)	$AuCl_4^{-}+3e^{-}$ ══ $Au+4Cl^{-}$	1.002
Au(Ⅲ)—(Ⅰ)	$Au^{3+}+2e^{-}$ ══ Au^{+}	1.401
Be(Ⅱ)—(0)	$Be^{2+}+2e^{-}$ ══ Be	−1.847
Mg(Ⅱ)—(0)	$Mg^{2+}+2e^{-}$ ══ Mg	−2.372
Ca(Ⅱ)—(0)	$Ca^{2+}+2e^{-}$ ══ Ca	−2.86
Sr(Ⅱ)—(0)	$Sr^{2+}+2e^{-}$ ══ Sr	−2.89
Ba(Ⅱ)—(0)	$Ba^{2+}+2e^{-}$ ══ Ba	−2.912
Zn(Ⅱ)—(0)	$Zn^{2+}+2e^{-}$ ══ Zn	−0.7618
Cd(Ⅱ)—(0)	$Cd^{2+}+2e^{-}$ ══ Cd	−0.4026
Cd(Ⅱ)—(0)	$Cd^{2+}+2e^{-}$ ══ Cd(Hg)	−0.3521
Hg(Ⅰ)—(0)	$Hg_2^{2+}+2e^{-}$ ══ 2Hg	0.7973
Hg(Ⅰ)—(0)	$Hg_2I_2+2e^{-}$ ══ $2Hg+2I^{-}$	−0.0405
Hg(Ⅱ)—(0)	$Hg^{2+}+2e^{-}$ ══ Hg	0.851
Hg(Ⅱ)—(Ⅰ)	$2Hg^{2+}+2e^{-}$ ══ Hg_2^{2+}	0.920
①B(Ⅲ)—(0)	$H_3BO_3+3H^{+}+3e^{-}$ ══ $B+3H_2O$	−0.869
Al(Ⅲ)—(0)	$Al^{3+}+3e^{-}$ ══ Al(0.1fNaOH)	−1.706
Ga(Ⅲ)—(0)	$Ga^{3+}+3e^{-}$ ══ Ga	−0.560
In(Ⅲ)—(0)	$In^{3+}+3e^{-}$ ══ In	−0.3382
Tl(Ⅰ)—(0)	$Tl^{+}+e^{-}$ ══ Tl	−0.3363
La(Ⅲ)—(0)	$La^{3+}+3e^{-}$ ══ La	−2.522
Ce(Ⅳ)—(Ⅲ)	$Ce^{4+}+e^{-}$ ══ Ce^{3+}	1.61
U(Ⅲ)—(0)	$U^{3+}+3e^{-}$ ══ U	−1.80
U(Ⅳ)—(Ⅲ)	$U^{4+}+e^{-}$ ══ U^{3+}	−0.607
C(Ⅳ)—(Ⅱ)	$CO_2(g)+2H^{+}+2e^{-}$ ══ HCOOH	−0.199
C(Ⅳ)—(Ⅲ)	$2CO_2+2H^{+}+2e^{-}$ ══ $H_2C_2O_4$	−0.49
Si(Ⅳ)—(0)	$SiO_2+4H^{+}+4e^{-}$ ══ $Si+2H_2O$	−0.857
Sn(Ⅱ)—(0)	$Sn^{2+}+2e^{-}$ ══ Sn	−0.1375
Sn(Ⅳ)—(Ⅱ)	$Sn^{4+}+2e^{-}$ ══ Sn^{2+}	0.151
Pb(Ⅱ)—(0)	$Pb^{2+}+2e^{-}$ ══ Pb	−0.1263
Pb(Ⅱ)—(0)	$PbCl_2+2e^{-}$ ══ $Pb(Hg)+2Cl^{-}$	−0.262

电　对	电极反应	$\varphi^{\ominus}$/V
Pb(Ⅱ)—(0)	$PbSO_4+2e^-=Pb(Hg)+SO_4^{2-}$	−0.3505
Pb(Ⅱ)—(0)	$PbSO_4+2e^-=Pb+SO_4^{2-}$	−0.359
[1]Pb(Ⅱ)—(0)	$PbI_2+2e^-=Pb(Hg)+2I^-$	−0.358
Pb(Ⅳ)—(Ⅱ)	$PbO_2+4H^++2e^-=Pb^{2+}+2H_2O$	1.455
Ti(Ⅱ)—(0)	$Ti^{2+}+2e^-=Ti$	−1.628
Ti(Ⅳ)—(0)	$TiO_2+4H^++4e^-=Ti+2H_2O$	−0.86
[1]Ti(Ⅲ)—(Ⅱ)	$Ti^{3+}+e^-=Ti^{2+}$	−0.37
Zr(Ⅳ)—(0)	$ZrO_2+4H^++4e^-=Zr+2H_2O$	−1.43
N(Ⅰ)—(0)	$N_2O+2H^++2e^-=N_2+H_2O$	1.77
N(Ⅱ)—(Ⅰ)	$2NO+2H^++2e^-=N_2O+H_2O$	1.59
N(Ⅲ)—(Ⅰ)	$2HNO_2+4H^++4e^-=N_2O+3H_2O$	1.297
N(Ⅲ)—(Ⅱ)	$HNO_2+H^++e^-=NO+H_2O$	0.99
[1]N(Ⅳ)—(Ⅱ)	$N_2O_4+4H^++4e^-=2NO+2H_2O$	1.035
N(Ⅴ)—(Ⅱ)	$NO_3^-+4H^++3e^-=NO+2H_2O$	0.96
N(Ⅳ)—(Ⅲ)	$N_2O_4+2H^++2e^-=2HNO_2$	1.07
N(Ⅴ)—(Ⅲ)	$NO_3^-+3H^++2e^-=HNO_2+H_2O$	0.934
N(Ⅴ)—(Ⅳ)	$2NO_3^-+4H^++2e^-=N_2O_4+3H_2O$	0.803
[1]P(Ⅰ)—(0)	$H_3PO_2+H^++e^-=P$(白磷)$+2H_2O$	−0.508
P(Ⅲ)—(Ⅰ)	$H_3PO_3^3+2H^++2e^-=H_3PO_2+H_2O$	−0.499
P(Ⅴ)—(Ⅲ)	$H_3PO_4+2H^++2e^-=H_3PO_3+H_2O$	−0.276
As(0)—(−Ⅲ)	$As+3H^++3e^-=AsH_3$	−0.608
As(Ⅲ)—(0)	$HAsO_2+3H^++3e^-=As+2H_2O$	0.2475
As(Ⅴ)—(Ⅲ)	$H_3AsO_4+2H^++2e^-=HAsO_2+2H_2O$(1fHCl)	0.58
Sb(Ⅲ)—(0)	$Sb_2O_3+6H^++6e^-=2Sb+3H_2O$	0.152
Sb(Ⅴ)—(Ⅲ)	$Sb_2O_5(s)+6H^++4e^-=2SbO^++3H_2O$	0.581
Bi(Ⅲ)—(0)	$BiO^++2H^++3e^-=Bi+H_2O$	0.32
V(Ⅲ)—(Ⅱ)	$V^{3+}+e^-=V^{2+}$	−0.255
V(Ⅳ)—(Ⅱ)	$V^{4+}+2e^-=V^{2+}$	−1.186
V(Ⅳ)—(Ⅲ)	$VO^{2+}+2H^++e^-=V^{3+}+H_2O$	0.337
V(Ⅴ)—(Ⅳ)	$V(OH)_4^++2H^++e^-=VO^{2+}+3H_2O$	0.991
V(Ⅵ)—(Ⅳ)	$VO_2^{2+}+4H^++2e^-=V^{4+}+2H_2O$	0.62
O(−Ⅰ)—(−Ⅱ)	$H_2O_2+2H^++2e^-=2H_2O$	1.776
O(0)—(−Ⅱ)	$O_2+4H^++4e^-=2H_2O$	1.229
O(0)—(−Ⅱ)	$\frac{1}{2}O_2+2H^+[10^{-7}(mol\cdot L)]+2e^-=H_2O$	0.815
O(Ⅱ)—(−Ⅱ)	$OF_2+2H^++4e^-=H_2O+2F^-$	2.1
O(0)—(−Ⅰ)	$O_2+2H^++2e^-=H_2O_2$	0.692
S(0)—(−Ⅱ)	$S+2e^-=S^{2-}$	−0.476
S(0)—(−Ⅱ)	$S+2H^++2e^-=H_2S(aq)$	0.141
S(Ⅳ)—(0)	$H_2SO_3+4H^++4e^-=S+3H_2O$	0.45
[1]S(Ⅵ)—(Ⅳ)	$SO_4^{2-}+4H^++2e^-=H_2SO_3+H_2O$	0.172
S(Ⅶ)—(Ⅵ)	$S_2O_8^{2-}+2e^-=2SO_4^{2-}$	2.0
Se(0)—(−Ⅱ)	$Se+2H^++2e^-=H_2Se(aq)$	−0.399
Se(Ⅳ)—(0)	$H_2SeO_3+4H^++4e^-=Se+3H_2O$	0.74
Se(Ⅵ)—(Ⅳ)	$SeO_4^{2-}+4H^++2e^-=H_2SeO_3+H_2O$	1.151
Cr(Ⅲ)—(0)	$Cr^{3+}+3e^-=Cr$	−0.74
Cr(Ⅲ)—(Ⅱ)	$Cr^{3+}+e^-=Cr^{2+}$	−0.41
Cr(Ⅵ)—(Ⅲ)	$Cr_2O_7^{2-}+14H^++6e^-=2Cr^{3+}+7H_2O$	1.23
Mo(Ⅲ)—(0)	$Mo^{3+}+3e^-=Mo$	−0.20
F(0)—(−Ⅰ)	$F_2+2e^-=2F^-$	2.87

续表

电　对	电极反应	$\varphi^{\ominus}$/V
F(0)—(－Ⅰ)	$F_2(g)+2H^++2e^-$ ══ $2HF(aq)$	3.03
Cl(0)—(－Ⅰ)	$Cl_2(g)+2e^-$ ══ $2Cl^-$	1.3583
Cl(Ⅰ)—(－Ⅰ)	$HClO+H^++2e^-$ ══ Cl^-+H_2O	1.49
Cl(Ⅲ)—(－Ⅰ)	$HClO_2+3H^++4e^-$ ══ Cl^-+2H_2O	1.56
Cl(Ⅴ)—(－Ⅰ)	$ClO_3^-+6H^++6e^-$ ══ Cl^-+3H_2O	1.45
Cl(Ⅰ)—(0)	$HClO+H^++e^-$ ══ $\frac{1}{2}Cl_2+H_2O$	1.63
Cl(Ⅴ)—(0)	$ClO_3^-+6H^++5e^-$ ══ $\frac{1}{2}Cl_2+3H_2O$	1.47
Cl(Ⅶ)—(0)	$ClO_4^-+8H^++7e^-$ ══ $\frac{1}{2}Cl_2+4H_2O$	1.39
Cl(Ⅲ)—(Ⅰ)	$HClO_2+2H^++2e^-$ ══ $HClO+H_2O$	1.645
Cl(Ⅴ)—(Ⅲ)	$ClO_3^-+3H^++2e^-$ ══ $HClO_2+H_2O$	1.21
Cl(Ⅶ)—(Ⅴ)	$ClO_4^-+2H^++2e^-$ ══ $ClO_3^-+H_2O$	1.19
Br(0)—(－Ⅰ)	$Br_2(l)+2e^-$ ══ $2Br^-$	1.085
Br(0)—(－Ⅰ)	$Br_2(aq)+2e^-$ ══ $2Br^-$	1.087
Br(Ⅰ)—(－Ⅰ)	$HBrO+H^++2e^-$ ══ Br^-+H_2O	1.33
Br(Ⅴ)—(－Ⅰ)	$BrO_3^-+6H^++6e^-$ ══ Br^-+3H_2O	1.44
Br(Ⅰ)—(0)	$HBrO+H^++6e^-$ ══ $\frac{1}{2}Br_2(l)+H_2O$	1.60
Br(Ⅴ)—(0)	$BrO_3^-+6H^++5e^-$ ══ $\frac{1}{2}Br_2+3H_2O$	1.48
I(0)—(－Ⅰ)	I_2+2e^- ══ $2I^-$	0.535
I(Ⅰ)—(－Ⅰ)	$HIO+H^++2e^-$ ══ I^-+H_2O	0.99
I(Ⅴ)—(－Ⅰ)	$IO_3^-+6H^++6e^-$ ══ I^-+3H_2O	1.085
I(Ⅰ)—(0)	$HIO+H^++e^-$ ══ $\frac{1}{2}I_2+2H_2O$	1.45
I(Ⅴ)—(0)	$IO_3^-+6H^++5e^-$ ══ $\frac{1}{2}I_2+3H_2O$	1.195
I(Ⅶ)—(Ⅴ)	$H_5IO_6+H^++2e^-$ ══ $IO_3^-+3H_2O$	约 1.7
Mn(Ⅱ)—(0)	$Mn^{2+}+2e^-$ ══ Mn	1.185
Mn(Ⅳ)—(Ⅱ)	$MnO_2+4H^++2e^-$ ══ $Mn^{2+}+2H_2O$	1.228
Mn(Ⅶ)—(Ⅱ)	$MnO_4^-+8H^++5e^-$ ══ $Mn^{2+}+4H_2O$	1.491
Mn(Ⅶ)—(Ⅳ)	$MnO_4^-+4H^++3e^-$ ══ MnO_2+2H_2O	1.679
Mn(Ⅶ)—(Ⅵ)	$MnO_4^-+e^-$ ══ MnO_4^{2-}	0.558
Fe(Ⅱ)—(0)	$Fe^{2+}+2e^-$ ══ Fe	－0.4402
Fe(Ⅲ)—(0)	$Fe^{3+}+3e^-$ ══ Fe	－0.036
Fe(Ⅲ)—(Ⅱ)	$Fe^{3+}+e^-$ ══ Fe^{2+}	0.770
①Fe(Ⅲ)—(Ⅱ)	$[Fe(CN)_6]^{3-}+e^-$ ══ $[Fe(CN)_6]^{4-}$(0.01fNaOH)	0.55
Co(Ⅱ)—(0)	$Co^{2+}+2e^-$ ══ Co	－0.28
Co(Ⅲ)—(Ⅱ)	$Co^{3+}+e^-$ ══ Co^{2+}($3fHNO_3$)	1.842
Ni(Ⅱ)—(0)	$Ni^{2+}+2e^-$ ══ Ni	－0.257
Pt(Ⅱ)—(0)	$Pt^{2+}+2e^-$ ══ Pt	约 1.2
Pt(Ⅱ)—(0)	$PtCl_4^{2-}+2e^-$ ══ $Pt+4Cl^-$	0.755
2. 在碱性溶液内		
H(Ⅰ)—(0)	$2H_2O+2e^-$ ══ H_2+2OH^-	－0.8277
Cu(Ⅰ)—(0)	$[Cu(NH_3)_2]^++e^-$ ══ $Cu+2NH_3$	－0.12
Cu(Ⅰ)—(0)	$Cu_2O+H_2O+2e^-$ ══ $2Cu+2OH^-$	－0.361
①Cu(Ⅰ)—(0)	$Cu(CN)_3^{2-}+e^-$ ══ $Cu+3CN^-$	(－1.10)
Ag(Ⅰ)—(0)	$AgCN+e^-$ ══ $Ag+CN^-$	－0.02
①Ag(Ⅰ)—(0)	$Ag(CN)_2^-+e^-$ ══ $Ag+2CN^-$	－0.31

电　对	电 极 反 应	$\varphi^{\ominus}$/V
Ag(Ⅰ)—(0)	$Ag_2S+2e^- = 2Ag+S^{2-}$	−0.7051
Be(Ⅱ)—(0)	$Be_2O_3^{2-}+3H_2O+4e^- = 2Be+6OH^-$	−2.63
Mg(Ⅱ)—(0)	$Mg(OH)_2+2e^- = Mg+2OH^-$	−2.69
Ca(Ⅱ)—(0)	$Ca(OH)_2+2e^- = Ca+2OH^-$	−3.02
Sr(Ⅱ)—(0)	$Sr(OH)_2\cdot 8H_2O+2e^- = Sr+2OH^-+8H_2O$	−2.99
Ba(Ⅱ)—(0)	$Ba(OH)_2\cdot 8H_2O+2e^- = Ba+2OH^-+8H_2O$	−2.97
①Zn(Ⅱ)—(0)	$Zn(NH_3)_4^{2+}+2e^- = Zn+4NH_3$	−1.04
Zn(Ⅱ)—(0)	$ZnO_2^{2-}+2H_2O+2e^- = Zn+4OH^-$	−1.216
Hg(Ⅱ)—(0)	$HgO+H_2O+2e^- = Hg+2OH^-$	0.0984
Zn(Ⅱ)—(0)	$Zn(OH)_4^{2+}+2e^- = Zn+4OH^-$	−1.245
①Zn(Ⅱ)—(0)	$Zn(CN)_4^{2-}+2e^- = Zn+4CN^-$	−1.26
Cd(Ⅱ)—(0)	$Cd(OH)_2+2e^- = Cd(Hg)+2OH^-$	0.081
B(Ⅲ)—(0)	$H_2BO_3^-+H_2O+3e^- = B+4OH^-$	−2.5
Al(Ⅲ)—(0)	$H_2AlO_3^-+H_2O+3e^- = Al+4OH^-$	−2.35
La(Ⅲ)—(0)	$La(OH)_3+3e^- = La+3OH^-$	−2.90
Lu(Ⅲ)—(0)	$Lu(OH)_3+3e^- = Lu+3OH^-$	−2.72
U(Ⅲ)—(0)	$U(OH)_3+3e^- = U+3OH^-$	−2.17
U(Ⅳ)—(0)	$UO_2+2H_2O+4e^- = U+4OH^-$	−2.39
U(Ⅳ)—(Ⅲ)	$U(OH)_4+e^- = U(OH)_3+OH^-$	−2.2
U(Ⅵ)—(Ⅳ)	$Na_2UO_4+4H_2O+2e^- = U(OH)_4+2Na^++4OH^-$	−1.61
Si(Ⅳ)—(0)	$SiO_3^{2-}+3H_2O+4e^- = Si+6OH^-$	−1.69
Ge(Ⅳ)—(0)	$H_2GeO_3+4H^++4e^- = Ge+3H_2O$	0.18
Sn(Ⅱ)—(0)	$H_2SnO_2^-+H_2O+2e^- = Sn+3OH^-$	−0.909
Sn(Ⅳ)—(Ⅱ)	$Sn(OH)_6^{2-}+2e^- = HSnO_2^-+H_2O+3OH^-$	−0.93
Pb(Ⅳ)—(Ⅱ)	$PbO_2+H_2O+2e^- = PbO+2OH^-$	0.247
N(Ⅴ)—(Ⅲ)	$NO_3^-+H_2O+2e^- = NO_2^-+2OH^-$	0.01
N(Ⅴ)—(Ⅳ)	$2NO_3^-+2H_2O+2e^- = N_2O_4+4OH^-$	−0.85
P(Ⅴ)—(Ⅲ)	$PO_4^{3-}+2H_2O+2e^- = HPO_3^{2-}+3OH^-$	−1.05
P(0)—(−Ⅲ)	$P+3H_2O+3e^- = PH_3(g)+3OH^-$	−0.87
As(Ⅲ)—(0)	$AsO_2^-+2H_2O+3e^- = As+4OH^-$	−0.68
As(Ⅴ)—(Ⅲ)	$AsO_4^{3-}+2H_2O+2e^- = AsO_2^-+4OH^-$	−0.71
Sb(Ⅲ)—(0)	$SbO_2^-+2H_2O+3e^- = Sb+4OH^-$	−0.66
Bi(Ⅲ)—(0)	$Bi_2O_3+3H_2O+6e^- = 2Bi+6OH^-$	−0.46
O(0)—(Ⅲ)	$O_2+2H_2O+4e^- = 4OH^-$	0.401
S(Ⅳ)—(Ⅱ)	$S_4O_6^{2-}+2e^- = 2S_2O_3^{2-}$	0.09
①S(Ⅳ)—(Ⅱ)	$2SO_3^{2-}+3H_2O+4e^- = S_2O_3^{2-}+6OH^-$	−0.58
S(Ⅵ)—(Ⅳ)	$SO_4^{2-}+H_2O+2e^- = SO_3^{2-}+2OH^-$	−0.92
S(0)—(−Ⅱ)	$S+2e^- = S^{2-}$	−0.476
Se(Ⅵ)—(Ⅳ)	$SeO_4^{2-}+H_2O+2e^- = SeO_3^{2-}+2OH^-$	0.05
Se(Ⅳ)—(0)	$SeO_3^{2-}+3H_2O+4e^- = Se+6OH^-$	−0.35
Se(0)—(−Ⅱ)	$Se+2e^- = Se^{2-}$	−0.924
Cr(Ⅲ)—(0)	$CrO_2^-+2H_2O+3e^- = Cr+4OH^-$	−1.2
Cr(Ⅲ)—(0)	$Cr(OH)_3+3e^- = Cr+3OH^-$	−1.48
Cr(Ⅵ)—(Ⅲ)	$CrO_4^{2-}+4H_2O+3e^- = Cr(OH)_3+5OH^-$	−0.12
Cl(Ⅶ)—(Ⅴ)	$ClO_4^-+H_2O+2e^- = ClO_3^-+2OH^-$	0.36
Cl(Ⅴ)—(Ⅲ)	$ClO_3^-+H_2O+2e^- = ClO_2^-+2OH^-$	0.35
Cl(Ⅴ)—(Ⅰ)	$ClO_3^-+3H_2O+6e^- = Cl^-+6OH^-$	0.62
Cl(Ⅲ)—(Ⅰ)	$ClO_2^-+H_2O+2e^- = ClO^-+2OH^-$	0.66
Cl(Ⅲ)—(−Ⅰ)	$ClO_2^-+2H_2O+4e^- = Cl^-+4OH^-$	0.76

续表

电　对	电极反应	$\varphi^{\ominus}$/V
Cl(Ⅰ)—(－Ⅰ)	$ClO^- + H_2O + 2e^- = Cl^- + 2OH^-$	0.81
Br(Ⅴ)—(－Ⅰ)	$BrO_3^- + 3H_2O + 6e^- = Br^- + 6OH^-$	0.76
Br(Ⅰ)—(－Ⅰ)	$BrO^- + H_2O + 2e^- = Br^- + 2OH^-$ (1fNaOH)	0.70
I(Ⅶ)—(Ⅴ)	$H_3IO_6^{2-} + 2e^- = IO_3^- + 3OH^-$	约 0.70
I(Ⅴ)—(－Ⅰ)	$IO_3^- + 3H_2O + 6e^- = I^- + 6OH^-$	0.26
I(Ⅰ)—(－Ⅰ)	$IO^- + H_2O + 2e^- = I^- + 2OH^-$	0.49
Mn(Ⅶ)—(Ⅳ)	$MnO_4^- + 2H_2O + 3e^- = MnO_2 + 4OH^-$	0.595
Mn(Ⅳ)—(Ⅱ)	$MnO_2 + 2H_2O + 2e^- = Mn(OH)_2 + 2OH$	−0.05
Mn(Ⅱ)—(0)	$Mn(OH)_2 + 2e^- = Mn + 2OH^-$	−1.56
Fe(Ⅲ)—(Ⅱ)	$Fe(OH)_3 + e^- = Fe(OH)_2 + OH^-$	−0.56
Co(Ⅲ)—(Ⅱ)	$Co(NH_3)_6^{3+} + e^- = Co(NH_3)_6^{2+}$	0.108
Co(Ⅲ)—(Ⅱ)	$Co(OH)_3 + e^- = Co(OH)_2 + OH^-$	0.17
Co(Ⅱ)—(0)	$Co(OH)_2 + 2e^- = Co + 2OH^-$	−0.73
Ni(Ⅱ)—(0)	$Ni(OH)_2 + 2e^- = Ni + 2OH^-$	−0.72
Pt(Ⅱ)—(0)	$Pt(OH)_2 + 2e^- = Pt + 2OH^-$	0.14

① 摘自 Dean John A. Lange's Handbook of Chemistry, 6-6, 12th ed (1979)。

注：数据摘自 Weast R C. Handbook of Chemistry and Physics, D-151, 69th ed (1988—1989)。

附录 8　在 298.15K 和 100kPa 时一些单质和化合物的热力学函数

单质或化合物	$\frac{\Delta_f H_m^{\ominus}}{kJ/mol}$	$\frac{\Delta_f G_m^{\ominus}}{kJ/mol}$	$\frac{S_m^{\ominus}}{J(mol \cdot K)}$	$\frac{C_{p,m}^{\ominus}}{J(mol \cdot K)}$
O(g)	249.170	231.731	161.055	21.912
O_2(g)	0	0	205.138	29.355
O_3(g)	142.7	163.2	238.93	39.20
H_2(g)	0	0	130.684	28.824
H(g)	217.965	203.247	114.713	20.784
H_2O(l)	−285.830	−237.129	69.91	75.291
H_2O(g)	−241.818	−228.572	188.825	33.577
H_2O_2(l)	−187.78	−120.35	109.6	89.1
第 0 族				
He(g)	0	0	126.150	20.786
Ne(g)	0	0	146.328	20.786
Ar(g)	0	0	154.843	20.786
Kr(g)	0	0	164.082	20.786
Xe(g)	0	0	169.683	20.786
Rn(g)	0	0	176.21	20.786
第Ⅶ族				
F_2(g)	0	0	202.78	31.30
HF(g)	−271.1	−273.2	173.779	29.133
Cl_2(g)	0	0	223.066	33.907
HCl(g)	−92.307	−95.299	186.908	29.12
Br_2(l)	0	0	152.231	75.689
Br_2(g)	30.907	3.110	245.463	36.02
I_2(cr)	0	0	116.135	54.438
I_2(g)	62.438	19.327	260.69	36.90
HI(g)	26.48	1.70	206.594	29.158
第Ⅵ族				
S(cr,正交晶的)	0	0	31.80	22.64
S(cr,单斜晶的)	0.33	—	—	—

续表

单质或化合物	$\Delta_f H_m^\ominus$ / kJ/mol	$\Delta_f G_m^\ominus$ / kJ/mol	$S_m^\ominus$ / J(mol·K)	$C_{p,m}^\ominus$ / J(mol·K)
SO(g)	6.259	−19.853	221.95	30.17
SO_2(g)	−296.830	−300.194	248.22	39.87
SO_3(g)	−395.72	−371.06	256.76	50.67
H_2S(g)	−20.63	−33.56	205.79	34.23
第Ⅴ族				
N_2(g)	0	0	191.61	29.125
NO(g)	90.25	86.55	210.761	29.844
NO_2(g)	33.18	51.31	240.06	37.20
N_2O(g)	82.05	104.20	219.85	38.45
N_2O_4(g)	9.16	97.89	304.29	77.28
N_2O_5(cr)	−43.1	113.9	178.2	143.1
NH_3(g)	−46.11	−16.45	192.45	35.06
HNO_3(l)	−174.10	−80.71	155.60	109.87
NH_4Cl(cr)	−314.43	−202.87	94.6	84.1
P(cr,白色)	0	0	41.09	23.840
P(cr,红色,三斜晶的)	−17.6	−12.1	22.80	21.21
P_4(g)	58.91	24.44	279.98	67.15
P_4O_{10}(cr,六方晶的)	−2984.0	−2697.7	228.86	211.71
PH_3(g)	5.4	13.4	210.23	37.11
第Ⅳ族				
C(cr,石墨)	0	0	5.740	8.527
C(cr,金刚石)	1.895	2.900	2.377	6.113
C(g)	716.682	671.257	158.096	20.838
CO(g)	−110.525	−137.168	197.674	29.142
CO_2(g)	−393.509	−394.359	213.74	37.11
CH_4(g)	−74.81	−50.72	186.264	35.309
HCOOH(l)	−424.72	−361.35	128.95	99.04
CH_3OH(l)	−238.66	−166.27	126.8	81.6
CH_3OH(g)	−200.66	−161.96	239.81	43.89
CCl_4(l)	−135.44	−65.21	216.40	131.75
CCl_4(g)	−102.9	−60.59	309.85	83.30
CH_3Cl(g)	−80.83	−57.37	234.58	40.75
$CHCl_3$(l)	−134.47	−73.66	201.7	113.8
$CHCl_3$(g)	−103.14	−70.34	295.71	65.69
CH_3Br(g)	−35.1	−25.9	246.38	42.43
CS_2(l)	89.70	65.27	151.34	75.7
HCN(g)	135.1	124.7	201.78	35.86
CH_3CHO(g)	−166.19	−128.86	250.3	57.3
$CO(NH_2)_2$(cr)	−333.51	−197.33	104.60	93.14
C_6H_6(g)①	82.9	129.7	269.2	82.4
C_6H_6(l)①	49.1	124.5	173.4	136.0
Si(cr)	0	0	18.83	20.00
SiO_2(cr,α石英)	−910.94	−856.64	41.84	44.43
Pb(cr)	0	0	64.81	26.44
第Ⅲ族				
B(cr)	0	0	5.86	11.09
B_2O_3(cr)	−1272.77	−1193.65	53.97	62.93
B_2H_6(g)	35.6	86.7	232.11	56.90
B_5H_9(g)	73.2	175.0	275.92	96.78

续表

单质或化合物	$\Delta_f H_m^\ominus$ / kJ/mol	$\Delta_f G_m^\ominus$ / kJ/mol	$S_m^\ominus$ / J(mol·K)	$C_{p,m}^\ominus$ / J(mol·K)
Al(cr)	0	0	28.33	24.35
Al_2O_3(cr,α,刚玉)	−1675.7	−1582.3	50.92	79.04
第ⅡB族				
Zn(cr)	0	0	41.63	25.40
ZnS(cr,纤锌矿)	−192.63	—	—	—
ZnS(cr,闪锌矿)	−205.98	−201.29	57.7	46.0
Hg(l)	0	0	76.02	27.983
HgO(cr,红色,斜方晶的)	−90.83	−58.539	70.29	44.06
HgO(cr,黄色)	−90.46	−58.409	71.1	—
$HgCl_2$(cr)	−224.3	−178.6	146.0	—
Hg_2Cl_2(cr)	−265.22	−210.745	192.5	—
第ⅠB族				
Cu(cr)	0	0	33.150	24.435
CuO(cr)	−157.3	−129.7	42.63	42.30
$CuSO_4$(cr)	−771.36	−661.8	109	100.0
$CuSO_4\cdot5H_2O$(cr)	−2279.65	−1879.745	300.4	280
Ag(cr)	0	0	42.55	25.351
Ag_2O(cr)	−31.05	−11.20	121.3	65.86
AgCl(cr)	−127.068	−109.789	96.2	50.79
$AgNO_3$(cr)	−124.39	−33.41	140.92	93.05
第Ⅷ族				
Fe(cr)	0	0	27.28	25.10
Fe_2O_3(cr,赤铁矿)	−824.4	−742.2	87.40	103.85
Fe_3O_4(cr,磁铁矿)	−1118.4	−1015.4	146.4	143.43
第ⅦB族				
Mn(cr)	0	0	32.01	26.32
MnO_2(cr)	−520.03	−465.14	53.05	54.14
第Ⅱ族				
Be(cr)	0	0	9.50	16.44
Mg(cr)	0	0	32.68	24.89
MgO(cr,方镁石)	−601.70	−569.43	26.94	37.15
$Mg(OH)_2$(cr)	−924.54	−833.51	63.18	77.03
$MgCl_2$(cr)	−641.32	−591.79	89.62	71.38
Ca(cr)	0	0	41.42	25.31
CaO(cr)	−635.09	−604.03	39.75	42.80
CaF_2(cr)	−1219.6	−1167.3	68.87	67.03
$CaSO_4$(cr,无水石膏)	−1434.11	−1321.79	106.7	99.66
$CaSO_4\cdot\frac{1}{2}H_2O$(cr,α)	−1576.74	−1436.74	130.5	119.41
$CaSO_4\cdot2H_2O$(cr,透石膏)	−2022.63	−1797.28	194.1	186.02
$Ca_3(PO_4)_2$(cr,β,低温形)	−4120.8	−3884.7	236.0	227.82
$CaCO_3$(cr,方解石)	−1206.92	−1128.79	92.9	81.88
$CaO\cdot SiO_2$(cr,钙硅石)	−1634.94	−1549.66	81.92	85.27
第Ⅰ族				
Li(cr)	0	0	29.12	24.77
Li(g)	159.37	126.66	138.77	20.786
Li_2(g)	215.9	174.4	196.996	36.104
Li_2O(cr)	−597.94	−561.18	37.57	54.10
LiH(g)	139.24	116.47	170.900	29.727
LiCl(cr)	−408.61	384.37	59.33	47.99

续表

单质或化合物	$\Delta_f H_m^\ominus$ / kJ/mol	$\Delta_f G_m^\ominus$ / kJ/mol	$S_m^\ominus$ / J(mol·K)	$C_{p,m}^\ominus$ / J(mol·K)
Na(cr)	0	0	51.21	28.24
Na(g)	107.32	76.761	153.712	20.786
Na_2O(g)	142.05	103.94	230.23	37.57
NaO_2(cr)	−260.2	−218.4	115.9	72.13
Na_2O(cr)	−414.22	−375.46	75.06	69.12
Na_2O_2(cr)	−510.87	−447.7	95.0	89.24
NaOH(cr)	−425.609	−379.494	64.455	59.54
NaCl(cr)	−411.153	−384.138	72.13	50.50
NaBr(cr)	−361.062	−348.983	86.82	51.38
Na_2SO_4(cr,斜方晶的)	−1387.08	−1270.16	149.58	128.20
$Na_2SO_4 \cdot 10H_2O$(cr)	−4327.26	−3646.85	592.0	—
$NaNO_3$(cr)	−467.85	−367.00	116.52	92.88
Na_2CO_3(cr)	−1130.68	−1044.44	134.98	112.30
K(cr)	0	0	64.18	29.58
K(g)	89.24	60.59	160.336	20.786
K_2(g)	123.7	87.5	249.73	37.89
K_2O(cr)	−361.5	—	—	—
KOH(cr)	−424.764	−379.08	78.9	64.9
KCl(cr)	−436.747	−409.14	82.59	51.30
$KMnO_4$(cr)	−837.2	−737.6	171.71	117.57

① 数据引自［美］Lide D R. Handbook of Chemistry and Physics，78th ed. Juc Boca Raton，New York：CRC，Press，1997—1998。

注：本表资料引自［美］Wagman D D，Evans W H，Parker V B，et al. The NBS tables of chemical thermodynamic properties，Selected values for inorganic and C_1 and C_2 organic substances in SI units. 刘天和，赵梦月，译. 北京：中国标准出版社，1998.

附录 9　一些有机物的标准摩尔燃烧焓值

物　质	M	$-\Delta_c H_m^\ominus$/(kJ/mol)
CH_4(g)甲烷	16.04	890
C_2H_2(g)乙炔	26.04	1300
C_2H_4(g)乙烯	28.05	1411
C_2H_6(g)乙烷	30.07	1560
C_3H_6(g)环丙烷	42.08	2091
C_3H_6(g)丙烯	42.08	2058
C_3H_8(g)丙烷	44.10	2220
C_4H_{10}(g)正丁烷	58.12	2877
C_5H_{12}(g)正戊烷	72.15	3536
C_6H_{12}(l)环己烷	84.16	3920
C_6H_{14}(l)正己烷	86.18	4163
C_6H_6(l)苯	78.12	3268
C_7H_{16}(l)正庚烷	100.21	4854
C_8H_{18}(l)正辛烷	114.23	5471
$C_{10}H_8$(s)萘	128.18	5157
CH_3OH(l)甲醇	32.04	726
CH_3CHO(g)乙醛	44.05	1193
CH_3CH_2OH(l)乙醇	46.07	1368
CH_3COOH(l)乙酸	60.05	874
$CH_3COOC_2H_5$(l)乙酸乙酯	88.11	2231
C_6H_5OH(s)苯酚	94.11	3054
$C_6H_5NH_2$(l)苯胺	93.13	3393
C_6H_5COOH(s)苯甲酸	122.12	3227
$(NH_2)_2CO$(s)尿素	93.13	632
NH_3CH_2COOH(s)甘氨酸	75.07	964
$CH_3CH(OH)COOH$(s)乳酸	90.08	1344
$C_6H_{12}O_6$(s)，(α)α-D-葡萄糖	180.16	2802
$C_6H_{12}O_6$(s)，(β)β-D-葡萄糖	180.16	2808
$C_{12}H_{22}O_{11}$(s)蔗糖	342.30	5645

注：本表引自侯新朴主编. 物理化学. 5版，2003。

参考文献

［1］ 武汉大学. 分析化学［M］. 北京：高等教育出版社，2016.
［2］ 李发美. 分析化学［M］. 7版. 北京：人民卫生出版社，2011.
［3］ 许国旺，等. 现代实用气相色谱法［M］. 北京：化学工业出版社，2004.
［4］ 丁黎. 药物色谱分析［M］. 北京：人民卫生出版社，2008.
［5］ 陆家政. 基础化学［M］. 北京：人民卫生出版社，2008.
［6］ 沈静茹，李春涯. 分析化学［M］. 北京：科学出版社，2019.
［7］ 侯新朴. 物理化学［M］. 5版. 北京：人民卫生出版社，2003.
［8］ 刘斌. 无机化学［M］. 北京：科学出版社，2009.
［9］ 曹凤歧. 基础化学［M］. 北京：科学出版社，2009.
［10］ 国家药典委员会. 中国药典［M］. 北京：化学工业出版社，2015.
［11］ 胡琴，黄庆华. 分析化学［M］. 北京：人民卫生出版社，2009.
［12］ 邱细敏，朱开梅. 分析化学［M］. 3版. 北京：中国医药科技出版社，2007.
［13］ 容蓉. 仪器分析［M］. 北京：中国医药科技出版社，2018.
［14］ 梁生旺，贡济宇. 中药分析［M］. 北京：中国中医药出版社，2017.
［15］ 李春，黄锁义. 分析化学［M］. 南京：江苏凤凰科技技术出版社，2018.

元素周期表

IUPAC 2013

图例（以95号元素为例）：

氧化态(单质的氧化态为0，未列入；常见的为红色)	原子序数 / 元素符号(红色的为放射性元素) / 元素名称(注▴的为人造元素) / 价层电子构型 / 以 ^{12}C=12为基准的原子量(注✦的是半衰期最长同位素的原子量)
+2 +3 +4 +5 +6	95 Am 镅▴ $5f^77s^2$ 243.06138(2)✦

s区元素 | p区元素 | d区元素 | ds区元素 | f区元素 | 稀有气体

族 周期	1 ⅠA	2 ⅡA	3 ⅢB	4 ⅣB	5 ⅤB	6 ⅥB	7 ⅦB	8 ⅧB(Ⅷ)	9 ⅧB(Ⅷ)	10 ⅧB(Ⅷ)	11 ⅠB	12 ⅡB	13 ⅢA	14 ⅣA	15 ⅤA	16 ⅥA	17 ⅦA	18 ⅧA(0)	电子层
1	−1 +1 1 H 氢 $1s^1$ 1.008																	2 He 氦 $1s^2$ 4.002602(2)	K
2	+1 3 Li 锂 $2s^1$ 6.94	+2 4 Be 铍 $2s^2$ 9.0121831(5)											+3 5 B 硼 $2s^22p^1$ 10.81	−4 +2 +4 6 C 碳 $2s^22p^2$ 12.011	−3 −2 −1 +1 +2 +3 +4 +5 7 N 氮 $2s^22p^3$ 14.007	−2 −1 8 O 氧 $2s^22p^4$ 15.999	−1 9 F 氟 $2s^22p^5$ 18.998403163(6)	10 Ne 氖 $2s^22p^6$ 20.1797(6)	L K
3	−1 +1 11 Na 钠 $3s^1$ 22.98976928(2)	+2 12 Mg 镁 $3s^2$ 24.305											+3 13 Al 铝 $3s^23p^1$ 26.9815385(7)	−4 +2 +4 14 Si 硅 $3s^23p^2$ 28.085	−3 −2 +1 +3 +5 15 P 磷 $3s^23p^3$ 30.973761998(5)	−2 +2 +4 +6 16 S 硫 $3s^23p^4$ 32.06	−1 +1 +3 +5 +7 17 Cl 氯 $3s^23p^5$ 35.45	18 Ar 氩 $3s^23p^6$ 39.948(1)	M L K
4	−1 +1 19 K 钾 $4s^1$ 39.0983(1)	+2 20 Ca 钙 $4s^2$ 40.078(4)	+3 21 Sc 钪 $3d^14s^2$ 44.955908(5)	−1 +2 +3 +4 22 Ti 钛 $3d^24s^2$ 47.867(1)	0 ±1 +2 +3 +4 +5 23 V 钒 $3d^34s^2$ 50.9415(1)	−3 0 ±1 ±2 +3 +4 +5 +6 24 Cr 铬 $3d^54s^1$ 51.9961(6)	−2 0 ±1 +2 ±3 +4 +5 +6 +7 25 Mn 锰 $3d^54s^2$ 54.938044(3)	−2 0 ±1 +2 +3 +4 +5 +6 26 Fe 铁 $3d^64s^2$ 55.845(2)	0 ±1 +2 +3 +4 +5 27 Co 钴 $3d^74s^2$ 58.933194(4)	0 ±1 +2 +3 +4 28 Ni 镍 $3d^84s^2$ 58.6934(4)	+1 +2 +3 +4 29 Cu 铜 $3d^{10}4s^1$ 63.546(3)	+1 +2 30 Zn 锌 $3d^{10}4s^2$ 65.38(2)	+1 +3 31 Ga 镓 $4s^24p^1$ 69.723(1)	+2 +4 32 Ge 锗 $4s^24p^2$ 72.630(8)	−3 +3 +5 33 As 砷 $4s^24p^3$ 74.921595(6)	−2 +2 +4 +6 34 Se 硒 $4s^24p^4$ 78.971(8)	−1 +1 +3 +5 +7 35 Br 溴 $4s^24p^5$ 79.904	+2 +4 36 Kr 氪 $4s^24p^6$ 83.798(2)	N M L K
5	−1 +1 37 Rb 铷 $5s^1$ 85.4678(3)	+2 38 Sr 锶 $5s^2$ 87.62(1)	+3 39 Y 钇 $4d^15s^2$ 88.90584(2)	+1 +2 +3 +4 40 Zr 锆 $4d^25s^2$ 91.224(2)	0 ±1 +2 +3 +4 +5 41 Nb 铌 $4d^45s^1$ 92.90637(2)	0 ±1 ±2 +3 +4 +5 +6 42 Mo 钼 $4d^55s^1$ 95.95(1)	0 ±1 +2 +3 +4 +5 +6 +7 43 Tc 锝▴ $4d^55s^2$ 97.90721(3)✦	0 +1 ±2 +3 +4 +5 +6 +7 +8 44 Ru 钌 $4d^75s^1$ 101.07(2)	0 ±1 +2 +3 +4 +5 +6 45 Rh 铑 $4d^85s^1$ 102.90550(2)	0 +1 +2 +3 +4 46 Pd 钯 $4d^{10}$ 106.42(1)	+1 +2 +3 47 Ag 银 $4d^{10}5s^1$ 107.8682(2)	+1 +2 48 Cd 镉 $4d^{10}5s^2$ 112.414(4)	+1 +3 49 In 铟 $5s^25p^1$ 114.818(1)	+2 +4 50 Sn 锡 $5s^25p^2$ 118.710(7)	−3 +3 +5 51 Sb 锑 $5s^25p^3$ 121.760(1)	−2 +2 +4 +6 52 Te 碲 $5s^25p^4$ 127.60(3)	−1 +1 +3 +5 +7 53 I 碘 $5s^25p^5$ 126.90447(3)	+2 +4 +6 +8 54 Xe 氙 $5s^25p^6$ 131.293(6)	O N M L K
6	−1 +1 55 Cs 铯 $6s^1$ 132.90545196(6)	+2 56 Ba 钡 $6s^2$ 137.327(7)	57~71 La~Lu 镧系	+1 +2 +3 +4 72 Hf 铪 $5d^26s^2$ 178.49(2)	0 ±1 +2 +3 +4 +5 73 Ta 钽 $5d^36s^2$ 180.94788(2)	0 ±1 ±2 +3 +4 +5 +6 74 W 钨 $5d^46s^2$ 183.84(1)	0 ±1 +2 +3 +4 +5 +6 +7 75 Re 铼 $5d^56s^2$ 186.207(1)	0 +1 +2 +3 +4 +5 +6 +7 +8 76 Os 锇 $5d^66s^2$ 190.23(3)	0 ±1 +2 +3 +4 +5 +6 77 Ir 铱 $5d^76s^2$ 192.217(3)	0 +2 +3 +4 +5 +6 78 Pt 铂 $5d^96s^1$ 195.084(9)	+1 +2 +3 +5 79 Au 金 $5d^{10}6s^1$ 196.966569(5)	+1 +2 +3 80 Hg 汞 $5d^{10}6s^2$ 200.592(3)	+1 +3 81 Tl 铊 $6s^26p^1$ 204.38	+2 +4 82 Pb 铅 $6s^26p^2$ 207.2(1)	−3 +3 +5 83 Bi 铋 $6s^26p^3$ 208.98040(1)	−2 +2 +3 +4 +6 84 Po 钋 $6s^26p^4$ 208.98243(2)✦	±1 +5 +7 85 At 砹 $6s^26p^5$ 209.98715(5)✦	+2 86 Rn 氡 $6s^26p^6$ 222.01758(2)✦	P O N M L K
7	+1 87 Fr 钫▴ $7s^1$ 223.01974(2)✦	+2 88 Ra 镭 $7s^2$ 226.02541(2)✦	89~103 Ac~Lr 锕系	104 Rf 鈩▴ $6d^27s^2$ 267.122(4)✦	105 Db 𨧀▴ $6d^37s^2$ 270.131(4)✦	106 Sg 𨭎▴ $6d^47s^2$ 269.129(3)✦	107 Bh 𨨏▴ $6d^57s^2$ 270.133(2)✦	108 Hs 𨭆▴ $6d^67s^2$ 270.134(2)✦	109 Mt 鿏▴ $6d^77s^2$ 278.156(5)✦	110 Ds 鐽▴ 281.165(4)✦	111 Rg 錀▴ 281.166(6)✦	112 Cn 鎶▴ 285.177(4)✦	113 Nh 鉨▴ 286.182(5)✦	114 Fl 𫓧▴ 289.190(4)✦	115 Mc 镆▴ 289.194(6)✦	116 Lv 𫟷▴ 293.204(4)✦	117 Ts 鿬▴ 293.208(6)✦	118 Og 鿫▴ 294.214(5)✦	Q P O N M L K

★ 镧系	+3 57 La★ 镧 $5d^16s^2$ 138.90547(7)	+2 +3 +4 58 Ce 铈 $4f^15d^16s^2$ 140.116(1)	+3 +4 59 Pr 镨 $4f^36s^2$ 140.90766(2)	+2 +3 +4 60 Nd 钕 $4f^46s^2$ 144.242(3)	+3 61 Pm 钷▴ $4f^56s^2$ 144.91276(2)✦	+2 +3 62 Sm 钐 $4f^66s^2$ 150.36(2)	+2 +3 63 Eu 铕 $4f^76s^2$ 151.964(1)	+3 64 Gd 钆 $4f^75d^16s^2$ 157.25(3)	+3 +4 65 Tb 铽 $4f^96s^2$ 158.92535(2)	+3 +4 66 Dy 镝 $4f^{10}6s^2$ 162.500(1)	+3 67 Ho 钬 $4f^{11}6s^2$ 164.93033(2)	+3 68 Er 铒 $4f^{12}6s^2$ 167.259(3)	+2 +3 69 Tm 铥 $4f^{13}6s^2$ 168.93422(2)	+2 +3 70 Yb 镱 $4f^{14}6s^2$ 173.045(10)	+3 71 Lu 镥 $4f^{14}5d^16s^2$ 174.9668(1)
★ 锕系	+3 89 Ac★ 锕 $6d^17s^2$ 227.02775(2)✦	+3 +4 90 Th 钍 $6d^27s^2$ 232.0377(4)	+3 +4 +5 91 Pa 镤 $5f^26d^17s^2$ 231.03588(2)	+2 +3 +4 +5 +6 92 U 铀 $5f^36d^17s^2$ 238.02891(3)	+3 +4 +5 +6 +7 93 Np 镎 $5f^46d^17s^2$ 237.04817(2)✦	+3 +4 +5 +6 +7 94 Pu 钚 $5f^67s^2$ 244.06421(4)✦	+2 +3 +4 +5 +6 95 Am 镅▴ $5f^77s^2$ 243.06138(2)✦	+3 +4 96 Cm 锔▴ $5f^76d^17s^2$ 247.07035(3)✦	+3 +4 97 Bk 锫▴ $5f^97s^2$ 247.07031(4)✦	+2 +3 +4 98 Cf 锎▴ $5f^{10}7s^2$ 251.07959(3)✦	+2 +3 99 Es 锿▴ $5f^{11}7s^2$ 252.0830(3)✦	+2 +3 100 Fm 镄▴ $5f^{12}7s^2$ 257.09511(5)✦	+2 +3 101 Md 钔▴ $5f^{13}7s^2$ 258.09843(3)✦	+2 +3 102 No 锘▴ $5f^{14}7s^2$ 259.1010(7)✦	+3 103 Lr 铹▴ $5f^{14}6d^17s^2$ 262.110(2)✦